新・演習物理学ライブラリ＝1

新・演習
物　理　学

阿部龍蔵・川村 清・佐々田博之　著

サイエンス社

サイエンス社のホームページのご案内
http://www.saiensu.co.jp
ご意見・ご要望は　rikei@saiensu.co.jp　まで.

まえがき

阿部・川村共著の「物理学」が出版されたのは1988年で，この著書はサイエンス社新物理学ライブラリの第1巻ということになった．時間がたつにつれ物事が色あせていくのは物理学の立場でいえばエントロピー増大の原理の1つの現れであり，世の常とも称すべき現象である．というわけで2002年に「物理学 [新訂版]」(以下，新訂版という) が阿部・川村・佐々田により発刊された．実際にこの改訂の作業にあたったのは川村・佐々田である．「物理学」が刊行された当初より，これに見合うだけの演習書を書いてほしいという要望があった．この要望は諸般の事情によりなかなか実現しなかったが，新訂版の重版をチャンスとして，演習書の発刊の機運が一挙に高まった．これまでの経緯に鑑み，演習書の執筆は主として阿部が担当することとなった．阿部・川村・佐々田とサイエンス社の田島氏を結ぶ一種のネットワークが構築され，演習書に関する連絡はこれを通じて行われた．

新訂版は，I 質点と剛体の力学，II 弾性体・流体の力学，III 電磁気学，IV 波動・光，V 熱学，VI 現代物理学 という形をもち，第 I 編から第 VI 編までで構成されている．各編はいくつかの章に分かれ，その章はさらに3ないし11の節から成り立っている．新訂版では読者の便を図るため，各節はページ単位で始まり，左ページに物理学として重要な事項，右ページに図，例題，参考，補足などが配置してある．左ページを演習の要項と考えれば，新訂版は即演習書であるとみなせないことはない．新訂版はほぼ300ページという規模であるが，いまのままの章立て，節立てを守っていると，演習書のページ数は大幅に増えることが予想される．実際，本年の1月に試しに第 I 編の1章から3章までを現在のスタイルでまとめてみたが，田島氏の評価では，これでは全体は350ページ程度になりそうだという話であった．また，全体のページはできれば現行よりは若干少なめが望ましいということであった．

そこで，演習書の執筆にあたり，現在の編，章の形を保存するが，節は相当数削減するという計画を立てた．あらかじめきちんとした削減計画を設立するのではなく，執筆しながら削減を考えたという方が現実に近いであろう．例えば，新訂版の第 III

編，第2章の「荷電粒子と静電場」は2.1「クローンの法則」から2.11「静電場に対する微分形の法則」にいたる11節から構成されているが，本書では新訂版の2.3「連続に分布する電荷と電場」2.5「対称な電荷分布とガウスの法則」2.10「導体中の電場とジュール熱」を割愛しその内容を他の節に適当に振り分けた．このような措置は本書の各所で実施され結果として，全体を270ページ程度に収めることができた．

いまさらいうまでもないが，物理学をマスターする二本柱は実験と演習である．大学の物理学科あるいはこれに準ずる学科では必ずといってよいくらい実験と演習が設置されている．物理学の原理がわかっただけでは，必ずしも物理の問題が解けない点に物理学の難しさが潜在している．この事情は物理学に限らず他の学問でも同じで，1つのことを習得しようと思ったら訓練が必要な事情は，ある意味で普遍的なものといえよう．古い話で恐縮だが著者の一人 (阿部) が55年くらい前ドイツ語を勉強しているとき

Es fällt kein Meister vom Himmel. (生まれながらの名人なし)

という諺を習った．誰でも何かを始めるとき，最初はその方面のずぶの素人である．訓練を積み経験を重ねて，次第にプロへと育っていく．もちろん実際にプロになれるかどうかはその人の才能に依存するが，訓練が必要なことはどんな場合にもあてはまる，紛れのない事実であろう．

本書は新訂版をベースとして書かれているため，新訂版をすでにお読みの読者は繰り返しという印象をもたれるかもしれない．しかし，物理の演習にやり過ぎということはない．苦心惨憺して解いた問題は印象に残っていても，普通の努力で解ける問題は案外忘れてしまうものである．というわけで，新訂版を習得された方は復習のつもりで本書を読んでいただければ幸いである．新訂版の延長線上にあるベクトルポテンシャルやゲージ変換などもとり入れたのでじっくり味わってほしい．

最後に，本書の執筆にあたり，いろいろご面倒をおかけしたサイエンス社の田島伸彦氏，鈴木綾子氏にあつく感謝の意を表す次第である．

2004年夏

阿部龍蔵
川村　清
佐々田博之

目　　次

I　質点と剛体の力学

II 弾性体・流体の力学

III 電磁気学

第1章 電　流 82

第2章 荷電粒子と静電場 98

第3章　電流と磁場　114

第4章　変動する電磁場　126

第5章　物質中の電磁場　134

IV 波動・光

V 熱 学

第I編

質点と剛体の力学

力学は物体の運動を調べる物理学の一分野である．物体の運動を扱うため，質量をもち数学的には点とみなせるものを導入しこれを**質点**という．小物体の運動は質点の運動で記述されると考えてよい．一方，有限な大きさの物体の場合，力が働いても変形しないような理想的に堅い体系を想定し，それを**剛体**という．本編では質点と剛体の力学について学ぶ．物理の問題では長さをメートル（m），質量をキログラム（kg），時間を秒（s）で表す．このような単位系は頭文字をとり**MKS 単位系**とよばれる．あるいはこれを**国際単位系**とか**SI 単位系**という．本書では原則としてこの単位系を用いる．

本編の内容

1　質点の運動

1.1　距離と速さ

● 平均の速さ ●　ある経路 C に沿って運動する質点の出発点を O，時間が t だけ経過したときの質点の位置を P，質点が移動した距離を s とする（図 1.1）．このとき

$$v_{\mathrm{av}} = \frac{s}{t} \tag{1.1}$$

の v_{av} を OP 間の**平均の速さ**という．速さの単位は m/s（メートル毎秒）である．

● 瞬間の速さ ●　一般に質点が運動するとき，その速さは時々刻々変化する．ある瞬間の速さを求めるため，図 1.1 で点 P から微小時間 Δt たった後の質点の位置を P′ とし，PP′ の間の移動距離を Δs とする．この間の平均の速さは (1.1) により

$$v_{\mathrm{av}} = \frac{\Delta s}{\Delta t} \tag{1.2}$$

と書ける．ここで Δt を無限に小さくすると，右辺はある値に近づく．この極限値を時刻 t における**瞬間の速さ**という．すなわち，時刻 t における瞬間の速さは

$$v(t) = \lim_{\Delta t \to 0} \frac{\Delta s}{\Delta t} \tag{1.3}$$

で与えられる．瞬間の速さを単に**速さ**という場合がある．

● 微分記号の導入 ●　(1.3) の極限値を微積分学では

$$v(t) = \frac{ds}{dt} \tag{1.4}$$

と書き，これを t による s の**微分**という．その幾何学的な意味は問題 1.4 を参照せよ．

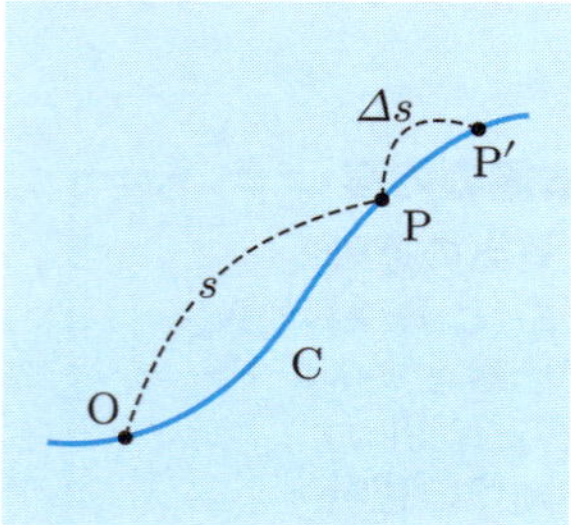

図 1.1　平均の速さ

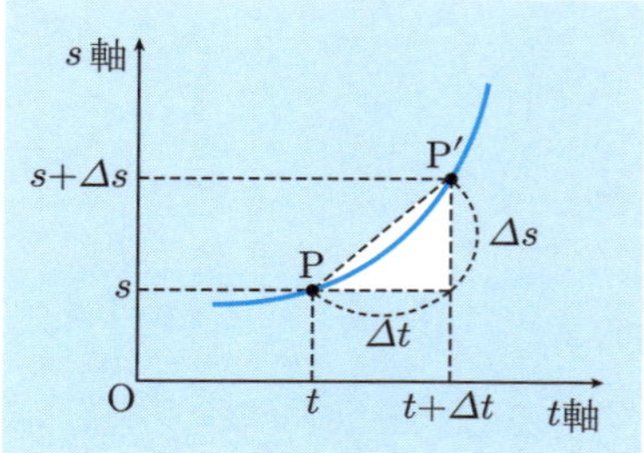

図 1.2　微分の幾何学的な意味

例題 1　　**平均の速さ**

質点の移動距離が時間 t の関数として

$$s(t) = \frac{1}{2}\alpha t^2 \quad (\alpha : \text{正の定数})$$

と書けるとき，t と $t + \Delta t$ との間の平均の速さを求めよ．また，時刻 t における瞬間の速さはどのように表されるか．

解答　t と $t + \Delta t$ との間の移動距離 Δs は

$$\Delta s = \frac{1}{2}\alpha[(t+\Delta t)^2 - t^2] = \alpha t \Delta t + \frac{1}{2}\alpha(\Delta t)^2$$

となる．したがって，平均の速さは (1.2) により

$$v_{\mathrm{av}} = \alpha t + \frac{1}{2}\alpha\Delta t$$

と求まる．上式で $\Delta t \to 0$ の極限をとると瞬間の速さとして次式が得られる．

$$v(t) = \alpha t$$

問　題

1.1　一直線上を自動車が一定の時速 60 km で運動しているとする．時刻 0 から x 分後に自動車の進んだ距離を y m としたとき，x と y との間にはどんな関係が成り立つか．次の①〜④のうちから，正しいものを 1 つ選べ．

①　$y = 200x$　　②　$y = 400x$　　③　$y = 1000x$　　④　$y = 2000x$

1.2　質点を静かに落とし，手を放した瞬間を時間の原点（$t = 0$）にとれば時刻 t における落下距離 s は

$$s = \frac{1}{2}gt^2$$

と書ける．ここで g は重力加速度で $g = 9.81\,\mathrm{m/s^2}$ である．2 s 後の速さは何 m/s となるか．また，これは時速何 km か．ちなみにこのような質点の落下を**自由落下**という．

1.3

$$s = \frac{1}{2}\alpha t^2 + v_0 t + s_0$$

のとき（α, v_0, s_0 : 定数），時刻 t における瞬間の速さを計算せよ．

1.4　s を t の関数として表したとき，図 1.2 で示したような曲線が得られたとする．時間が t と $t + \Delta t$ と間の平均の速さは直線 PP′ の傾きに等しいことを証明せよ．また，$\Delta t \to 0$ の極限をとり，時刻 t での瞬間の速さは点 P における接線の傾きに等しいことを確かめよ．

1.2 変　位

● 変位の定義 ●　質点が移動するとき，移動距離と移動の向き，方向を考慮したものを**変位**という．厳密にいうと，向きと方向とは違う．例えば，鉛直線とは水平面と 90° の角度をなす方向であり，変位を考えるときには上向きか下向きかを指定する必要がある．質点が 1 m 移動したというだけでは移動後の質点の位置は確定しない．しかし，例えば東向きに 1 m と指定すれば，移動後の位置が決まる．このように質点が移動する場合，変位を与えれば移動後の質点の位置が確定する．

● ベクトルとスカラー ●　変位のように，大きさと向き，方向をもつ物理量を**ベクトル**という．これに対し，質量，密度，エネルギーなどは大きさをもつだけである．ベクトルと区別しこれらの量を**スカラー**という．ベクトルを表すのに $\boldsymbol{A}$ といった太文字の記号（イタリック・ボールド）で表示することが国際的に決まっている．

● ベクトルの成分 ●　空間内に適当な座標原点 O と互いに直交する座標軸 x, y, z 軸をとり，図 1.3 のように O から P に向かうベクトル $\boldsymbol{A}$ を考える．図のような A_x, A_y, A_z をベクトル $\boldsymbol{A}$ の $\boldsymbol{x}, \boldsymbol{y}, \boldsymbol{z}$ **成分**という．これに伴い $\boldsymbol{A}$ を

$$\boldsymbol{A} = (A_x, A_y, A_z) \tag{1.5}$$

と表す．また

$$A = |\boldsymbol{A}| = \sqrt{A_x{}^2 + A_y{}^2 + A_z{}^2} \tag{1.6}$$

を $\boldsymbol{A}$ の**大きさ**あるいは**絶対値**という．

● ベクトル和 ●　ベクトル $\boldsymbol{A}$ とベクトル $\boldsymbol{B}$ の和 $\boldsymbol{C}$ は

$$\boldsymbol{C} = \boldsymbol{A} + \boldsymbol{B} \tag{1.7}$$

と書け，$\boldsymbol{C}$ は図 1.4 の (a) で表される．あるいは同図の (b) のように $\boldsymbol{C}$ は書けるが，これを**平行四辺形の定理**という．

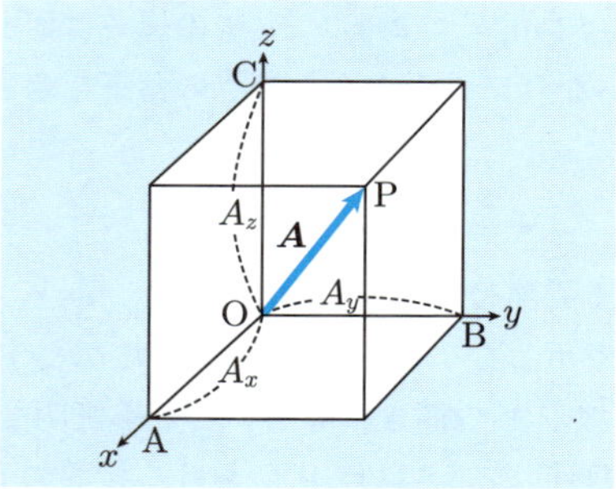

図 1.3　ベクトルの成分

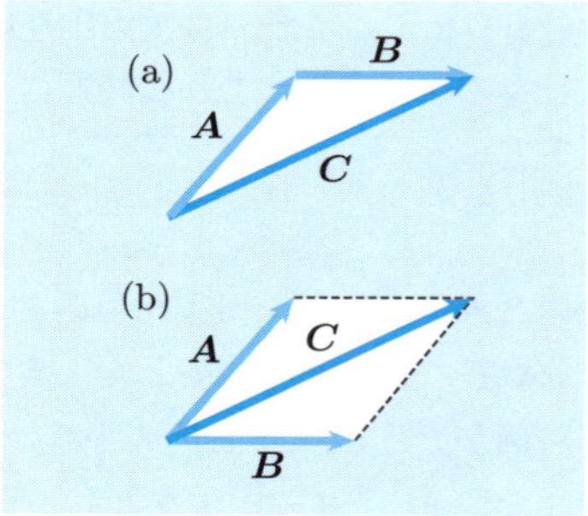

図 1.4　ベクトル和

例題 2 ベクトル和

ベクトル和に対し次の関係が成り立つことを示せ.

$$\boldsymbol{C} = \boldsymbol{A} + \boldsymbol{B} = (A_x + B_x, A_y + B_y, A_z + B_z)$$

解答 図 1.5 からわかるように,

$$\boldsymbol{C} = \boldsymbol{A} + \boldsymbol{B}$$

の x 成分をとると

$$C_x = A_x + B_x$$

が成り立つ. y, z 成分も同様で上の関係が導かれる.

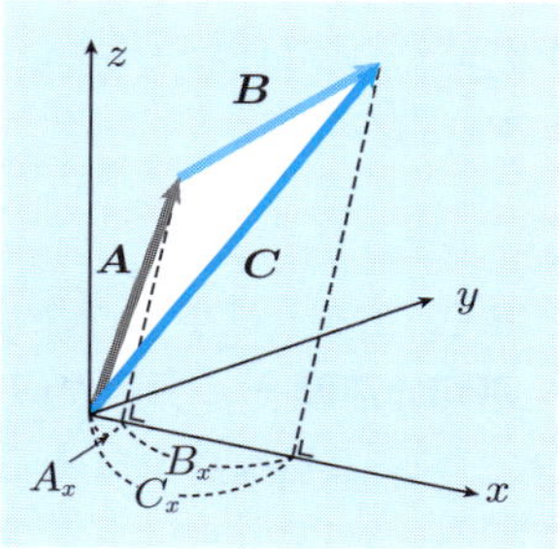

図 1.5　ベクトル和の成分

問　題

2.1 λ がスカラーのとき, $\lambda\boldsymbol{A}$ は $\lambda\boldsymbol{A} = (\lambda A_x, \lambda A_y, \lambda A_z)$ と定義される. $\boldsymbol{A} = (1, -2, 3)$ のとき $3\boldsymbol{A}$ を求めよ.

2.2 $\boldsymbol{A}, \boldsymbol{B}$ がそれぞれ $\boldsymbol{A} = (2, 3, 4)$, $\boldsymbol{B} = (-1, 4, 3)$ の場合, $3\boldsymbol{A} + 4\boldsymbol{B}$ はどのように表されるか.

2.3 次のベクトル $\boldsymbol{A}$ に対し $|\boldsymbol{A}|$ を求めよ.

$$\boldsymbol{A} = (5, 4, 3)$$

2.4 図 1.3 でベクトル $\boldsymbol{A}$ が x, y, z 軸となす角度の余弦を α, β, γ とすれば

$$\alpha = \frac{A_x}{A}, \quad \beta = \frac{A_y}{A}, \quad \gamma = \frac{A_z}{A}$$

となる. α, β, γ を**方向余弦**という. 方向余弦に対し

$$\alpha^2 + \beta^2 + \gamma^2 = 1$$

の関係が成り立つことを示せ.

2.5 問題 2.3 で与えられる $\boldsymbol{A}$ の方向余弦を計算せよ. また, このベクトルが x, y, z 軸となす角度を求めよ.

2.6 2 つのベクトル $\boldsymbol{A}, \boldsymbol{B}$ に対し

$$A_x = B_x, \quad A_y = B_y, \quad A_z = B_z$$

が成立するとき, ベクトル $\boldsymbol{A} = (A_x, A_y, A_z)$ と $\boldsymbol{B} = (B_x, B_y, B_z)$ は互いに等しいといい $\boldsymbol{A} = \boldsymbol{B}$ であると定義する.

以上の定義を使い, ベクトル $\boldsymbol{A}$ を平行移動したベクトルはもともとの $\boldsymbol{A}$ に等しいことを示せ.

1.3 速 度

• 位置ベクトル • 原点 O から質点の位置 P へ向かう矢印で記述される量 $\boldsymbol{r}$ を考え，$\boldsymbol{r}$ の長さは OP 間の距離に等しいとする（図 1.6）．このようにして導入されたベクトル $\boldsymbol{r}$ は質点の位置を決めると考えられるので，これを**位置ベクトル**という．位置ベクトルを表すのに

$$\boldsymbol{r} = (x, y, z) \tag{1.8}$$

と書く．x, y, z は点 P を表す座標である．

• 平均の速度 • 質点が図 1.7 のような点線に沿って運動するものと仮定する．時刻 t において質点は点 P にあるとし，その位置ベクトルを $\boldsymbol{r}(t)$ で表すことにする．また，時刻 $t + \Delta t$ で質点は点 P′ にあるとすれば，定義により点 P′ を表す位置ベクトルは $\boldsymbol{r}(t + \Delta t)$ である．P から P′ へ向かうベクトルを $\Delta\boldsymbol{r}$ とすれば，ベクトル和の定義により

$$\boldsymbol{r}(t + \Delta t) = \boldsymbol{r}(t) + \Delta\boldsymbol{r} \tag{1.9}$$

となる．$\Delta\boldsymbol{r}$ は時間 Δt の間に質点がどれだけ変位したかを表すベクトルで，これを**変位ベクトル**という．また

$$\boldsymbol{v}_{\mathrm{av}} = \frac{\Delta\boldsymbol{r}}{\Delta t} \tag{1.10}$$

の $\boldsymbol{v}_{\mathrm{av}}$ を Δt 間の**平均の速度**という．このベクトルは P から P′ へ向かい，Δt 間に質点の進む向き，方向を表す．また，$\boldsymbol{v}_{\mathrm{av}}$ の大きさは Δt 間の平均の速さとなる．

• 瞬間の速度 • (1.10) で Δt を小さくすればするほど，点 P′ は点 P に近づいていく．このため，$\Delta\boldsymbol{r}$ の大きさも 0 に近づくが，その向き，方向は点 P における質点の運動を表す向き，方向に近づく．また，$\boldsymbol{v}_{\mathrm{av}}$ の大きさは $\Delta t \to 0$ の極限で時刻 t における瞬間の速さに近づく．このような $\Delta t \to 0$ という極限操作で得られるベクトルを $d\boldsymbol{r}/dt$ とし $\boldsymbol{v}$ と書く．すなわち (1.9) を利用し

$$\boldsymbol{v} = \frac{d\boldsymbol{r}}{dt} = \lim_{\Delta t \to 0} \frac{\Delta\boldsymbol{r}}{\Delta t} = \lim_{\Delta t \to 0} \frac{\boldsymbol{r}(t + \Delta t) - \boldsymbol{r}(t)}{\Delta t} \tag{1.11}$$

とする．この $\boldsymbol{v}$ を時刻 t における**瞬間の速度**，**速度ベクトル**あるいは単に**速度**という．また，$d\boldsymbol{r}/dt$ をベクトル $\boldsymbol{r}$ の時間 t に関する微分という．$d\boldsymbol{r}/dt = \dot{\boldsymbol{r}}$ と書くこともある．$\boldsymbol{v}$ の大きさを v とすれば，v は時刻 t における速さを表す．速度と速さは日常的にはあまり区別しないが，物理の立場から厳密にいうと両者は異なる量で速度はベクトルであるが，速さはその大きさでスカラーとして表される．

例題 3 ——————————————————————— **速度の成分**

質点の座標 x, y, z が時間 t の関数として与えられている場合，質点の速度 $\boldsymbol{v}$ の x, y, z 成分に対する表式を導け.

解答 (1.11) の x 成分をとると，速度の x 成分 v_x は

$$v_x = \lim_{\Delta t \to 0} \frac{x(t+\Delta t) - x(t)}{\Delta t} = \frac{dx}{dt}$$

となる. y, z 成分も同様で，まとめて書くと次式が導かれる.

$$\boldsymbol{v} = \left(\frac{dx}{dt}, \frac{dy}{dt}, \frac{dz}{dt} \right)$$

問　題

3.1 $\Delta \boldsymbol{r}$ の x, y, z 成分を $\Delta x, \Delta y, \Delta z$ とする. $\boldsymbol{r}(t+\Delta t) = \boldsymbol{r}(t) + \Delta \boldsymbol{r}$ の x, y, z 成分はどのように書けるか.

3.2 水平面内に xy 面をとり，鉛直上向きに z 軸をとる. z 軸上の高さ h の点から質点を自由落下させるとし，以下の問に答えよ.

(a) 時刻 0 で質点を落下させたとし，時刻 t における質点の座標を求めよ.

(b) 時刻 t における質点の速度はどのように表されるか.

3.3 xy 面上を運動する質点の x, y 座標が時間 t の関数として

$$x = \alpha t^2, \quad y = \beta t$$

と表されるとき（α, β : 定数），速度の x, y 成分を求めよ.

3.4 3 次元空間中を運動する質点の座標 x, y, z が

$$x = A\cos\omega t, \quad y = A\sin\omega t, \quad z = vt$$

と書けるとする（A, ω, v : 定数）. これがどんな運動を表すかを明らかにし，また質点の速度を求めよ.

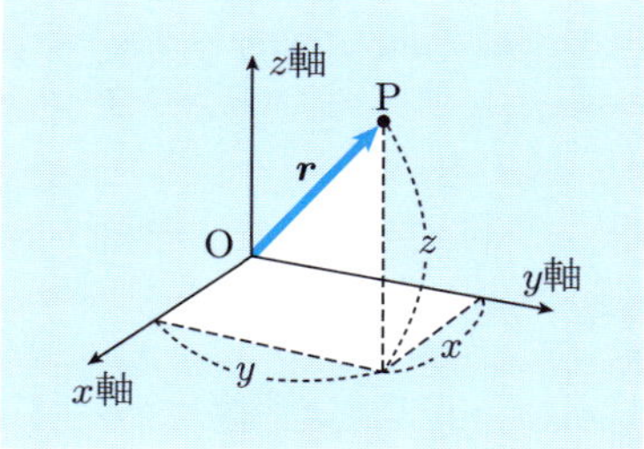

図 1.6　位置ベクトル

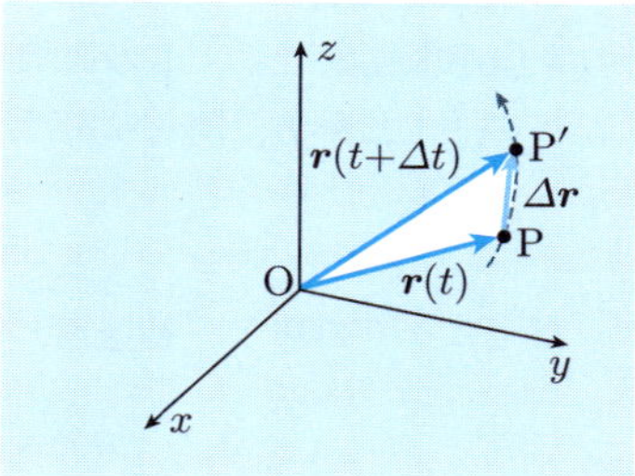

図 1.7　変位ベクトル

1.4 加　速　度

速度が一定な運動を**等速運動**という．このような運動は特別な例で一般に運動する物体の速度は時間変化する．その変化の度合いは加速度で記述される．

• 平均の加速度 •　図 1.8 の点線で示す軌道に沿って質点は運動するとし，時刻 t，時刻 $t+\Delta t$ で質点の位置は P, P' で与えられるとする．また，P, P' における質点の速度をそれぞれ $\boldsymbol{v}, \boldsymbol{v}+\Delta\boldsymbol{v}$ とする．このとき

$$\boldsymbol{a}_{\mathrm{av}} = \frac{\Delta\boldsymbol{v}}{\Delta t} \tag{1.12}$$

は (1.10) の平均の速度に相当するもので，(1.12) を**平均の加速度**という．

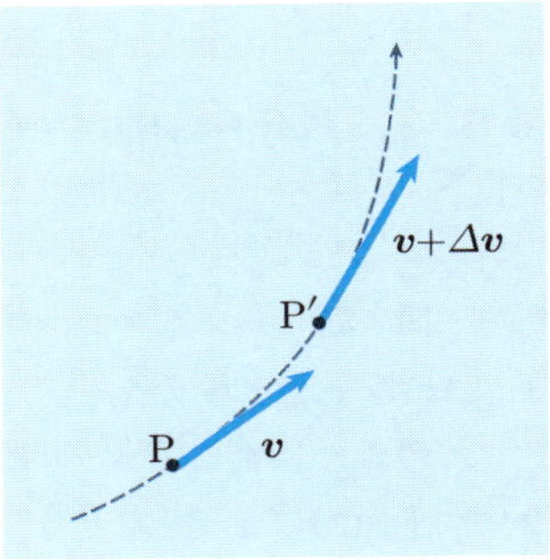

図 1.8　平均の加速度

• 瞬間の加速度 •　(1.12) で (1.11) と同様 $\Delta t \to 0$ という極限をとり

$$\boldsymbol{a} = \frac{d\boldsymbol{v}}{dt} = \lim_{\Delta t \to 0} \frac{\boldsymbol{v}(t+\Delta t) - \boldsymbol{v}(t)}{\Delta t} \tag{1.13}$$

とする．この $\boldsymbol{a}$ を時刻 t における**瞬間の加速度**，**加速度ベクトル**あるいは単に**加速度**という．加速度の大きさは速さを時間で割ったようなものであるから，MKS 単位系における単位は $\mathrm{m/s^2}$（メートル毎秒毎秒）である．

• 加速度と位置ベクトル •　(1.13) に $\boldsymbol{v} = d\boldsymbol{r}/dt$ を代入すると

$$\boldsymbol{a} = \frac{d}{dt}\left(\frac{d\boldsymbol{r}}{dt}\right) = \frac{d^2\boldsymbol{r}}{dt^2} \tag{1.14}$$

が得られる．すなわち，$\boldsymbol{a}$ は $\boldsymbol{r}$ を時間で 2 回微分したものである．

• 等加速度運動 •　加速度が一定であるような運動を**等加速度運動**という．一直線上の等加速度運動では，この直線を x 軸にとると $dv_x/dt = \alpha$ が成り立ち，α は一定であるから，これを t に関し積分すると次式が導かれる．

$$v_x = \alpha t + v_0 \tag{1.15}$$

v_0 は $t=0$ での速度（**初速度**）である．同様に $dx/dt = v_x$ を積分し

$$x = \frac{1}{2}\alpha t^2 + v_0 t + x_0 \quad (x_0 : t=0 \text{ での } x \text{ 座標}) \tag{1.16}$$

となる．地表近くでの物体の運動は等加速度運動で記述される（2.3 節参照）．

例題 4 **自動車の等加速度運動**

静止していた自動車が一定の加速度で動きだし，走りだしてから 10 s 後に 10 m/s の速さに達した．この後，10 m/s で等速運動を続けたが前方に障害物が見えたのでブレーキをかけ 2 s 後に自動車は止まったという．自動車は直線運動するとして以下の問に答えよ．

(a) 自動車が走りだしたときの加速度を求めよ．

(b) 自動車が走りだしてから，その速さが 10 m/s に達するまでの自動車の走行距離は何 m か．

(c) ブレーキをかけてから止まるまでの間の平均の加速度はいくらか．

解答 (a) 10 s の間に速さは 10 m/s だけ増加する．加速度は一定としてから，その値は

$$\frac{10\,\mathrm{m/s}}{10\,\mathrm{s}} = 1\,\frac{\mathrm{m}}{\mathrm{s}^2}$$

と表される．

(b) (1.16) に $x_0 = 0\,\mathrm{m}$, $v_0 = 0\,\mathrm{m/s}$, $\alpha = 1\,\mathrm{m/s^2}$, $t = 10\,\mathrm{s}$ を代入し

$$x = \frac{1}{2} \times 1\,\mathrm{m/s^2} \times (10\,\mathrm{s})^2 = 50\,\mathrm{m}$$

が得られる．すなわち，走行距離は 50 m である．

(c) 2 s の間に速さは 10 m/s だけ減少するから，平均の加速度は

$$-\frac{10\,\mathrm{m/s}}{2\,\mathrm{s}} = -5\,\frac{\mathrm{m}}{\mathrm{s}^2}$$

と計算される．自動車が減速状態にあるとき減速度という言葉は使わない．減速の場合には加速度が負であるとする．

問 題

4.1 運動する質点の x, y, z 座標は時間の関数として変化している．質点の加速度の x, y, z 成分を表す式を導出せよ．

4.2 xy 面上を運動する質点の x, y 座標が時間 t の関数として

$$x = \alpha t^2, \quad y = \beta t$$

と表されるとして (α, β : 定数)，質点の加速度を求めよ．

4.3 停止していた自動車が時刻 0 で一直線上を等加速度で走りだし，時刻 t でその速さは V に達した．自動車は時刻 t 以後は速さ V の等速運動を行ったが，時刻 T で壁と衝突し急停車した．動きだしてから停車するまでの距離を求めよ．

1.5 単振動と円運動

● 単振動 ● 一直線上を運動する質点の x 座標が時間 t の関数として

$$x(t) = A\cos(\omega t + \alpha) \tag{1.17}$$

で与えられるとき，この運動を**単振動**といい，A を**振幅**，ω を**角振動数**，α を**初期位相**という．単振り子の振動，水面上の船の上下振動など，単振動として表される運動には各種のものがある．$\cos z$ は z の周期関数（周期 2π）で $\cos(z+2\pi) = \cos z$ が成り立つ．このため，x を t の関数と考えたとき

$$x\left(t + \frac{2\pi}{\omega}\right) = A\cos(\omega t + \alpha + 2\pi) = A\cos(\omega t + \alpha) = x(t)$$

が成り立つ．すなわち，時間が $2\pi/\omega$ だけ経過すると，質点はもとの位置に戻る．例題 5 で述べるように，速度，加速度も同じ性質をもつ．このような意味で

$$T = \frac{2\pi}{\omega} \tag{1.18}$$

で定義される T を**周期**という．T の逆数は，単位時間中に何回振動が起こるかを表す数で，これを**振動数**という．1 s 間に 1 回振動するときを振動数の単位とし，これを 1 ヘルツ（Hz）という．振動数 ν は

$$\nu = \frac{1}{T} = \frac{\omega}{2\pi} \tag{1.19}$$

と書ける．あるいは ω と ν の関係は次式で与えられる．

$$\omega = 2\pi\nu \tag{1.20}$$

ω と ν とは 2π の係数だけ異なることに注意する必要がある．

● 等速円運動 ● 円周に沿って質点が運動するとき，これを**円運動**という．図 1.9 のように回転角が $\theta(t) = \omega t + \alpha$ の場合（ω, α : 定数），これを**等速円運動**という．この式から $d\theta/dt = \omega$ が成り立つので ω は**角速度**とよばれる．点 A から点 P までの弧の長さは $s = r(\omega t + \alpha)$ と書ける（r : 円の半径）．(1.4) により点 P の速さは

$$v = r\omega \tag{1.21}$$

と表され時間的に一定となる．点 P の x, y 座標は図 1.9 からわかるように

$$x = r\cos(\omega t + \alpha), \quad y = r\sin(\omega t + \alpha) \tag{1.22}$$

と書け，r を A で置き換えれば上の x は (1.17) と一致する．すなわち，等速円運動する質点の x 軸への正射影は単振動を行う．いまの場合，(1.19) の ν は単位時間中に質点が O のまわりを回転する回数に等しいので，これを**回転数**という．

例題 5　**単振動の速度，加速度**

単振動する質点の速度，加速度を求め，次の設問に答えよ．

(a)　質点の速度 v，加速度 a を時間 t の関数とみなしたとき周期 $2\pi/\omega$ の周期関数であることを示せ．

(b)　質点の座標 x と加速度 a の間に成り立つ $a = -\omega^2 x$ の関係を導け．

解答　(a)　簡単のため添字 x を省略すると，(1.17) を時間で微分し，$v = dx/dt = -\omega A \sin(\omega t + \alpha)$ となる．加速度は $a = dv/dt = -\omega^2 A \cos(\omega t + \alpha)$ で，x と同様 v, a に対し

$$v\left(t + \frac{2\pi}{\omega}\right) = -\omega A \sin(\omega t + \alpha + 2\pi) = -\omega A \sin(\omega t + \alpha) = v(t)$$

$$a\left(t + \frac{2\pi}{\omega}\right) = -\omega^2 A \cos(\omega t + \alpha + 2\pi) = -\omega^2 A \cos(\omega t + \alpha) = a(t)$$

となる．これから v, a は周期 $2\pi/\omega$ の周期関数であることがわかる．

(b)　上の計算から $a = -\omega^2 x$ であることがわかる．

問　題

5.1　原点を中心とし x 軸上で単振動する質点があり振幅は 2 cm，振動数は 4 Hz，初期位相は 30° であるとする．以下の設問に答えよ．

(a)　この単振動を表す式を導け．

(b)　時刻が $t = 1\,\mathrm{s}$ のとき，質点の座標，速度，加速度はいくらか．

5.2　等速円運動する質点の位置ベクトル $\boldsymbol{r}$ と加速度 $\boldsymbol{a}$ との間には

$$\boldsymbol{a} = -\omega^2 \boldsymbol{r}$$

の関係が成り立つことを示せ．

5.3　半径 6 cm の CD が 1 分間に 1200 回転の等速円運動するとして

(a)　角速度　　(b)　円周上の点の速さ

を求めよ．

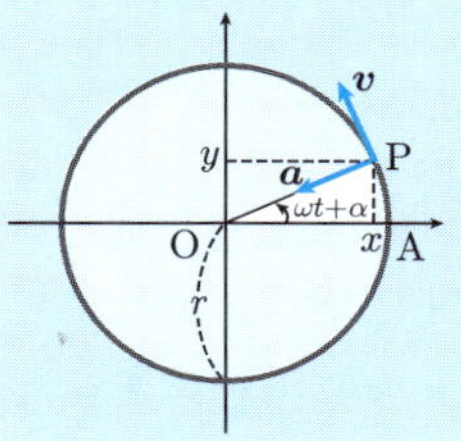

速度 $\boldsymbol{v}$ は点Pにおける円の接線の向き，
加速度 $\boldsymbol{a}$ は円の中心を向く．

図 1.9　等速円運動

2 力と運動

2.1 運動の法則

物体の運動を記述するための基本的な法則（運動の法則）は次の 3 つである．

• 第一法則（慣性の法則）•　力を受けない質点は，静止したままであるか，あるいは等速直線運動を行う．

• 第二法則 •　質量 m の質点に力 $\boldsymbol{F}$ が作用すると，力の方向に加速度 $\boldsymbol{a}$ を生じ，その大きさは F に比例し m に反比例する．

• 第三法則（作用反作用の法則）•　1 つの質点 A が他の質点 B に力 $\boldsymbol{F}$ を及ぼすとき，質点 A には質点 B による力 $-\boldsymbol{F}$ が働く (図 2.1)．この場合，$\boldsymbol{F}, -\boldsymbol{F}$ は A, B を結ぶ直線に沿って働く．

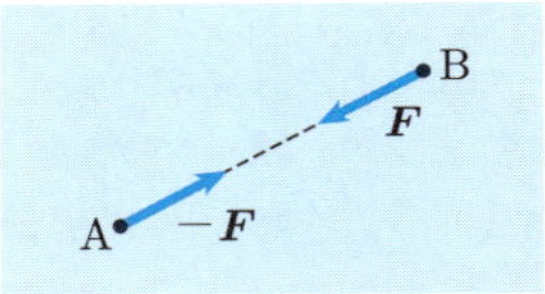

図 2.1　運動の第三法則

第一法則が成り立つような座標系を**慣性座標系**または単に**慣性系**という．第二法則は，このような慣性系に対して成り立つ．第二法則で力 $\boldsymbol{F}$ を $\boldsymbol{0}$ にすれば $\boldsymbol{a}$ は $\boldsymbol{0}$ となり，このような意味で第一法則は第二法則に含まれているように思われる．

第一法則は現実に慣性系が存在することを述べていると考えるのが妥当である．例えば，惑星の運動を論じるときには，太陽に原点を置き恒星に対し固定している座標系が慣性系とみなされる．しかし，地球表面上の狭い範囲内で起こる運動を扱う場合には，地表面に固定した座標系を近似的に慣性系であると考えてよい．

• ニュートンの運動方程式 •　運動の第二法則によると，質量 m，加速度 $\boldsymbol{a}$，力 $\boldsymbol{F}$ の間には，$m\boldsymbol{a} = k\boldsymbol{F}$ という関係が成り立つ．比例定数の k を 1 にとれば第二法則は

$$m\boldsymbol{a} = m\frac{d^2\boldsymbol{r}}{dt^2} = \boldsymbol{F} \tag{2.1}$$

と書ける．上式を**ニュートンの運動方程式**あるいは単に**運動方程式**という．加速度 $\boldsymbol{a}$ はベクトルで，(2.1) により力 $\boldsymbol{F}$ もベクトルとして振る舞う．また，上式から力の単位が決まる．すなわち，質量 1 kg の質点に作用し 1 m/s^2 の加速度を生じるような力が単位となり，これを 1 ニュートン (N) という．

例題 1　　**運動方程式の各成分**

力 $\boldsymbol{F}$ の x, y, z 成分をそれぞれ F_x, F_y, F_z としたとき，ニュートンの運動方程式はどのように表されるか．また，この式を利用し，質点が自由落下するとき質点に働く力を考察せよ．

解答　(2.1) の成分をとり

$$m\frac{d^2x}{dt^2} = F_x, \quad m\frac{d^2y}{dt^2} = F_y, \quad m\frac{d^2z}{dt^2} = F_z$$

が得られる．質点が自由落下するとき，第 1 章の問題 3.2（p.7）と同様な座標系をとると質点の座標は

$$x = y = 0, \quad z = h - \frac{1}{2}gt^2$$

と表される．したがって，運動方程式から

$$F_x = F_y = 0, \quad F_z = -mg$$

となる．すなわち，質量 m の質点には鉛直下向きに大きさ mg の力が働く．この力を**重力**という．

問　題

1.1　質量 0.2 kg の質点が 3 m/s^2 の加速度で運動しているとき，この質点に働く力の大きさは何 N か．

1.2　72 km/h の速さで一直線上を走っている重量 10 t（1 t = 1000 kg）のトラックが急ブレーキをかけたら，車輪がスリップしながら 4 s 間で静止した．急ブレーキをかけた後，一定の加速度でトラックは運動すると仮定して，加速度とトラックを静止させようとする力を求めよ．

1.3　等速円運動する質点の加速度は 1.5 節で学んだようにつねに円の中心 O を向いている．このため，(2.1) により質点には中心に向かうような力が働く．図 2.2 に示すように質量 m の質点が角速度 ω で半径 r の等速円運動を行うとき，質点に働く力は O を向き，その大きさ F は

$$F = mr\omega^2$$

であることを示せ．このような力を**向心力**という．

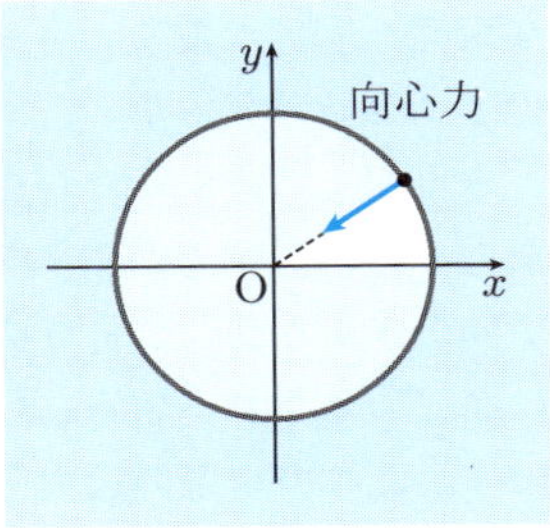

図 2.2　向心力

2.2 力のつり合い

1つの物体に2つ以上の力が働いていても，たまたま物体が静止し続ける場合，これらの力は**つり合っている**という．質点がつり合いの状態にあると (2.1) で $\boldsymbol{r}$ は一定のベクトルであるから $\boldsymbol{F} = \boldsymbol{0}$ となる．質点にいくつかの力が働くとき $\boldsymbol{F}$ はこれらの力のベクトル和で，このベクトル和を**合力**という．また合力を求めるようなことを**力の合成**という．

• 2つの力のつり合い • 質点に2つの力 $\boldsymbol{F}_1, \boldsymbol{F}_2$ が同時に働くとき，つり合いの条件は $\boldsymbol{F}_1 + \boldsymbol{F}_2 = \boldsymbol{0}$ と書ける．すなわち，質点に働く2つの力 $\boldsymbol{F}$ と $-\boldsymbol{F}$ はつり合う．

• 3つの力のつり合い • 質点に3つの力 $\boldsymbol{F}_1, \boldsymbol{F}_2, \boldsymbol{F}_3$ が同時に働くとき，これらの力のつり合いの条件は

$$\boldsymbol{F}_1 + \boldsymbol{F}_2 + \boldsymbol{F}_3 = \boldsymbol{0} \tag{2.2}$$

と書ける．$\boldsymbol{F}_1, \boldsymbol{F}_2, \boldsymbol{F}_3$ は図2.3に示すような三角形を構成する．図のように $\boldsymbol{F}_1$ をAからBへ向かうベクトル，$\boldsymbol{F}_2$ をBからCへ向かうベクトルとすれば $\boldsymbol{F}_1 + \boldsymbol{F}_2$ はAからCへ向かうベクトルに等しい．(2.2) により $\boldsymbol{F}_3$ は $-(\boldsymbol{F}_1 + \boldsymbol{F}_2)$ と書けるから，CからAへ向かうベクトルとして表され図2.3のようになる．この三角形を**力の三角形**という．

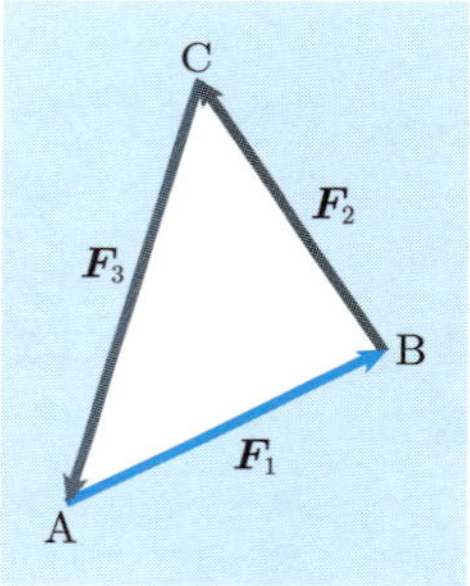

図2.3 力の三角形

• 束縛力 • 質点が空間中を自由に運動するのではなく，曲面上あるいは曲線上に束縛されて運動するときこれを**束縛運動**，また束縛を表す条件を**束縛条件**という．一般に，質点が束縛されると本来の力の他に質点には束縛のためある種の力が働く．これを**束縛力**という．束縛された質点のつり合いを扱うときにも，本来の力の他に束縛力を考慮する必要がある．一般に束縛には2種類あり，摩擦が働かないときを**なめらかな束縛**，摩擦が働くときを**あらい束縛**という．なめらかな束縛の場合，束縛力は質点の運動を妨げないから，束縛力は質点を束縛している面または線と垂直な方向を向く．

水平面上に置かれた質点には重力が働くが，質点がこの平面上に束縛されていれば，重力を打ち消す力が働かないといけない．すなわち，大きさが重力に等しく鉛直上方に向かうような力が質点に働く．この力を**垂直抗力**といい，普通 $\boldsymbol{N}$ で表す．同じように糸につるされた質点には重力が働くが，糸はこれを打ち消すような力を質点におよぼす．この力を糸の**張力**といい，通常 $\boldsymbol{T}$ の記号で表す．

例題 2 **3 つの力のつり合い**

質量 m の質点に，重さを無視できるような糸をつけ，図 2.4 のようにこの質点を天井の 1 点からつるした．質点を水平方向に大きさ F の力でひっぱったとき，糸は鉛直方向と角度 θ をなしたところでつり合いの状態となった．このときの糸の張力 T および F を求めよ．

解答 力のつり合いの条件を水平方向，鉛直方向で考えると

$$T\sin\theta = F$$

$$T\cos\theta = mg$$

となる．これから次の結果が得られる．

$$T = \frac{mg}{\cos\theta}, \quad F = mg\frac{\sin\theta}{\cos\theta} = mg\tan\theta$$

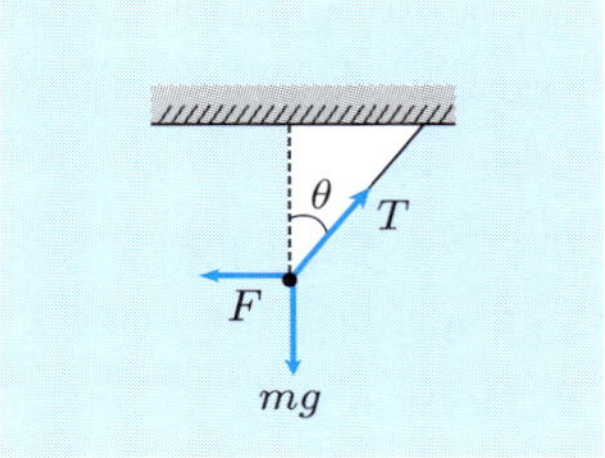

図 2.4 3 つの力のつり合い

問 題

2.1 x 軸上の原点 O に x 軸の方向を向く $\boldsymbol{F}_1$ の力，x 軸と θ の角度をなす方向に $\boldsymbol{F}_2$ の力が作用している（図 2.5）．

(a) この 2 力の合力の大きさを求めよ．

(b) 合力が x 軸となす角度 α の正接（tan）を計算せよ．

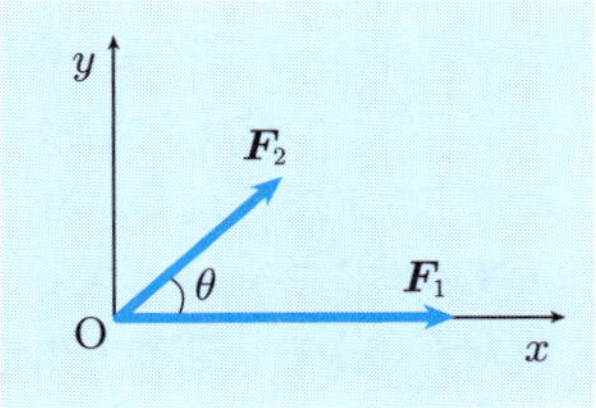

図 2.5 2 つの力の合力

2.2 図 2.6 のように，天井から糸 ABC で質量 m の質点を糸の B 点につるした．このとき AB 部分は天井と角度 α，BC 部分は角度 β をなした．糸の AB, BC 部分の張力 T_1, T_2 を求めよ．ただし，糸の質量は無視できるものとする．

2.3 水平面と角度 α をなすあらい斜面上に質量 m の質点が静止している（図 2.7）．この質点に働く垂直抗力 N はどのように表されるか．

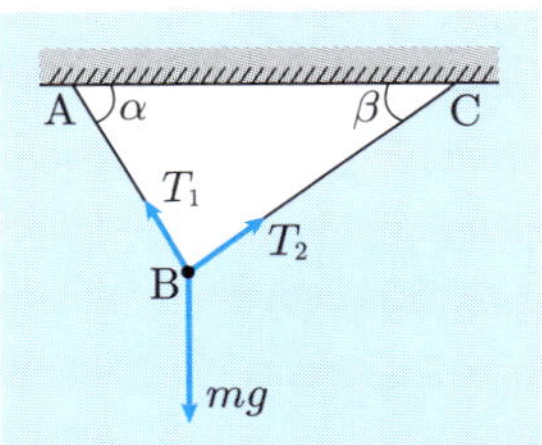

図 2.6 天井につるした質点

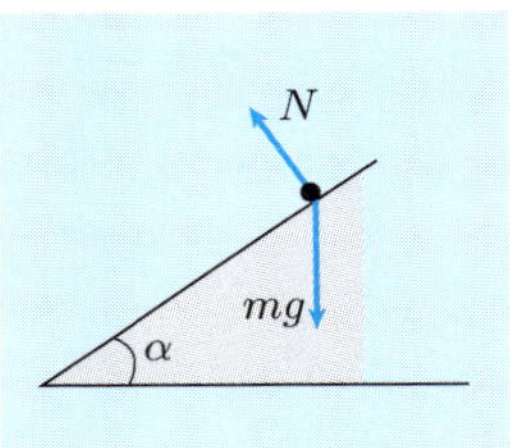

図 2.7 あらい斜面上の質点

2.3　重力を受ける物体の運動

地表近くにある質量 m の質点には鉛直下向きで大きさ mg の重力が働く．

• 落下運動 •　質点が落下するとき，空気の抵抗などがなければ，質点は等加速度運動を行う．鉛直下向きに x 軸をとり，$t=0$ で原点から初速度 v_0 で質点を落下させると，時刻 t における x 座標は次式のように表される．

$$x=\frac{1}{2}gt^2+v_0t \tag{2.3}$$

特に質点が静止状態から鉛直下方に落下する運動は自由落下で，この場合には (2.3) で $v_0=0$ とおき次式が得られる．

$$x=\frac{1}{2}gt^2 \tag{2.4}$$

• 放物運動 •　質点を水平面に対し斜めに投げ上げると，質点は放物線の軌道を描いて運動する．この運動を**放物運動**という．$t=0$ で質点を投げ上げるとしこの点を原点 O，水平面に沿って投げる向きに x 軸，鉛直上方に y 軸をとる．また，質点を投げ上げる方向は水平面と仰角 θ をなすとし，初速度の大きさを v_0 とする（図 2.8）．z 方向に重力は成分をもたないから，運動方程式により $d^2z/dt^2=0$ となる．これを時間に関して積分すると $dz/dt=C_1$，$z=C_1t+C_2$ が得られる．C_1, C_2 は**積分定数**で 2 階の微分方程式は積分定数を 2 個含む．$t=0$ における条件を**初期条件**というが，$t=0$ で $dz/dt=0, z=0$ なので $C_1=C_2=0$ となり，つねに $z=0$ が成り立つ．すなわち質点の運動は xy 面内で起こる．x, y 方向の運動方程式は $d^2x/dt^2=0, d^2y/dt^2=-g$ と書けるので，これを積分し初期条件を適用すると質点の速度の x, y 成分は

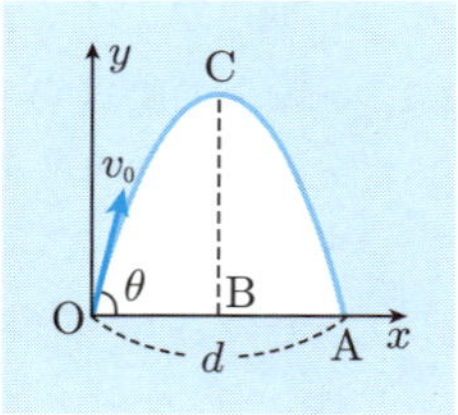

図 2.8　放物運動

$$v_x=\frac{dx}{dt}=v_0\cos\theta,\quad v_y=\frac{dy}{dt}=-gt+v_0\sin\theta \tag{2.5}$$

と表される．さらにこれを積分し，初期条件を使うと x, y は次式のように求まる．

$$x=v_0t\cos\theta,\quad y=-\frac{1}{2}gt^2+v_0t\sin\theta \tag{2.6}$$

例題 3　　**放物運動**

$t=0$ で原点 O から質点を初速度 v_0 で投げ上げ，その仰角を θ として（図 2.8），次の設問に答えよ．

(a)　質点の軌道が放物線であることを確かめよ．

(b)　投げ上げた質点が再び水平面に到着したとき，質点の進んだ距離（到達距離）d を求めよ．

(c)　図 2.8 で BC は質点が最高点に達したときの高さ h を表す．h を計算せよ．

解答　(a)　(2.6) の左式から $t = x/v_0 \cos\theta$ となり，これを右式に代入すると

$$y = x\tan\theta - \frac{g}{2{v_0}^2\cos^2\theta}x^2 \tag{1}$$

と書ける．これは図 2.8 に示すような xy 面内における放物線を表す．

(b)　水平面では $y=0$ であるから，(1) で $y=0$ とおくと，1 つの根として $x=0$ が得られるが，これは原点を表す．他の根が図 2.8 の点 A の x 座標すなわち到達距離 d で，d は次のように計算される．

$$d = \frac{2{v_0}^2\cos^2\theta}{g}\tan\theta = \frac{2{v_0}^2\cos\theta\sin\theta}{g} = \frac{{v_0}^2\sin 2\theta}{g} \tag{2}$$

(c)　OA の中点 B の x 座標は $d/2$ であるから (2) により $x = {v_0}^2\cos\theta\sin\theta/g$ と書ける．この x を (1) に代入し，高さ h は次のように求まる．

$$\begin{aligned} h &= \frac{{v_0}^2\cos\theta\sin\theta}{g}\tan\theta - \frac{g}{2{v_0}^2\cos^2\theta}\frac{{v_0}^4\cos^2\theta\sin^2\theta}{g^2} \\ &= \frac{{v_0}^2\sin^2\theta}{2g} \end{aligned} \tag{3}$$

問　題

3.1　放物運動で v_0 を一定に保ったとき，到達距離 d は θ が $\pi/4\ (=45°)$ のとき最大になることを示せ．また，この場合の到達距離 d_{m} を求めよ．

3.2　$\theta = 45°, d_{\mathrm{m}} = 100\,\mathrm{m}$ のとき，初速度は何 km/h となるか（1h = 1 時間）．

3.3　鉛直上向きに質点を初速度 v_0 で投げ上げたとする．質点が最高点に達したときの高さ h を次の 2 つの方法で計算せよ．

(a)　鉛直上向きに x 軸をとり，この軸上で質点の運動を扱う．

(b)　放物運動で $\theta = \pi/2\ (=90°)$ とおく．

3.4　150 km/h のスピードボールを真上に投げ上げたとき，このボールは何 m の高さに達するか．

2.4 斜面と摩擦力

物体が運動するとき，通常その運動を妨げるような力が働く．宇宙空間に飛び出した宇宙船の場合には真空中を運動するため抵抗を受けないが，これは例外である．一般に，物体の速度と反対向きに働く力を**抵抗力**という．この節で学ぶ摩擦力も抵抗力の1つの例である．

• 動摩擦力 • 摩擦を実感するには物体を板にのせその板を傾ければよい．傾けた板は力学の問題では斜面として記述されるが，次頁の図2.10のように水平面と角度αで交わる斜面上の質点（質量m）を考える．質点に働く重力を斜面方向と斜面に垂直な方向の成分にわけると，後者の成分は2.2節の問題2.3（p.15）で学んだように質点に働く垂直抗力Nとつり合う．一方，前者の成分は$mg\sin\alpha$と書け，αが0でない限りこれは0ではない．したがって，斜面がなめらかであれば，ほんの少し板を傾けただけで物体は運動するはずである．しかし，現実にはある程度板を傾けないと物体は運動しない．これは物体に摩擦が働くためである．一般に，運動する質点が摩擦のある床（あらい床）の上を運動するとき**動摩擦力**が働くが，その大きさRは垂直抗力に比例し

$$R = \mu N \tag{2.7}$$

と書ける．比例定数μは**動摩擦係数**とよばれ，質点と床の組合せで決まる．

• 静止摩擦力 • 静止物体に働く摩擦力を**静止摩擦力**という．あらい床上の静止物体に水平方向に力Tを加えたとき，静止摩擦力Fは物体の運動を妨げようとしTと逆向きに働く（図2.9）．Tが小さいうちは$F = T$で物体は静止したままである．しかし，Tがある値をこえると，Fはそれ以上大きくなれず物体は床の上をすべりだす．物体が動きだす直前に働く摩擦力を**最大静止摩擦力**という．最大静止摩擦力R'は，垂直抗力Nに比例し

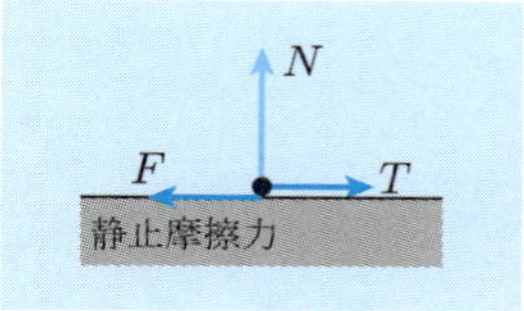

図 2.9 静止摩擦力

$$R' = \mu' N \tag{2.8}$$

と表される．μ'を**静止摩擦係数**といい，μと同様，μ'の値は質点と床の組合せで決まる．一般に，組合せが同じであればμ'はμより大きい．μ'を実験的に決めるには物体を板にのせ，板を傾けて物体が滑りだすぎりぎりの角度（**摩擦角**）を測定すればよい（例題4参照）．

例題 4　　**斜面上の質点**

水平面と角度 α をなすあらい斜面上に質量 m の質点が束縛されているとする（図 2.10）．質点と斜面間の動摩擦係数，静止摩擦係数を μ, μ' として次の問に答えよ．

(a)　図 2.10 のように斜面に沿って x 軸，それと垂直な向きに y 軸をとるとする．質点が x 軸に沿って運動するときに加速度を求めよ．

(b)　摩擦角 $\alpha_{\max}$ と μ' との間の関係について論じよ．

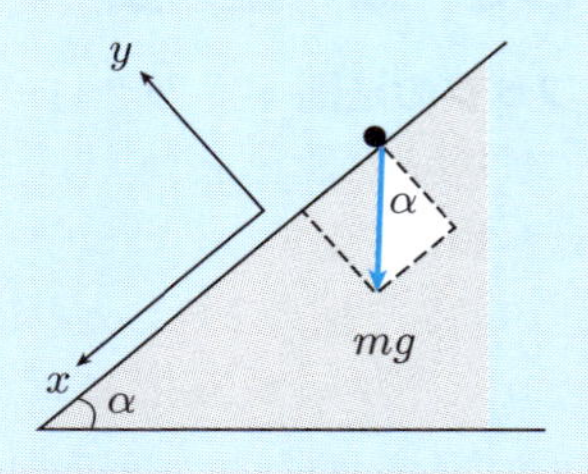

図 2.10　斜面上の質点

解答　(a)　y 方向の力のつり合いから

$$N = mg\cos\alpha$$

が得られる．x 軸の正の向きに重力の成分 $mg\sin\alpha$，負の向きに動摩擦力 $R = \mu N$ が働くので，質点の運動方程式は

$$m\frac{d^2x}{dt^2} = mg\sin\alpha - \mu mg\cos\alpha$$

と書ける．したがって，加速度 a は

$$a = g(\sin\alpha - \mu\cos\alpha)$$

と表され，これは一定であるから質点は等加速度運動を行う．a は正にもなるし負にもなる．$a > 0$ だと質点は斜面下向きに加速されるが，$a < 0$ の場合には，質点は減速されやがて止まってしまう．

(b)　質点が斜面上に静止しているとし，質点に働く静止摩擦力を F とすれば，x 方向の力のつり合いにより $F = mg\sin\alpha$ となる．質点がすべらないためには，F は R' より小さいか，等しいことが必要である．すなわち

$$F \leq \mu' N \qquad \therefore \quad \sin\alpha \leq \mu'\cos\alpha$$

でなければならない．上式から $\tan\alpha \leq \mu'$ となる．したがって，$\tan\alpha_{\max} = \mu'$ という関係が成り立つ．

問　題

4.1　質点と斜面との間の静止摩擦係数が 0.2 のとき摩擦角は何°か．

4.2　水平面と 30° の角度をなすスキーのジャンプ台でスキーと斜面との間の動摩擦係数を 0.1 とする．高さ 30 m のところからジャンパーが静かにすべったとしジャンプするときの速さを km/h の単位で求めよ．

2.5 単 振 動

• フックの法則 •　図 2.11 のようになめらかな水平面上のばねの一端を固定し，他端に質量 m の物体をつける．ばねが伸び縮みする現象は単振動として記述され，これを**ばね振り子**という．ばねが自然の状態のときの物体の位置を座標原点 O とし，x 軸の正の向きを図のようにとればばねの弾力 F は $x>0$ なら $F<0$，$x<0$ なら $F>0$ となり，この力はつねに原点を向く．また，ばねの変形が大きくないと，ばねの弾力の大きさは変形の大きさに比例する．これを**フックの法則**という．この法則が成り立つと，力の向きまで考慮し

$$F=-kx \tag{2.9}$$

と書ける．k はそのばねに固有な定数でこれを**ばね定数**という．

• 復元力と単振動 •　ある点から変位した質点にいつもその点に戻るような力が働くとき，この力を**復元力**という．(2.9) の F は復元力を表し k は正であるから便宜上

$$F=-m{\omega_0}^2x \tag{2.10}$$

と書く．ω_0 と k との間には ${\omega_0}^2=k/m$ の関係が成り立つ．運動方程式は

$$\frac{d^2x}{dt^2}=-{\omega_0}^2x \tag{2.11}$$

となるが，1.5 節の (1.17)（p.10）と同様な関係，すなわち $x(t)=A\cos(\omega_0t+\alpha)$ は (2.11) を満たすことがわかる．したがって，(2.11) は角振動数 ω_0 の単振動を記述する．A,α は (2.11) の微分方程式に対する積分定数である．ばね振り子の場合，角振動数 ω_0 および振動の周期 T は次式のように表される．

$$\omega_0=\sqrt{\frac{k}{m}},\quad T=2\pi\sqrt{\frac{m}{k}} \tag{2.12}$$

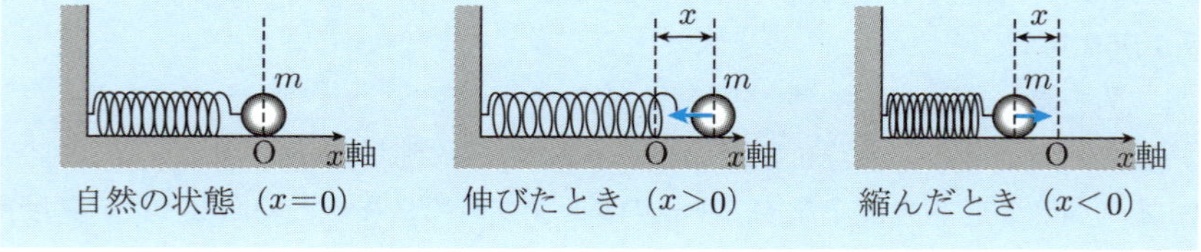

図 2.11　ばねの弾力

例題 5 **単振り子の単振動**

図 2.12 のように O を支点とする糸の長さ l の単振り子を考え，振動の起こる鉛直面内に x, y 軸をとって，x 軸は鉛直下向き，y 軸は水平方向を向くようにする．また，糸の先端に質量 m の質点をつけたとする．振動の角度が小さいとき振動は単振動で記述されることを示し．その周期を求めよ．

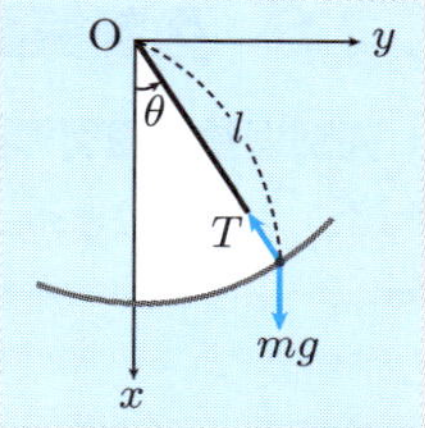

図 2.12 単振り子

解答 質点に空気の抵抗などが働かないとすれば，質点には鉛直下向きの重力 mg，糸に沿う張力 T が働く．図のように角度 θ をとると質点に対する運動方程式は

$$m\frac{d^2x}{dt^2} = mg - T\cos\theta, \quad m\frac{d^2y}{dt^2} = -T\sin\theta \tag{1}$$

と表される．(1) から T を消去すると

$$\frac{d^2x}{dt^2}\sin\theta - \frac{d^2y}{dt^2}\cos\theta = g\sin\theta \tag{2}$$

が得られる．一方，質点の座標 x, y は $x = l\cos\theta$, $y = l\sin\theta$ と書けるが，l が一定であることに注意すると，次の (3), (4) が得られる（問題 5.1）．

$$\frac{d^2x}{dt^2} = -l\cos\theta\left(\frac{d\theta}{dt}\right)^2 - l\sin\theta\frac{d^2\theta}{dt^2} \tag{3}$$

$$\frac{d^2y}{dt^2} = -l\sin\theta\left(\frac{d\theta}{dt}\right)^2 + l\cos\theta\frac{d^2\theta}{dt^2} \tag{4}$$

(2)～(4) から

$$d^2\theta/dt^2 = -(g/l)\sin\theta \tag{5}$$

となり，θ が小さいとき成り立つ $\sin\theta \simeq \theta$ の近似式を使うと (5) は周期 $2\pi\sqrt{l/g}$ の単振動を表すことがわかる．

問 題

5.1 例題 5 中の (3), (4) を導け．

5.2 質量が無視できるばね定数 k のばねを天井からつるす．鉛直下向きに x 軸をとり，ばねに質量 m のおもりをつけたとし，以下の問に答えよ．

(a) つり合いの位置でばねはどれだけ伸びるか．

(b) ばねが上下に振動するとき，この振動はつり合いの位置を中心とする単振動であることを示せ．

2.6 強制振動と共振

• 強制振動と固有振動 • 現実のばね振り子や単振り子では，空気の抵抗力，床との摩擦，支点での摩擦などのため，振動が起こってもやがてそれは止まってしまう．しかし，外力を加えれば振動を持続させることができる．この種の振動を**強制振動**，外力が働かないときの体系本来の振動を**固有振動**という．

• 共振 • 強制振動を扱うため，一直線 (x 軸) 上を運動する質量 m の質点に (2.10) の復元力 $-m{\omega_0}^2 x$ と外力 $mF_0 \sin \omega t$ とが働くとする．この場合，運動方程式は

$$\frac{d^2 x}{dt^2} = -{\omega_0}^2 x + F_0 \sin \omega t \tag{2.13}$$

と表される（F_0 : 定数）．上の方程式を解くため $x = A \sin \omega t$ と仮定し (2.13) に代入すると $({\omega_0}^2 - \omega^2)A = F_0$ となる．したがって，A は

$$A = \frac{F_0}{{\omega_0}^2 - \omega^2} \tag{2.14}$$

と求まる．ω_0 は本来の固有振動の角振動数を表す．(2.14) からわかるように，外力の角振動数 ω が ω_0 に等しいと振動の振幅は無限に大きくなる．この現象を**共振**という．実際には摩擦などのため振幅は有限に留まる．

• 減衰振動 • 空気中で単振り子を振動させると，空気の抵抗とか支点における摩擦などの影響で，振動の振幅は次第に小さくなり，最後には振動が止まってしまう．このような振動を**減衰振動**という．減衰振動の 1 つの例として，x 軸上を運動する質量 m の質点には速度に比例するような抵抗力 $-2m\gamma dx/dt$（γ : 正の定数）と復元力 $-m\omega^2 x$ とが働くとする（ω_0 を ω と書く）．体系の運動方程式は $md^2x/dt^2 = -2m\gamma dx/dt - m\omega^2 x$ となり，m は共通であるから x に対する方程式は

$$\frac{d^2 x}{dt^2} + 2\gamma \frac{dx}{dt} + \omega^2 x = 0 \tag{2.15}$$

と書ける．例題 6 で学ぶように，(2.15) の解は $\omega > \gamma$ のとき

$$x = Ae^{-\gamma t} \cos(\sqrt{\omega^2 - \gamma^2}\, t + \alpha) \tag{2.16}$$

となる．$\gamma = 0$ だと $e^{-\gamma t} = 1$ で上式は単振動を表すが，(2.16) ではこの振動の振幅が $Ae^{-\gamma t}$ というふうに時間とともに減衰していくので（図 2.13），これを減衰振動とよぶ．

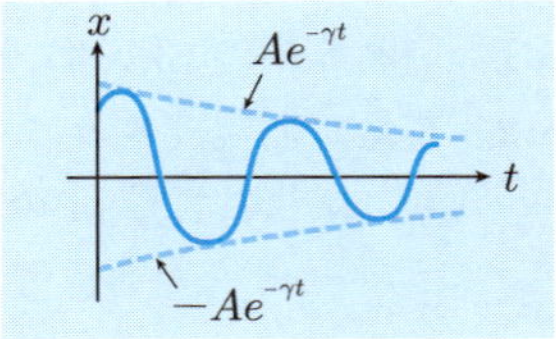

図 2.13 減衰振動

例題 6 **減衰振動と過減衰**

(2.15) を解くため $x = e^{\beta t}$ と仮定し β を求め，方程式の解の性質について論じよ．

解答 β に対する方程式は $\beta^2 + 2\gamma\beta + \omega^2 = 0$ となる．この β に対する二次方程式を解いて，β は

$$\beta = -\gamma \pm \sqrt{\gamma^2 - \omega^2} \tag{1}$$

と計算される．もし $\gamma < \omega$ だと，上の平方根中の量は負になり，β は

$$\beta = -\gamma \pm \sqrt{\omega^2 - \gamma^2}\, i \tag{2}$$

となる．よって，x は平方根の前の $+$ 符号をとり**オイラーの公式**（問題 6.1）を利用すると

$$\begin{aligned} x &= e^{-\gamma t} e^{\sqrt{\omega^2 - \gamma^2}\, it} \\ &= e^{-\gamma t}(\cos \sqrt{\omega^2 - \gamma^2}\, t + i \sin \sqrt{\omega^2 - \gamma^2}\, t) \end{aligned}$$

と書ける．上式の実数部分と虚数部分とがそれぞれ (2.15) の解となる（問題 6.2）．以上 (2) で $+$ 符号を考慮したが $-$ 符号をとっても同じ結論が得られる．微分方程式の一般解は a, b を任意定数として

$$x = e^{-\gamma t}(a \cos \sqrt{\omega^2 - \gamma^2}\, t + b \sin \sqrt{\omega^2 - \gamma^2}\, t)$$

である．$a = A \cos\alpha, b = -A \sin\alpha$ とおけば $x = Ae^{-\gamma t}\cos(\sqrt{\omega^2 - \gamma^2}\, t + \alpha)$ と書け，(2.16) が導かれる．

$\gamma > \omega$ の場合には (1) で平方根中は正となり β は実数である．このときの β を $\beta = -\Gamma$ と書けば，Γ は

$$\Gamma_1 = \gamma + \sqrt{\gamma^2 - \omega^2}, \quad \Gamma_2 = \gamma - \sqrt{\gamma^2 - \omega^2}$$

と表され，Γ_1 も Γ_2 も正の実数である．$e^{-\Gamma_1 t}$ も $e^{-\Gamma_2 t}$ もともに (2.15) を満たすから，いまの場合，方程式の解は a, b を任意定数として

$$x = ae^{-\Gamma_1 t} + be^{-\Gamma_2 t}$$

で与えられる．このときの方程式の解には振動を表す三角関数が現れず，質点の運動は非周期的となるので，これを**過減衰**という．

問 題

6.1 i を虚数単位（$i^2 = -1$）とすれば $e^{i\theta} = \cos\theta + i \sin\theta$ が成り立つ（オイラーの公式）．この公式を証明せよ．

6.2 (2.15) を満たす複素数の解があるとき，その実数部分および虚数部分はそれぞれ方程式の解であることを示せ．

6.3 過減衰が起こる物理的な理由について述べよ．

2.7　運動量保存の法則

• 運動量保存の法則 •　質量 m の質点が速度 $\boldsymbol{v}$ で運動しているとき $\boldsymbol{p} = m\boldsymbol{v}$ の $\boldsymbol{p}$ を**運動量**という．m が一定の場合，運動方程式は $d\boldsymbol{p}/dt = \boldsymbol{F}$ と書ける．図 2.14 のように 2 個の質点から構成される体系を考え質点 1 には質点 2 による力 $\boldsymbol{F}$ とそれ以外の力 $\boldsymbol{F}_1$ が働き，同様に質点 2 には $-\boldsymbol{F}$ と $\boldsymbol{F}_2$ が働くとする．質点 1, 2 の運動量 $\boldsymbol{p}_1, \boldsymbol{p}_2$ に対する運動方程式は $d\boldsymbol{p}_1/dt = \boldsymbol{F} + \boldsymbol{F}_1$, $d\boldsymbol{p}_2/dt = -\boldsymbol{F} + \boldsymbol{F}_2$ となるが，$\boldsymbol{P} = \boldsymbol{p}_1 + \boldsymbol{p}_2$ を**全運動量**という．上式を加えると次式が得られる．

$$\frac{d\boldsymbol{P}}{dt} = \boldsymbol{F}_1 + \boldsymbol{F}_2 \qquad (2.17)$$

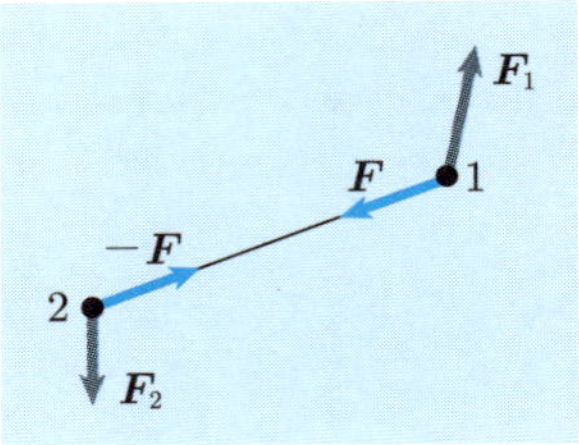

図 2.14　2 個の質点

$\boldsymbol{F}_1 + \boldsymbol{F}_2$ を 2 つの質点の体系（質点系）に対する外力という．(2.17) からわかるように外力が 0 であれば $\boldsymbol{P}$ は一定となる．これを**運動量保存の法則**という．外力が 0 でなくてもある方向の成分が 0 なら $\boldsymbol{P}$ のその方向の成分は一定となる（問題 7.2）．

• 力積 •　$d\boldsymbol{p}/dt = \boldsymbol{F}$ を時刻 t_1 から時刻 t_2 まで時間に関して積分すると

$$\int_{t_1}^{t_2} \frac{d\boldsymbol{p}}{dt} dt = \int_{t_1}^{t_2} \boldsymbol{F} dt \qquad (2.18)$$

となる．(2.18) の左辺はすぐに計算できる．また，(2.18) の右辺を $\boldsymbol{I}$ とおけば

$$\boldsymbol{p}(t_2) - \boldsymbol{p}(t_1) = \boldsymbol{I} \qquad (2.19)$$

$$\boldsymbol{I} = \int_{t_1}^{t_2} \boldsymbol{F} dt \qquad (2.20)$$

と表される．この $\boldsymbol{I}$ を**力積**という．(2.19), (2.20) からわかるように，ある時間内の運動量の増加はその時間内に質点に作用する力積に等しい．力積は力と時間の積という形をもつので，その単位は N·s で与えられる．

• 撃力 •　力積を考えると特に便利なのは大きな力が瞬間的に働く場合で，このような力を**撃力**という．撃力は日常的にもよく現れるもので，例えば，金づちで釘を打ち込むとき，野球のバットでボールを打ち返すとき，自動車が衝突するときなどに働く力は撃力である．撃力が x 方向に働く場合，F_x を時間の関数として表すと，図 2.15 のように撃力は非常に短い時間に働く瞬間的な非常に大きな力として記述される．(2.19) の t_1, t_2 を図のようにとれば力積は斜線部の面積に等しくなる．

例題 7 **撃力による運動量，座標の変化**

撃力が x 方向に働くとし，力の x 成分 F_x が時間 t の関数として図 2.15 のようにパルス的であるとする．$\Delta t \to 0$ の極限をとると p_x は不連続的に変化するが，座標 x は連続的であることを示せ．

解答 (2.19) の x 成分をとり，t_1 は撃力の働く直前，t_2 は撃力の働く直後とし，運動量の x 成分の前後の値を p_{1x}, p_{2x} とすれば

$$p_{2x} - p_{1x} = I_x$$

と書ける．ここで I_x は図 2.15 で斜線部の面積に等しい．撃力が質点に働くとき，この面積は有限であるとし，最後に $\Delta t \to 0$ の極限をとる．この極限で図 2.15 のピークの高さは無限に大きくなる．図 2.16 で示すように，p_x は Δt の前後で急激に変化し，$\Delta t \to 0$ の極限で p_x は t の関数として，撃力の前後で不連続的に変化する．一方，座標 x と p_x との間には質点の質量を m としたとき $dx/dt = p_x/m$ の関係が成り立つ．撃力の前後の x の値を x_1, x_2 とし，上の関係を t に関し t_1 から t_2 まで積分すると

$$x_2 - x_1 = \frac{1}{m}\int_{t_1}^{t_2} p_x dt$$

が得られる．右辺の積分は図 2.16 の斜線部の面積であり，これは $\Delta t \to 0$ の極限で 0 となる．このため撃力の前後で質点の座標は連続的に変化する．

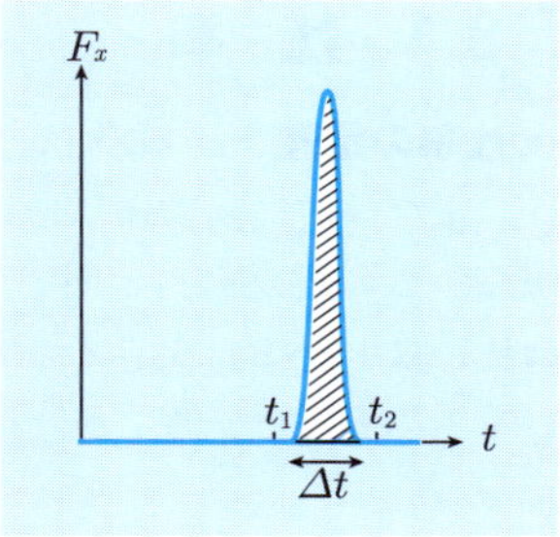

図 2.15 撃力

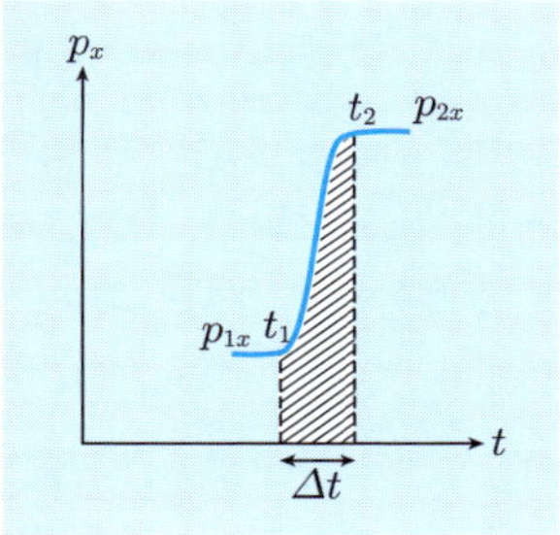

図 2.16 p_x の変化

問 題

7.1 体重 60 kg の人が 3 m/s の速さで走るときの運動量の大きさを求めよ．

7.2 外力のある方向の成分が 0 であるとき，全運動量のその方向の成分は一定であることを示せ．

7.3 20 m/s の速さで水平に投げられた質量 100 g の球をバントして，水平方向で球速を完全に 0 にするために必要な力積はいくらか．

7.4 速さ v で運動している質量 m の質点に撃力を加えたところ，質点は速さを変えずに運動方向が角度 θ だけ変わったとする．この場合，質点に働いた撃力の力積はどのように表されるか．

3　仕事とエネルギー

3.1　仕　事

• 仕事の定義 •　物体に力が加わり物体が動いたとき，力は物体に**仕事**をしたという．または逆に，物体は力によって仕事をされたという．質点に一定の力 $\boldsymbol{F}$ を加えながら，この質点を力と同じ向きに距離 l だけ移動させた場合，力の大きいほど，距離の長いほど仕事は大きくなると考えられる．そこで力の大きさ F と l の積をとり，質点を力の向きに距離 l だけ移動させたとき，力のする仕事 W を次のように定義する．

$$W = Fl \tag{3.1}$$

この定義からわかるように 1 N の力を加えてその力の向きに質点を 1 m 移動させたときが仕事の単位で，これを 1 **ジュール** (J) という．すなわち，次式が成り立つ．

$$1\,\mathrm{J} = 1\,\mathrm{N \cdot m} \tag{3.2}$$

力の向きと変位の向きが同じでないときには，$\boldsymbol{F}$ の変位方向の成分を用い，図 3.1 のように力の向きと変位の向きとが角度 θ とすれば，この力は

$$W = Fl\cos\theta \tag{3.3}$$

の仕事をしたとする．変位をベクトル $\boldsymbol{l}$ で表し，ベクトルの内積（例題 1 参照）を利用すると W は

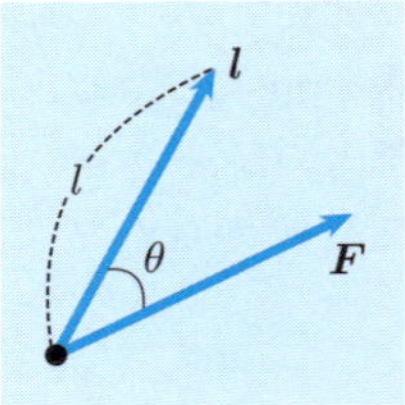

図 3.1　仕事の定義

$$W = \boldsymbol{F} \cdot \boldsymbol{l} \tag{3.4}$$

と表される．

• 重力のする仕事 •　質量 m の質点には mg の重力が働くので，質点が鉛直下方に h だけ落下したとき重力のする仕事 W は次のように書ける．

$$W = mgh \tag{3.5}$$

例えば，1 kg の質点に働く重力の大きさは 9.81 N であるから，この質点が鉛直下方に 2 m 落下するとき，重力のする仕事は 9.81 N × 2 m = 19.62 J と計算される．

• 仕事率 •　あるものが (例えば人やモーターが) 仕事をしているとき，単位時間当たりにする仕事のことを**仕事率**という．1 s 間に 1 J の仕事をする場合を仕事率の単位とし，これを 1 **ワット** (W) という．すなわち，次の関係が成り立つ．

$$1\,\mathrm{W} = 1\,\mathrm{J/s} \tag{3.6}$$

例題 1　　**ベクトルの内積**

2 つのベクトル $\boldsymbol{A}, \boldsymbol{B}$ があり，両者のなす角度を θ としたとき $\boldsymbol{A}\cdot\boldsymbol{B} = AB\cos\theta$ で定義される $\boldsymbol{A}\cdot\boldsymbol{B}$ を $\boldsymbol{A}$ と $\boldsymbol{B}$ との**内積**あるいは**スカラー積**という．内積に対し

$$(\boldsymbol{A}+\boldsymbol{B})\cdot\boldsymbol{C} = \boldsymbol{A}\cdot\boldsymbol{C} + \boldsymbol{B}\cdot\boldsymbol{C}, \quad \boldsymbol{A}\cdot(\boldsymbol{B}+\boldsymbol{C}) = \boldsymbol{A}\cdot\boldsymbol{B} + \boldsymbol{A}\cdot\boldsymbol{C}$$

という分配則が成り立つことを示せ．

解答　図 3.2 に示すように $\boldsymbol{A}, \boldsymbol{B}$ の終点から $\boldsymbol{C}$ に垂線を下ろし，その足を P, Q とする．$\boldsymbol{A}$ と $\boldsymbol{C}$ とのなす角度を θ とすれば $A\cos\theta$ は $\boldsymbol{C}$ への $\boldsymbol{A}$ の正射影 OP に等しい．正射影は符号をもつとすれば $\boldsymbol{A}\cdot\boldsymbol{C} = (\boldsymbol{A}$ の正射影$) \times C$ と書ける．$\boldsymbol{B}$ の正射影は PQ，$\boldsymbol{A}+\boldsymbol{B}$ の正射影は OQ に等しい．このため

$$(\boldsymbol{A}+\boldsymbol{B}) \text{の正射影} = (\boldsymbol{A}\text{の正射影}) + (\boldsymbol{B}\text{の正射影})$$

となり，与式の左の関係が導かれる．同様にして右の関係も証明される．

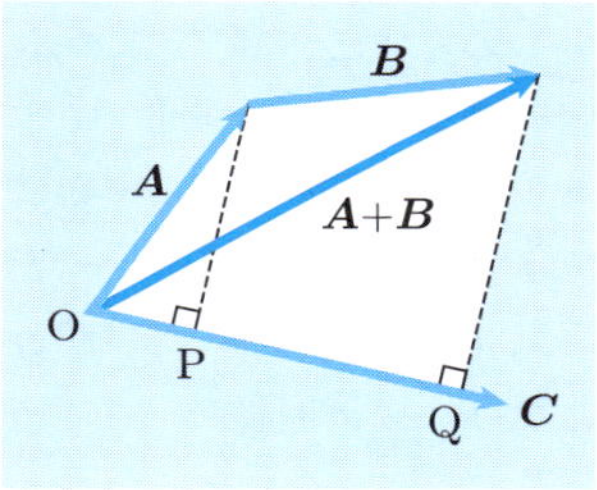

図 3.2　分配則

問　題

1.1　x, y, z 軸に沿う大きさ 1 のベクトル（単位ベクトル）を**基本ベクトル**という．このベクトルを $\boldsymbol{i}, \boldsymbol{j}, \boldsymbol{k}$ とすれば，ベクトル $\boldsymbol{A}$ はその成分により

$$\boldsymbol{A} = A_x\boldsymbol{i} + A_y\boldsymbol{j} + A_z\boldsymbol{k}$$

と表されることを示せ．

1.2　$\boldsymbol{A}, \boldsymbol{B}$ を成分で書き $\boldsymbol{A}\cdot\boldsymbol{B} = A_xB_x + A_yB_y + A_zB_z$ の等式を導け．

1.3　図 3.3 のように水平面と角度 α をなす斜面上を質量 m の質点が点 A から点 B まで距離 s だけ移動するとして，以下の設問に答えよ．

(a)　図のように斜面上を Δs だけ移動したとき重力のする仕事 ΔW を求めよ．

(b)　質点が点 A から点 B まで移動したとき重力のした仕事 W は

$$W = mgs\sin\theta = mgh$$

であることを示せ．

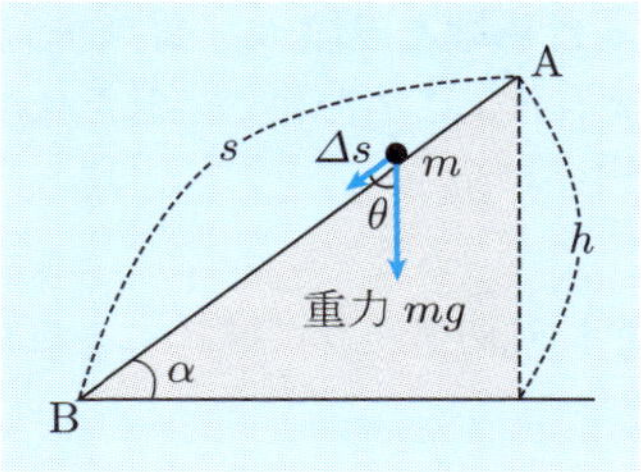

図 3.3　斜面上の移動

1.4　質点がなめらかな束縛を受けているとき，束縛力のする仕事は 0 であることを証明せよ．

3.2 一般の経路に沿ってする仕事

• 経路に沿う移動 • 図 3.4 のように空間中の 1 つの経路 C に沿って質点を点 A から点 B まで移動させるとき，力のする仕事 W を考える．ここで経路 C は直線とは限らず，また質点に働く力の向きも大きさも場所によって変わるものとする．W を求めるため，図 3.4 のように C を n 個の微小部分に分割し，i 番目の部分に対応する変位ベクトルを $d\boldsymbol{r}_i$，またそこで力はほぼ一定であると仮定しこれを $\boldsymbol{F}_i$ とする．質点を $d\boldsymbol{r}_1$ だけ移動させるときに必要な仕事は $\boldsymbol{F}_1 \cdot d\boldsymbol{r}_1$，$d\boldsymbol{r}_2$ だけ移動させるときの仕事は $\boldsymbol{F}_2 \cdot d\boldsymbol{r}_2$ となり，以下同様にして，全体の仕事 W はこれらの和をとり

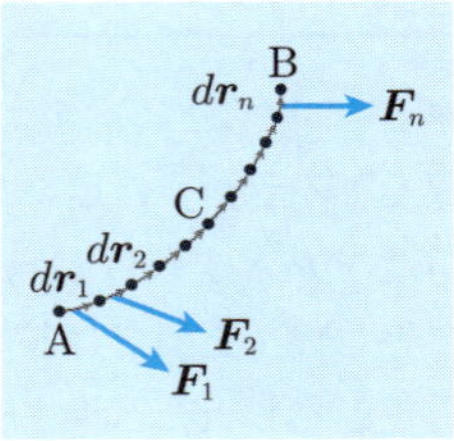

図 3.4　C に沿う移動

$$W = \boldsymbol{F}_1 \cdot d\boldsymbol{r}_1 + \boldsymbol{F}_2 \cdot d\boldsymbol{r}_2 + \cdots + \boldsymbol{F}_n \cdot d\boldsymbol{r}_n$$

と表される．ここで，分割を無限に細かくし $n \to \infty$ の極限をとると，上の和は積分の形で表される．すなわち，質点を経路 C に沿って移動させたとき力のする仕事 W は

$$W = \int_{\mathrm{C}} \boldsymbol{F} \cdot d\boldsymbol{r} \tag{3.7}$$

で与えられる．(3.7) で積分記号の下の C の添字は経路 C に沿っての積分を明記したものである．このように，ある曲線についての積分を一般に**線積分**，また経路 C を**積分路**という．

• 仕事率と速度 • 質点が $t \sim t + \Delta t$ の短い時間に力 $\boldsymbol{F}$ を受け $\Delta\boldsymbol{r}$ だけ変位したとすれば，この間に力のした仕事 ΔW は次のように書ける．

$$\Delta W = \boldsymbol{F} \cdot \Delta\boldsymbol{r} \tag{3.8}$$

単位時間当たりに換算するため Δt で割ると，この場合の仕事率 P は

$$P = \boldsymbol{F} \cdot \frac{\Delta\boldsymbol{r}}{\Delta t}$$

と表される．上式で $\Delta\boldsymbol{r}/\Delta t$ は $\Delta t \to 0$ の極限で質点の速度 $\boldsymbol{v}$ に等しいことに注意すると，時刻 t における仕事率は次式で与えられる．

$$P = \boldsymbol{F} \cdot \boldsymbol{v} \tag{3.9}$$

例題 2　　**ばねを伸び縮みさせるのに必要な仕事**

ばね定数 k のばねをなめらかな水平面に置きばねの一端を固定させ，他端に適当なおもりをつけたとする（図 2.11 参照，p.20）．ばねの軸に沿いこのばねを a だけ伸ばすのに必要な仕事を求めよ．また同じ距離 a だけ縮めるときにはどうなるか．

解答　図 2.11 と同様，ばねが自然の状態のときのおもりの位置を座標原点 O に選び，ばねに沿って x 軸をとる．おもりの座標が x のとき，おもりに働く力はばねの弾力で $F=-kx$ と表される．ばねを伸び縮みさせるにはこの力に逆らい kx だけの力を加える必要がある．厳密にいうとばねの弾力と加える力がつり合うとおもりは静止したままである．しかし，加える力をわずかでも弾力より大きくすればおもりは動く．したがって，事実上加える力は弾力とつり合っているとしてよい．このようにつり合いを保ちながら行う状態変化を一般に**準静的過程**という．こうして，a だけばねを伸ばすのに必要な仕事 W は

$$W=\int_0^a kxdx=\frac{1}{2}ka^2$$

と計算される．a だけばねを縮めるときには x を 0 から $-a$ まで変化させるので必要な仕事 W' は

$$W'=\int_0^{-a} kxdx=\frac{1}{2}ka^2$$

となり W' は W に等しいことがわかる．

問　題

2.1　長さ 10 cm のばねに質量 10 g のおもりをつるしたとき，ばねの長さは 11.5 cm になった．このばねを 2 cm 伸ばすのに必要な仕事は何 J か．

2.2　図 3.5 に示すように，あらい水平面と一定の角度 α を保ちながら，人が質量 m の質点に一定の力 F をおよぼし，時間 t の間に質点を点 A から点 B まで距離 l だけ移動させた．質点と水平面との間の動摩擦係数を μ として次の設問に答えよ．

(a)　質点に働く垂直抗力はどのように表されるか．

(b)　点 A から点 B まで質点を移動させるときの人の仕事率を求めよ．

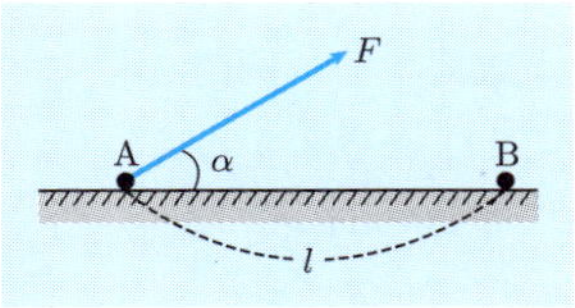

図 3.5　あらい水平面

2.3　モーターでロープを巻き上げ，質量 40 kg の荷物を鉛直上方につり上げるとする．このモーターの仕事率が 0.5 馬力のとき，荷物はどれくらいの速さでつり上がっていくか．ただし，馬力は仕事率の単位で 1 馬力 = 750 W とする．

3.3 いろいろな力と仕事

1つの物体にいろいろな力が働くとき，これらの力がする仕事を区別する必要がある．その1例を以下に考察しよう．

• 斜面上をすべり下りる質点 • 図3.6のように水平面と角度 α をなすあらい斜面上を質量 m の質点がすべり下りる場合を考える．この質点には斜面からの垂直抗力，重力，摩擦力が働くが，これらの力のする仕事は異なった性質をもつ．

(a) **垂直抗力がする仕事** 垂直抗力は変位の向きと垂直であるから，(3.4) で $\boldsymbol{F}$ と $\boldsymbol{l}$ とが垂直となり，両者のなす角度に対し $\cos(\pi/2) = 0$ が成り立つ．このため，垂直抗力は仕事をしない（問題1.4，p.27参照）．

(b) **重力がする仕事** この仕事については問題1.3（p.27）で学んだが，一般的な経路に関する仕事については次頁の問題3.1で述べる．

(c) **摩擦力がする仕事** 摩擦力と変位とは逆向きであり，両者のなす角度 θ は π である．$\cos\pi = -1$ であるから摩擦力のする仕事はつねに負である．

• 運動エネルギーと仕事 • 質量 m の質点が $\boldsymbol{v}$ の速度で運動しているとき

$$K = \frac{1}{2}mv^2 \tag{3.10}$$

で定義される K をその質点の**運動エネルギー**という．質点が点Aから C の経路をへて点Bに到達したとするとき（図3.7），一般に次の関係

$$K(\mathrm{B}) - K(\mathrm{A}) = W = \int_{\mathrm{C}} \boldsymbol{F} \cdot d\boldsymbol{r} \tag{3.11}$$

が成立する（例題3）．ただし，$K(\mathrm{A}), K(\mathrm{B})$ はA, Bにおける運動エネルギーである．(3.11) からわかるように，質点の運動エネルギーの増加は，質点に働く力のした仕事に等しい．

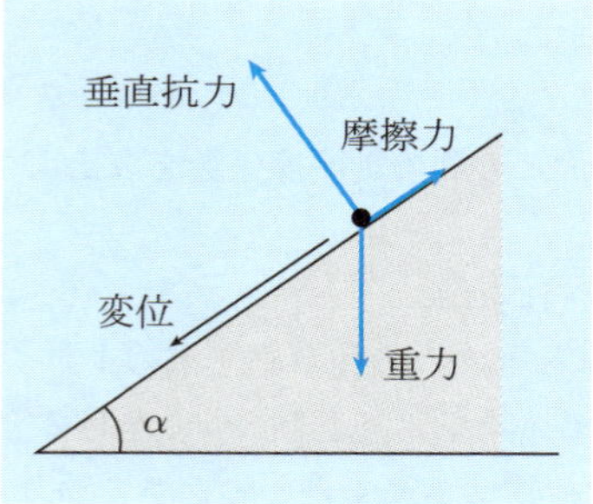

図 3.6 斜面上の質点

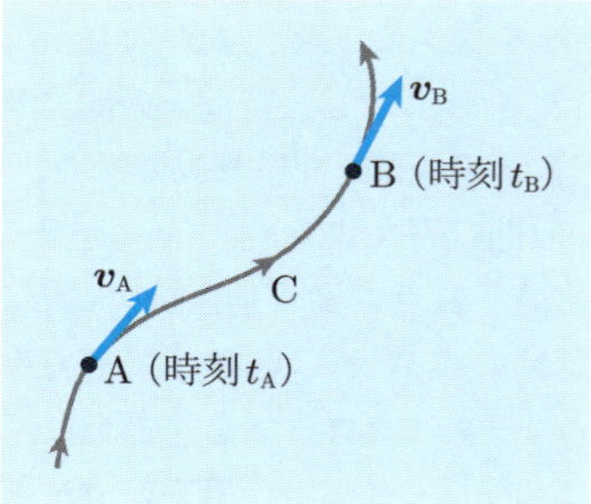

図 3.7 質点の軌道

例題 3 **運動エネルギーと仕事**

質点の運動エネルギーの増加は，質点に働く力のした仕事に等しいことを示せ．

解答 質量 m の質点に力 $\boldsymbol{F}$ が働くとき，運動方程式は $md^2\boldsymbol{r}/dt^2 = \boldsymbol{F}$ と書ける．図 3.7 のように，質点は時刻 $t_{\rm A}$ において空間中の 1 点 A を出発し，C の軌道をへて時刻 $t_{\rm B}$ において点 B に達するとし，A, B における速度をそれぞれ $\boldsymbol{v}_{\rm A}, \boldsymbol{v}_{\rm B}$ とする．運動方程式と $d\boldsymbol{r}/dt$ との内積を作ると

$$m\frac{d\boldsymbol{r}}{dt}\cdot\frac{d^2\boldsymbol{r}}{dt^2} = \boldsymbol{F}\cdot\frac{d\boldsymbol{r}}{dt} \tag{1}$$

と書けるが

$$\begin{aligned}\frac{d\boldsymbol{v}^2}{dt} &= \frac{d}{dt}({v_x}^2 + {v_y}^2 + {v_z}^2) = 2\left(v_x\frac{dv_x}{dt} + v_y\frac{dv_y}{dt} + v_z\frac{dv_z}{dt}\right)\\ &= 2\boldsymbol{v}\cdot\frac{d\boldsymbol{v}}{dt}\end{aligned}$$

に注意し $d\boldsymbol{r}/dt = \boldsymbol{v}$ を用いると (1) は

$$\frac{d}{dt}\left(\frac{1}{2}m\boldsymbol{v}^2\right) = \boldsymbol{F}\cdot\frac{d\boldsymbol{r}}{dt} \tag{2}$$

と表される．(2) を t に関し $t_{\rm A}$ から $t_{\rm B}$ まで積分すると

$$\frac{1}{2}m{v_{\rm B}}^2 - \frac{1}{2}m{v_{\rm A}}^2 = \int_{t_{\rm A}}^{t_{\rm B}}\boldsymbol{F}\cdot\frac{d\boldsymbol{r}}{dt}dt \tag{3}$$

が得られる．(3) の右辺で $(d\boldsymbol{r}/dt)dt = d\boldsymbol{r}$ とすれば，この積分は A → B と質点が運動したとき力のする仕事 W に等しくなり (3.11) が導かれる．

問　題

3.1 図 3.8 に示すように地表面から高さ h の点 A から経路 C に沿って点 B まで質量 m の質点が落下したとする．この間に重力のする仕事 W は C の形によらず $W = mgh$ と書けることを示せ．

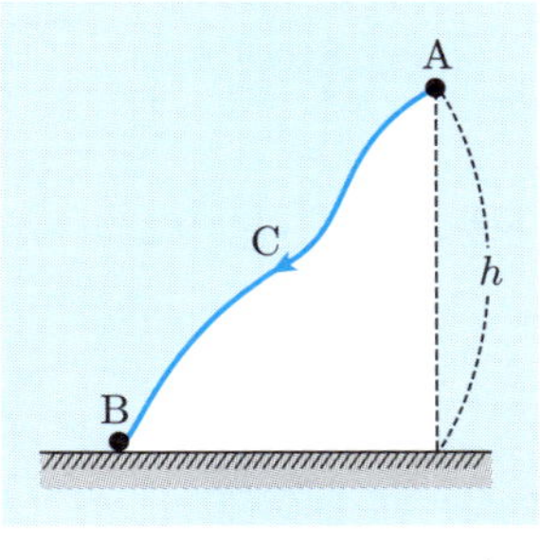

図 3.8　重力のする仕事

3.2 初速度 v_0 で鉛直下方に距離 x だけ落下したとき質点のもつ速度を v とすれば $v^2 - {v_0}^2 = 2gx$ が成り立つことを証明せよ．

3.3 ある時刻における dK/dt とその時刻での仕事率 P との間の次の関係を導け．

$$\frac{dK}{dt} = P$$

3.4　保存力と仕事

• 保存力 •　点 A, B を結ぶ経路 C に沿って質点を移動させるとき，(3.7) の仕事 W (p.28 参照) は一般に C のとり方に依存する．しかし，特別な場合として，W は A, B の選び方だけで決まり，途中の経路 C に無関係なことがある．このような性質をもつ力を**保存力**という．以下，力は場所だけの関数と考えて保存力の条件を導く．

• 経路の逆転 •　図 3.9(a) のように点 A から点 B にいたる経路 C に対し，この経路を逆転した $\overline{\mathrm{C}}$ を導入する［図 3.9(b)］．C, $\overline{\mathrm{C}}$ 上の同じ点をとるとそこで $\boldsymbol{F}$ は同じであるが，変位の微小ベクトルについては $d\boldsymbol{r} = -d\boldsymbol{r}'$ となり，よって $\boldsymbol{F}\cdot d\boldsymbol{r} = -\boldsymbol{F}\cdot d\boldsymbol{r}'$ である．これを C あるいは $\overline{\mathrm{C}}$ に沿って積分し簡単のため $\overline{\mathrm{C}}$ の積分変数の $'$ をとると

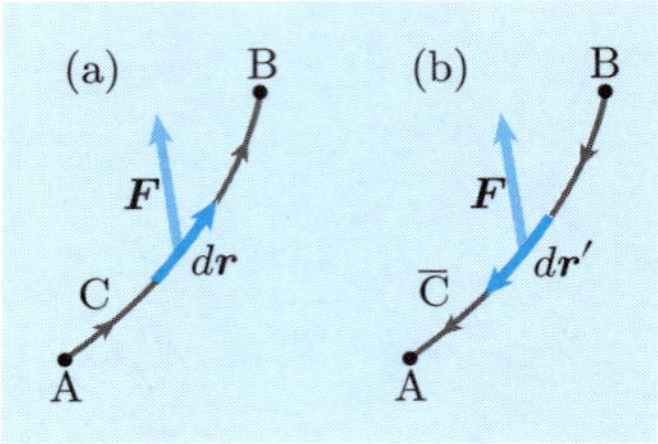

図 3.9　経路の逆転

$$\int_{\mathrm{C}} \boldsymbol{F}\cdot d\boldsymbol{r} = -\int_{\overline{\mathrm{C}}} \boldsymbol{F}\cdot d\boldsymbol{r} \tag{3.12}$$

が成り立つ．すなわち，経路を逆転すれば仕事の符号が逆転する（例題 4 参照）．

• 保存力の条件 •　質点が保存力を受け図 3.10 の点 A から点 B まで経路 $\mathrm{C}_1, \mathrm{C}_2$ をへて変位したとする．保存力の定義により $\mathrm{C}_1, \mathrm{C}_2$ に沿う仕事はそれぞれ等しいから

$$\int_{\mathrm{C}_1} \boldsymbol{F}\cdot d\boldsymbol{r} = \int_{\mathrm{C}_2} \boldsymbol{F}\cdot d\boldsymbol{r} \tag{3.13}$$

が成り立つ．C_2 の経路を逆転すると，(3.12) により右辺の符号が逆になるので，これを左辺に移項し $\mathrm{C} = \mathrm{C}_1 + \overline{\mathrm{C}_2}$ とおけば，C は図 3.11 のような閉じた経路となり

$$\oint_{\mathrm{C}} \boldsymbol{F}\cdot d\boldsymbol{r} = 0 \tag{3.14}$$

となる．積分記号につけた ○ は**周回積分**を表し (3.14) が保存力の条件を表す．

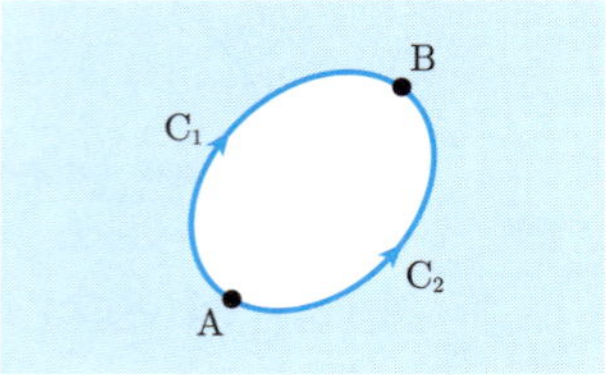

図 3.10　保存力の条件

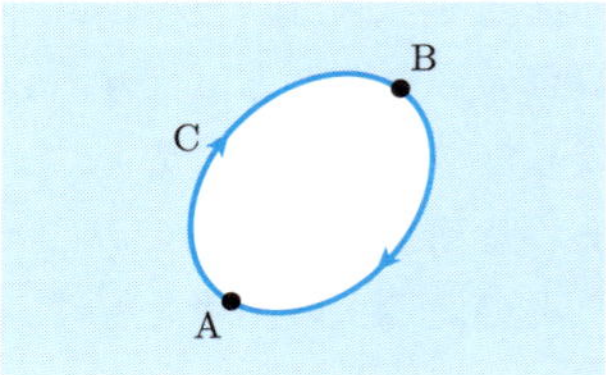

図 3.11　周回積分

例題 4 　　　　**経路の逆転**

xy 面上を変位する質点を考え，この質点には $\boldsymbol{F} = (F_0 x, F_0 y)$，($F_0$：定数) という 2 次元的な力が働くとする．原点 (0,0) にある質点を図 3.12(a) のように x 軸に沿い $(l,0)$ に移動させ，その後 y 軸に平行に (l,l) に達する経路を C とする．また同図 (b) のように C を逆転した経路を $\overline{\mathrm{C}}$ とする．C, $\overline{\mathrm{C}}$ の変位に伴う仕事 W, $\overline{W}$ を求め，$\overline{W} = -W$ が成り立つことを確かめよ．

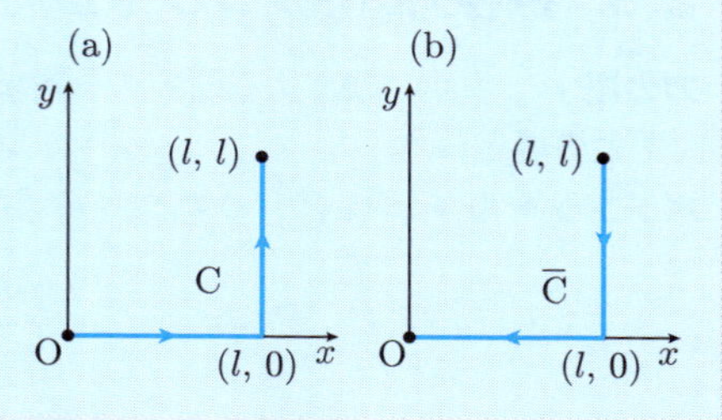

図 3.12 　経路の逆転

解答 一般に質点が $d\boldsymbol{r}$ の微小変位を行うとき，力のする仕事 dW は成分で書くと

$$dW = \boldsymbol{F} \cdot d\boldsymbol{r} = F_x dx + F_y dy + F_z dz$$

と表される．(0,0) から $(l,0)$ への経路では dx だけ，$(l,0)$ から (l,l) への経路では dy だけが 0 でなく，W, $\overline{W}$ は

$$W = \int_0^l F_0 x dx + \int_0^l F_0 y dy = F_0 l^2, \quad \overline{W} = \int_l^0 F_0 x dx + \int_l^0 F_0 y dy = -F_0 l^2$$

と計算され，$\overline{W} = -W$ であることがわかる．

問　題

4.1 あらい水平面（動摩擦係数：μ）上を質量 m の質点が点 A から点 B まで距離 s だけ移動したとき（図 3.13），動摩擦力のする仕事 W は $W = -mg\mu s$ であることを示し，動摩擦力は保存力でないことを確かめよ．

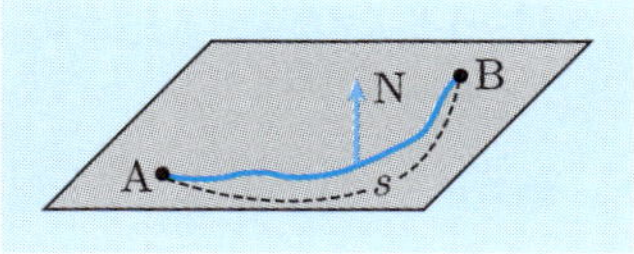

図 3.13 　あらい水平面

4.2 あらい水平面上で質点が図 3.14 のように O → A → B と変位するときと O → B と変位するときの動摩擦力のする仕事を求め，両者が異なることを示せ．

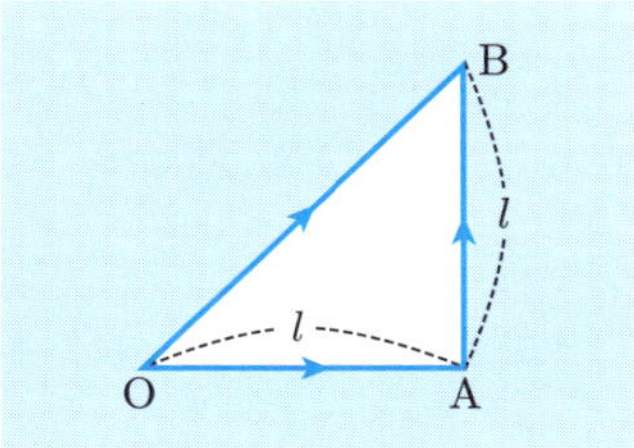

図 3.14 　質点の移動

4.3 質量 m の質点に減衰振動（p.22）のときと同様な抵抗力 $-2m\gamma v$ が働くとする．抵抗力に対する周回積分は 0 でないことを示しこの力は保存力でないことを証明せよ．

3.5 保存力のポテンシャル

• 力の場 • 質点に働く力が質点の位置 $\boldsymbol{r}$ だけに依存するとき，この力が定義される空間を力の場という．

• ポテンシャル • 保存力の場で

$$U(\boldsymbol{r}) = \int_{\boldsymbol{r}}^{\boldsymbol{r}_0} \boldsymbol{F} \cdot d\boldsymbol{r} \tag{3.15}$$

という関数について考えよう．ここで右辺は図 3.15 に示すように $\boldsymbol{r}$ から $\boldsymbol{r}_0$ に向かう任意の経路 C に関する積分であるが，保存力の性質によりこの積分は C の選び方によらない．このため，積分は $\boldsymbol{r}$ と $\boldsymbol{r}_0$ とに依存する．$\boldsymbol{r}_0$ を固定したとすれば，(3.15) は $\boldsymbol{r}$ だけの関数となる．(3.15) 中の $\boldsymbol{F} \cdot d\boldsymbol{r}$ の $\boldsymbol{r}$ は積分変数で同じ $\boldsymbol{r}$ という記号を使うが混乱が起こることはない．(3.15) の $U(\boldsymbol{r})$ を**ポテンシャル**，$\boldsymbol{r}_0$ をポテンシャルの**基準点**という．

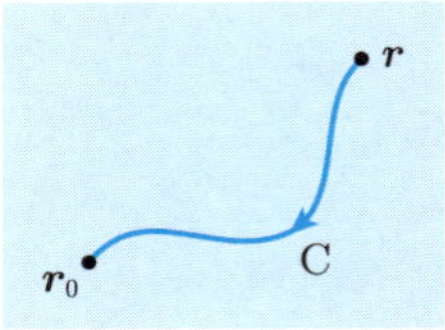

図 3.15 ポテンシャル

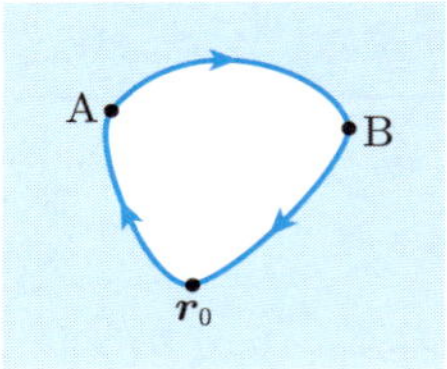

図 3.16 ポテンシャルと仕事

• ポテンシャルと仕事 • 図 3.16 に示すような $\mathrm{A} \to \mathrm{B} \to \boldsymbol{r}_0 \to \mathrm{A}$ と周回する経路に対し (3.14) を適用し，$\mathrm{A} \to \mathrm{B}$ の変位に対し力のする仕事を $W(\mathrm{A} \to \mathrm{B})$ と書けば

$$W(\mathrm{A} \to \mathrm{B}) + W(\mathrm{B} \to \boldsymbol{r}_0) + W(\boldsymbol{r}_0 \to \mathrm{A}) = 0$$

が得られる．経路を逆転すると仕事の符号が逆転することと (3.15) の定義を使うと次式が導かれる．

$$W(\mathrm{A} \to \mathrm{B}) = U(\mathrm{A}) - U(\mathrm{B}) \tag{3.16}$$

• ポテンシャルの勾配 • (3.16) で点 A, B を表す位置をそれぞれ $\boldsymbol{r}, \boldsymbol{r} + \Delta\boldsymbol{r}$ とすれば

$$\int_{\boldsymbol{r}}^{\boldsymbol{r}+\Delta\boldsymbol{r}} \boldsymbol{F} \cdot d\boldsymbol{r} = U(\boldsymbol{r}) - U(\boldsymbol{r} + \Delta\boldsymbol{r}) \tag{3.17}$$

となる．これから $\boldsymbol{F}$ は

$$\boldsymbol{F} = -\mathrm{grad}\, U \tag{3.18}$$

と表される（例題 5）．ただし，grad は**勾配**とよばれ次式で定義される．

$$\mathrm{grad}\, U = \left(\frac{\partial U}{\partial x}, \frac{\partial U}{\partial y}, \frac{\partial U}{\partial z} \right) \tag{3.19}$$

例題 5　　**保存力とポテンシャル**

(3.17) で微小変位の場合を考察し，保存力とポテンシャルとの間の成り立つ (3.18) の関係を導け．

解答　(3.17) の左辺は質点を $\boldsymbol{r}$ から $\boldsymbol{r}+\Delta\boldsymbol{r}$ に変位させたとき力のする仕事である．この仕事は微小変位だと $\boldsymbol{F}\cdot\Delta\boldsymbol{r}$ と表される．したがって，微小変位では

$$\boldsymbol{F}\cdot\Delta\boldsymbol{r} = U(\boldsymbol{r}) - U(\boldsymbol{r}+\Delta\boldsymbol{r})$$

と書ける．あるいは成分で表すと上式は

$$F_x\Delta x + F_y\Delta y + F_z\Delta z = U(x,y,z) - U(x+\Delta x, y+\Delta y, z+\Delta z)$$

と表される．ここで $\Delta y = \Delta z = 0$ とし，$\Delta x \to 0$ の極限をとると

$$F_x = -\lim_{\Delta x\to 0}\frac{U(x+\Delta x,y,z)-U(x,y,z)}{\Delta x}$$

となる．上式右辺の極限操作は y, z を固定して x で微分することを意味し，これを x に関する**偏微分**といって，$\partial/\partial x$ の記号が使われる．すなわち

$$F_x = -\frac{\partial U}{\partial x}$$

と書ける．同様にして

$$F_y = -\frac{\partial U}{\partial y},\quad F_z = -\frac{\partial U}{\partial z}$$

が得られ，(3.18) が導かれる．(3.18) からわかるように，ポテンシャル U に任意の定数を加えてもこの関係は変わらない．したがって，ポテンシャルは一義的に決まらず，不定性がある．ふつうは適当な基準を決めてこの不定性を除去する．このような不定性はポテンシャルの基準点が任意に選べることに起因する．

問　題

5.1　地表に座標原点 O，鉛直上向きに z 軸，水平面を xy 面に選ぶ．そうすると，質量 m の質点に働く重力は $U = mgz +$ 定数 というポテンシャルから導かれることを示せ．この U を**重力ポテンシャル**または**重力の位置エネルギー**という．

5.2　力 $\boldsymbol{F}$ が保存力の場合

$$\frac{\partial F_z}{\partial y} - \frac{\partial F_y}{\partial z} = 0,\quad \frac{\partial F_x}{\partial z} - \frac{\partial F_z}{\partial x} = 0,\quad \frac{\partial F_y}{\partial x} - \frac{\partial F_x}{\partial y} = 0$$

が成り立つことを証明せよ．

5.3　$F_x = F_0 yz,\ F_y = F_z = 0$ という成分で記述される力（F_0：定数）は保存力でないことを示せ．

3.6　力学的エネルギー保存の法則

• 位置エネルギー •　質点は力学の法則にしたがい運動し，その位置ベクトル $\boldsymbol{r}$ は時間の関数となる．ポテンシャル U は $\boldsymbol{r}$ の関数であるため，これは一般に時間に依存するが，U を**位置エネルギー**または**ポテンシャルエネルギー**という．

• 力学的エネルギー保存の法則 •　質点が経路 C をへて点 A から点 B まで運動したとすれば (3.11)（p.30）により $K(\mathrm{B}) - K(\mathrm{A}) = W$ が成り立つ．一方，力が保存力の場合，(3.16)（p.34）から $W = U(\mathrm{A}) - U(\mathrm{B})$ と書ける．よって，この両式から

$$K(\mathrm{B}) + U(\mathrm{B}) = K(\mathrm{A}) + U(\mathrm{A}) \tag{3.20}$$

となる．一般に

$$E = K + U \tag{3.21}$$

で与えられる E を**力学的エネルギー**という．すなわち，力学的エネルギーは運動エネルギーと位置エネルギーの和である．この定義を使うと (3.20) により

$$E(\mathrm{B}) = E(\mathrm{A}) \tag{3.22}$$

が得られる．B は経路上の任意の点と考えてよいから，保存力の場合，質点の力学的エネルギーは一定に保たれる．(3.22) を**力学的エネルギー保存の法則**という．質点がなめらかな束縛を受けるとき，束縛力は C に垂直で仕事をしないから，上の W として保存力の行う仕事だけを考慮すればよい．したがって，質点がなめらかな束縛がある場合でも，力学的エネルギー保存の法則はそのまま成り立つ．

• 運動エネルギーと位置エネルギーの単位 •　運動エネルギーの単位は (3.10) の定義式（p.30）からわかるように $\mathrm{kg \cdot m^2/s^2}$ である．一方 $\mathrm{J = N \cdot m}$，$\mathrm{N = kg \cdot m/s^2}$ であるから，$\mathrm{kg \cdot m^2/s^2 = N \cdot m = J}$ となる．また，位置エネルギーは (力) と (長さ) の積という形をもち，その単位は J で表される．力学的エネルギーは運動エネルギーと位置エネルギーの和であるから，当然その単位は J である．このように力学的エネルギーも仕事も同じ J で測られる．

• 法則の応用例 •　力学的エネルギー保存の法則はそれ自身重要な法則であるが，力学の諸問題に適用できる．例えば質点（質量 : m）の放物運動で初速度を v_0 とすれば（図 3.17），高さ z における速度 v に対し $mv^2/2 + mgz = m{v_0}^2/2$ となる．これから

$$v^2 + 2gz = {v_0}^2$$

と書け，v と z との間の関係が求まる．

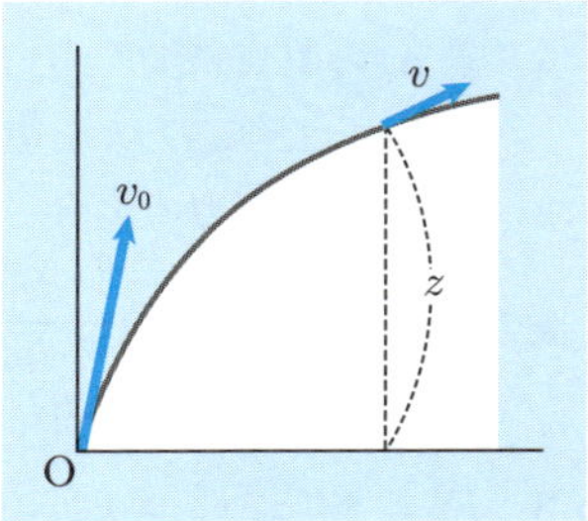

図 3.17　放物運動

例題 6　　**単振り子の力学的エネルギー**

図 3.18 のように長さ l の糸の先に質量 m の質点をつけた単振り子がある．糸が鉛直方向から角度 θ だけ傾いたときの質点の速度を v，そのときの質点の最下点からの高さを h として，以下の設問に答えよ．

(a)　糸が θ だけ傾いたときの質点の重力の位置エネルギーを θ の関数として表せ．ただし，質点の最下点を基準点にとる．

(b)　質点の最下点における速さを v_0 とする．力学的エネルギー保存の法則はどのように書けるか．

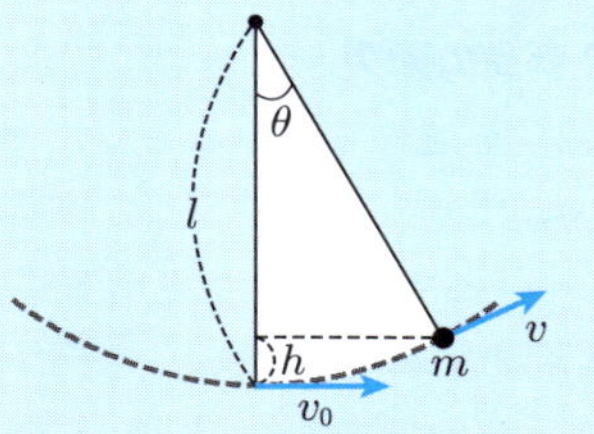

図 3.18　単振り子

解答　(a)　重力の位置エネルギー U は最下点を基準点にとれば

$$U = mgh$$

と表される．$h = l - l\cos\theta$ と書けるので，U は次式のようになる．

$$U = mgl(1 - \cos\theta)$$

(b)　糸の張力は質点の移動方向と垂直であるから仕事をせず，空気の抵抗，支点での摩擦などを無視すると力学的エネルギー保存の法則が成り立つ，したがって

$$\frac{1}{2}mv^2 + mgl(1 - \cos\theta) = 一定$$

という関係が成り立つ．$\theta = 0$ のときを考えると上式の一定値は $m{v_0}^2/2$ と求まる．こうして次式が導かれる．

$$v^2 + 2gl(1 - \cos\theta) = {v_0}^2$$

問　題

6.1　x 軸上で質量 m の質点が角振動数 ω，振幅 A の単振動を行っているとして，次の設問に答えよ．

(a)　質点の位置エネルギーを求めよ．ただし，原点をその基準点とする．

(b)　単振動に対する式を利用し，実際，力学的エネルギーが一定であることを証明せよ．

6.2　初速度 v_0，仰角 θ で打ち上げた質点が最高点でもつ速さを求めよ．ただし，空気の抵抗などは働かないとする．

6.3　力が保存力であるとして，力学的エネルギー保存の法則とニュートンの運動方程式との関係について論じよ．

3.7　衝突と力学的エネルギーの散逸

• 2 質点の衝突 •　2 つの質点 1，2 が一直線上（x 軸）を運動しているとし，それぞれの質量を m_1, m_2 とする．質点 1，2 の速度を u_1, u_2 とし $u_1 > u_2$ とすれば質点 1 は質点 2 に追いつき両者は衝突する（図 3.19）．厳密にいうと，u は速度の x 成分であるが通常，直線運動では添字の x を省略する．ただし，u は符号をもち，図 3.19 のように x 軸の正方向を右向きにとれば，$u > 0$ だと質点は右向き，$u < 0$ だと質点は左向きに運動する．

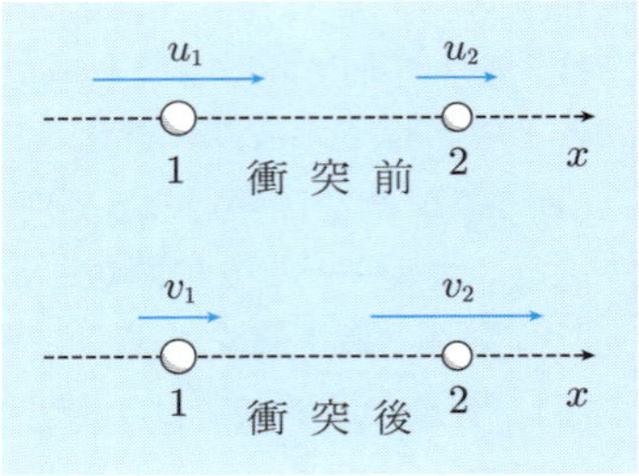

図 3.19　2 質点の衝突

x 軸は水平方向とすれば質点に働く重力は x 成分をもたず，x 方向に関して 2.7 節で述べたような運動量保存の法則（p.24）が適用できる．よって図 3.19 で示すように，衝突後の質点の速度を v_1, v_2 とすれば次式が成り立つ．

$$m_1 v_1 + m_2 v_2 = m_1 u_1 + m_2 u_2 \tag{3.23}$$

実験の結果によると

$$-\frac{v_1 - v_2}{u_1 - u_2} = e \tag{3.24}$$

の関係が成り立つ．上式の e を**反発係数**あるいは**はね返り係数**という．$u_1 - u_2 > 0$，$v_1 - v_2 < 0$ が成り立つので e は一般に正の量である．衝突の際，音や熱が発生し，力学的エネルギーは減少する．これから $0 \leq e \leq 1$ という不等式が導かれる（例題 7）．$e = 1$ では力学的エネルギーの損失が起こらず，このような衝突を**完全弾性衝突**という．一方 $e = 0$ では衝突後 2 つの質点は一体となって運動し，力学的エネルギーの損失は最大となる，この種の衝突を**完全非弾性衝突**という．

• 力学的エネルギーの散逸 •　保存力は (3.18)（p.34）により $\boldsymbol{F} = -\mathrm{grad}\, U$ と書け，場所の関数である．これに対し，静止摩擦力，動摩擦力，空気の抵抗力などは物体の場所だけでなくその進行方向にも依存するので保存力ではありえない．このような力を保存力に対比し**非保存力**という．質点に非保存力が働くとその力学的エネルギーは減少していく．この現象を**力学的エネルギーの散逸**という．失われたエネルギーは，摩擦熱などに変わり，失われた力学的エネルギーがふたたびもとに戻ることはない．力学的エネルギーの散逸は力学の法則を使い理解することができるが，詳しい点については問題 7.1 を参照せよ．

例題 7 ——— **衝突による力学的エネルギーの損失**

2 質点の衝突に関する以下の問に答えよ．

(a) 反発係数が e の場合，衝突後の質点の速度を衝突前の速度で表せ．

(b) (a) の結果を利用して，衝突に伴う力学的エネルギーの損失分 Q を計算し $Q \geq 0$ の条件から e に対する不等式を導け．

解答 (a) $m_1 v_1 + m_2 v_2 = m_1 u_1 + m_2 u_2, \quad v_1 - v_2 = -e u_1 + e u_2$
の両式から次式が導かれる．

$$v_1 = \frac{(m_1 - e m_2)u_1 + m_2(1+e)u_2}{m_1 + m_2}, \quad v_2 = \frac{m_1(1+e)u_1 + (m_2 - e m_1)u_2}{m_1 + m_2}$$

(b) 質点が水平面内にあると重力の位置エネルギーは変わらないので，力学的エネルギーとして運動エネルギーだけを考慮すればよい．したがって，その損失分 Q は

$$\begin{aligned} Q &= (1/2)(m_1 {u_1}^2 + m_2 {u_2}^2 - m_1 {v_1}^2 - m_2 {v_2}^2) \\ &= (1/2)[m_1(u_1 + v_1)(u_1 - v_1) + m_2(u_2 + v_2)(u_2 - v_2)] \end{aligned}$$

となるが，ここで

$$u_1 - v_1 = \frac{m_2(1+e)(u_1 - u_2)}{m_1 + m_2}, \quad u_2 - v_2 = \frac{m_1(1+e)(u_2 - u_1)}{m_1 + m_2}$$

を代入すると，Q は

$$\begin{aligned} Q &= \frac{m_1 m_2(1+e)}{2(m_1 + m_2)}(u_1 - u_2)[u_1 + v_1 - (u_2 + v_2)] \\ &= \frac{m_1 m_2(1-e^2)(u_1 - u_2)^2}{2(m_1 + m_2)} \end{aligned}$$

と表される．e は負にならないから $Q \geq 0$ の条件から $0 \leq e \leq 1$ が導かれる．

問　題

7.1 質点に保存力と非保存力が働く場合を考察し力学的エネルギー $E = (1/2)mv^2 + U(x, y, z)$ は必ず減少することを証明せよ．

7.2 質点が壁にぶつかりはね返される場合，壁を無限大の質量の質点とみなせばよい．$u_2 = v_2 = 0$ とおき，質点の速さは衝突後 e 倍になることを示せ．

7.3 ボールを水平な床の上方 h の高さのところから，静かに落とした．ボールと床との間の反発係数を e として次の設問に答えよ．

(a) ボールがはね返されるときの速さ，ボールがはね返ってから，最高点に上がるまでの時間，また，最高点における高さを求めよ．

(b) ボールが何回もはね返って，最後に静止するまでの時間を計算せよ．

4 万有引力

4.1 万有引力の法則

• 万有引力 •　質量をもつ2つの物体の間には互いに引き合う力が働き，これを**万有引力**という．質量 m_1 の質点1と質量 m_2 の質点2が距離 r だけ離れているとすれば（図4.1），万有引力は両質点を結ぶ線に沿い，その大きさ F は質量の積 m_1m_2 に比例し r の2乗に反比例する．これを**万有引力の法則**という．この法則により F は

$$F = G\frac{m_1m_2}{r^2} \tag{4.1}$$

となる．上式で比例定数 G を**万有引力定数**といい，その数値は次式で与えられる．

$$G = 6.67 \times 10^{-11}\,\mathrm{N \cdot m^2/kg^2} \tag{4.2}$$

図4.1のように点Oから測った質点1，2の位置ベクトルを $\boldsymbol{r}_1, \boldsymbol{r}_2$ とし，質点2が質点1におよぼす万有引力を $\boldsymbol{F}_{12}$ と書くと，力の向き，大きさを考え $\boldsymbol{F}_{12}$ は

$$\boldsymbol{F}_{12} = -G\frac{m_1m_2}{|\boldsymbol{r}_1 - \boldsymbol{r}_2|^2}\frac{\boldsymbol{r}_1 - \boldsymbol{r}_2}{|\boldsymbol{r}_1 - \boldsymbol{r}_2|^2} \tag{4.3}$$

と表される．(4.3) で $1 \rightleftarrows 2$ という交換を行うと符号が逆転する．すなわち，$\boldsymbol{F}_{21} = -\boldsymbol{F}_{12}$ が成り立つが，これは作用反作用の法則を意味する．

• 万有引力のポテンシャル •　図4.2のように質点2が原点Oにあるとし，2からみた1の位置ベクトルを $\boldsymbol{r}$ とすれば $\boldsymbol{r} = \boldsymbol{r}_1 - \boldsymbol{r}_2$ である．$\boldsymbol{F}_{12}$ を単に $\boldsymbol{F}$ と書けば

$$F_x = -G\frac{m_1m_2}{r^3}x, \quad F_y = -G\frac{m_1m_2}{r^3}y, \quad F_z = -G\frac{m_1m_2}{r^3}z$$

が成り立つ．この力に対するポテンシャルは

$$U(r) = -G\frac{m_1m_2}{r} \quad (r = |\boldsymbol{r}|) \tag{4.4}$$

で与えられる．実際，$r = (x^2 + y^2 + z^2)^{1/2}$ に注意すると上式から

$$-\frac{\partial U}{\partial x} = Gm_1m_2\frac{\partial}{\partial x}(x^2 + y^2 + z^2)^{-1/2} = -G\frac{m_1m_2}{r^3}x = F_x$$

の結果が得られ，同様な関係が y, z 成分でも成り立つ．こうして $\boldsymbol{F} = -\mathrm{grad}\,U$ が証明され，(4.4) が万有引力に対するポテンシャルであることがわかる．

例題 1　**2 体問題**

2 個の質点から構成される体系（質点系）の力学を **2 体問題**という．質点系に力が働かないとすれば，2 体問題は 1 個の質点の運動に帰着することを示せ．

解答　各質点に対する運動方程式は $m_1 d^2\boldsymbol{r}_1/dt^2 = \boldsymbol{F}$，$m_2 d^2\boldsymbol{r}_2/dt^2 = -\boldsymbol{F}$ と表される．上式は

$$\frac{d^2\boldsymbol{r}_1}{dt^2} = \frac{\boldsymbol{F}}{m_1}, \quad \frac{d^2\boldsymbol{r}_2}{dt^2} = -\frac{\boldsymbol{F}}{m_2} \tag{1}$$

と書け，相対運動（質点 2 からみた質点 1 の運動）を表す位置ベクトル $\boldsymbol{r} = \boldsymbol{r}_1 - \boldsymbol{r}_2$ に対する運動方程式として (1) から

$$\frac{d^2\boldsymbol{r}}{dt^2} = \frac{\boldsymbol{F}}{\mu}, \quad \frac{1}{\mu} = \frac{1}{m_1} + \frac{1}{m_2} \tag{2}$$

が導かれる．上の μ を**換算質量**という．$m_2 \gg m_1$ なら $\mu \simeq m_1$ としてよい．

問　題

1.1　質量 3 kg の質点と質量 4 kg の質点が 0.2 m 離れているとする．両者の質点間に働く万有引力の大きさ F は何 N か．

1.2　地球は大きな球（半径 R : 6.37×10^6 m）で，地球の外部にある物体は地球の各部分から万有引力を受けている．地球を一様な球とみなすと，これらの力の合力は，地球の全質量 M（5.98×10^{24} kg）が地球の中心に集中したとして，それと地球上の物体との間に生じる万有引力に等しいことがわかっている．重力加速度 g が $g = GM/R^2$ と書けることを示し，その SI 単位系での数値を求めよ．

1.3　人工衛星のように地球（質量 : M）のまわりを質点（質量 : m）が運動しているとき，$M \gg m$ として 2 体問題の次の力学的エネルギー保存の法則を導け．

$$E = \frac{1}{2}mv^2 - G\frac{mM}{r} = 一定$$

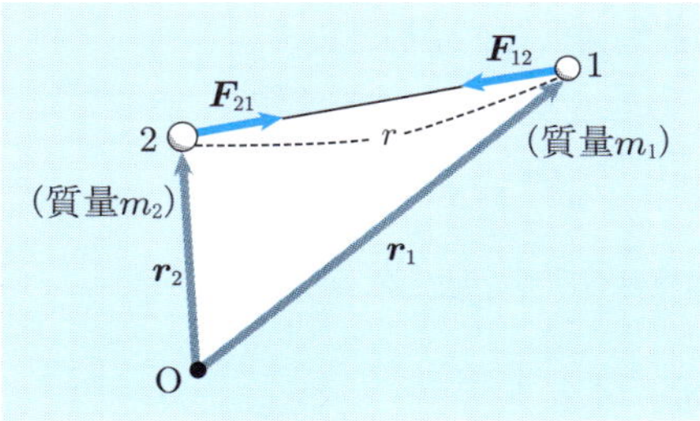

図 4.1　万有引力

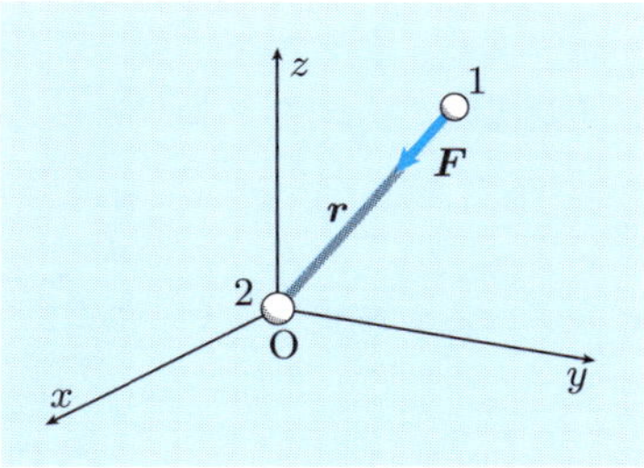

図 4.2　万有引力のポテンシャル

4.2 中心力場

• 中心力 •　太陽のまわりには水星，金星，地球，火星などの惑星が運動し太陽系を構成している．ある惑星に注目したとき，太陽や他の惑星からの万有引力が働くが，太陽の質量は圧倒的に大きいため，惑星の間の万有引力を無視することができる．このため，惑星の運動を扱うには太陽とその惑星の 2 体問題を考えれば十分である．図 4.1 で質点 1 が惑星，質点 2 が太陽とすれば，前節の例題 1 の (2) により太陽のまわりを回る惑星の運動方程式は次のように表される．

$$\mu\frac{d^2\boldsymbol{r}}{dt^2} = -G\frac{m_1m_2}{r^3}\boldsymbol{r} \tag{4.5}$$

ここで $\boldsymbol{r}$ は $\boldsymbol{r}_1 - \boldsymbol{r}_2$ で太陽からみた惑星の位置ベクトルである．(4.5) の力は

$$\boldsymbol{F} = f(r)\boldsymbol{r} \tag{4.6}$$

$$f(r) = -G\frac{m_1m_2}{r^3} \tag{4.7}$$

と書けるが，(4.6) のような力を**中心力**，図 4.2 の点 O を**力の中心**という．

• 中心力場中の運動 •　(4.5) を使い中心力場を運動する質点の性質を考える．(4.5) の両辺と $\boldsymbol{r}$ とのベクトル積（例題 2）を作り $\boldsymbol{l} = \boldsymbol{r}\times\boldsymbol{p}$ という量を導入すると（$\boldsymbol{p}$ は質点の運動量で $\boldsymbol{p} = \mu\boldsymbol{v} = \mu d\boldsymbol{r}/dt$ で定義される）

$$\frac{d\boldsymbol{l}}{dt} = 0 \tag{4.8}$$

の関係が得られる（問題 2.4）．一般に

$$\boldsymbol{l} = (\boldsymbol{r} - \boldsymbol{r}_0)\times\boldsymbol{p} \tag{4.9}$$

で定義される $\boldsymbol{l}$ を $\boldsymbol{r}_0$ のまわりの質点の角運動量という．(4.8) は質点が中心力場を運動するとき，力の中心（いまの場合は座標原点）のまわりの角運動量は時間によらず一定であることを意味する．これを**角運動量保存の法則**という．

角運動量の方向を z 軸にとると $l_x = l_y = 0$ となる．この条件は

$$y\frac{dz}{dt} - z\frac{dy}{dt} = 0, \quad z\frac{dx}{dt} - x\frac{dz}{dt} = 0$$

と表される．左式に $-x$，右式に $-y$ を掛け両者を加えると

$$z\left(x\frac{dy}{dt} - y\frac{dx}{dt}\right) = 0$$

である．上式は $zl_z/\mu = 0$ と書け，$l_z \neq 0$ なら $z = 0$ となり質点は平面運動をする．

例題 2 ―――― **ベクトル積**

2つのベクトル $\boldsymbol{A}$ と $\boldsymbol{B}$ に対し $\boldsymbol{C} = \boldsymbol{A} \times \boldsymbol{B}$ という記号を導入し，$\boldsymbol{C}$ の x, y, z 成分は

$$C_x = A_y B_z - A_z B_y, \quad C_y = A_z B_x - A_x B_z, \quad C_z = A_x B_y - A_y B_x$$

であるとする．このようなベクトル $\boldsymbol{C}$ を $\boldsymbol{A}$ と $\boldsymbol{B}$ とのベクトル積または外積という．$\boldsymbol{C}$ は $\boldsymbol{A}$ と $\boldsymbol{B}$ とに垂直でその大きさは $AB\sin\theta$（θ：$\boldsymbol{A}$ と $\boldsymbol{B}$ のなす角度）で，その向きは $\boldsymbol{A}$ から $\boldsymbol{B}$ へと右ねじを回すときそのねじの進む向きに等しいことを示せ．

解答 $\boldsymbol{A}$ と $\boldsymbol{B}$ とを含む平面を xy 面に選び，ベクトル $\boldsymbol{A}$ が x 軸を向くようにする（図 4.3）．また，$\boldsymbol{A}$ と $\boldsymbol{B}$ とのなす角度を図のように θ とする（ただし，$0 \leq \theta \leq \pi$）．このような座標系をとると

$$\boldsymbol{A} = (A, 0, 0), \quad \boldsymbol{B} = (B\cos\theta, B\sin\theta, 0)$$

と書け，したがって，ベクトル積の定義から $C_x = 0$, $C_y = 0$, $C_z = A_x B_y = AB\sin\theta$が得られる．ベクトル $\boldsymbol{C}$ は z 方向，すなわち $\boldsymbol{A}$ と $\boldsymbol{B}$ の両方に垂直な方向をもつ．またその大きさは $AB\sin\theta$ に等しい．図 4.3 では $B_y > 0$ としたが，$B_y < 0$ の場合には $\boldsymbol{C}$ は $-z$ 方向を向く．すなわち一般に $\boldsymbol{A} \times \boldsymbol{B}$ は $\boldsymbol{A}$ から $\boldsymbol{B}$ へと π より小さい角度で右ねじを回すときそのねじの進む向きと一致する．

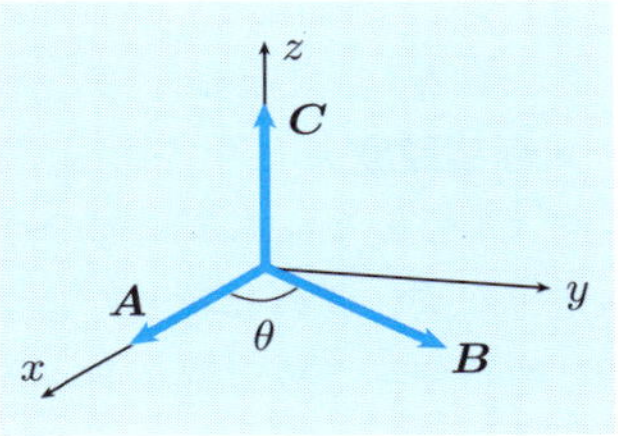

図 4.3 ベクトル積

問 題

2.1 ベクトル積に関する次の性質を示せ．

(a) $\boldsymbol{B} \times \boldsymbol{A} = -\boldsymbol{A} \times \boldsymbol{B}$ (b) $\boldsymbol{A} \times \boldsymbol{A} = 0$

2.2 $\boldsymbol{A}$ と $\boldsymbol{B}$ とが平行の場合 $\boldsymbol{A} \times \boldsymbol{B} = 0$ となることを証明せよ．逆に，$\boldsymbol{A} \times \boldsymbol{B} = 0$ が成り立ち，A も B も 0 でないとき $\boldsymbol{A}$ と $\boldsymbol{B}$ は平行であることを示せ．

2.3 $\boldsymbol{A}$ も $\boldsymbol{B}$ も時間 t の関数のとき $\boldsymbol{A} \times \boldsymbol{B}$ も時間の関数となる．このとき成立する次の微分に関する公式を導け．

$$\frac{d}{dt}(\boldsymbol{A} \times \boldsymbol{B}) = \left(\frac{d\boldsymbol{A}}{dt} \times \boldsymbol{B}\right) + \left(\boldsymbol{A} \times \frac{d\boldsymbol{B}}{dt}\right)$$

2.4 中心力場を運動する質点の運動方程式は $d\boldsymbol{p}/dt = f(r)\boldsymbol{r}$ と表される．この式と $\boldsymbol{r}$ とのベクトル積を作ると $\boldsymbol{r} \times (d\boldsymbol{p}/dt) = 0$ となる．前問の公式を利用して (4.8) を導出せよ．

4.3　ケプラーの法則

ケプラーは惑星の観測結果を整理し，次の法則を発見した．

第一法則　すべての惑星は太陽を 1 つの焦点とする楕円上を運動する．

第二法則　惑星と太陽を結ぶ線分が一定時間に描く面積は，それぞれの惑星について一定である．

第三法則　惑星の公転周期の 2 乗は惑星の軌道である楕円の長径の 3 乗に比例する．

ニュートンの運動方程式と万有引力の法則を用いると，以上の 3 つの法則が導かれる．ここでは第一，第三法則は円軌道について論じることにし，一般的な議論には立ち入らない．しかし，第二法則はいままでの議論で理解可能である．

• 面積速度 •　中心力場で質点は $\boldsymbol{l}$ と垂直な面内で運動する．この平面を xy 面にとり図 4.4 のようにある時刻で点 P（位置ベクトル $\boldsymbol{r}$）にいた質点が微小時間 Δt 後に $\boldsymbol{v}\Delta t$ だけ変位し点 Q に達したとする．図のような角度 θ をとると，$|\boldsymbol{r}\times\boldsymbol{v}\Delta t| = |\boldsymbol{r}||\boldsymbol{v}\Delta t|\sin\theta$ となるが，これは図の青い部分の面積 ΔS の 2 倍である．こうして

$$\frac{\Delta S}{\Delta t} = \frac{|\boldsymbol{r}\times\boldsymbol{v}|}{2} = \text{一定} \tag{4.10}$$

となる．$\Delta t \to 0$ の極限をとれば面積速度が一定であることがわかる．

• 等速円運動 •　惑星が太陽のまわりで xy 面上の半径 r の円運動を行うとする（図 4.5）．面積速度は一定なのでこの円運動は等速円運動（角速度：ω）となる．惑星の換算質量はその質量 m に等しいとみなせ，惑星に働く向心力の大きさは $mr\omega^2$ となる．これが惑星に働く万有引力の大きさ GmM/r^2（M：太陽の質量）に等しいので，$T = 2\pi/\omega$ の関係を利用すると次の第三法則が得られる．

$$T^2 = \frac{4\pi^2}{GM}r^3 \tag{4.11}$$

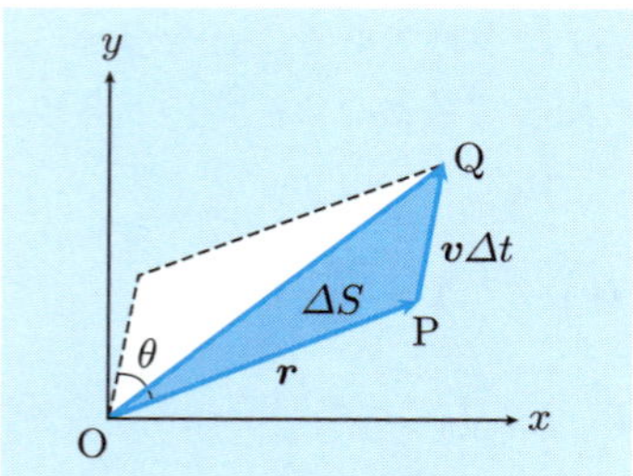

図 4.4　面積速度

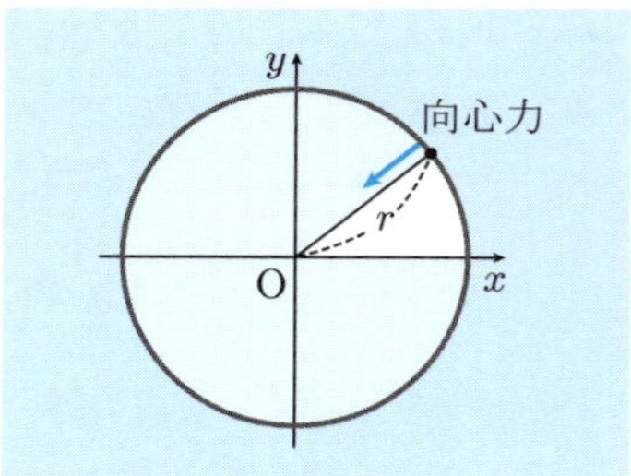

図 4.5　等速円運動

例題 3　　　　**宇宙速度**

地表で物体（質量：m）を水平に投げ，これが地球を周回する人工衛星になるため必要な速さを**第一宇宙速度**という．また，地表の 1 点から物体を打ち上げ，その物体を地球の引力圏外へ飛ばすのに必要な最小の速さを**第二宇宙速度**という．地球の質量を M，半径を R として第一宇宙速度 v_1，第二宇宙速度 v_2 を求めよ．

解答　図 4.5 で $r = R$ とし向心力が mv^2/R と書けることに注意すれば，v_1 に対し

$$v_1{}^2 = \frac{GM}{R} \tag{1}$$

が得られる．問題 1.2（p.41）で論じた結果 $g = GM/R^2$ を利用すると

$$v_1 = \sqrt{gR} \tag{2}$$

となる．一方，問題 1.3（p.41）で導いた力学エネルギー保存の法則で無限遠（$r \to \infty$）で，物体の運動エネルギーは負になり得ないから v_2 を決めるべき条件は $E > 0$ と書け，地表では $r = R$ が成り立つので $v^2 > 2GM/R$ となる．よって v_2 は

$$v_2 = \sqrt{2gR} \tag{3}$$

と求まる．第二宇宙速度は第一宇宙速度の $\sqrt{2}$ 倍である．

問　題

3.1　ロケットを地表から打ち上げる場合の第一宇宙速度，第二宇宙速度を求めよ．ただし $g = 9.81\,\mathrm{m/s^2}, R = 6.37 \times 10^6\,\mathrm{m}$ とする．

3.2　質量 m の質点が図 4.5 のように一平面（xy 面）上で，角速度 ω，半径 r の等速円運動をしているとして角運動量を求めよ．また，回転の向きと角運動量の向きとの関係について論じよ．

3.3　太陽と地球との間の距離がほぼ 1.5×10^8 km，地球の公転周期は 365 日であるとして太陽の質量を概算せよ．

3.4　地球を北極上方から眺めると図 4.6 のように中心 O のまわりで西から東へと自転している．赤道上の 1 点 P から質点 1（質量：m）を鉛直上方にはるか上空まで打ち上げたとする．また，点 P に留まる同質量の質点を 2 とする．

(a)　打ち上げ後，1，2 の角運動量が等しいことを示せ．

(b)　1 が地表に落ちてきたとき，2 の東側か，西側か．図を描いて考えよ．

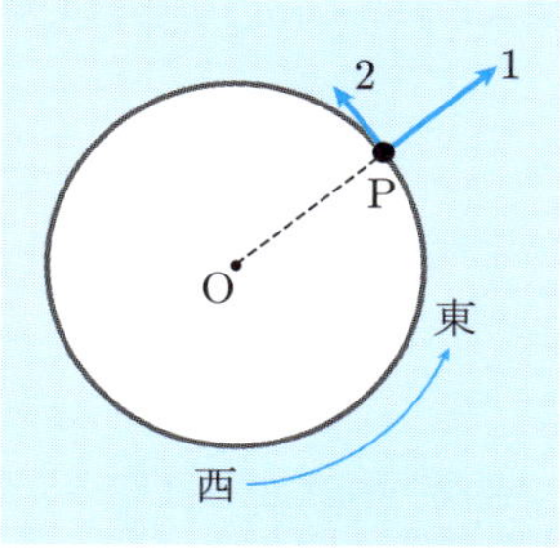

図 4.6　地球の自転

5 剛体の運動

5.1 自由度と重心

● 自由度 ● 物体の位置を指定するために必要な変数の数を運動の**自由度**という．剛体中に一直線上にない 3 点 P_1, P_2, P_3 をとり，この 3 点の位置を決めれば，剛体の位置が決まる．1 つの点を決めるには 3 個の変数が必要で，P_1, P_2, P_3 の位置を決めるには 9 個の変数が必要である．しかし，剛体では $\overline{P_1P_2}$, $\overline{P_2P_3}$, $\overline{P_3P_1}$ が一定という 3 つの条件が課せられ，独立変数の数は $9-3=6$ となる．このため，剛体の自由度は 6 である．剛体に束縛条件が加わるとその分だけ，自由度の数が減る．具体例については問題 1.1 を参照せよ．

● 重心 ● 図 5.1 に示すように，剛体を n 個の微小部分に分割したとし各微小部分の質量をもつ質点でこの部分を代表させたとする．このような意味で剛体は質点の集まり，すなわち質点系とみなすことができる．分割を無限に細かくすれば，剛体はいくらでも正確にこのような質点系で表現できる．i 番目の質点の質量を m_i，その位置ベクトルを $\boldsymbol{r}_i$ とする $(i=1,2,\cdots,n)$．これらの質点は互いに相互作用をおよぼし合うし，また質点系以外のものからも力を受ける．一般に，注目している質点系の外部から作用する力を**外力**，質点系内の質点同士に働く力を**内力**という．i 番目の質点に働く外力を $\boldsymbol{F}_i$，j 番目の質点 $(j \neq i)$ が i 番目の質点におよぼす内力を $\boldsymbol{F}_{ij}$ と書く．作用反作用の法則により $\boldsymbol{F}_{ij}+\boldsymbol{F}_{ji}=0$ の関係が成り立つ．剛体全体の質量を M とし

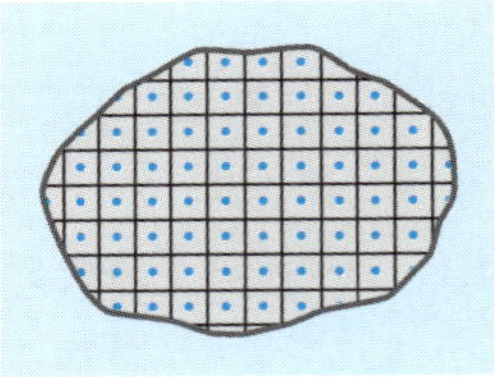

図 5.1　剛体の分割

$$M\boldsymbol{r}_{\mathrm{G}} = \sum m_i \boldsymbol{r}_i \tag{5.1}$$

で定義される位置ベクトルをもつ点を**重心**という（$\sum$ は i に関する和）．$\boldsymbol{r}_{\mathrm{G}}$ に対し

$$M\frac{d^2\boldsymbol{r}_{\mathrm{G}}}{dt^2} = \boldsymbol{F} = \sum \boldsymbol{F}_i \tag{5.2}$$

の運動方程式が成り立つ（例題 1）．すなわち，質点系または剛体の重心に全質量が集中したとし，力として外力の和をとれば重心を質点として扱うことができる．

例題 1 ——— **質点系の運動方程式**

(5.2) の運動方程式を導け．

解答 各質点に対する運動方程式は

$$
\begin{aligned}
m_1 \frac{d^2\boldsymbol{r}_1}{dt^2} &= \boldsymbol{F}_1 + \boldsymbol{F}_{12} + \boldsymbol{F}_{13} + \cdots + \boldsymbol{F}_{1n} \\
m_2 \frac{d^2\boldsymbol{r}_2}{dt^2} &= \boldsymbol{F}_2 + \boldsymbol{F}_{21} + \boldsymbol{F}_{23} + \cdots + \boldsymbol{F}_{2n} \\
&\cdots\cdots \\
m_n \frac{d^2\boldsymbol{r}_n}{dt^2} &= \boldsymbol{F}_n + \boldsymbol{F}_{n1} + \boldsymbol{F}_{n2} + \cdots + \boldsymbol{F}_{n,n-1}
\end{aligned}
$$

と表される．作用反作用の法則により $\boldsymbol{F}_{ij} = -\boldsymbol{F}_{ji}$ が成り立つから，上のすべての式を加え合わせると，例えば $\boldsymbol{F}_{12}$ は $\boldsymbol{F}_{21}$ と打ち消し合う．同様なことがすべての内力で起こり，(5.2) が導かれる．

問　題

1.1 次のような物体の自由度はいくつか．ただし，物体を剛体とみなす．

(a) バットで打った後の野球のボール

(b) レーン上を転がるボーリングのボール

(c) 氷上を滑るアイスホッケーのパック

1.2 図 5.2 に示すような原点 O を中心とする半径 a の一様な半円がある．この半円の重心の x 座標，y 座標を求めよ．

1.3 図 5.3 のように，物体 A（質量 m_1）と物体 B（質量 m_2）を接着し，A に水平方向に大きさ F の力を加え水平面上で直線運動をさせる．物体と水平面との間の動摩擦係数が μ であるとして，以下の設問に答えよ．

(a) A, B の加速度の大きさはいくらか．

(b) A が B におよぼす力の大きさと向きを求めよ．

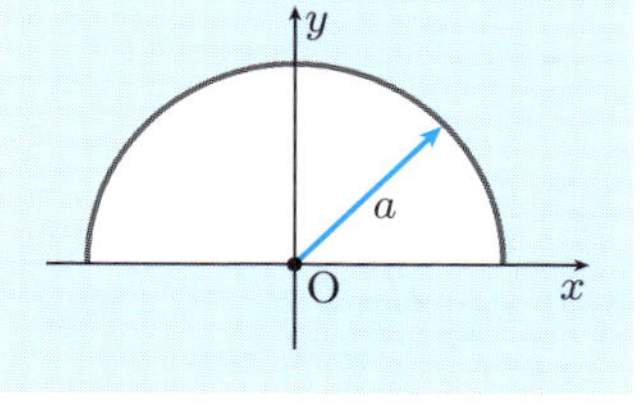

図 5.2 半円

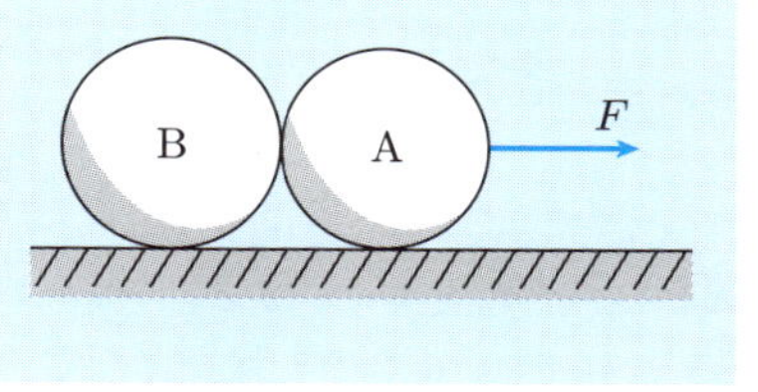

図 5.3 2 個の物体

5.2 回転運動

● 並進運動と回転運動 ●　剛体が回転しないで運動するときこれを**並進運動**という．並進運動を扱うには (5.2) だけで十分である．しかし，一般に剛体は回転運動を伴い，それを決めるには (5.2) と独立な方程式が必要である．以下その議論を行う．

● 全角運動量 ●　剛体を質点系とみなし，i 番目の質点の運動量 $\boldsymbol{p}_i$ を導入すると（$\boldsymbol{p}_i = m_i d\boldsymbol{r}_i/dt$），$\boldsymbol{p}_i$ に対する運動方程式は

$$\frac{d\boldsymbol{p}_i}{dt} = \boldsymbol{F}_i + \sum_{j \neq i} \boldsymbol{F}_{ij} \tag{5.3}$$

と表される．ここで $\boldsymbol{F}_i$ は i 番目の質点に対する外力，$\boldsymbol{F}_{ij}$ は j 番目の質点が i 番目の質点に及ぼす内力である．また $j \neq i$ は j で加えるとき $j = i$ の項は除くということを意味する．i 番目の角運動量 $\boldsymbol{l}_i = \boldsymbol{r}_i \times \boldsymbol{p}_i$ を導入し，4.2 節の問題 2.4（p.43）と同様な議論を行うと次式が得られる．

$$\frac{d\boldsymbol{l}_i}{dt} = \left(\frac{\boldsymbol{p}_i}{m} \times \boldsymbol{p}_i\right) + \left(\boldsymbol{r}_i \times \frac{d\boldsymbol{p}_i}{dt}\right) = \boldsymbol{r}_i \times \frac{d\boldsymbol{p}_i}{dt} \tag{5.4}$$

(5.3) と $\boldsymbol{r}_i$ とのベクトル積をとり i について総和をとり，(5.4) を利用すると

$$\frac{d\boldsymbol{L}}{dt} = \sum_i (\boldsymbol{r}_i \times \boldsymbol{F}_i) + \sum_i \sum_{j \neq i} (\boldsymbol{r}_i \times \boldsymbol{F}_{ij}) \tag{5.5}$$

となる．ただし，$\boldsymbol{L}$ は

$$\boldsymbol{L} = \sum \boldsymbol{l}_i = \sum (\boldsymbol{r}_i \times \boldsymbol{p}_i) \tag{5.6}$$

と定義される．$\boldsymbol{L}$ は各質点の角運動量の総和で**全角運動量**とよばれる．

● 力のモーメント ●　(5.5) の右辺第 2 項で，例えば $\boldsymbol{F}_{12}$ と $\boldsymbol{F}_{21}$ とを含む項を考えると，$\boldsymbol{F}_{21} = -\boldsymbol{F}_{12}$ に注意して $(\boldsymbol{r}_1 - \boldsymbol{r}_2) \times \boldsymbol{F}_{12}$ という項が現れる．ところが，$\boldsymbol{F}_{12}$ は $(\boldsymbol{r}_1 - \boldsymbol{r}_2)$ と平行なのでベクトル積の性質によりこの項は 0 となる．同じことが任意の $\boldsymbol{F}_{ij}$ と $\boldsymbol{F}_{ji}$ とのペアに対して成り立ち，結局この式の右辺第 2 項は 0 で

$$\frac{d\boldsymbol{L}}{dt} = \boldsymbol{N} \tag{5.7}$$

となる．ここで $\boldsymbol{N}$ は

$$\boldsymbol{N} = \sum (\boldsymbol{r}_i \times \boldsymbol{F}_i) \tag{5.8}$$

と定義される．$\boldsymbol{r}_i \times \boldsymbol{F}_i$ を力 $\boldsymbol{F}_i$ の原点に関する**力のモーメント**という．成分を考えると (5.2) と (5.8) で 6 つの方程式となる．一般に，剛体の運動の自由度は 6 であるから，この 6 つの方程式で剛体の運動が決められる．

例題 2 ―― **力のモーメント**

図 5.4 のように，原点 O からみて $\boldsymbol{r}$ の位置ベクトルで表される点 P に力 $\boldsymbol{F}$ が働いているとする．力のモーメント $\boldsymbol{N} = \boldsymbol{r} \times \boldsymbol{F}$ に関する次の設問に答えよ．

(a)　$\boldsymbol{r}$ と $\boldsymbol{F}$ を含む平面を xy 面にとると $\boldsymbol{N}$ は xy 面と垂直であることを示せ．

(b)　O から $\boldsymbol{F}$ の延長線に垂線を下ろし，その足を R とする．$\boldsymbol{N}$ の z 成分は，一般に

$$N_z = \pm F \times \overline{\mathrm{OR}}$$

と書けることを証明し，± の符号の決め方について論じよ．

解答　(a)　$\boldsymbol{N}$ は $\boldsymbol{r}$ と $\boldsymbol{F}$ の両方に垂直であるから，xy 面と垂直になる．

(b)　図 5.4 に示すように，$\boldsymbol{r}$ と $\boldsymbol{F}$ との角度を θ とすれば，ベクトル積の定義式から $\boldsymbol{N}$ の大きさ $|\boldsymbol{N}|$ は $|\boldsymbol{N}| = Fr\sin\theta$ と表される．ここで，F, r はそれぞれ $\boldsymbol{F}, \boldsymbol{r}$ の大きさである．図から $\overline{\mathrm{OR}} = r\sin\theta$ が成り立ち，$|\boldsymbol{N}| = F \times \overline{\mathrm{OR}}$ と書けることがわかる．$\boldsymbol{N}$ は $\boldsymbol{r} \times \boldsymbol{F}$ と定義されるので，質点が点 O のまわりで反時計回りに（正の向きに）運動するような力が働くときには N_z は正，時計回りに（負の向きに）運動するような力が働くときには N_z は負となる．この場合 z 軸は紙面の裏から表を向く．

問　題

2.1　剛体の各部分に働く重力の総和は鉛直真下を向き，その大きさは剛体の全質量と重力加速度の積に等しいことを示せ．また，剛体を投げ上げたとき一般に回転運動を伴うが，その重心は放物運動で記述されることを示せ．

2.2　剛体の各部分に働く重力がある点 O に関するモーメントの和は，重心に集中した全質量に働く重力が点 O のまわりにもつモーメントに等しいことを証明せよ．

2.3　剛体に働く外力が働く点を**作用点**，作用点を通り力の向きに引いた線を**作用線**という．作用線上の点 O に関する力のモーメントは 0 になることを確かめよ．

2.4　剛体に働く一直線上にない 2 力 $\boldsymbol{F}$ と $-\boldsymbol{F}$ のペアを**偶力**という（図 5.5）．偶力の力のモーメントを求めよ．

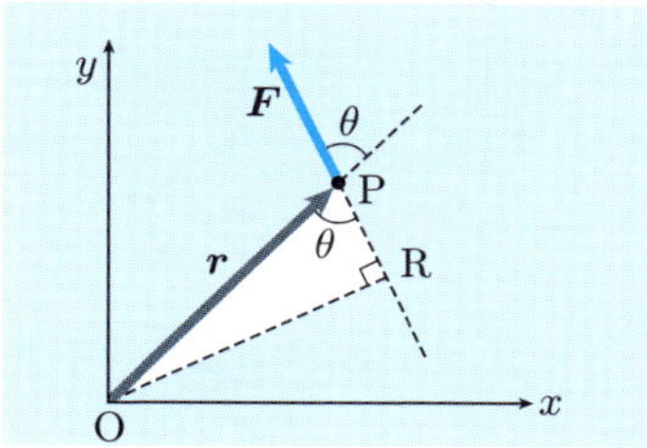

図 5.4　力のモーメント

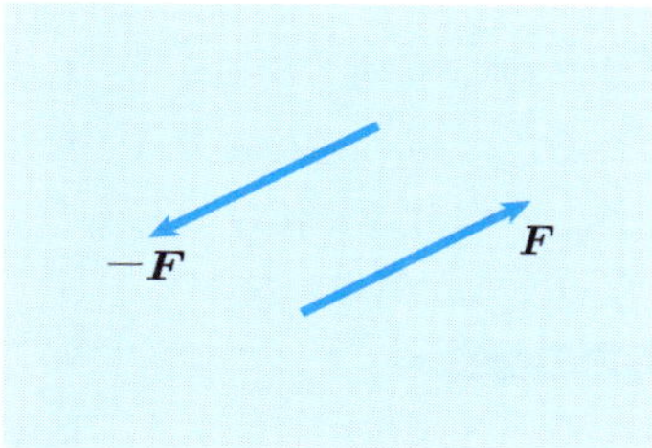

図 5.5　偶力

5.3　力のつり合い

• つり合いの条件 •　質点のときと同じように，1 個の剛体にいくつかの力が働いているのにその剛体が静止しているとき，その剛体はつり合いの状態にあるという．剛体が静止していれば，$\boldsymbol{r}_{\mathrm{G}} =$ 一定 であるから (5.2) により $\boldsymbol{F} = 0$ となる．同様につり合いの状態では $\boldsymbol{L} = 0$ であるため (5.7) から $\boldsymbol{N} = 0$ が成り立つ．したがって，つり合いの条件は

$$\boldsymbol{F} = 0, \quad \boldsymbol{N} = 0 \tag{5.9}$$

と表される．(5.9) は成分で考えると 6 個の条件を意味し，1 つの剛体の自由度は 6 であるから原理的に (5.9) から剛体のつり合いの位置が決まる．なお，1 個の剛体に限らず，何個かの剛体を含む体系とか，剛体と質点系とが混在するような場合でも，つり合いの条件は

①　全体系に働く外力の総和が 0 であること

②　全体系に働く外力のモーメントの総和が 0 であること

と表される．しかし，これはつり合いのための必要条件であり，一般には十分条件になっていない．そんなときには，内力まで考慮し，個々の質点なり，剛体に対してつり合いの条件を立てれば体系の静止している状態が決まる．

• $\boldsymbol{N}$ の計算法 •　一般に，力のモーメントは原点の選び方により値が異なる．しかし，剛体がつり合っているときには，原点として任意の点を選んでよい．これを理解するため剛体を細かく分割したとし，点 O, O′ からみた i 番目の部分の位置ベクトルをそれぞれ $\boldsymbol{r}_i, \boldsymbol{r}_i{}'$ とする．O から O′ へ向かう位置ベクトルを $\boldsymbol{r}_0$ とすれば $\boldsymbol{r}_i = \boldsymbol{r}_i{}' + \boldsymbol{r}_0$ が成り立つ．点 O に関する力のモーメントの和を $\boldsymbol{N}$ とすればこの関係により

$$\boldsymbol{N} = \sum(\boldsymbol{r}_i \times \boldsymbol{F}_i) = \sum(\boldsymbol{r}_i{}' \times \boldsymbol{F}_i) + \boldsymbol{r}_0 \times \sum \boldsymbol{F}_i = \boldsymbol{N}' \tag{5.10}$$

となる．ここで $\boldsymbol{N}'$ は点 O′ に関する力のモーメントの和で，上式を導くのにつり合いの条件 $\sum \boldsymbol{F}_i = 0$ を用いた．つり合いの場合には $\boldsymbol{N} = 0$ で，(5.10) により $\boldsymbol{N}' = 0$ となる．点 O′ は任意であるから，任意の点に関する力のモーメントの和が 0 であることがわかる．点 O の選び方で式が簡単になったり，複雑になったりする．普通は剛体に働く外力の作用点を点 O ととるのが便利である．そうすると，その力のモーメントは 0 となって式が簡単になる．

• 偶力の場合 •　1 つの剛体に偶力が働くとき，外力の和は 0 であるが，モーメントが 0 でないと剛体が回転する．剛体がつり合うためには偶力のモーメントが 0 でなければならない（前節の問題 2.4，p.49 参照）．

例題 3　　力のつり合い

長さ L，質量 M の一様な棒の一端 A に十分軽くてそれに働く重力は無視できるような糸をつけて，棒を天井からつるす．また，棒の他端 B を大きさ F の力で水平方向にひっぱるとき（図 5.6），糸が棒におよぼす張力 T，糸および棒が鉛直線となす角度 α, β の正接（tan）を求めよ．

解答　一様な棒であるから重心 G は棒の中心にある．図 5.6 でつり合いの条件の水平方向，鉛直方向を考えると

$$F - T\sin\alpha = 0, \quad Mg - T\cos\alpha = 0$$

が得られる．上式から α を消去すると

$$T = \sqrt{F^2 + (Mg)^2}$$

が導かれる．また，T を消去し

$$\tan\alpha = \frac{F}{Mg}$$

となる．点 A に関する力のモーメントを考えると

$$FL\cos\beta - (L/2)Mg\sin\beta = 0$$

と書け，次式が導かれる．

$$\tan\beta = \frac{2F}{Mg}$$

問　題

3.1　質量 10 kg の一様な丸太の一端を地面につけ他端をもち上げるには何 N の力が必要か．

3.2　長さ L，質量 M の一様な棒 AB を図 5.7 のようになめらかな壁に立てかけたとき，この棒はあらい床と角度 θ をなしたとする．棒が滑らないためには，θ はどんな範囲の値をとればよいか．ただし，棒と床との間の静止摩擦係数を μ' とする．

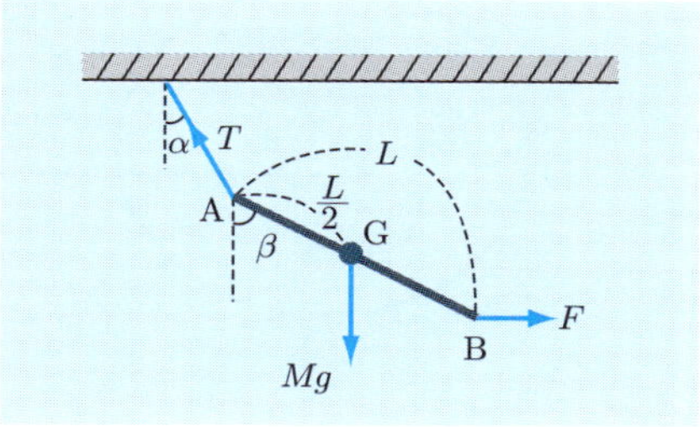

図 5.6　棒のつり合い

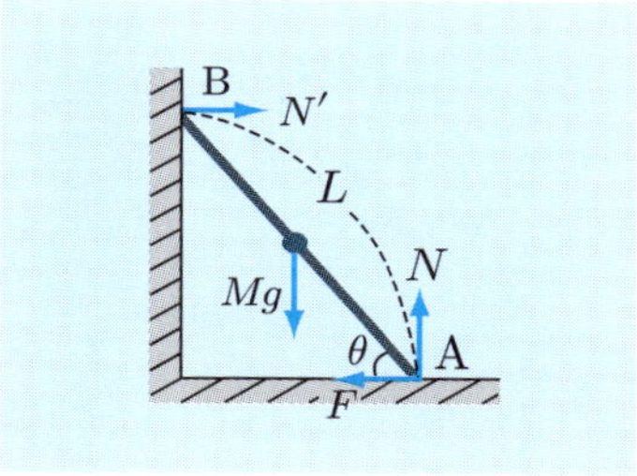

図 5.7　壁に立てかけた棒

5.4　固定軸をもつ剛体の運動

• 固定軸 •　剛体を適当な 2 点 A, B で支え，この 2 点を通る直線を回転軸として剛体が回転する場合を考える（図 5.8）．この回転軸は空間に固定されているとするのでそれを**固定軸**という．固定軸は点 O を通るとすれば，剛体に固定された線分 OP と x 軸となす回転角 θ（図 5.9）で剛体の位置が決まり，運動の自由度は 1 となる．

• 運動方程式 •　図 5.8 に示すように，固定軸を z 軸にとり，z 軸上に原点 O を選んで空間に固定された座標系 x, y, z を導入する．$d\boldsymbol{L}/dt = \boldsymbol{N}$ の z 成分をとると $dL_z/dt = N_z$ と書ける．剛体を支えている点 A, B には抗力 $\boldsymbol{R}_\mathrm{A}, \boldsymbol{R}_\mathrm{B}$ が働くが，点 O に関する $\boldsymbol{R}_\mathrm{A}$ や $\boldsymbol{R}_\mathrm{B}$ のモーメントは z 軸と垂直で，その z 成分は 0 となる．よって，上式でこれらの抗力は考慮する必要はない．図 5.8 のように i 番目の微小部分 P (質量 m_i) から z 軸に垂線を下ろしてその足を Q とし，PQ 間の距離を r_i とする．P は Q を中心とする円運動を行うので，r_i は時間に依存しない．また，図のように θ_i をとると x_i, y_i は $x_i = r_i \cos\theta_i$, $y_i = r_i \sin\theta_i$ と書ける．$d\theta_i/dt$ は i によらないのでこれを ω とおけば $dx_i/dt = -r_i\omega\sin\theta_i$, $dy_i/dt = r_i\omega\cos\theta_i$ が成り立つ．ω は剛体の角速度であるが $L_z = \sum m_i(x_i dy_i/dt - y_i dx_i/dt)$ と表されるので

$$L_z = I\omega \tag{5.11}$$

$$I = \sum m_i {r_i}^2 = \sum m_i({x_i}^2 + {y_i}^2) \tag{5.12}$$

となる．I を固定軸のまわりの**慣性モーメント**という．また，

$$I\frac{d\omega}{dt} = I\frac{d^2\theta}{dt^2} = N_z \tag{5.13}$$

が得られる．$d\omega/dt$ を**角加速度**という．

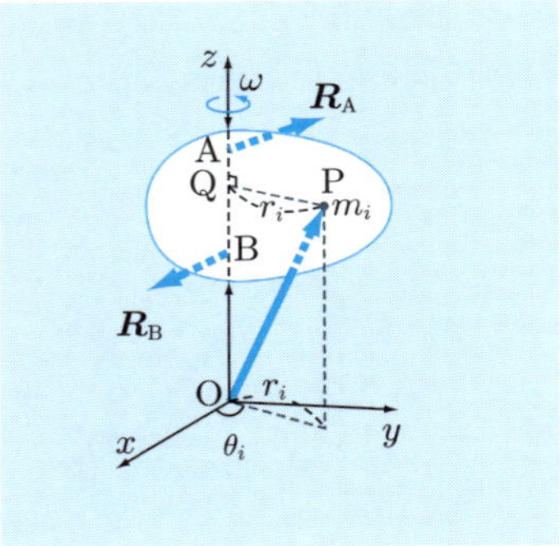

図 5.8　固定軸をもつ剛体

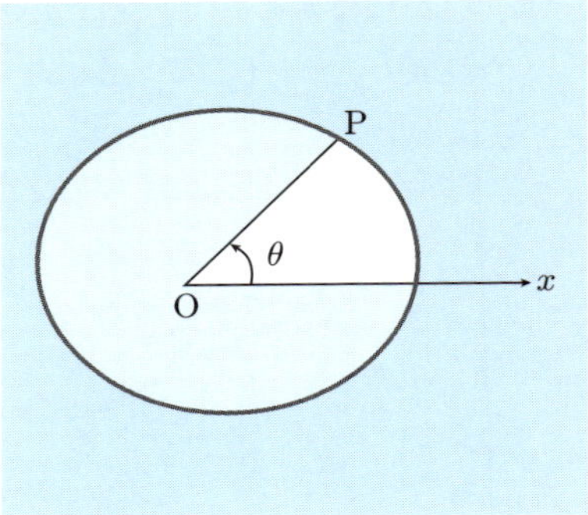

図 5.9　回転角

例題 4　　**剛体振り子**

質量 M の剛体の 1 点 O を通る水平な軸を固定軸として剛体を鉛直面内で振動させる振り子を**剛体振り子**，**実体振り子**または**物理振り子**という．点 O と重心 G との間の距離を d，OG と x 軸とのなす角度を θ とし（図 5.10），微小振動の周期を求めよ．

解答　剛体には点 O における抗力 $\boldsymbol{R}$，重心 G に作用する重力 Mg が働く．抗力 $\boldsymbol{R}$ は点 O を通るためこの点のまわりでモーメントをもたない．(5.13) の N_z は i 番目の微小部分に働く外力の x, y 成分を X_i, Y_i と書けば $N_z = \sum(x_i Y_i - y_i X_i)$ となる．$X_i = m_i g$，$Y_i = 0$ が成り立つので $N_z = -g\sum m_i y_i = -Mgy_{\mathrm{G}}$ となる．ただし，y_{G} は重心の y 座標で，図 5.10 からわかるように，$y_{\mathrm{G}} = d\sin\theta$ である．こうして (5.13) の運動方程式は

$$I\frac{d^2\theta}{dt^2} = -Mgd\sin\theta$$

となる．微小振動では $\sin\theta \simeq \theta$ と近似し

$$I\frac{d^2\theta}{dt^2} = -Mgd\theta$$

が得られる．これから単振動の角振動数 ω は

$$\omega^2 = \frac{Mgd}{I}$$

となり，単振動の周期 T は次のように求まる．

$$T = \frac{2\pi}{\omega} = 2\pi\sqrt{\frac{I}{Mgd}}$$

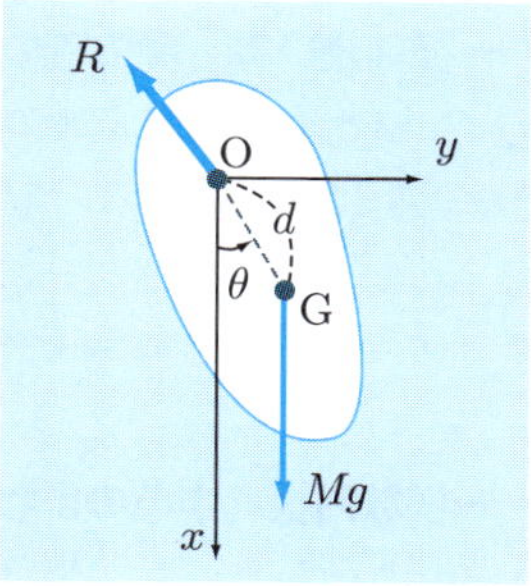

図 5.10　剛体振り子

問　題

4.1　長さ l の質量が無視できる糸の先端に質量 m のおもりをつけた単振り子の周期を求め，従来の結果が再現できることを確かめよ．

4.2　固定軸のまわりに角速度 ω をもって回転している剛体の運動エネルギーは

$$K = \frac{1}{2}I\omega^2$$

と書けることを示せ．この式は ω が一定でなくても成り立つことに注意せよ．

4.3　剛体振り子の場合，力学的エネルギー保存の法則はどのような形に表すことができるか．

4.4　図 5.10 の剛体振り子を角度 θ_0 だけ傾けて静かに手を放したとき，重心が一番低いときの角速度を求めよ．

5.5 慣性モーメント

慣性モーメントは基本的には (5.12)（p.52）の定義式で i に関する和を積分で表せば計算できる．例題 5 で述べる平行軸の定理を使うと計算は簡単になるが，それはそれとし以下，いくつかの具体的な例を考察しよう．

• 一様な細い棒（重心のまわり）• 棒の太さが無視できるような長さ l，質量 M の一様な剛体の重心を通り棒と垂直な回転軸に関する慣性モーメント I を考える．棒の重心を座標原点 O に選び，棒の単位長さ当たりの質量（線密度）を σ とすれば，一様な棒では σ は一定で $M = \sigma l$ が成り立つ．また I は次のように計算される．

$$I = \sigma \int_{-l/2}^{l/2} x^2 dx = \sigma \frac{l^3}{12} = \frac{Ml^2}{12} \tag{5.14}$$

• 一様な細い棒（棒の端のまわり）• 棒の端 O を通り棒と垂直な固定軸のまわりの I は，上と同様な議論により次のように求まる．

$$I = \sigma \int_0^l x^2 dx = \frac{\sigma l^3}{3} = \frac{Ml^2}{3} \tag{5.15}$$

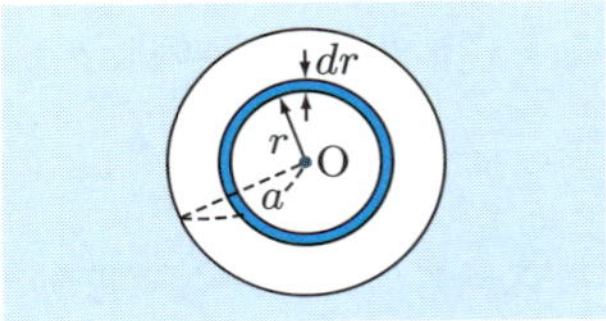

図 5.11 円板の慣性モーメント

• 一様な円板（中心のまわり）• 半径 a の一様な円板の中心 O を通り円板と垂直な固定軸のまわりにもつ慣性モーメント I を考える．円板の単位面積当たりの質量（面密度）を σ とする．半径が r の円と $r + dr$ の円にはさまれた部分（図 5.11 の青い部分) の面積は $2\pi r dr$ となり，この部分の質量は $2\pi\sigma r dr$ で与えられる．したがって，円板の I は

$$I = \int_0^a 2\pi\sigma r^3 dr = \frac{\pi\sigma}{2} a^4 = \frac{Ma^2}{2} \tag{5.16}$$

と表される（M : 円板の質量，$M = \sigma\pi a^2$）．

• 一様な円筒（中心軸のまわり）• 3 次元的な体系を扱うときには密度 ρ（単位体積当たりの質量）を導入する．半径 a，質量 M，高さ h の一様な円筒の中心軸に関する慣性モーメント I を考える．中心軸を z 軸にとると，z〜$z + dz$ の微小部分の z 軸に関する慣性モーメントは $\rho\pi a^4 dz/2$ であり，I は次のように計算される．

$$I = \int_0^h \frac{\rho\pi a^4}{2} dz = \frac{\rho\pi a^4}{2} = \frac{Ma^2}{2} \tag{5.17}$$

上式からわかるように，I は M, a だけに依存し，h には無関係である．

例題 5　　**平行軸の定理**

ある剛体が z 軸のまわりにもつ慣性モーメントを I，重心 G を通り z 軸に平行な z_{G} 軸のまわりの慣性モーメントを I_{G} とし，z 軸，z_{G} 軸間の距離を d とおく（図 5.12）．このとき

$$I = I_{\mathrm{G}} + Md^2$$

が成り立つこと（**平行軸の定理**）を示せ．

解答　z 軸に垂直な平面を考え，この平面と z 軸，z_{G} 軸との交点を O, O′ とする．点 O′ を原点とし，x, y 軸にそれぞれ平行な x', y' 軸をとり，点 O′ の x, y 座標を $x_{\mathrm{G}}, y_{\mathrm{G}}$ とすれば

$$x = x_{\mathrm{G}} + x', \quad y = y_{\mathrm{G}} + y'$$

が成り立つ．こうして I は次のように書ける．

$$I = \int_{\mathrm{V}} \rho(x'^2 + y'^2)dV + 2\int_{\mathrm{V}} \rho(x_{\mathrm{G}}x' + y_{\mathrm{G}}y')dV + ({x_{\mathrm{G}}}^2 + {y_{\mathrm{G}}}^2)\int_{\mathrm{V}} \rho dV$$

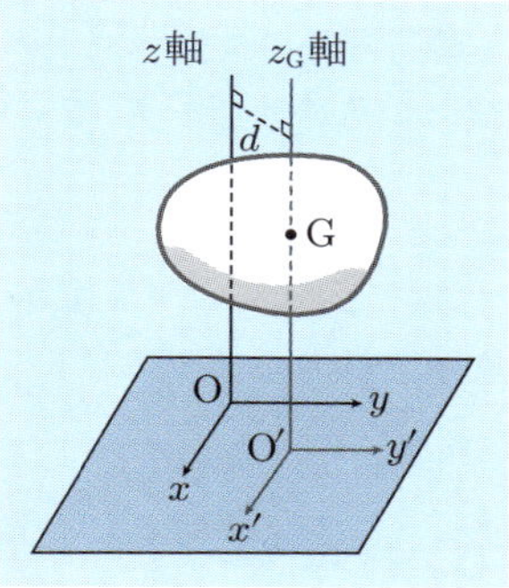

図 5.12　平行軸の定理

ここで dV は微小体積，積分記号に付けた V の添字は剛体の領域 V にわたる体積積分を意味する．重心の定義により右辺第 2 項の積分は 0 である．また，第 3 項の積分値は剛体の質量 M で，$d^2 = {x_{\mathrm{G}}}^2 + {y_{\mathrm{G}}}^2$ に注意すれば平行軸の定理が得られる．

問　題

5.1　一様な細長い棒（長さ l，質量 M）に平行軸の定理を利用し，重心を通り棒と垂直な軸のまわりの慣性モーメント I_{G} と棒の端を通り棒と垂直な軸のまわりの慣性モーメント I との関係について述べよ．

5.2　一様な剛体の棒（長さ l）の一端を支点とするような剛体振り子の周期を計算し，それは同じ長さの単振り子の周期の何倍かを論じよ．

5.3　一様な球（半径 a，質量 M）の中心を通る軸に関する慣性モーメント I を次のような考えに基づき計算せよ．球の中心を座標原点とする x, y, z 軸をとり，x, y, z 軸に関する慣性モーメント I_x, I_y, I_z を導入する．対称性により $I_x = I_y = I_z = I$ が成り立つ．球の密度を ρ とすれば

$$I_x = \rho\int(y^2 + z^2)dV, \quad I_y = \rho\int(z^2 + x^2)dV, \quad I_z = \rho\int(x^2 + y^2)dV$$

となる．これらの和をとり，$r^2 = x^2 + y^2 + z^2$ の関係に注意し球対称性を利用すれば I が計算される．

5.6 並進運動と回転運動の分離

● 重心のまわりの運動 ● 剛体の重心の並進運動に対する運動方程式は (5.2)(p.46) で与えられる．重心のまわりの回転運動を扱うため剛体を細かい微小部分に分割し，i 番目の位置ベクトルを $\boldsymbol{r}_i$，質量を m_i，運動量を $\boldsymbol{p}_i$ $(= m_i d\boldsymbol{r}_i/dt)$ とすれば，剛体の全角運動量は $\boldsymbol{L} = \sum(\boldsymbol{r}_i \times \boldsymbol{p}_i)$ と書ける（$\sum$ は従来通り i に関する和）．重心からみた i 番目部分の位置ベクトルを $\boldsymbol{r}_i{}'$ とし，$\boldsymbol{r}_i = \boldsymbol{r}_{\mathrm{G}} + \boldsymbol{r}_i{}'$ とおく．また，重心からみた剛体の全角運動量を $\boldsymbol{L}'$ で定義し

$$\boldsymbol{L}' = \sum(\boldsymbol{r}_i{}' \times \boldsymbol{p}_i{}') \tag{5.18}$$

とする．ここで $\boldsymbol{p}_i{}'$ $(= m_i d\boldsymbol{r}_i{}'/dt)$ は i 番目部分の重心からみた運動量である．重心に関する外力のモーメントの和を $\boldsymbol{N}'$ とし

$$\boldsymbol{N}' = \sum(\boldsymbol{r}_i{}' \times \boldsymbol{F}_i) \tag{5.19}$$

で $\boldsymbol{N}'$ を定義する．このような $\boldsymbol{L}', \boldsymbol{N}'$ に対して

$$\frac{d\boldsymbol{L}'}{dt} = \boldsymbol{N}' \tag{5.20}$$

となる（例題 6）．すなわち，重心のまわりの角運動量の時間微分は重心に関する外力のモーメントの和に等しく，重心を通る回転軸を固定軸とみなせる．こうして，回転運動は並進運動と分離されることがわかる．また，剛体の運動エネルギー K は

$$K = \frac{1}{2}M\boldsymbol{v}_{\mathrm{G}}^2 + K' \tag{5.21}$$

で与えられることが証明される（問題 6.1）．右辺第 1 項は並進運動のエネルギーで全質量が重心に集中したときの質点の運動エネルギーと同じ形をもつ．また K' は重心のまわりの回転に基づく運動エネルギーで次式によって定義される．

$$K' = \frac{1}{2}\sum m_i \left(\frac{d\boldsymbol{r}_i{}'}{dt}\right)^2 \tag{5.22}$$

● 回転ベクトル ● 一般に，剛体の運動を決めるには，剛体内の 1 点 O の並進運動と O のまわりの回転運動を決めればよい（点 O は重心とは限らない）．後者の運動を決めるには，O を通る回転軸の向き，方向と回転軸のまわりの角速度の大きさを指定する必要がある．剛体と同じ回転をする右ねじの進む向きをもち，回転軸の方向で角速度の大きさと同じ大きさをもつベクトルを導入し，これを**回転ベクトル**，単に**角速度**または**角速度ベクトル**といい $\boldsymbol{\omega}$ と記す（図 5.13）．点 O からみて位置ベクトル $\boldsymbol{r}$ の点の回転による速度は $\boldsymbol{v} = \boldsymbol{\omega} \times \boldsymbol{r}$ と書ける（問題 6.3）．

例題 6　　**重心のまわりの回転運動**

重心のまわりの剛体の回転運動について論じよ．

解答　剛体の i 番目の微小部分の位置ベクトルを $\boldsymbol{r}_i = \boldsymbol{r}_\mathrm{G} + \boldsymbol{r}_i{}'$ とすれば，G が重心という条件から $\Sigma m_i \boldsymbol{r}_i{}' = 0$ の関係が成り立つ．$\boldsymbol{L}$ は

$$\boldsymbol{L} = \sum m_i \left(\boldsymbol{r}_\mathrm{G} \times \frac{d\boldsymbol{r}_\mathrm{G}}{dt}\right) + \sum m_i \left(\boldsymbol{r}_\mathrm{G} \times \frac{d\boldsymbol{r}_i{}'}{dt}\right) + \sum m_i \left(\boldsymbol{r}_i{}' \times \frac{d\boldsymbol{r}_\mathrm{G}}{dt}\right) + \sum m_i \left(\boldsymbol{r}_i{}' \times \frac{d\boldsymbol{r}_i{}'}{dt}\right)$$

となるが，上式右辺の第 2, 3 項は 0 となる．また，右辺第 4 項は重心のまわりに剛体がもつ角運動量で (5.18) の $\boldsymbol{L}'$ に等しい．上記の $\boldsymbol{L}$ の式を時間で微分すると

$$\frac{d\boldsymbol{r}_\mathrm{G}}{dt} \times \frac{d\boldsymbol{r}_\mathrm{G}}{dt} = 0, \quad M\frac{d^2\boldsymbol{r}_\mathrm{G}}{dt^2} = \boldsymbol{F} \quad \text{を用い} \quad \frac{d\boldsymbol{L}}{dt} = (\boldsymbol{r}_\mathrm{G} \times \boldsymbol{F}) + \frac{d\boldsymbol{L}'}{dt}$$

が得られる．一方，力のモーメントの和 $\boldsymbol{N}$ は

$$\boldsymbol{N} = \sum(\boldsymbol{r}_i \times \boldsymbol{F}_i) = \sum(\boldsymbol{r}_\mathrm{G} \times \boldsymbol{F}_i) + \sum(\boldsymbol{r}_i{}' \times \boldsymbol{F}_i) = (\boldsymbol{r}_\mathrm{G} \times \boldsymbol{F}) + \boldsymbol{N}'$$

と表され，$d\boldsymbol{L}/dt = \boldsymbol{N}$ の関係から (5.20) が得られる．

問　題

6.1　剛体内の任意の点 O に注目し，i 番目の微小部分の位置ベクトルを $\boldsymbol{r}_i = \boldsymbol{r}_\mathrm{O} + \boldsymbol{r}_i{}'$ と表す．各微小部分の運動エネルギーの総和が剛体のもつ全運動エネルギー K であるが，K に関する次の設問に答えよ．

(a)　K を $\boldsymbol{r}_\mathrm{O}, \boldsymbol{r}_i{}'$ の関数として表す表式を導け．

(b)　特に点 O が重心を表す場合に (5.21) が得られることを示せ．

6.2　半径 6 cm，質量 20 g の CD が 1 分間に 1200 回転しているとき，この CD がもつ運動エネルギーは何 J か．

6.3　点 O からみて位置ベクトル $\boldsymbol{r}$ の点の回転による速度 $\boldsymbol{v}$ を回転ベクトル $\boldsymbol{\omega}$ で表せ．

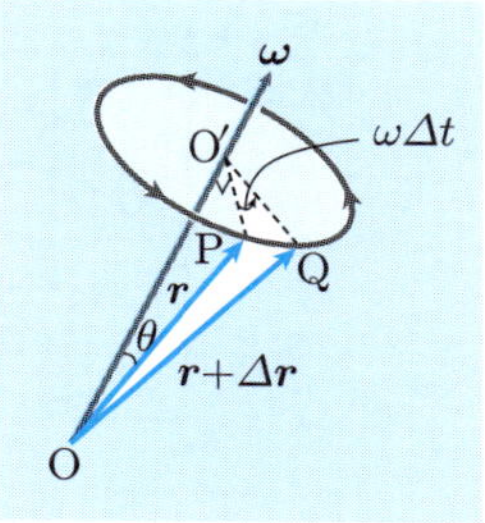

図 5.13　回転ベクトル

5.7　剛体の平面運動

● 平面運動 ●　剛体の重心に対する運動方程式 $Md^2\boldsymbol{r}_{\mathrm{G}}/dt^2 = \boldsymbol{F}$ で $\boldsymbol{F}$ の z 成分が 0 であれば，重心の z 座標 z_{G} は $d^2z_{\mathrm{G}}/dt^2 = 0$ を満たす．この解のうちでとくに $z_{\mathrm{G}} = 0$ だと重心は xy 面内だけで運動する．さらに，剛体は z 軸に平行な回転軸のまわりで回転すると仮定しよう．以上の仮定下で剛体の各点は xy 面と平行に運動するので，これを**剛体の平面運動**という．以下，紙面はこの xy 面を表すものとし，z 軸は従来通り紙面の裏から表へ向かうとする．前述のように，重心のまわりの剛体の回転を扱うときには，回転軸を固定軸であると考えてよい．

● 運動方程式 ●　剛体の重心の位置を決めるため，xy 面内における重心の座標 $x_{\mathrm{G}}, y_{\mathrm{G}}$ を導入する．剛体に働く外力の総和 $\boldsymbol{F}$ の x, y 成分を X, Y とし，剛体の質量を M とすれば $x_{\mathrm{G}}, y_{\mathrm{G}}$ に対する運動方程式は

$$M\frac{d^2x_{\mathrm{G}}}{dt^2} = X, \quad M\frac{d^2y_{\mathrm{G}}}{dt^2} = Y \tag{5.23}$$

で与えられる．また，図 5.14 のように剛体に固定した線分 GP と x' 軸とのなす回転角を θ とすれば，θ が重心のまわりの回転運動を記述する．したがって，剛体の平面運動を決める変数は $x_{\mathrm{G}}, y_{\mathrm{G}}, \theta$ の 3 つで運動の自由度は 3 となる．

平面運動の場合，重心のまわりの運動方程式を導くには，G を通り xy 面と垂直な軸を固定軸（G 軸）とみなせる点に注意する．G 軸のまわりの慣性モーメントをこれまで通り I_{G} とすれば (5.13)（p.52）に対応して次式が成り立つ．

$$I_{\mathrm{G}}\frac{d\omega}{dt} = I_{\mathrm{G}}\frac{d^2\theta}{dt^2} = N_z{}' \tag{5.24}$$

(5.23) と (5.24) が剛体の平面運動に対する基礎方程式である．

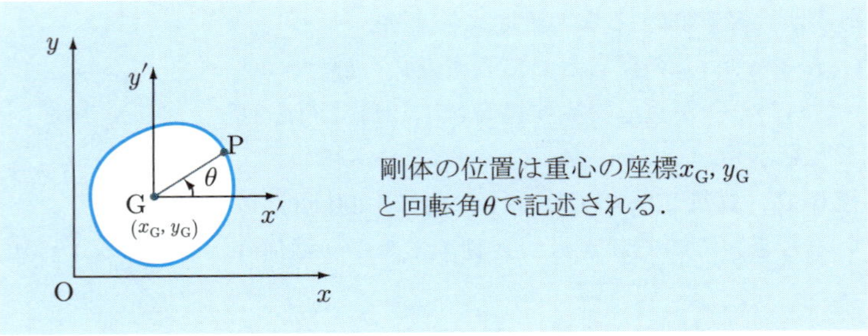

図 5.14　剛体の平面運動

例題 7　　**あらい水平面上の円筒**

質量 M，半径 a の一様な円筒があらい水平面の上で平面運動している．円筒に固定された線分 GP と鉛直方向となす回転角を図 5.15 のように θ とし円筒と水平面との接点を Q とする．円筒には抵抗力 R が働くとして，以下の設問に答えよ．

(a)　$t=0$ で $x_G=0, \theta=0$，中心軸の速度は v_0，角速度は ω_0 という初期条件のもと，重心の速度 v_G, x_G，角速度 ω，回転角 θ を求めよ．

(b)　接点 Q の速度 u はどのように表されるか．

解答　(a)　重心の運動方程式の x 成分から

$$M\frac{d^2x_G}{dt^2} = -R$$

と書け，これを解くと次のようになる．

$$v_G = v_0 - \frac{R}{M}t, \quad x_G = v_0 t - \frac{R}{2M}t^2$$

G 軸のまわりの回転運動の方程式は

$$I_G\frac{d^2\theta}{dt^2} = -aR$$

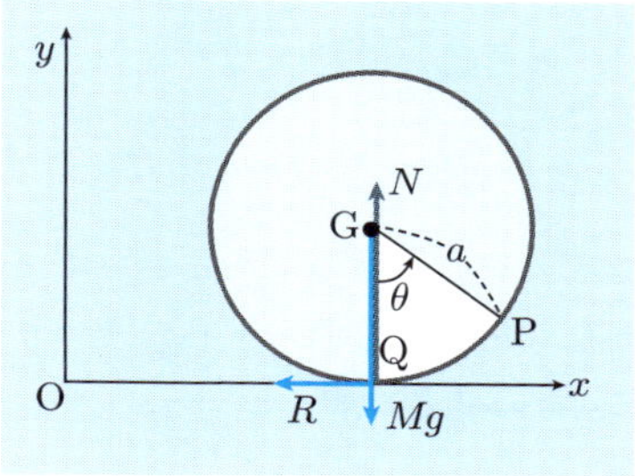

図 5.15　あらい水平面上の円筒

で与えられるので，これを解き次式が得られる．

$$\omega = \omega_0 - \frac{aR}{I_G}t, \quad \theta = \omega_0 t - \frac{aR}{2I_G}t^2$$

(b)　点 P の座標を x_P, y_P とすれば $x_P = x_G + a\sin\theta$，$y_P = a\cos\theta$ が成り立つ．a は一定，$dx_G/dt = v_G, d\theta/dt = \omega$ に注意し，上式を時間で微分すると $dx_P/dt = v_G + a\omega\cos\theta, dy_P/dt = a\omega\sin\theta$ となる．点 Q の速度 u はこの式で $\theta = 0$ とおき，$u = v_G + a\omega$ と求まる．

問　題

7.1　$t=0$ における u の値を u_0 とする．一様な円筒に対する (5.17)（p.54）の結果 $I_G = Ma^2/2$ を利用して $u=0$ となる時間を u_0, M, R の関数として求めよ．ただし，$u_0 > 0$ と仮定する．

7.2　$u=0$ となった後，接点 Q はすべらずに円筒は運動すると考えられる．このときの重心の加速度を計算せよ．

7.3　接点がすべらずに運動するときの一様な円筒，球の運動エネルギーを求め，同じ速さで運動する質点の何倍になるかを論じよ．

例題 8　　**斜面をころがる剛体**

質量 M，断面が半径 a の円であるような一様な剛体（円筒，球など）が，水平面と角度 α をなすあらい斜面上をすべらずにころがり落ちるとして，その剛体の重心の加速度を求めよ．

解答　図 5.16 のように，斜面に沿って下向きに x 軸，これと垂直に y 軸をとる．球に働く力は，斜面からの垂直抗力 N，抵抗力 R，重力 Mg である．重心の x 座標に対する運動方程式は

$$M\frac{d^2x_{\mathrm{G}}}{dt^2} = Mg\sin\alpha - R \qquad (1)$$

となる．Mg, N は重心のまわりでモーメントをもたないので，重心のまわりの回転に対する方程式は

$$I_{\mathrm{G}}\frac{d^2\theta}{dt^2} = -aR \qquad (2)$$

と書ける．(1), (2) から R を消去すると

$$Ma\frac{d^2x_{\mathrm{G}}}{dt^2} - I_{\mathrm{G}}\frac{d^2\theta}{dt^2} = Mga\sin\alpha \qquad (3)$$

が得られる．一方，球はすべらないとしたから，$dx_{\mathrm{G}}/dt + ad\theta/dt = 0$ が成り立ち，(3) から $(Ma^2 + I_{\mathrm{G}})d^2x_{\mathrm{G}}/dt^2 = Mga^2\sin\alpha$ が求まる．すなわち

$$\frac{d^2x_{\mathrm{G}}}{dt^2} = \frac{Ma^2}{Ma^2 + I_{\mathrm{G}}}g\sin\alpha \qquad (4)$$

となる．加速度は一定であるから重心は等加速度運動を行う．

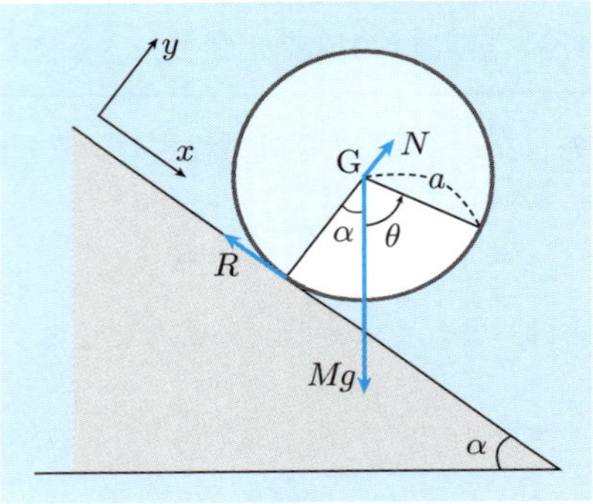

図 5.16　斜面をころがる剛体

問　題

8.1　円筒，球がすべらずにころがり落ちるとき，重心の加速度のそれぞれの大きさを求め，結果を比較せよ．

8.2　例題 8 で述べた剛体の運動の場合，力学的エネルギー保存の法則が成り立つことを証明せよ．

8.3　質量 M，半径 a の一様な球が水平面と角度 α をなす斜面上をすべりながら落ちるときの重心の加速度を求めよ．ただし，α は摩擦角より大きいとし，球と斜面との間の動摩擦係数を μ とする．

第II編

弾性体・流体の力学

現実の物体に力を加えると，大なり小なり変形する．固体の場合，あまり力が大きいとその物体は破壊されてしまう．しかし，それほど大きな力でないと力をとり去ったとき物体はもとの状態に戻る．このような性質を**弾性**，弾性を示す物体を**弾性体**という．一方，気体と液体を総称して**流体**という．流体に力を加えると独特な運動が起こる．気流，海流は空気や水の流れである．本編では変形する物体が静止しているときの力学（**静力学**）や**流体力学**について考えていく．

本編の内容

1　変形する物体の静力学

1.1　張力と圧力

図 1.1 のように長さ l，断面積 S の一様な棒の両端に F の力を加え，棒を伸ばしたり (a)，縮めたり (b) するときを考える．いずれの場合でも棒の長さが変化するが，l の増加分を Δl とする．(a) では $\Delta l > 0$，(b) では $\Delta l < 0$ となる．$\Delta l/l$ を**ひずみ**という．ひずみは単位長さ当たりの伸びを意味し，これは無次元の量である．

• 張力 •　図 1.1(a) で棒の左半分を切り出したとすれば，力のつり合いを考慮し図の下のように左半分の断面には右半分から引っ張る力 F が働く．この場合

$$T = \frac{F}{S} \tag{1.1}$$

は単位面積当たりの引っ張る力を表し**張力**とよばれる．

• 圧力 •　図 1.1(b) の場合，左部分の断面には右半分によって押されるような力が働く．(1.1) と同様，次式で**圧力**を定義する．

$$p = \frac{F}{S} \tag{1.2}$$

• 応力 •　単位面積当たりの力を**応力**という．物体の変形の仕方は加わる力そのものよりは，応力によって決まる．針金を強く引っ張ると切れるが，このときも張力がある限界値をこえると針金が切れる．そのような点で物体の変形を扱うとき応力は力自身より基本的な量である．1 m^2 の面を通して 1 N の力が働くときが応力の単位で，これを 1 **パスカル**（Pa）という．すなわち，1 Pa = 1 N/m^2 である．

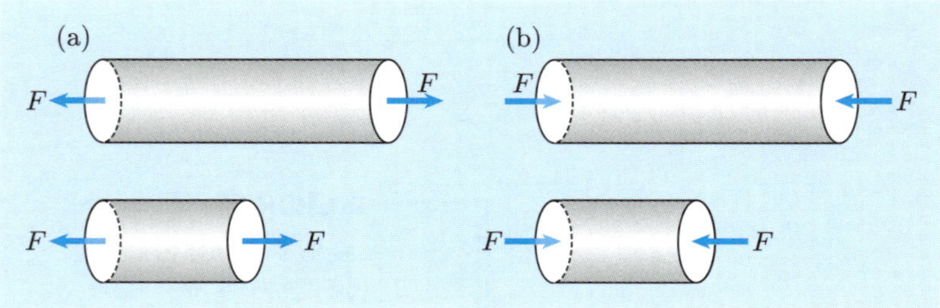

図 1.1　張力と圧力

例題 1　**法線応力と接線応力**

図 1.2 に示すように，棒を斜めに切ったとし，断面 Σ の法線と中心軸とのなす角度を θ とする．力 F を断面と垂直な成分 $F_{\perp}$ と断面に平行な成分 $F_{//}$ とに分解する．断面と垂直，平行な方向の**法線応力** $f_{\perp}$，**接線応力** $f_{//}$ を求めよ．

解答　図 1.2 で断面 Σ の面積を S' とすれば，$S' \cos\theta = S$ が成り立つ（後の 1.2 節の問題 2.2，p.65 を参照せよ）．これから $S' = S/\cos\theta$ が得られる．また，$F_{\perp} = F\cos\theta$ である．$f_{\perp}$ は $F_{\perp}$ を S' で割ったものであるから，(1.1) を使うと

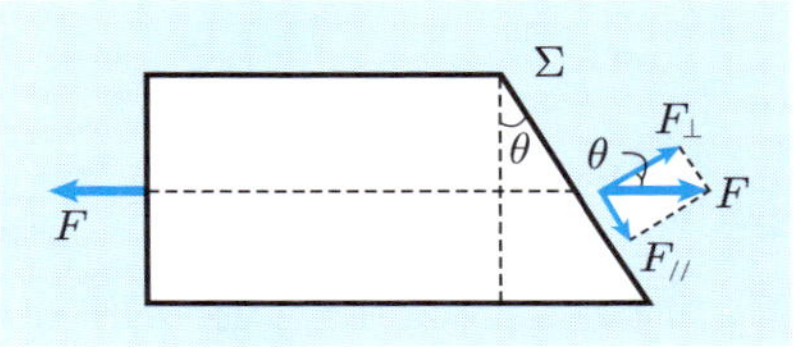

図 1.2　斜めの断面

$$f_{\perp} = \frac{F_{\perp}}{S'} = \frac{F\cos^2\theta}{S} = T\cos^2\theta$$

となる．同様に次式が導かれる．

$$f_{//} = \frac{F_{//}}{S'} = \frac{F\sin\theta\cos\theta}{S} = T\sin\theta\cos\theta$$

問　題

1.1　断面積 2 cm^2 の棒の両端に 50 N の力を加え，この棒を引っ張ったとして次の設問に答えよ．

(a)　棒に働く張力は何 Pa か．

(b)　$\theta = 30°$ として法線応力，接線応力を求めよ．

1.2　ある円筒状の針金におもりをつるし，おもりをだんだん重くしていったところおもりの質量が m に達したとき針金が切れたという．同じ材料で作った半径が 3 倍の円筒状の針金は m の何倍までのおもりに耐えることができるか．次の①～④のうちから，正しいものを 1 つ選べ．

①　2 倍　　②　3 倍　　③　6 倍　　④　9 倍

1.3　密度 ρ，長さ l の一様な棒を剛体とみなす．この棒を鉛直につり下げたとき，上から x の位置における応力を求めよ．

1.4　圧力の単位として**気圧**（atm）がよく使われるが，元来 1 気圧とは高さ 760 mm の水銀柱が底面におよぼす圧力として定義される．水銀の密度を 13.60 g/cm^3 として，1 気圧が何 Pa に相当するかを計算せよ．また，大気圧が 1 気圧のとき，地表 1 m^2 当たり何 N の力がかかるか．さらに，この力は何 kg の物体に働く重力に等しいかについて論じよ．

1.2　ずれ応力と静水圧

• ずれ応力 •　例題 1 からわかるように，変形した物体の表面にはその面と平行な力が作用する場合がある．そこで，一般に図 1.3 に示すように面積 S の部分に F の力が面に沿って働いているとき

$$\sigma = \frac{F}{S} \tag{1.3}$$

で定義される σ を**ずれ応力**という．ずれ応力を具体的に理解するため，固体の 1 つの面を固定し，これと平行な他の面に平行な応力 σ を加えるときを考える [図 1.4(a)]．図に示すように，最初，面に垂直であった固体内の直線が応力のためにある角度 θ だけ傾く．この種のひずみを**ずれ**，θ を**ずれの角**という．図 1.4(b) のように固体内に固定面と平行な面を考え，上半分を切り出したと想定しつり合いを考慮すると，この部分は下側から左向きの応力 σ を受ける．下半分の状況は図に表したようになる．これからわかるように固定面と平行な面を考えると，面の両側は互いに接線力をおよぼし合う．この接線力を応力に換算したものがずれ応力である．

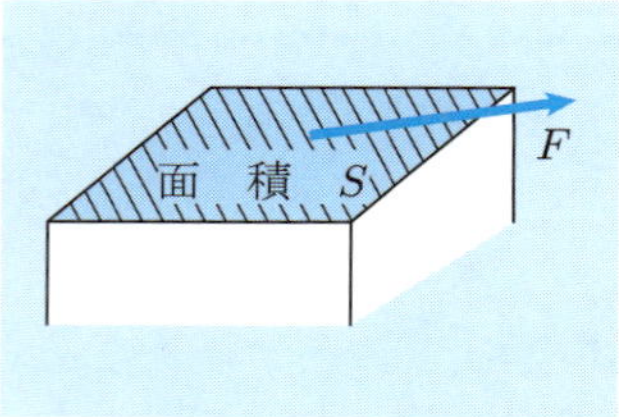

図 1.3　ずれ応力

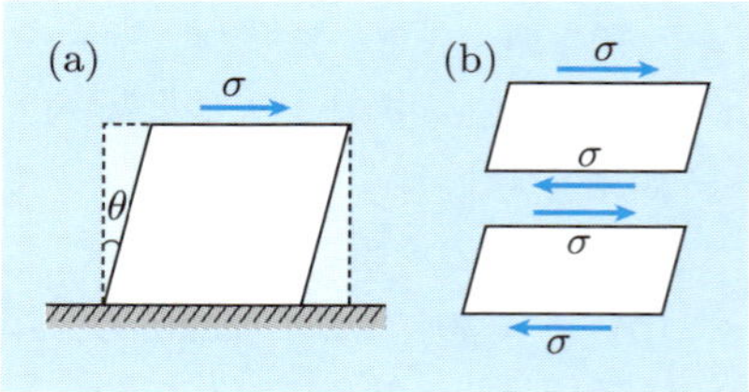

図 1.4　ずれ

• 静水圧 •　気体や液体の流体の場合には自由に変形できるので，ずれは起こりえない．この事情を考察するため，図 1.5 のように流体内に 1 つの平面をとる．A の部分は p の静水圧で平面を押すが，この平面はつり合い状態にあるため B の部分も同じ p で平面を押す．もし，この圧力が面に平行な成分をもつと，この力のため流体は動いてしまい，静止状態という仮定に反する．よって，圧力は面に垂直となる．さらにその大きさは面の方向に依存しない（例題 2）．

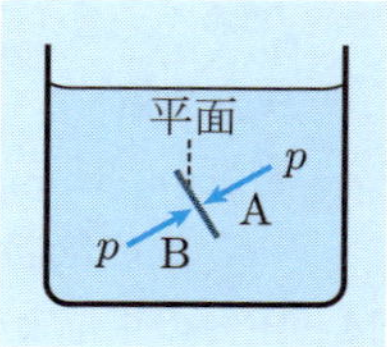

図 1.5　流体中の平面

例題 2　　**静止流体中の圧力**

静止流体中の 1 点における圧力はその点を通る面の方向によらず，一定であることを証明せよ．

解答　流体中に図 1.6 で示したような三角柱を考え，四辺形 ABB′A′ の面積を S_1，この面を押す力を F_1 とし，同様に S_2, F_2, S_3, F_3 を定義する．図のような θ をとれば，つり合いの条件から

$$F_3\cos\theta = F_1, \quad F_3\sin\theta = F_2 \qquad (1)$$

が得られ，また

$$S_1 = \mathrm{AB}\cdot\mathrm{BB'} = (\mathrm{AC}\cos\theta)\cdot\mathrm{BB'} = S_3\cos\theta \quad (2)$$

$$S_2 = \mathrm{BC}\cdot\mathrm{BB'} = (\mathrm{AC}\sin\theta)\cdot\mathrm{BB'} = S_3\sin\theta \quad (3)$$

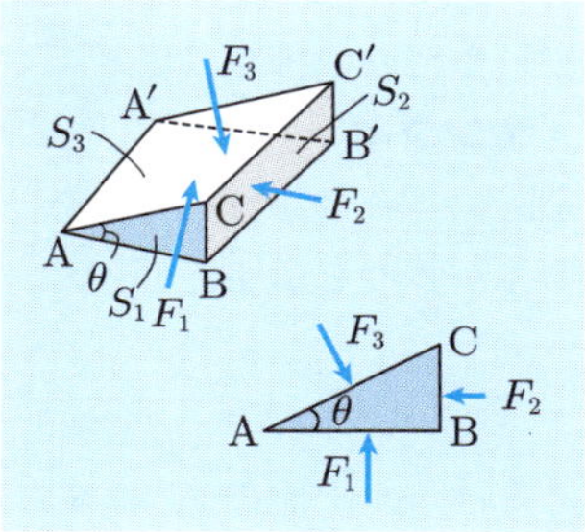

図 1.6　流体中の三角柱

となる．(2), (3) から $\cos\theta = S_1/S_3, \sin\theta = S_2/S_3$ となり，これを (1) に代入して

$$\frac{F_1}{S_1} = \frac{F_2}{S_2} = \frac{F_3}{S_3}$$

が導かれる．すなわち，各面を押す圧力の大きさは同じで，静止流体中の圧力の大きさはすべての方向に対して等しいことがわかる．

問　題

2.1　底面積 $10\,\mathrm{cm}^2$ の直方体状の物体の下面を床に固定させ，上面にロープを接着し図 1.7 に示すようにロープの一端に質量 2 kg のおもりをつけた．この物体に働くずれ応力は何 Pa か．

2.2　2 つの平面 P, P′ が図 1.8 のように角度 θ で交わっている．平面 P′ 上で面積 S' をもつ部分の平面 P に下ろした正射影の面積を S とするとき $S = S'\cos\theta$ であることを示せ．

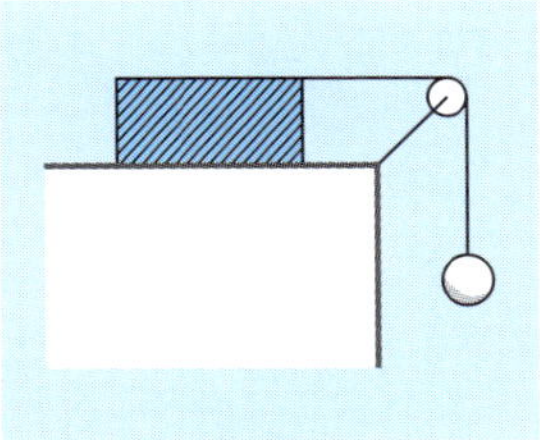

図 1.7　ずれ応力

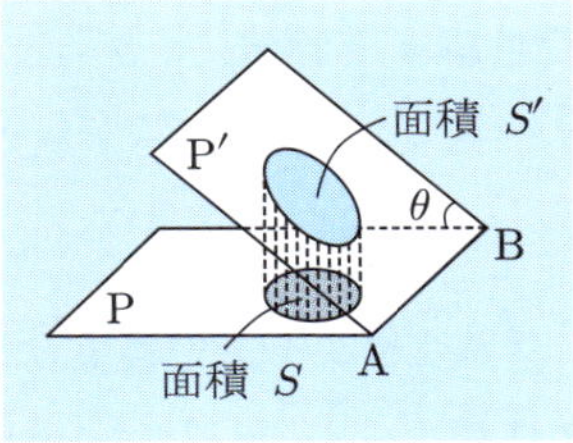

図 1.8　面積 S' の正射影

1.3 弾　性　率

• 弾性率の定義 •　ひずみ e とそれに対する応力 f の両者が小さいときフックの法則が適用でき，$f = ce$ の比例関係が成り立つ．c をそのひずみに対する**弾性率**という．変形や応力の種類に応じてさまざまな弾性率が定義される．

• ヤング率 •　ヤング率は伸びに対する弾性率である．断面積 S，長さ l の棒の両端を図 1.1(a) のように大きさ F の力で引っ張るとき，その長さが Δl だけ伸びたとする．物体が弾性を示す範囲内で，張力 F/S はひずみ $\Delta l/l$ に比例し

$$\frac{F}{S} = E\frac{\Delta l}{l} \tag{1.4}$$

と書ける．上記の E は S, l, F には依存せず物体の性質だけに関係する定数（**物質定数**）で，これを**ヤング率**あるいは**伸びの弾性率**という．その単位は $\mathrm{N/m^2}$ で，Pa と同じである．通常の物体では F の符号を逆にし棒を図 1.1(b) のように押すと $\Delta l < 0$ となる．しかし，ゴムは特別な物質で伸ばせるが，縮ませることはできない．

• ポアソン比 •　弾性体をある方向に引っ張って伸ばせば，それと垂直方向では弾性体は縮む．逆にある方向に縮めると，垂直方向では伸びる．ある方向のひずみを e，それと垂直方向のひずみを e' とすれば

$$\varepsilon = -\frac{e'}{e} \tag{1.5}$$

の ε は正の物質定数である．これを**ポアソン比**という．$\varepsilon < 1/2$ である（例題 3）．

• 剛性率 •　図 1.4 でずれの角 θ とずれ応力 σ との間の関係を

$$\sigma = G\theta \tag{1.6}$$

とおき，この G を**剛性率**あるいは**ずれの弾性率**という．θ は角度であるので無次元の量である．このため，(1.6) から G は σ と同じ次元をもち，その単位は Pa であることがわかる．

• 体積弾性率 •　物体にかかっている圧力を Δp だけ増やしたとき，その物体の体積が V から ΔV だけ増加したとする．この場合

$$\Delta p = -k\frac{\Delta V}{V} \tag{1.7}$$

とおき，**体積弾性率** k を定義する．$\Delta p > 0$ だと $\Delta V < 0$ であるから k は正である．k の逆数を**圧縮率**という．圧縮率はどんな条件で圧力を変えるかに依存する．普通は温度一定で圧力を変えるが，この圧縮率を**等温圧縮率**という．

例題 3 ——— **ポアソン比の性質**

図 1.9 のような各辺の長さが l の立方体を考え，各面での圧力を Δp だけ増加させるとして，k, E, ε の間に成り立つ関係を導け．また $\varepsilon < 1/2$ の不等式を証明せよ．

解答 z 方向の長さの変化を考察する．(1.4) は $\Delta l = lF/ES$ と書けるが，F/S がいまの Δp に相当する．このため，z 方向の Δp により長さは $l\Delta p/E$ だけ縮む．一方，x 方向の Δp により長さは $\varepsilon l \Delta p/E$ だけ伸びる（問題 3.1）．y 方向の Δp も同様で伸びを求めるには 2 倍をとる必要がある．こうして変形後の辺の長さ l' は

$$l' = l - l\Delta p/E + 2\varepsilon l \Delta p/E = l[1 - (1 - 2\varepsilon)\Delta p/E] \qquad (1)$$

となる．x, y 方向の l' も (1) で与えられる．x が十分小さいと $(1+x)^\alpha \simeq 1 + \alpha x$ と書けることに注意すれば，体積を $V = l^3, V' = l'^3$ として

$$V' = V[1 - (1 - 2\varepsilon)\Delta p/E]^3 \simeq V[1 - 3(1 - 2\varepsilon)\Delta p/E] \qquad (2)$$

と表される．(2) から $\Delta V = V' - V$ とおき，$\Delta V/V = -3(1 - 2\varepsilon)\Delta p/E$ が得られる．(1.7) の k の定義式を使うと，上式から

$$k = \frac{E}{3(1 - 2\varepsilon)}$$

が導かれる．$k > 0, E > 0$ だから $\varepsilon < 1/2$ となる．

問 題

3.1 ヤング率 E，ポアソン比 ε の物質でできた長さ l の棒の側面を圧力 p で押した．長さの伸び Δl を求めよ．

3.2 各辺の長さが l の立方体を考え（図 1.10），その上面に図のようなずれ応力 σ を作用させたとする．この応力を OB に平行，垂直な成分に分解し OB を伸ばすような張力，OO′B′B を押すような圧力が得られることを示せ．また，これらの張力や圧力を求め，次の関係を導け．

$$G = \frac{E}{2(1 + \varepsilon)}$$

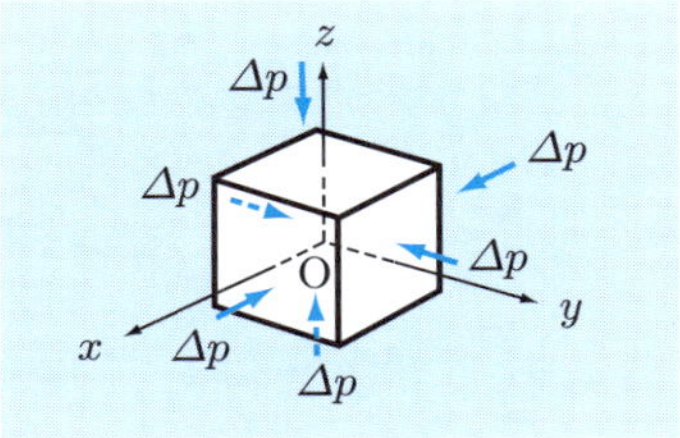

図 1.9 立方体の各辺

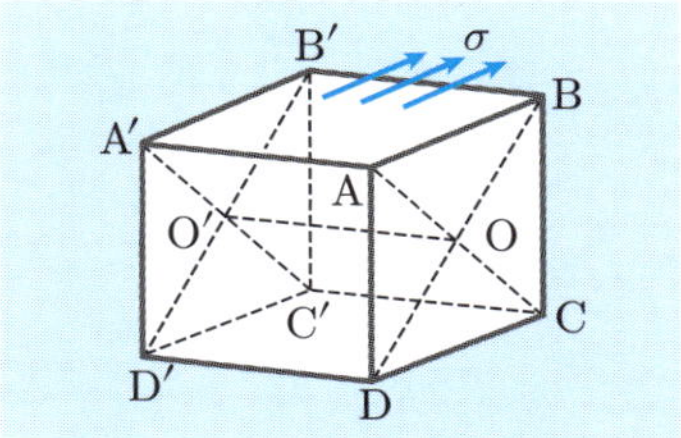

図 1.10 ずれ応力の分解

1.4　静水圧の性質

• **パスカルの原理** •　1.2 節で述べたように，静止した流体中の圧力は流体内の面と垂直で，重力の影響を無視すれば圧力の大きさは一定である．静水圧のこのような性質を**パスカルの原理**という．これを一般化すると，重力の影響を無視すれば流体内の 1 点で圧力を増加させると，他の任意の点における圧力は同じ大きさだけ増加する．

• **水中の圧力** •　重力の影響を考えるため，水面上の大気圧が p_0 のとき，深さ h の場所での水の圧力 p を求める．図 1.11 のように断面積が S，高さが h の円筒を想定すると，円筒の上面には p_0S の力が鉛直下向きに働く．水の密度を ρ とすれば，円筒には ρghS の重力が鉛直下向きに，また円筒の下面には pS の力が鉛直上向きに働く．力のつり合いから $p_0S + \rho ghS = pS$ と書け，p は次のように表される．

$$p = p_0 + \rho gh \tag{1.8}$$

• **アルキメデスの原理** •　流体中にある物体には，その物体が排除した流体に働く重力に等しいだけの浮力が働く．これを**アルキメデスの原理**という．図 1.12 のように流体中に物体が浸かっているとし，その表面 Σ を斜線で表す．Σ の面上で微小面積 ΔS の部分をとり，そこでの流体の圧力を p とする．p はこの微小部分と垂直であるが，この部分に $p\Delta S$ の力をおよぼす．鉛直上向きに z 軸を選ぶとすれば，この力の z 成分 $p_z\Delta S$ は流体がこの部分を鉛直上向きにもち上げるような浮力を表す．したがって，全体の浮力はこのような力をすべて加えた（積分した）次式で与えられる．

$$\text{浮力} = \int_\Sigma p_z dS$$

積分記号につけた Σ の添字は表面 Σ にわたる面積積分を意味する．ここで斜線部内の領域を流体で置き換え，それを剛体とみなせば，つり合いの条件から浮力は排除した流体に働く重力と等しくなって，アルキメデスの原理が導かれる．

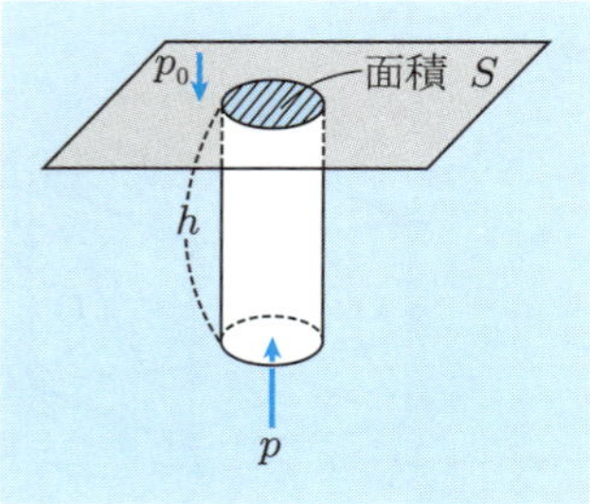

図 1.11　水中の圧力

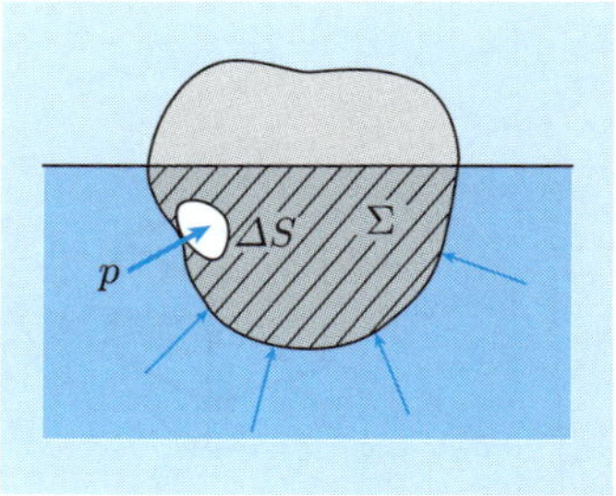

図 1.12　アルキメデスの原理

例題 4　液体に浮かぶ円筒

図 1.13 に示すように，質量 m，断面積 S の円筒状の物体が密度 ρ の液体に浮かんでいる．物体が運動する際，液体からの抵抗はなく，物体は鉛直状態を保ったまま一直線上を運動するとして次の問に答えよ．

(a)　物体が x だけ沈んだときに，この物体に働く力を求めよ．

(b)　この物体の浮き沈みの周期はどのように表されるか．

解答　(a)　円筒の断面積を S，物体がつり合っているとき，液体中の円筒の高さを l とすれば $Sl\rho g = mg$ が成り立つ．物体が x だけ沈んだとき，物体に働く力 F は鉛直上向きを正にとると $F = S(l+x)\rho g - mg = S\rho gx$ と表される．

(b)　鉛直下向きを正にとると，運動方程式は $md^2x/dt^2 = -S\rho gx$ と書ける．したがって，物体は以下の周期をもつ単振動を行う．

$$T = 2\pi\sqrt{\frac{m}{S\rho g}}$$

問　題

4.1　一様な断面積 S をもつ U 字管に，密度 ρ，質量 m の液体を入れ，両脚が垂直となるよう立ててある（図 1.14）．一方の管内の液面を他方より高くして放すと，液体は振動する．液体に摩擦力は働かないと仮定して振動の周期を求めよ．

4.2　容器に密度 ρ の液体を入れ天秤で測ったとき，質量 M の分銅とつり合うとする（図 1.15）．この液体より大きな密度の物体を細い糸でつるし，これが全部かくれるまで液中に入れ，容器の壁や底につかないようにする．浮力の反作用のため，天秤をつり合わすためには，さらに質量 M_1 の分銅を追加する必要がある．物体の質量，密度をそれぞれ m, ρ' として M_1 を求めよ．

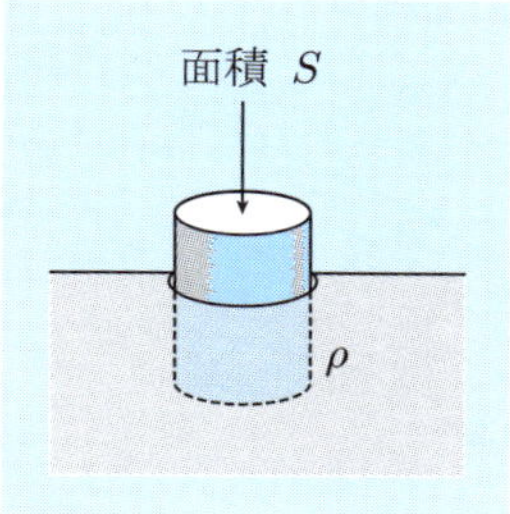

図 1.13　液体に浮かぶ円筒

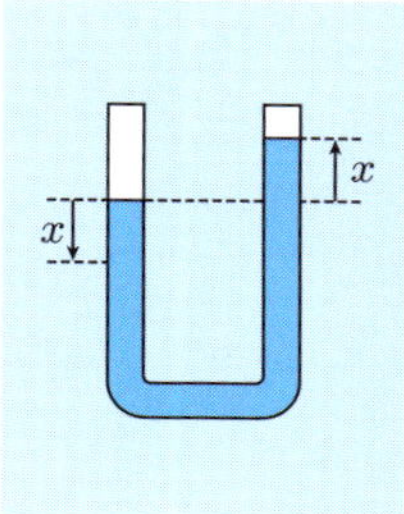

図 1.14　U 字管内の液体

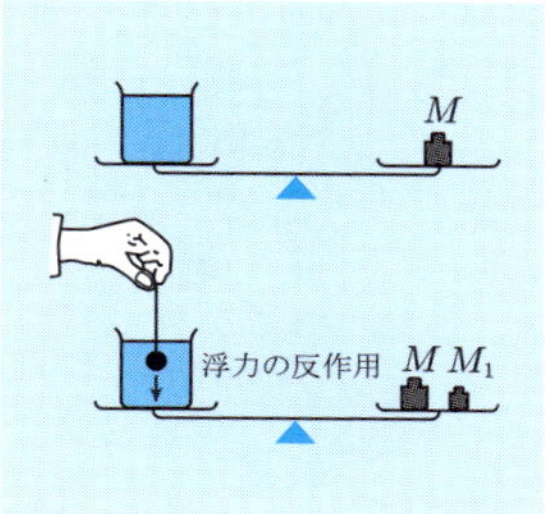

図 1.15　浮力の反作用

2 流体力学

2.1 速度場

● 速度場 ● 運動する流体に注目したとき，流体の速度 $\boldsymbol{v}$ は，一般に場所を表す位置ベクトル $\boldsymbol{r}$ と時間 t の関数である．すなわち，$\boldsymbol{v}$ は

$$\boldsymbol{v} = \boldsymbol{v}(\boldsymbol{r}, t) \tag{2.1}$$

と表される．ある瞬間を考え，$t =$ 一定 とすれば，$\boldsymbol{r}$ を与えたとき $\boldsymbol{v}$ が決まる．このように場所の関数としてあるベクトルが決まるときその空間を**ベクトル場**，特に速度が決まるときを**速度場**という．

● 流線と流管 ● ある瞬間で，図 2.1 のように，流体の流れの中に適当な曲線を考え，その曲線上の任意の点 P における曲線への接線が，P における $\boldsymbol{v}$ の方向と一致していれば，この曲線は流体の流れを表す．これを**流線**という．流れの中に任意の閉曲線をとり，その上の各点を通る流線の群れを考えると，これらは 1 つの管を作る．この管を**流管**という．流線には流管の中から外に出たり，外から中へ入ることはないという性質がある（問題 1.1）．

● 定常流と非定常流 ● 流線の様子が時間とともに変わらず一定の状態を保つとき，いいかえると (2.1) の時間依存性がないとき，その流れを**定常流**という．また，流線の様子が時間依存性をもつとき，それを**非定常流**という．

● 粘性流体と完全流体 ● 水はさらさらしているが，水あめはねばねばしている．これは水あめの**粘性**が水より大きなためである．粘性は流れに対する摩擦に対応するが，粘性のある流体を**粘性流体**，粘性のない理想的な流体を**完全流体**という．

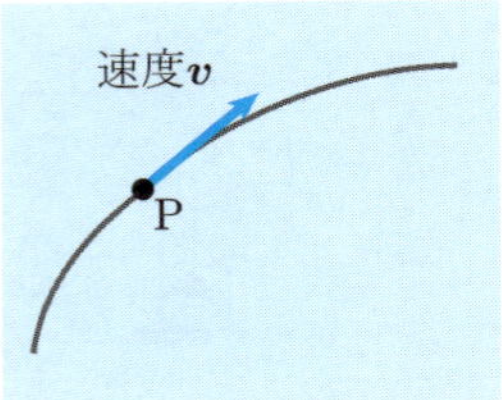

図 2.1 流線

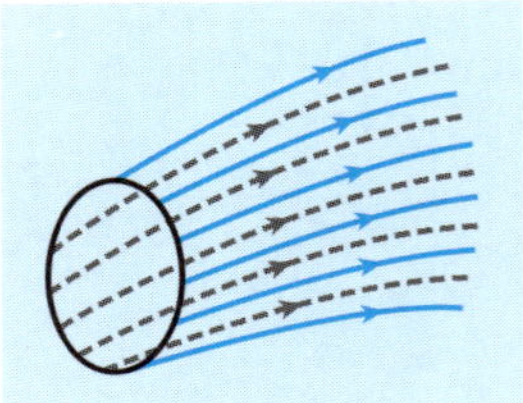

図 2.2 流管

例題 1 **連続の法則**

定常流の中に1つの細い流管内の任意の点における流速を v ($v = |\boldsymbol{v}|$), その点での流体の密度を ρ, 流管の垂直断面積を S とすれば, この流管について $\rho v S =$ 一定であることを示せ. これを**連続の法則**という.

解答 細い流管について, 任意の垂直断面 A, B を考える（図 2.3）. A における流速を v_{A}, 密度を ρ_{A}, 垂直断面積を S_{A} とし, 同様な量を B に対して導入する. ただし, 流管は十分細く A における流速や密度は断面のいたるところで一定とする（B でも同様）. A を底とする高さ $v_{\mathrm{A}}\Delta t$ の円筒中の流体は Δt の間に必ず流管の中に流れ込む. 同様に, B を底とする高さ $v_{\mathrm{B}}\Delta t$ の円筒中の流体は同じ Δt の間に必ず流管の外へ流れ出る. 流管中に入る質量と出る質量が違うと AB 間の流体の質量が増減することとなり定常流という仮定に反する. すなわち, 両者の質量は同じで, これを**質量保存の法則**という. 入る質量は $\rho_{\mathrm{A}} v_{\mathrm{A}} S_{\mathrm{A}} \Delta t$, 出る質量は $\rho_{\mathrm{B}} v_{\mathrm{B}} S_{\mathrm{B}} \Delta t$ で, $\rho_{\mathrm{A}} v_{\mathrm{A}} S_{\mathrm{A}} = \rho_{\mathrm{B}} v_{\mathrm{B}} S_{\mathrm{B}}$ となり連続の法則が導かれる.

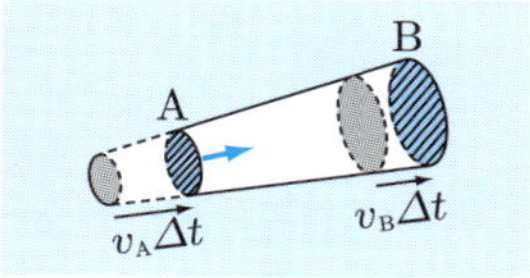

図 2.3 連続の法則

問 題

1.1 流線は流管の中から外に出たり, 外から中へ入らないことを示せ.

1.2 空間内に流体を流し込む, または流体を外に取り出す場所を**湧き口**, **吸い口**という. 領域 Ω（表面は除く）内に湧き口も吸い口もないと, Ω 内の流線は表面から表面にいくか, 閉曲線になっているかで, 図 2.4 の点線のように Ω 内の 1 点から発し, 他の点で終わるような状況は起こらないことを示せ.

1.3 図 2.5 のように円に沿って流線が外側に向かっていると湧き口がこの円内に含まれる. そのような考察を使い, 人間の髪の毛にはつむじが存在することを証明せよ. つむじがないときはどうなっているか.

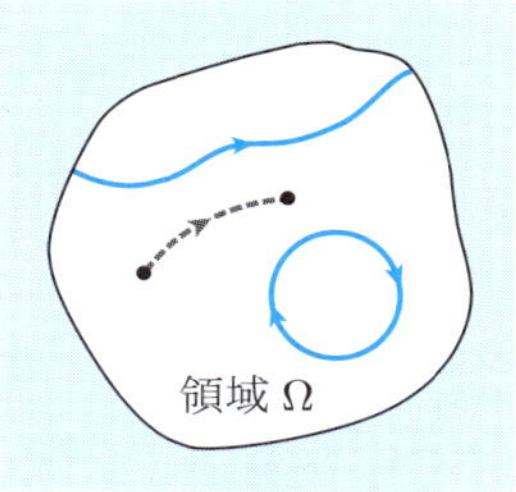

図 2.4 流線の挙動

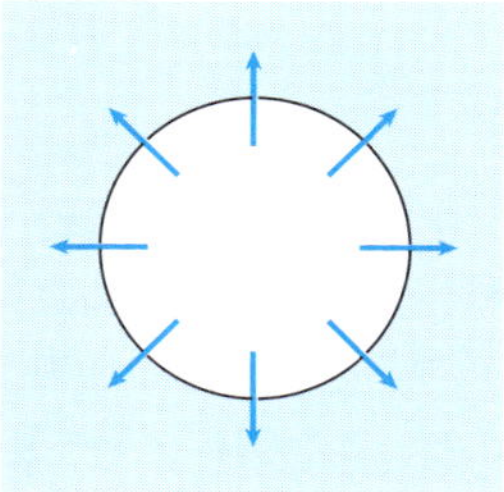
図 2.5 円に沿う流線

2.2 ベルヌーイの定理

• ベルヌーイの定理 • 密度が一定の流体を**非圧縮性**という．密度 ρ の非圧縮性の完全流体に対する定常流で，1 つの流線上の任意の点の圧力，流速，高さを p, v, h とすれば，その流線について

$$p + \frac{1}{2}\rho v^2 + \rho gh = 一定 \qquad (2.2)$$

が成り立つ．これを**ベルヌーイの定理**という．

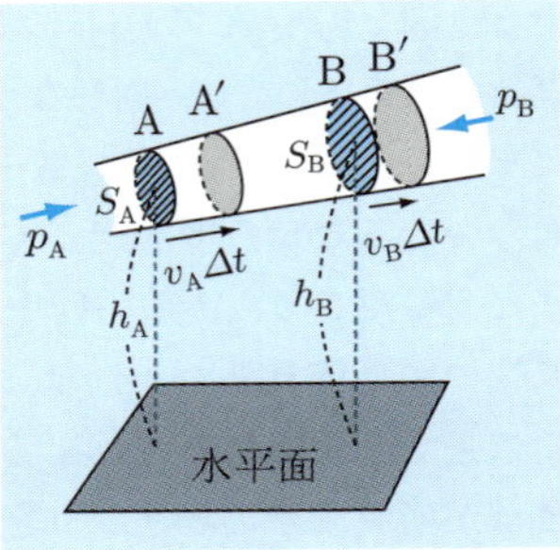

図 2.6　ベルヌーイの定理

• ベルヌーイの定理の証明 • 1 つの細い流管内で任意の 2 つの直交断面 A, B をとり微小時間 Δt の間に $\mathrm{A} \to \mathrm{A}', \mathrm{B} \to \mathrm{B}'$ と移動したとする（図 2.6）．定常流ではこの移動は $\mathrm{AA}' \to \mathrm{BB}'$ の移動と等価である．力学的エネルギーとして運動エネルギーと重力の位置エネルギーを考慮すると，この移動に伴う力学的エネルギーの増加は

$$\frac{1}{2}\rho S_{\mathrm{B}} v_{\mathrm{B}} \Delta t {v_{\mathrm{B}}}^2 + \rho S_{\mathrm{B}} v_{\mathrm{B}} \Delta t g h_{\mathrm{B}} - \frac{1}{2}\rho S_{\mathrm{A}} v_{\mathrm{A}} \Delta t {v_{\mathrm{A}}}^2 - \rho S_{\mathrm{A}} v_{\mathrm{A}} \Delta t g h_{\mathrm{A}} \qquad (2.3)$$

と書ける．一方，上式は $\mathrm{AB} \to \mathrm{A}'\mathrm{B}'$ の移動の際，外力のする仕事に等しい．A では $p_{\mathrm{A}} S_{\mathrm{A}}$ の力が働き，移動の向きと力の向きは同じである．B では両者の向きは逆になる．流管の側面に働く力は，流れの方向と垂直で仕事をしないから，上記の仕事は

$$p_{\mathrm{A}} S_{\mathrm{A}} v_{\mathrm{A}} \Delta t - p_{\mathrm{B}} S_{\mathrm{B}} v_{\mathrm{B}} \Delta t \qquad (2.4)$$

となる．(2.3), (2.4) を等しいとおき，連続の法則は非圧縮性流体の場合には $v_{\mathrm{A}} S_{\mathrm{A}} = v_{\mathrm{B}} S_{\mathrm{B}}$ と書けることに注意すれば (2.2) が導かれる．

• 静圧と動圧 • 水平な流線に対しては $h = 一定$ で，(2.2) から

$$p + \frac{1}{2}\rho v^2 = 一定 \qquad (2.5)$$

であることがわかる．p を**静圧**，$\rho v^2/2$ を**動圧**という．なお，流体が運動していても p が単位面積当たりの力である点は静力学の場合と同じであるから，大気圧が p_0 の場合，深さ h の場所における圧力 p は (1.8)（p.68）と同様 $p = p_0 + \rho gh$ と書ける．問題 2.2 でこのような例について述べる．

例題 2 **トリチェリの定理**

容器内の液面から深さ h の場所にある小さな穴から流れ出る液体の流速は（図 2.7）

$$v = \sqrt{2gh}$$

と書けることを示せ．上式の v は物体が h だけ自由落下したときの速さに等しい．これを**トリチェリの定理**という．

解答 穴が容器の断面積に比べ非常に小さいと，液面が落下する速さは 0 とみなされる．このため，いまの問題は近似的に定常流とみなされる．図 2.7 の流線 AB で $p_A = p_B = p_0$（大気圧），$v_A = 0, h_A = h, v_B = v, h_B = 0$ で，ベルヌーイの定理により

$$\rho gh = \frac{1}{2}\rho v^2 \qquad \therefore \quad v = \sqrt{2gh}$$

が導かれる．

問　題

2.1 ベルヌーイの定理は完全流体では成り立つが粘性流体には適用できない．その理由について述べよ．

2.2 図 2.8 のように，太さの違う 2 つのガラス管 A, B を通して水を流したとする．A, B における流速 v_A, v_B はそれぞれ $v_A = 4\,\mathrm{m/s}, v_B = 3\,\mathrm{m/s}$ であるとして次の設問に答えよ．

(a) A と B との圧力差 $\Delta p = p_B - p_A$ を $\mathrm{N/m^2}$，atm のそれぞれの単位で計算せよ．

(b) A の部分にガラス管を立てたとき，水柱の高さ h_A は 50 cm であった．B における水柱の高さ h_B を求めよ．

2.3 大きな容器に水が満たされていて，この容器の底にある半径 a の円形の穴から水が静かに落ちるとする．穴を出るときの流速を v とし，図 2.9 のように穴から h の距離における水流の半径を r とする．r を h の関数として求めよ．

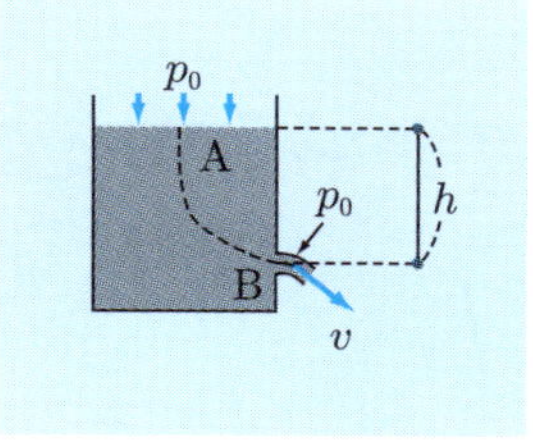

図 2.7 トリチェリの定理

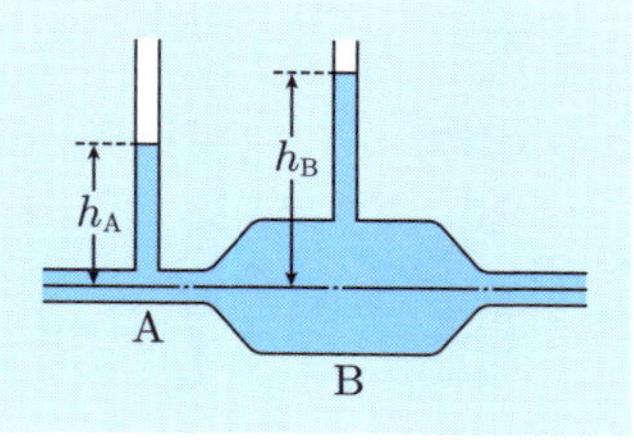

図 2.8 2 つのガラス管

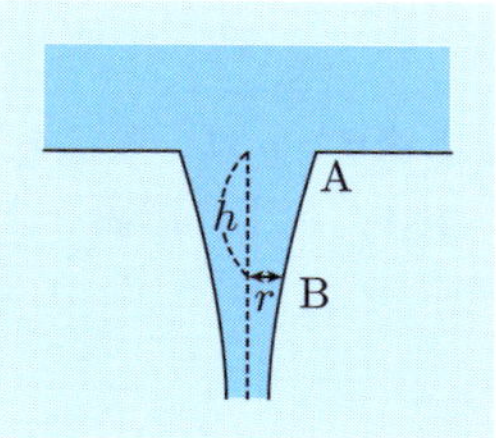

図 2.9 r と h

2.3 積分形の質量保存の法則

• 質量保存の法則 • 流体に関する質量保存の法則を論じるため，流体の流れの中に適当な領域 Ω をとり，これを囲む曲面を Σ とする（図 2.10）．また，領域 Ω の中から外へ向かい表面と垂直な単位ベクトル $\boldsymbol{n}$ を導入し，これを**法線ベクトル**という．流体の密度 ρ は時間 t と場所 $\boldsymbol{r}$ の関数であるが

$$M(t)=\int_{\Omega}\rho dV \tag{2.6}$$

は t での Ω 中の流体の質量である．添字の Ω は領域 Ω にわたる体積積分を表す．t と $t+\Delta t$ との間の質量の増加を考えると，質量保存の法則により次の関係が成り立つ．

$$(\Omega\text{中の質量の増加量})=(\Sigma\text{を通して流れ込む質量})+(\Omega\text{中で湧き出す質量}) \tag{2.7}$$

• 流束密度 • ここで (2.7) 右辺の第 1 項に対する一般的な表式を導こう．このため流体の速度を $\boldsymbol{v}$ とし，Σ 上に微小面積 ΔS をとって，$\boldsymbol{v}$ の方向に伸びた円筒状の立体を考える（図 2.11）．流体は時間 Δt の間に $\boldsymbol{v}\Delta t$ だけ変位し，立体中の流体はこの時間の間に ΔS を通過する．立体の体積は ΔS に高さを掛けたものに等しいが，高さは $\Delta t\boldsymbol{v}\cdot\boldsymbol{n}$ と書けるので，体積は $\Delta t\boldsymbol{v}\cdot\boldsymbol{n}\Delta S$ と表される．これに ρ を掛けると立体中の流体の質量となる．したがって，その質量を Σ 全体にわたって積分すれば時間 Δt の間に Ω から外部に流れ出る流体の質量は

$$\Delta t\int_{\Sigma}\boldsymbol{j}\cdot\boldsymbol{n}dS \tag{2.8}$$

となる．ここで $\boldsymbol{j}$ は $\boldsymbol{j}=\rho\boldsymbol{v}$ と定義され**流束密度**とよばれる．(2.8) は単位時間に流線に垂直な単位面積を通過する流体の質量を表す．Ω に流れ込む質量を求めるには (2.8) の符号を逆転すればよい．

• 積分形の表式 • 時刻 t から $t+\Delta t$ との間に，Ω 中の湧き口から湧き出してくる流体の質量を

$$\Delta t\int_{\Omega}qdV \tag{2.9}$$

と表す．q は一般に $\boldsymbol{r}$ と t の関数であり，単位時間，単位体積当たりに湧き出す質量を表す．以上の議論をまとめると

$$\frac{M(t+\Delta t)-M(t)}{\Delta t}+\int_{\Sigma}\boldsymbol{j}\cdot\boldsymbol{n}dS=\int_{\Omega}qdV \tag{2.10}$$

という質量保存の法則を表す積分形の表式が導かれた．

例題 3　　**点状の湧き出し**

湧き口や吸い口が小さくてこれらが点とみなせる場合，(2.9) の q がどのように表されるかについて述べよ．

解答　湧き口や吸い口が $\boldsymbol{r}_0$ の位置ベクトルで記述される点に存在すると仮定しよう．$\boldsymbol{r}_0$ 以外の場所では流体の湧き出しは起こらないから q は $\boldsymbol{r}_0$ 以外では 0 になると考えられる．しかし，(2.9) の積分は一般に有限である．このような状況を記述するため**ディラックの $\boldsymbol{\delta}$ 関数** $\delta(\boldsymbol{r}-\boldsymbol{r}_0)$ を導入し

$$\delta(\boldsymbol{r}-\boldsymbol{r}_0)=\begin{cases}0 & \boldsymbol{r}\neq\boldsymbol{r}_0\\ \infty & \boldsymbol{r}=\boldsymbol{r}_0\end{cases}$$

とする．ただし，積分領域 Ω が $\boldsymbol{r}_0$ を含むとき

$$\int_\Omega \delta(\boldsymbol{r}-\boldsymbol{r}_0)dV=1$$

が成り立つとする．$\boldsymbol{r}_0$ の近傍の領域でだけ有限な値をもち，上の積分値は 1 になるようにしておいてこの領域の体積を 0 にする極限で得られる関数が $\delta(\boldsymbol{r}-\boldsymbol{r}_0)$ と思えばよい．こうして q は

$$q=q_0\delta(\boldsymbol{r}-\boldsymbol{r}_0)$$

と書ける．(2.9) で単位時間を考えれば，上式の q_0 は単位時間当たりに湧き出す質量を表す．$q_0>0$ の場合は湧き口，$q_0<0$ の場合は吸い口を記述する．

問　題

3.1　水が毎秒 2 m の割合で流れているとき，その流束密度を求めよ．

3.2　$\boldsymbol{r}_1$ の場所にある湧き口が毎秒当たり q_1 の質量を湧き出し，$\boldsymbol{r}_2$ の場所にある吸い口が毎秒当たり q_2 の質量を吸い込んでいるとき q はどのように表されるか．

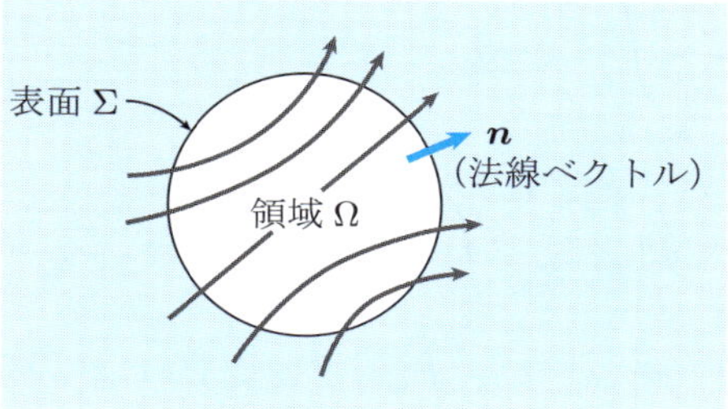

図 2.10　流体中の領域

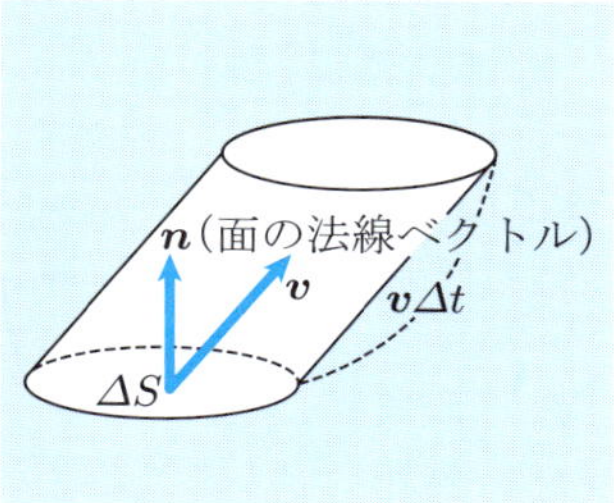

図 2.11　ΔS を通る流体

2.4　ガウスの定理

前節で論じた積分形の表式を微分形で表すには標題の定理を使うのが便利である．この定理は後の電磁気学の問題にも有効に使われる．

• ガウスの定理 •　ベクトル場 $\boldsymbol{A}(\boldsymbol{r})$ に対し**発散** $\mathrm{div}\,\boldsymbol{A}$ を

$$\mathrm{div}\,\boldsymbol{A} = \frac{\partial A_x}{\partial x} + \frac{\partial A_y}{\partial y} + \frac{\partial A_z}{\partial z} \tag{2.11}$$

で定義すると，次の**ガウスの定理**が成り立つ．

$$\int_\Omega \mathrm{div}\,\boldsymbol{A} dV = \int_\Sigma \boldsymbol{A}\cdot\boldsymbol{n} dS = \int_\Sigma A_n dS \tag{2.12}$$

A_n は $\boldsymbol{A}$ の法線方向の成分である．上式の左辺を I として $\mathrm{div}\,\boldsymbol{A}$ を代入すると

$$I = \int_\Omega \mathrm{div}\,\boldsymbol{A} dV = I_x + I_y + I_z \tag{2.13}$$

$$I_x = \int_\Omega \frac{\partial A_x}{\partial x} dV, \quad I_y = \int_\Omega \frac{\partial A_y}{\partial y} dV, \quad I_z = \int_\Omega \frac{\partial A_z}{\partial z} dV \tag{2.14}$$

となる．ここで I_z を考え，$dV = dxdydz$ に注意し，図 2.12 のような $dxdy$ を考えると，積分領域は AB 間の角柱状の部分となる．ただし，Ω は卵のような形をもち，角柱部分は 1 つだけとした．この場合，z に関する積分を実行すると I_z は

$$I_z = \int_{\Sigma'} [A_z(\mathrm{A}) - A_z(\mathrm{B})] dxdy \tag{2.15}$$

となる．(2.15) で $A_z(\mathrm{A})$, $A_z(\mathrm{B})$ は A, B における A_z の値であり，また xy 面での積分は Ω の正射影 Σ' にわたって行われる．A では $\boldsymbol{n}$ と z 軸とのなす角度を θ とすれば $n_z = \cos\theta$ で問題 2.2（p.65）を参考にし $n_z dS = dxdy$ となる．B では $n_z < 0$ となるため $-n_z dS = dxdy$ である．よって，A, B 両者からの寄与を考慮し次式が導かれる．

$$I_z = \int_\Sigma A_z n_z dS \tag{2.16}$$

I_x, I_y も同様に計算され

$$I_x = \int_\Sigma A_x n_x dS, \quad I_y = \int_\Sigma A_y n_y dS \tag{2.17}$$

となる．(2.16), (2.17) を (2.13) に代入すると $I = \int_\Sigma (A_x n_x + A_y n_y + A_z n_z) dS$ と書け，$A_x n_x + A_y n_y + A_z n_z = \boldsymbol{A}\cdot\boldsymbol{n}$ に注意するとガウスの定理が得られる．

例題 4　　**連続の方程式**

(2.10)（p.74）にガウスの定理を適用し，$\rho, \boldsymbol{j}, q$ の間に成り立つ関係を導出せよ．

解答　(2.10) の左辺第 1 項は (2.6) を使うと

$$\frac{M(t+\Delta t)-M(t)}{\Delta t}=\int_\Omega \frac{\rho(x,y,z,t+\Delta t)-\rho(x,y,z,t)}{\Delta t}dV$$

と表される．上式右辺の被積分関数は $\Delta t \to 0$ の極限で時間に関する偏微分となる．また，(2.10) の左辺第 2 項にガウスの定理を用いると

$$\int_\Omega \left(\frac{\partial \rho}{\partial t}+\operatorname{div}\boldsymbol{j}\right)dV=\int_\Omega q dV$$

が導かれる．上式で領域 Ω は任意にとることができるから，被積分関数は等しく

$$\frac{\partial \rho}{\partial t}+\operatorname{div}\boldsymbol{j}=q$$

の関係が得られる．これは質量保存の法則を微分形で表したもので**連続の方程式**とよばれる．

問　題

4.1　非圧縮性流体の場合，湧き口や吸い口がなければ，その速度 $\boldsymbol{v}$ に対して

$$\operatorname{div}\boldsymbol{v}=0$$

が成り立つことを示せ．

4.2　物体が変形をうけるとし位置ベクトル $\boldsymbol{r}$ における点の変位ベクトルが $\boldsymbol{u}$ で表されるとする（図 2.13）．このような変形に伴う体積変化率に対し

$$\frac{\Delta V}{V}=\operatorname{div}\boldsymbol{u}$$

と書けることを証明せよ．

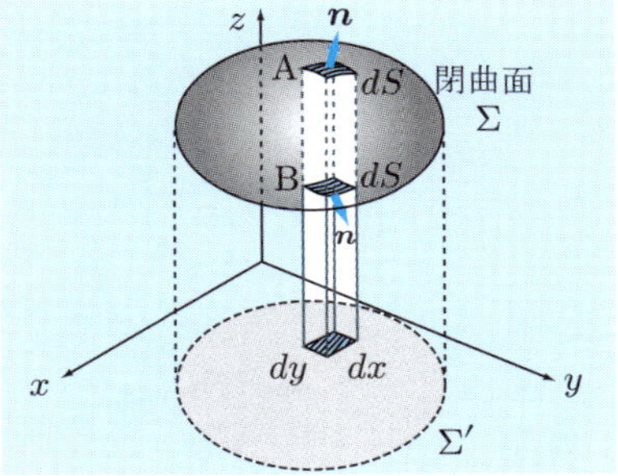

図 2.12　ガウスの定理

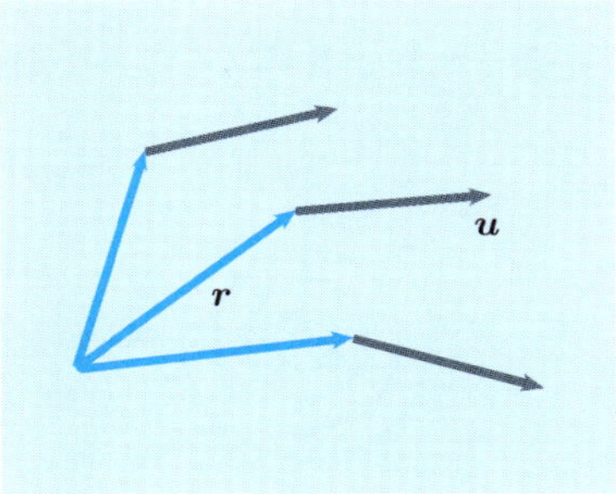

図 2.13　物体の変形

2.5 渦

• **渦糸** • 渦は日常生活でよく観測される流体力学における現象であるが，典型的な例は速度の各成分 v_x, v_y, v_z が

$$v_x = -\frac{\kappa y}{2\pi r^2}, \quad v_y = \frac{\kappa x}{2\pi r^2}, \quad v_z = 0 \tag{2.18}$$

で与えられるような速度場である．ここで $r = \sqrt{x^2 + y^2}$ は z 軸からの距離，κ は定数を表す．流体の流れは 2 次元的で流線は xy 面上で原点 O のまわりの同心円となる（図 2.14）．流体は z 軸のまわりで回転しているが，z 軸を**渦糸**という．

• **循環** • 流体内に向きの与えられた任意の閉曲線 Γ を考え，向きに沿った Γ 上の微小変位のベクトルを $\boldsymbol{ds}$ とする（図 2.15）．ここで Γ を一回りする次の線積分

$$\oint \boldsymbol{v} \cdot \boldsymbol{ds} \tag{2.19}$$

を**循環**という．(2.18) の速度場に対し，Γ を図 2.14 の半径 r の円とすれば，$\boldsymbol{v} \cdot \boldsymbol{ds} = v ds$ と書け，$v = \kappa/2\pi r$ が成り立つので，循環は $\kappa/2\pi r \cdot (2\pi r) = \kappa$ と計算され半径には依存しない．

• **渦度** • 一般にベクトル場 $\boldsymbol{A}(\boldsymbol{r})$ に対し，x, y, z 成分が

$$B_x = \frac{\partial A_z}{\partial y} - \frac{\partial A_y}{\partial z}, \quad B_y = \frac{\partial A_x}{\partial z} - \frac{\partial A_z}{\partial x}, \quad B_z = \frac{\partial A_y}{\partial x} - \frac{\partial A_x}{\partial y} \tag{2.20}$$

で与えられるような $\boldsymbol{B}$ を

$$\boldsymbol{B} = \mathrm{rot}\, \boldsymbol{A} \tag{2.21}$$

と書き，これを $\boldsymbol{A}$ の**回転**という．流体の速度場のとき

$$\boldsymbol{w} = \mathrm{rot}\, \boldsymbol{v} \tag{2.22}$$

で定義される $\boldsymbol{w}$ を導入しこれを**渦度**という．

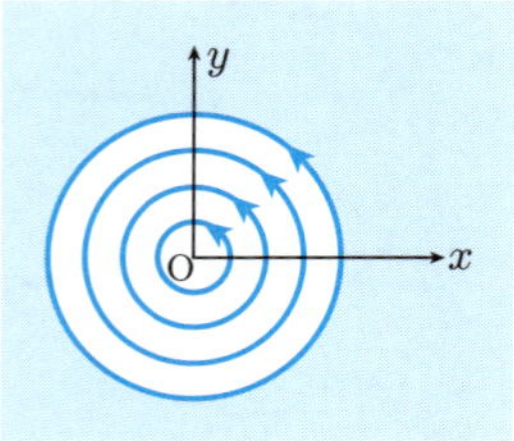

図 2.14　渦糸のまわりの流線

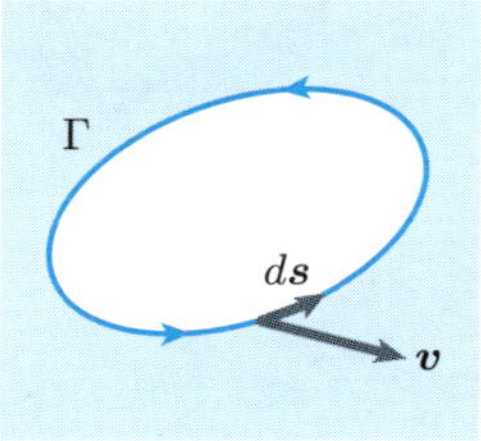

図 2.15　循環

例題 5 **ストークスの定理（1）**

閉曲線 Γ を進む向きで曲線への接線を表す単位ベクトルを $\boldsymbol{t}$，Γ 上の微小長さを ds，Γ を縁とする任意の曲面 Σ の法線ベクトルを $\boldsymbol{n}$，$\boldsymbol{n}$ の向きは Γ の向きに右ねじを回すとき，そのねじの進む向きとする（図 2.16）．ベクトル $\boldsymbol{A}$ に対し，一般に

$$\oint_\Gamma A_t ds = \int_\Sigma (\mathrm{rot}\,\boldsymbol{A})_n dS$$

が成り立つ．これを**ストークスの定理**という．上式で $A_t = \boldsymbol{A}\cdot\boldsymbol{t}$ は $\boldsymbol{A}$ の接線方向の成分，また $(\mathrm{rot}\,\boldsymbol{A})_n = \boldsymbol{n}\cdot\mathrm{rot}\,\boldsymbol{A}$ である．図 2.17 に示したような十分小さい長方形の経路で上の関係が成り立つことを証明せよ．

解答 上式の左辺の線積分を J と書き，まず $J_1 = $ (A → B の積分) + (C → D の積分) を考察する．A → B の経路では $A_t = A_x$，C → D では $A_t = -A_x$ である．こうして

$$\begin{aligned} J_1 &= \int_x^{x+\Delta x} [A_x(x', y) - A_x(x', y + \Delta y)]dx' \\ &\simeq -\int_x^{x+\Delta x} \frac{\partial A_x(x', y)}{\partial y}\Delta y dx' \simeq -\frac{\partial A_x(x, y)}{\partial y}\Delta x \Delta y \end{aligned}$$

となる．また $J_2 = $ (B → C の積分) + (D → A の積分) $= [\partial A_y(x, y)/\partial x]\Delta x\Delta y$ と表されることがわかる（問題 5.1）．$J = J_1 + J_2$ であるから

$$J = \left(\frac{\partial A_y}{\partial x} - \frac{\partial A_x}{\partial y}\right)\Delta x\Delta y = (\mathrm{rot}\,\boldsymbol{A})_z \Delta x\Delta y$$

が得られ，ストークスの定理の成り立つことがわかる．

問　題

5.1 例題 5 の J_2 を計算せよ．

5.2 剛体が回転ベクトル $\boldsymbol{\omega}$ で回転しているとき，その渦度 $\boldsymbol{w}$ は $\boldsymbol{w} = 2\boldsymbol{\omega}$ と書けることを示せ．

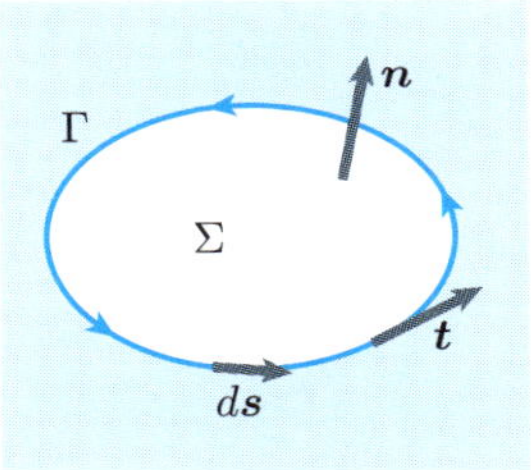

図 2.16 ストークスの定理

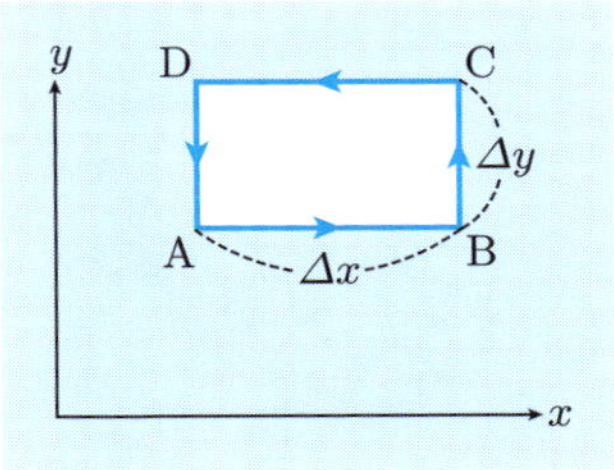

図 2.17 長方形の経路

例題 6 **ストークスの定理（2）**

一般の閉曲線に対してストークスの定理が成り立つことを示せ．

解答 例題 5 からわかるように xy 面上の微小な長方形については

$$\oint A_t ds = \int (\mathrm{rot}\,\boldsymbol{A})_z dS \tag{1}$$

が成り立つ．一般の閉曲線 Γ の場合，これまでと同様，例題 5 中の線積分を J とする．図 2.18 に示すように，Γ を縁とする任意の曲面 Σ に網目を入れ，個々の網目に矢印を挿入し，これらの網目に対する線積分の総和をとるとする．隣接する 2 つの網目の共通部分では（図 2.19），$\mathrm{P} \to \mathrm{Q}$ の積分と $\mathrm{Q} \to \mathrm{P}$ の積分が相殺する．したがって，総和のうちまわりの縁からの線積分だけが残り次の関係が成り立つ．

$$J = \sum_{(\text{すべての網目})} (\text{個々の網目に関する線積分}) \tag{2}$$

網目が十分小さいとそれを平面とみなすことができ，(1) が適用される．このときの z 方向は網目に垂直な方向で，また図 2.18 のような矢印に沿って右ねじを回すときにねじの進む向きをもつ．すなわち，z 軸は Σ への法線方向 $\boldsymbol{n}$ と一致する．したがって，個々の網目に対し $(\mathrm{rot}\,\boldsymbol{A})_z$ として $(\mathrm{rot}\,\boldsymbol{A})_n = \boldsymbol{n} \cdot \mathrm{rot}\,\boldsymbol{A}$ をとればよい．このようにして，ストークスの定理が導かれた．

問 題

6.1 ストークスの定理で Σ の選び方は Γ を縁とする任意の曲面であってよい．なぜそのような状況になるのか，理由を明らかにせよ．

6.2 渦度が 0 の場合を**渦なし**という．渦なしの速度場は $\boldsymbol{v} = -\mathrm{grad}\,\Phi$ と書けることを示せ（Φ を**速度ポテンシャル**という）．また (2.18) の速度場は $r = 0$ でない限り適当な速度ポテンシャルから導かれることを確かめよ．

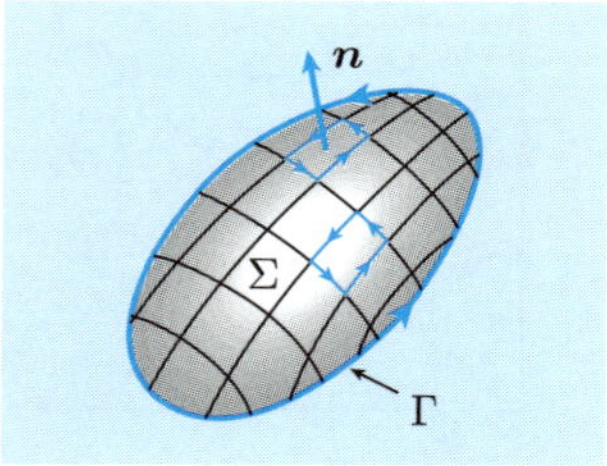

図 2.18 一般の閉曲線

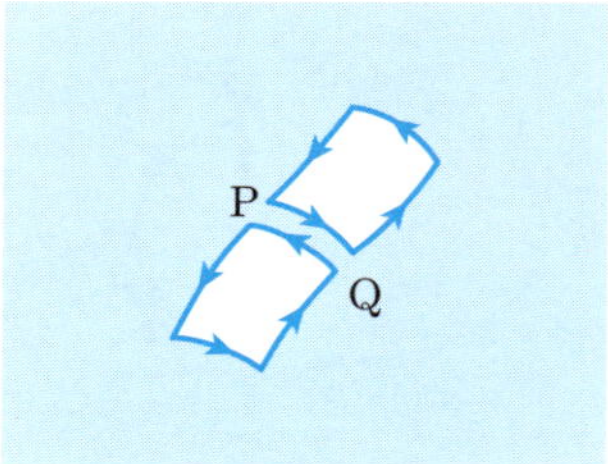

図 2.19 隣接する網目

第III編

電磁気学

電磁気学は力学と並び物理学の基礎ともいえる．それだけでなく，電気や磁気は日常生活に広く応用されている．電灯，テレビ，冷蔵庫，洗濯機，磁気カードなど電磁気学の応用例を書いていたら枚挙にいとまがないほどである．電磁気学的な現象のうちで電流はもっとも身近なものであろう．流体の流れと電流とはよく似ていて，第 II 編で学んだ事項が電流の理解にも役立つ．電流が流れるとその周辺に磁場が発生するし，磁場が時間変化すると電場が生じる．このように電気と磁気とは互いに密接に関係している．電磁気学の単位には各種のものがあるが，これまでの MKS にアンペア (A) を加え，その単位系を MKSA という．これは国際的な単位系（SI）で以下 SI に基づき話を進めていく．

本編の内容

1 電 流

1.1 電流の担い手

• **電流と電荷** • 電池は**陽極**（＋極）と**陰極**（－極）の２つの極をもち，陽極を細長い線，陰極を太く短い線で表す．豆電球を電池につなぐと豆電球は光るが，これは電池から流れ出た電気をもつ粒子（**荷電粒子**）が豆電球を通るとき荷電粒子の力学的エネルギーが光のエネルギーに変わるからである．荷電粒子は**電荷**ともよばれ，その流れが**電流**である．電池に豆電球をつないだ場合，電流は電池の陽極から陰極へと一方的に流れる．このような一方向きの電流を**直流**という．電流の大きさを測るには，電流計を利用すればよい．SI 単位系における電流の単位は**アンペア**（A）であるが，微弱な電流を測るときには**ミリアンペア** $(= 10^{-3}\,\mathrm{A}, \mathrm{mA})$，**マイクロアンペア** $(= 10^{-6}\mathrm{A}, \mu\mathrm{A})$，**ナノアンペア** $(= 10^{-9}\mathrm{A}, \mathrm{nA})$ などの単位を用いる．

• **電流の担い手** • 電気を運ぶものを**電流の担い手**という．担い手には正の電気量をもつものと負の電気量をもつものとがある．金属では担い手は負の電気量の自由電子である．電子は電池の陰極から出て陽極に入り，その流れの向きは電流の向きと逆になる．電磁気学では担い手のミクロな実体はあまり問題とせず正の荷電粒子と負の荷電粒子の２種を考え，それぞれを**正電荷**，**負電荷**という．正電荷は電池の陽極から出て陰極に入り，負電荷は陰極から出て陽極に入る．電流の向きは正電荷の流れる向きと決められている．1 A の電流が導線を流れるとき，流れの向きと垂直な断面を毎秒当たり通過する電気量を 1 **クーロン**（C）という．

• **電気素量** • 正電荷をもつ基本的な素粒子は陽子である．陽子 1 個がもつ電気量は

$$e = 1.602 \times 10^{-19}\,\mathrm{C} \tag{1.1}$$

でこれを**電気素量**または**素電荷**という．電子 1 個がもつ電気量は $-e$ である．巨視的な電気量は厳密にいうと電気素量の整数倍である．しかし，電気素量は極めて小さい量であるため，電磁気学の立場では電気量を連続的な物理量と考えてよい．

• **定常電流** • 電流の流れの様子が時間的に変化しない場合，これを**定常電流**という．定常電流が分岐するとき，分岐点に電荷がたまると定常という仮定に反するため，定常電流の場合には分岐点に入る電流とそこから出ていく電流とは等しいことになる．これを**キルヒホッフの第一法則**という．

例題 1　**流体の流れと電気の流れ**

流体の流れと電気の流れとは基本的に同じと考えられる．両者における物理量，法則の対応について述べよ．

解答　流体力学では物質の流れを問題にし，物質を表す物理量は質量である．電気の場合，これに相当するのは電気量となる（図 1.1）．流体力学では単位体積当たりの質量（密度）を導入するが，電気では単位体積当たりの電気量を考えこれを**電荷密度**という．両者とも ρ で表す．流体力学では流れと垂直な単位面積を単位時間当たり通過する質量を流束密度という（p.74）．電流の場合にも電流と垂直な単位面積を単位時間当たり通過する電気量を**電流密度**といい，流束密度と同じく j の記号で表す．流体力学のときには質量保存の法則があるが，これに相当し電気では**電気量保存の法則**が成り立つ．

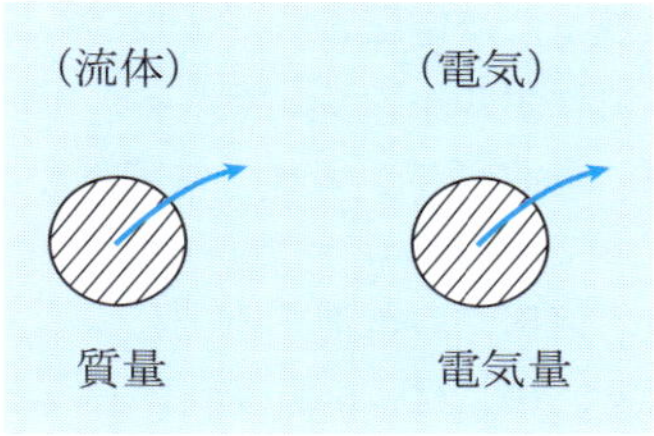

図 1.1　流体の流れと電気の流れ

問　題

1.1　電流の担い手 1 個の電気量が q であるとして，以下の設問に答えよ．

(a)　導線に I の電流が流れているとする．導線と垂直な断面を時間 t の間に通過する担い手の数を求めよ．

(b)　担い手が運動する速さを v，断面積の面積を S，担い手の**数密度**（単位体積中の担い手の数）を n として，電流 I を q, n, S, v で表せ．

1.2　導線に 2 A の電流が流れているとき，この導線の断面を 10 秒間に通過する電子の数を求めよ．

1.3　水素原子は 1 個の陽子と 1 個の電子とから構成される．水素原子は電流の担い手となれるか．

1.4　銀は 1 価金属で密度は $10.5\,\mathrm{g/cm^3}$，1 モルの銀の質量（銀の原子量）は 108 g である．モル分子数（アボガドロ数）を 6.02×10^{23} として，銀の自由電子の数密度を求めよ．また，断面積 $1\,\mathrm{mm^2}$ の導線に 10 A の電流が流れているとき，担い手の速さは何 m/s か．

1.5　ある領域 Ω の中で電荷が生じたり，消えることはないとする．流体力学との対比でいえば (2.9)（p.74）で q は 0 とする．この場合の連続の方程式はどのように書けるか．

1.2 電位と電圧

• **電位と起電力** • 電流は水の流れと似ている．水は高いところから低いところへ流れるが，電流の場合，この高さに相当するものを**電位**，高さの差に相当するものを**電位差**または**電圧**という．以下，電位を ϕ の記号で表す．電圧は電圧計で測られ，その単位は**ボルト**（V）である．電池では，陽極の方が電位が高く，陰極の方が電位が低い．電池やバッテリーは電流を流す能力をもつが，これを**起電力**という．起電力もボルトで測られる．1 個の電池の起電力は 1.5 V，1 個のバッテリーの起電力は 2 V である．何個かの電池を直列につなぐと，全体の起電力は 1 個の電池の起電力の個数倍となる．例えば，3 個直列にしたときの起電力は $1.5\,\mathrm{V} \times 3 = 4.5\,\mathrm{V}$ となる．

• **オームの法則** • 実験の結果によると，一般に電流が流れている物体の両端の電圧 V とそこを通過する電流 I との間には

$$V = RI \tag{1.2}$$

の比例関係が成り立つ．これを**オームの法則**，また比例定数 R をその物体の**電気抵抗**という．電気抵抗の単位は**オーム** (Ω) で，1 V の電圧に対し 1 A の電流が流れるときを $1\,\Omega$ と決めている．例えば，6 V の起電力のバッテリーにある物体をつないだとき，3 A の電流が流れるとすれば，その物体の電気抵抗は $(6/3)\,\Omega = 2\,\Omega$ となる．電気抵抗が R の抵抗を電流 I が流れるとき，下流側の電位は上流側の電位より RI だけ低い．電位のこの減少を**電圧降下**という．電気抵抗の逆数は**コンダクタンス**とよばれ，単位はジーメンス（S）である．

• **抵抗器と可変抵抗** • どんな物体でも電気抵抗をもっているが，特にある特定な電気抵抗をもつように作られた装置を**抵抗器**または単に**抵抗**という．回路図で抵抗を表すには図 1.2(a) のようにギザギザの線が使われる．抵抗器の中には，抵抗値を変えられるようにしたものがあり，これを**可変抵抗**という．図 1.2(b) で示すように，抵抗の記号に矢印をつけて可変抵抗を表す．回路図で導線は直線で表され，その電気抵抗は 0 とみなされる．したがって，電流が流れているとき，抵抗の両端では電位差が生じるが，導線の中では電位は一定であると考えてよい．

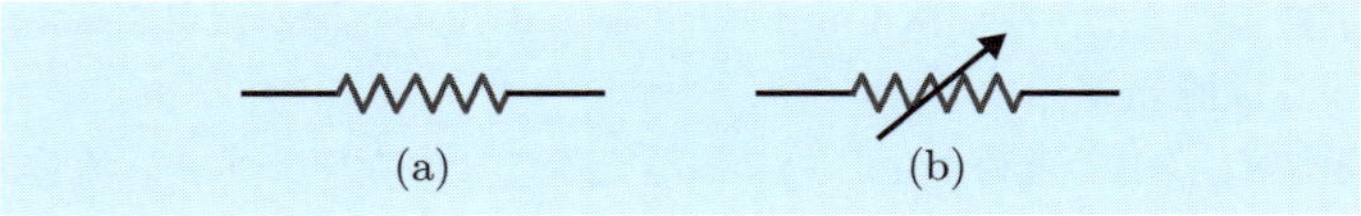

図 1.2 (a) 抵抗 (b) 可変抵抗

例題 2 **電気抵抗率**

図 1.3 のように，断面積が S，長さが L の直方体状の物体の両端に電圧をかけたとき，実験によると電気抵抗 R に対して

$$R = \rho \frac{L}{S}$$

の関係が成り立つ．この比例定数 ρ を**電気抵抗率**または**抵抗率**あるいは**比抵抗**という．電荷密度と同じ ρ という記号を使うが混乱の起こることはない．抵抗率は物質の種類と温度とに依存する物理量で，その単位は $\Omega \cdot \mathrm{m}$ である．0°C における ρ の値を ρ_0 としたとき銅の ρ_0 は $1.55 \times 10^{-8}\,\Omega \cdot \mathrm{m}$ である．断面積が $0.5\,\mathrm{mm}^2$，長さ 25 m の銅線の電気抵抗は 0°C において何 Ω か．

解答 $1\,\mathrm{mm}^2 = 10^{-6}\,\mathrm{m}^2$ であるから，銅線の電気抵抗 R は次のように計算される．

$$R = 1.55 \times 10^{-8}\,\Omega \cdot \mathrm{m} \times \frac{25\,\mathrm{m}}{0.5 \times 10^{-6}\,\mathrm{m}^2} = 0.775\,\Omega$$

問 題

2.1 2 点 A, B 間の電圧を測定したいとき，それと並列に接続した電圧計を用いる．図 1.4 のような点 A, B, C を考えたとき，3 つの電圧計で測られる電圧の間には $V = V_1 + V_2$ の関係が成り立つこと（電圧の加算性）を示せ．また，電気抵抗 R_1 と R_2 とを直列につないだとき，その**合成抵抗** R は $R = R_1 + R_2$ と書けることを確かめよ．

2.2 図 1.5 のように R_1 と R_2 を並列に接続したときの合成抵抗を求めよ．

2.3 電気抵抗率 ρ の逆数を**電気伝導率**といい，普通 σ で表す．すなわち $\sigma = 1/\rho$ である．図 1.3 の直方体の両端に V の電圧をかけたとき，$E = V/L$ の大きさをもち，図の矢印で示すようなベクトルを $\boldsymbol{E}$ と書きこれを**電場**という．電流密度は $\boldsymbol{j} = \sigma \boldsymbol{E}$ で与えられることを示せ．

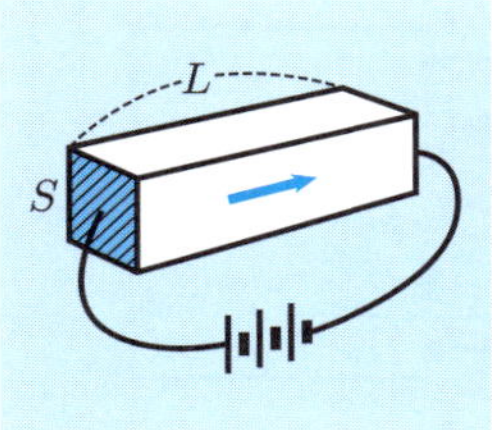

図 1.3 直方体状の物体

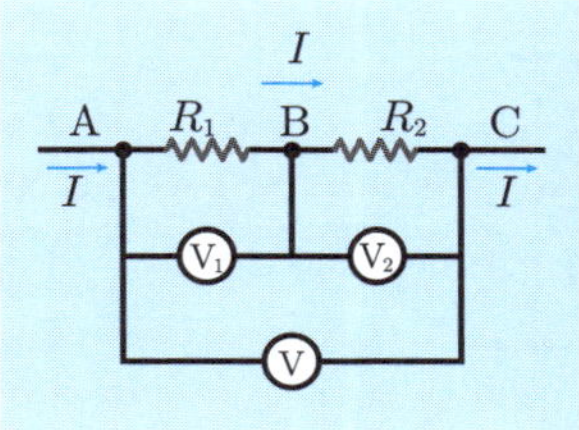

図 1.4 電圧の加算性

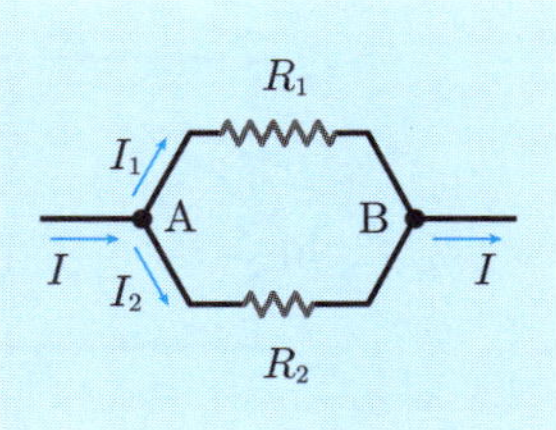

図 1.5 抵抗の並列

1.3　キルヒホッフの第二法則

• 起電力 •　起電力については前節で触れたが，電池の正極と負極との間の電位差をその電池の**起電力**といい，V_e と表す．すなわち次の関係が成り立つ．

$$V_e = \phi(\text{正極}) - \phi(\text{負極}) \tag{1.3}$$

• キルヒホッフの第二法則 •　回路中の１つのループを考え，このループを回る適当な向きを決めたとする．このとき，ループ中に含まれる電気抵抗を R_k，そこを流れる電流を I_k，ループの向きに電流を流そうとする起電力を V_{en} とすれば

$$\sum R_k I_k = \sum V_{en} \tag{1.4}$$

の関係が成り立つ．これを**キルヒホッフの第二法則**という．例えば，図 1.6 のようなループを考え，正の向き（反時計まわりの向き）を選ぶと

$$-R_3 I_1 + R_2 I_2 + R_1 I_2 = V_{e2} - V_{e1} \tag{1.5}$$

が導かれる．上式の右辺で V_{e1} はループの向きと逆向きに電流を流そうとするし，左辺で R_3 を流れる電流 I_1 はループの向きと逆向きなのでこれらの項には負の符号をつける．直流が流れる回路の問題では R_k と V_{en} が与えられているときキルヒホッフの第一，第二法則を利用し I_k を求めることができる．

• 電池の内部抵抗 •　起電力 V_e の電池に抵抗をつないで電流を流す場合，抵抗 R を変化させ電流 I を詳しく測定すると I は必ずしも R に反比例せず，(1.2) に対する補正項が生じる．実験結果は，電池の起電力を V_e とするとき

$$V_e = (R + r)I \tag{1.6}$$

という形に表される．この結果は，電池の内部に抵抗 r があり，それが外部の抵抗に加わったと解釈され，この r を電池の**内部抵抗**という．(1.6) は外部抵抗 R に加わる電圧 V は電圧降下のため V_e ではなく $V = V_e - rI$ であることを示す（図 1.7）．

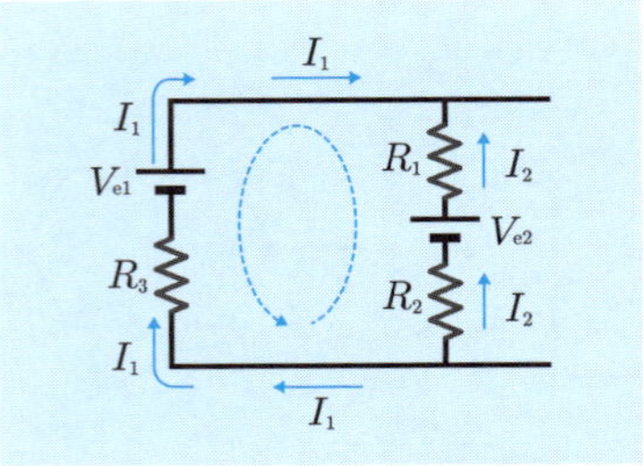

図 1.6　回路中の１つのループ

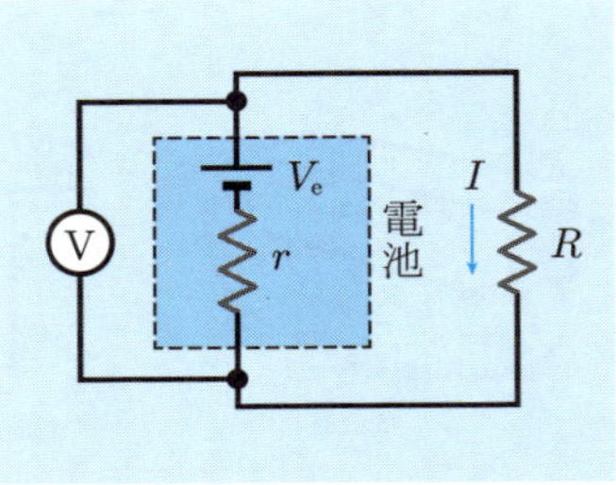

図 1.7　電池の内部抵抗

例題 3 ―――――――――――――――― **ホイートストン・ブリッジ**

図 1.8 に示す回路を**ホイートストン・ブリッジ**という．各導線に挿入される抵抗およびそこを流れる電流を図のようにとる．R_5 を通る電流 I_5 を求めよ．

解答　分岐点 C, D にそれぞれキルヒホッフの第 1 法則を適用すると $I_3 = I_1 - I_5$, $I_4 = I_2 + I_5$ が成り立つ．上式を利用し，EACBE, EADBE, ACDA というループにキルヒホッフの第 2 法則を用いると

$$\begin{aligned} (R_1 + R_3)\,I_1 \qquad\qquad\qquad & - R_3 I_5 = V_e \\ (R_2 + R_4) I_2 & + R_4 I_5 = V_e \\ R_1 I_1 \qquad - R_2 I_2 & + R_5 I_5 = 0 \end{aligned}$$

となる．上の 3 式を未知数 I_1, I_2, I_5 に対する連立方程式と考えれば I_5 は $I_5 = \Delta'/\Delta$ と表される．ただし，Δ, Δ' は次式で与えられる行列式である．

$$\Delta = \begin{vmatrix} R_1 + R_3 & 0 & -R_3 \\ 0 & R_2 + R_4 & R_4 \\ R_1 & -R_2 & R_5 \end{vmatrix}, \quad \Delta' = \begin{vmatrix} R_1 + R_3 & 0 & V_e \\ 0 & R_2 + R_4 & V_e \\ R_1 & -R_2 & 0 \end{vmatrix}$$

これらの行列式を計算すると（問題 3.1），I_5 は次のように求まる．

$$I_5 = \frac{(R_2 R_3 - R_1 R_4) V_e}{R_5(R_1 + R_3)(R_2 + R_4) + R_2 R_4 (R_1 + R_3) + R_1 R_3 (R_2 + R_4)}$$

問　題

3.1　Δ, Δ' の行列式を計算せよ．

3.2　例題 3 の結果からわかるように $I_5 = 0$ となる条件は $R_2 R_3 - R_1 R_4 = 0$ である．R_3, R_4 が既知，R_1 が未知の抵抗 X で，R_2 が可変抵抗 R であるとする．R を変えて検流計 R_5 を流れる電流が 0 になったとき X を求める式を導け．

3.3　$R_3 = 50\,\Omega$, $R_4 = 100\,\Omega$ のとき，可変抵抗を $30\,\Omega$ にしたとき検流計の触れは 0 となった．未知抵抗 X は何 Ω か．

3.4　図 1.8 で $I_5 = 0$ であれば，点 C と点 D における電位が等しいことになり，A と C との電位差と A と D と電位差は同じである．同様に，BC 間，BD 間の電位差は等しい．このような考えから $I_5 = 0$ となる条件を導け．

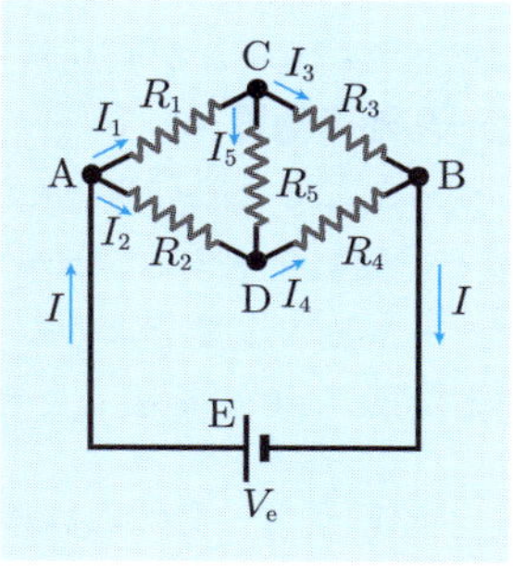

図 1.8　ホイートストン・ブリッジ

1.4 電気エネルギーとジュール熱

• ジュール熱 • 電流が抵抗を通ると熱が発生する．大きさ R の抵抗を強さ I の電流が流れるときに単位時間に発生する熱量 P は

$$P = VI = RI^2 = \frac{V^2}{R} \tag{1.7}$$

となることが実験でわかっている．理論的にも第 2 章でこの関係が正しいことを学ぶ．(1.7) で V は抵抗による電圧降下で，このような熱を**ジュール熱**という．第 I 編で学んだ摩擦と同様，電気抵抗があると電荷の電気エネルギーが散逸する．P は単位時間当たりに失われるエネルギーを表すので，その単位は**ワット**（W）である．

• カロリーとジュール • (1.7) で $V = 1\,\mathrm{V}$，$I = 1\,\mathrm{A}$ とすれば $P = 1\,\mathrm{W}$ となる．すなわち，SI 単位系で V·A = W という関係が成立する．W は W = J/s と書けるが通常，熱量の単位として**カロリー**（cal）が使われる．すなわち，1 cal とは 1 g の水の温度を 1 K だけ高めるのに必要な熱量である．力学的な仕事 W [J] は Q [cal] の熱量と等価であることが知られていて，両者の間には

$$W = JQ \tag{1.8}$$

の関係が成立する．上式に現れる J を**熱の仕事当量**という．J は仕事が熱に変わる場合，あるいは熱が仕事に変わる場合，つねに一定な値をもち

$$J = 4.19\ \mathrm{J/cal} \tag{1.9}$$

で与えられる．すなわち，1 cal の熱量は 4.19 J の仕事に相当する．ジュール熱の問題を考えるとき，熱量の単位が J か，cal か十分気をつける必要がある．

• ジュール熱の例 • 6 V の電源に 2 Ω の抵抗をつないだとき 5 秒間に発生するジュール熱 W は $W = V^2t/R$ に $V = 6\,\mathrm{V}$，$R = 2\,\Omega$，$t = 5\,\mathrm{s}$ を代入し $W = 90\,\mathrm{J}$ と計算される．$1\,\mathrm{J} = (1/4.19)\,\mathrm{cal}$ が成り立つから cal では $W = (90/4.19)\,\mathrm{cal} = 21.5\,\mathrm{cal}$ となる．

• ジュール熱の総量 • 時刻 t から t' までの間に抵抗で発生するジュール熱の総量を考えよう．ここで一般に V や I は時間の関数として変動するものとする．時刻 t_i と $t_i + \Delta t$ との間に発生するジュール熱 ΔW_i は $\Delta W_i = V(t_i)I(t_i)\Delta t$ と書ける．したがって，ジュール熱の総量を求めるには t と t' の間をこれらの微小な区間に分割し，それらを加え，$\Delta t \to 0$ の極限をとればよい．この極限は積分で表されるので

$$W = \int_t^{t'} V(t)I(t)dt = R\int_t^{t'} I^2(t)dt = \frac{1}{R}\int_t^{t'} V^2(t)dt \tag{1.10}$$

と書ける．

例題 4 ―――― **交流のジュール熱**

家庭の電気の場合，電圧や電流は時間とともに周期的に変化している．このような電圧を**交流電圧**，電流を**交流電流**（または単に**交流**）という．交流電圧 $V(t)$，交流電流 $I(t)$ が時間 t の関数として

$$V(t) = V_0 \cos \omega t, \quad I(t) = I_0 \cos \omega t$$

で与えられるとする．ここで，V_0, I_0 は電圧および電流の最大値（**振幅**）である．交流起電力を生じるような装置を**交流電源**といい，これは図 1.9 のような記号で表される．交流の場合，単位時間当たりに発生するジュール熱の平均値 P を求めよ．

解答 $V(t), I(t)$ は角振動数 ω の単振動であるから振動の周期 T は $T = 2\pi/\omega$ と書ける．1 周期の間に発生するジュール熱 W は (1.10) と $\cos 2z = 2\cos^2 z - 1$ を使い

$$W = V_0 I_0 \int_0^T \cos^2 \omega t dt = \frac{V_0 I_0}{2} \int_0^T (1 + \cos 2\omega t) dt$$

と表される．ここで

$$\int_0^T \cos 2\omega t dt = \frac{\sin 2\omega T}{2\omega} = 0$$

であることに注意すると，W は

$$W = \frac{V_0 I_0}{2} T$$

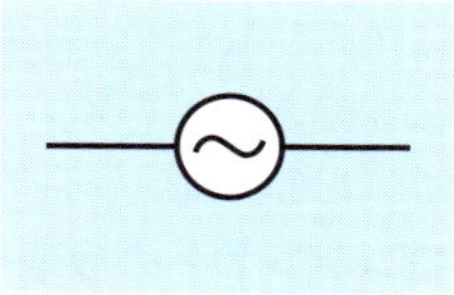

図 1.9 交流電源

と書ける．これからわかるように単位時間当たりのジュール熱の平均値 P は次式のようになる．

$$P = \frac{V_0 I_0}{2}$$

問 題

4.1 交流の場合，$V = \dfrac{V_0}{\sqrt{2}}$，$I = \dfrac{I_0}{\sqrt{2}}$ で定義される V, I を**電圧実効値**，**電流実効値**という．このような実効値を導入すると直流に対する (1.7) の関係が交流でも成り立つことを示せ．

4.2 交流が 1 秒の間に振動する回数 ν を**周波数**または**振動数**という．わが国の場合，大ざっぱにいって，関東では 50 Hz，関西では 60 Hz の交流が使用されている．関東の交流の角振動数を求めよ．

4.3 家庭用の 500 W の電熱器の電気抵抗は何 Ω か．またそれが 10 分間に発生するジュール熱は何 J か．

1.5　コンデンサーと電流

• コンデンサー •　2つの導体板（**極板**）を向かい合わせ，それぞれ起電力 V_e の電池につなぎスイッチSをオンにすると，電池の陽極から正電荷 Q が一方の導体に，陰極から負電荷 $-Q$ が他方の導体に流れ込む［図 1.10(a)］．このように電気を帯びる現象は**帯電**とよばれる．極板に電池から電荷が流れ込む間，図のように電流が流れる．Sを入れてから十分時間がたつと，極板間の電位差が V_e に等しくなり，電流は止まる．極板上の正負の電荷は互いに引き合い，向かい合った面上に分布し電気が蓄えられる．このような装置を**コンデンサー**または**キャパシター**あるいは**蓄電器**という．回路図でコンデンサーを表すには2本の少し太めの同じ長さの平行線を用いる．

• 電気容量 •　一般に，Q は極板間の電位差 V に比例し

$$Q = CV \tag{1.11}$$

と書ける．この比例定数 C をそのコンデンサーの**電気容量**という．電気容量はコンデンサーの形状などで決まり，Q や V には依存しない．1Vの起電力で1Cの電荷が蓄えられるときを電気容量の単位とし，これを1**ファラド**(F)という．この単位は大きすぎるので，**マイクロファラド**（$\mu F = 10^{-6}$ F）や**ピコファラド**（$pF = 10^{-12}$ F）がよく使われる．電気容量の具体的な議論は第2章で行う．

• コンデンサーの放電 •　図 1.10(a) で時間が十分経過し，極板は $\pm Q_0$ の電荷を蓄えたとする．この状態で電池を切り離し電気抵抗 R を挿入しスイッチSを入れると，コンデンサーは放電し抵抗に電流が流れる．図 1.10(b) はその途中経過を示したもので図のような向きに電流をとると Q は時間的に減っていくので $-dQ/dt = I$ となる．このような点に注意し I の時間依存性を求めると次のようになる（例題5）．

$$I = \frac{Q_0}{CR} e^{-t/CR} \tag{1.12}$$

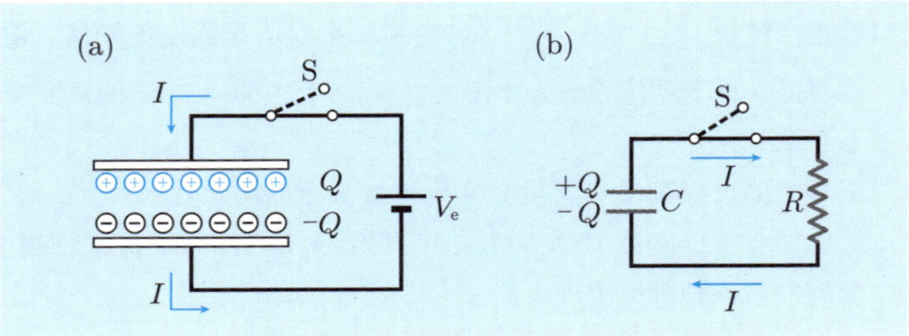

図 1.10　コンデンサーの帯電と放電

例題 5　コンデンサーの放電

$t=0$ で極板は $\pm Q_0$ の電荷をもつとし，それ以後放電したとする．t における電流を求めよ．また，最初から十分時間がたって電流が止まるまでに抵抗で発生したジュール熱の総量 W を求め，結果がどのような物理的な意味をもつかを明らかにせよ．

解答　抵抗の両端間の電位差は RI，コンデンサーの極板間の電位差は Q/C で両者は等しいから $RI=Q/C$ が成り立つ．したがって，$I=-dQ/dt$ をこれに代入すると $dQ/dt=-Q/CR$ という Q に対する微分方程式が得られる．Q で割り t に関して積分すると

$$\ln Q = -\frac{t}{CR} + A$$

が得られる．積分定数 A は $t=0$ の初期条件から $\ln Q_0 = A$ と決まる．こうして $Q=Q_0e^{-t/CR}$ となる．Q を t で微分し負符号をつけると (1.12) が導かれる．W は (1.12) を使うと

$$W=\int_0^\infty RI^2dt=\frac{{Q_0}^2}{C^2R}\int_0^\infty e^{-2t/CR}dt=-\frac{{Q_0}^2}{2C}e^{-2t/CR}\Big|_0^\infty=\frac{{Q_0}^2}{2C}$$

と計算される．ジュール熱として放出されたエネルギーは，$\pm Q_0$ に帯電したコンデンサーに蓄えられていたはずである．このエネルギー ${Q_0}^2/2C$ をコンデンサーの**帯電エネルギー**という．電気的なエネルギーについては第 2 章でも論じる．

問　題

5.1　図 1.11 に示す回路において $t=0$ でスイッチ S をオンにしコンデンサーの帯電を始めたとする．$t=0$ で $Q=0$ としたときそれ以後の時刻 t での Q を求めよ．

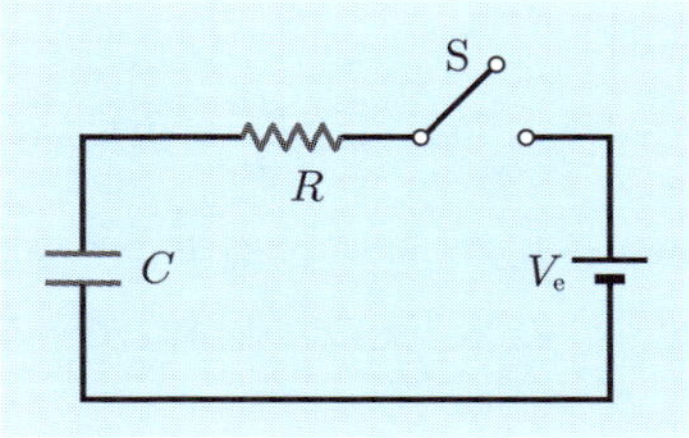

図 1.11　回路図

5.2　CR は時間の次元をもち**時定数**とよばれるものの一種である．その物理的な意味を述べよ．また，$C=8\,\mu$F, $R=0.5\,\Omega$ のときの値は何 s か．

5.3　5 μF のコンデンサーを 6 V の電源につないだとき蓄えられるエネルギーは何 J か．

5.4　上のコンデンサーに蓄えられたエネルギーでモーターを回したら 5 回転して止まった．12 V の電源では何回転するか．次の①～④のうちから，正しいものを 1 つ選べ．ただし，1 回転するために必要なエネルギーはいつも同じとする．

①　20 回転　　②　12 回転　　③　10 回転　　④　5 回転

1.6 インダクタンスと電流

• コイルの作用 • コイルに電流が流れるとき，コイルは電流の時間変化に逆らうような作用をもつ．図 1.12 のように，コイル AB に I の電流が流れているとし，これは図の点線で示す外部回路（電池，抵抗，コンデンサーなど）につながっているとする．キルヒホッフの第一法則により入ってくる電流 I と出ていく電流 I は等しい．I が時間的に増えるとき，コイルはその変化を妨げようとして図の点線の矢印の向きに電流を流そうとする．これは点 A が点 B より高電位であることを意味するが，その電位差は dI/dt に比例し次のように書ける．

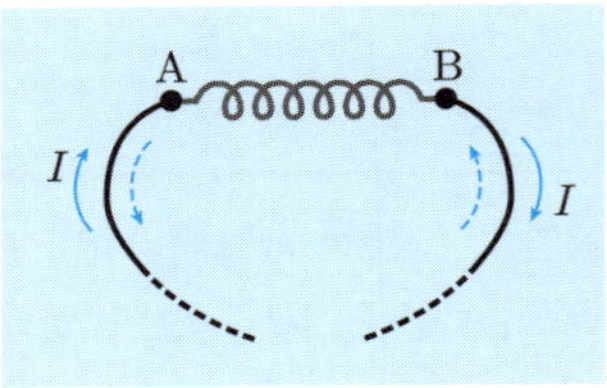

図 1.12 コイルの作用

$$\phi(\mathrm{A}) - \phi(\mathrm{B}) = L\frac{dI}{dt} \tag{1.13}$$

• 自己インダクタンス • (1.13) の比例定数 L を**自己インダクタンス**あるいは単に**インダクタンス**といい，そのコイルに固有な量である．図 1.12 で I が減少するときには $dI/dt < 0$ となり $\phi(\mathrm{B})$ は $\phi(\mathrm{A})$ より大で，電流を図 1.12 の点線の矢印と逆方向に流し電流の減少をくい止めるようにする．L の単位は**ヘンリー**（H）である．

• L と R の回路 • 図 1.13 の場合，$\phi(\mathrm{A}) - \phi(\mathrm{B}) = -RI$ と書ける．これを (1.13) に等しいとおくと

$$L\frac{dI}{dt} + RI = 0 \tag{1.14}$$

が導かれる．上式は例題 5 で論じたものと同じ形をもつので，そこでの議論がそのまま使え

$$I = I_0 e^{-Rt/L} \tag{1.15}$$

となる．I_0 は $t = 0$ での I である．

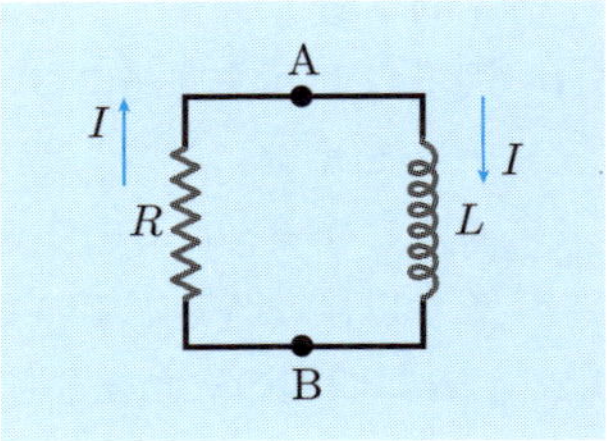

図 1.13 L と R の回路

• コイルのエネルギー • t が大きくなると I は減少していくが，電流が止まるまでに抵抗で発生するジュール熱の総量 W は $LI_0{}^2/2$ と計算される（問題 6.1）．これからわかるように，電流 I の流れているコイルには以下のエネルギー U_B がたまっていると考えられる．

$$U_\mathrm{B} = \frac{1}{2}LI^2 \tag{1.16}$$

例題 6　　**L と R を含む回路**

自己インダクタンス L のコイルと電気抵抗 R が起電力 V_{e} の電池と接続しているとする（図 1.14）．回路を流れる電流を I とし，$t=0$ の瞬間にスイッチ S を入れたとする．それ以後の電流を時間の関数として求めよ．また，$\tau = L/R$ で定義される τ は時定数であるが，$t \gg \tau$ だと $I \simeq I_\infty = V_{\mathrm{e}}/R$ であることを示せ．

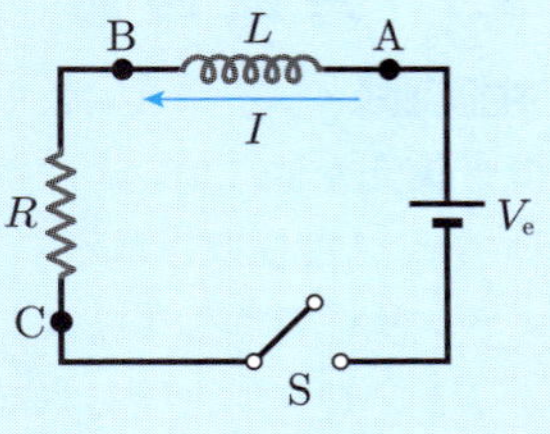

図 1.14　L, R と V_{e}

解答　図のような点 A, B, C をとると $\phi(\mathrm{A}) - \phi(\mathrm{B}) = LdI/dt$，$\phi(\mathrm{B}) - \phi(\mathrm{C}) = RI$，$\phi(\mathrm{A}) - \phi(\mathrm{C}) = V_{\mathrm{e}}$ と書けるので，I に対する

$$L\frac{dI}{dt} + RI = V_{\mathrm{e}}$$

が得られる．上式は問題 5.1 で扱ったのと同じ形をもつので，同じ議論をくりかえし

$$I = \frac{V_{\mathrm{e}}}{R}(1 - e^{-t/\tau}) = I_\infty(1 - e^{-t/\tau})$$

と書け，時定数 τ は $\tau = L/R$ で与えられる．I/I_∞ を t/τ の関数として図示すると問題 5.2 とまったく同一の図となる．$t \gg \tau$ では $I \simeq V_{\mathrm{e}}/R$ となり，L の存在を無視してオームの法則を適用した結果と一致する．

問　題

6.1　図 1.13 の回路において $t=0$ で $I = I_0$ のとき，電流が止まるまでに R で発生したジュール熱の総量 W は $W = LI_0{}^2/2$ であることを示せ．

6.2　インダクタンスの単位ヘンリーに対して

$$\mathrm{H} = \frac{\mathrm{V \cdot s}}{\mathrm{A}}$$

の関係が成り立つことを確かめよ．また，図 1.14 で $L = 4\,\mathrm{mH}, R = 30\,\Omega$ のときの時定数 τ を求めよ．

6.3　例題 6 でスイッチを入れてから十分時間がたった後に，t' でスイッチを切ったとする．スイッチを切ったとき，スイッチ部分は有限な電気抵抗 R' $(\gg R)$ をもつとして，電流の時間変化を求め，スイッチの間の電圧降下を論じよ．

6.4　上の問題でスイッチを切ったとき火花がとぶことがある．その物理的な理由について考え，日常体験できる具体例について述べよ．

1.7 共振回路

● 共振回路 ● 図 1.14 で R を容量 C のコンデンサーで置き換えた図 1.15 で示す回路を考えよう．この回路は L と C で構成されるのでそれを ***LC* 回路**という．コンデンサーの電荷を図のようにとれば例題 6 の電圧降下 RI を Q/C とすればよいので

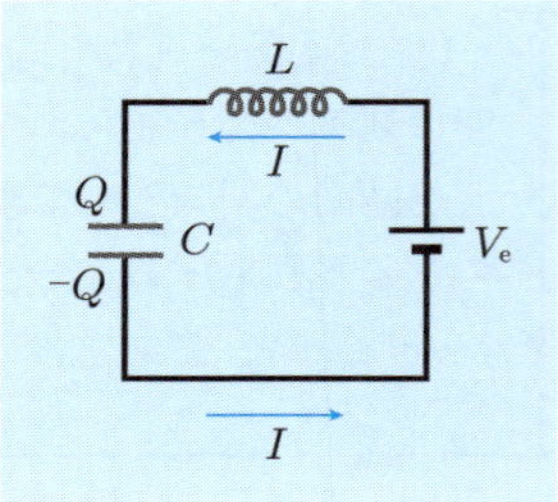

図 1.15 共振回路

$$L\frac{dI}{dt}+\frac{Q}{C}=V_e \tag{1.17}$$

という方程式が得られる．ここで起電力はないとし $V_e=0$ とし，$I=dQ/dt$ に注意すると

$$\frac{d^2Q}{dt^2}=-\omega_0{}^2Q, \quad \omega_0{}^2=\frac{1}{LC} \tag{1.18}$$

となる．上式は角振動数 ω_0 の単振動を記述する方程式である．したがって，振幅を Q_0，φ を定数として Q は

$$Q=Q_0\sin(\omega_0t-\varphi) \tag{1.19}$$

と表される．これを t で微分し電流 I を求めると

$$I=I_0\cos(\omega_0t-\varphi), \quad I_0=\omega_0Q_0 \tag{1.20}$$

が導かれる．すなわち，図 1.15 の回路で $V_e=0$ だと，電流もコンデンサーの極板上の電気量も単振動を行う．この回路を**共振回路**，また ω_0 を**固有角振動数**という．

● エネルギーの保存 ● 極板の電荷が Q のとき，コンデンサーは帯電エネルギー $U_E=Q^2/2C$ をもつ．同様に，コイルに電流 I が流れているときコイルにはエネルギー $U_B=LI^2/2$ が含まれるが，共振回路の場合，これらを時間の関数として振動している．すなわち，(1.19), (1.20) により

$$U_E=\frac{Q_0{}^2}{2C}\sin^2(\omega_0t-\varphi)=\frac{1}{2}LI_0{}^2\sin^2(\omega_0t-\varphi)$$
$$U_B=\frac{1}{2}LI_0{}^2\cos^2(\omega_0t-\varphi)$$

と表される．両者の和をとると $U=U_E+U_B=LI_0{}^2/2$ で，U は一定となる．エネルギーはコンデンサーとコイルの間を行き来するが，その結果両者の和は一定でエネルギーは保存される．これは問題 6.1（p.37）で単振動のとき運動エネルギーと位置エネルギーとの間でやりとりがあるが，両者の和は一定であるのと同じである．

例題 7 **LCR 回路の電気振動**

図 1.15 の共振回路に電気抵抗 R の効果を考慮すると図 1.16 の回路（**LCR 回路**）となる．
(a) (1.17) に相当する式を導け．
(b) $V_e = 0$ のとき R が十分小さいとして回路内に生じる電気振動について論じよ．

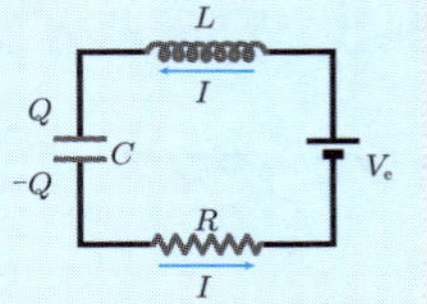

図 1.16 LCR 回路

解答 (a) RI を考慮し $L\dfrac{dI}{dt} + RI + \dfrac{Q}{C} = V_e$ となる．

(b) $V_e = 0$ の場合，$\dfrac{dQ}{dt} = I$ を使い $L\dfrac{d^2I}{dt^2} + R\dfrac{dI}{dt} + \dfrac{I}{C} = 0$ となる．上式は減衰振動（p.22）と同形の方程式なので同じ方法で解ける．すなわち，I は $e^{\alpha t}$（α：定数）に比例すると仮定すれば α を決めるべき方程式として

$$CL\alpha^2 + CR\alpha + 1 = 0 \tag{1}$$

が得られる．$R^2 < 4L/C$ の条件が満たされると α は複素数となり（問題 7.1）

$$\alpha = -\gamma \pm i\omega' \tag{2}$$

と表される．ただし，γ, ω' は次式で定義される．

$$\gamma = \frac{R}{2L}, \quad \omega' = \sqrt{\frac{1}{LC} - \frac{R^2}{4L^2}} \tag{3}$$

方程式の解は $e^{\alpha t} = e^{-\gamma t \pm i\omega' t} = e^{-\gamma t}(\cos\omega' t \pm i \sin\omega' t)$ となるが，この実数部分，虚数部分はそれぞれ方程式を満たすので，A, B を任意定数として

$$I = e^{-\gamma t}(A\cos\omega' t + B\sin\omega' t) \tag{4}$$

が方程式の一般解となる．(4) で $A = I_0\cos\varphi, B = I_0\sin\varphi$ とおけば，I は次のように表される．

$$I = I_0 e^{-\gamma t}\cos(\omega' t - \varphi) \tag{5}$$

問題

7.1 α を決めるべき二次方程式 (1) を解け．

7.2 理想的な場合として $R = 0$ の回路，すなわち LC 回路では，例題 7 の結果は共振回路の場合に帰着することを示せ．

7.3 LC 回路で $L = 4\,\mathrm{mH}$, $C = 5\,\mu\mathrm{F}$ のとき，電気振動の角振動数，振動数，周期を計算せよ．

1.8 交流とインピーダンス

• インピーダンス • 1.5 節〜1.7 節の V_e は交流電源で

$$V_e = V_0 \cos \omega t \tag{1.21}$$

であるとする．このとき回路に流れる電流 I は

$$I = I_0 \cos(\omega t - \varphi), \quad I_0 = \frac{V_0}{Z_0} \tag{1.22}$$

と書けるとする．Z_0 を**インピーダンス**，φ を**位相の遅れ**という．

• 複素数表示 • 図 1.14 の回路でスイッチが入っていて，V_e が (1.21) で与えられるとすれば，I は $LdI/dt + RI = V_0 \cos \omega t$ の方程式から決まる．この解は右辺を 0 としたときの解 I_1 と特殊解 I_2 の和である．I_1 は $I_1 = Ae^{-t/\tau}$ の形で時間がたつと 0 になるので考えなくてよい．よって，以下特殊解だけを考える．電圧や電流は実数だが，これらを複素数とみなすと数学的な取扱いが簡単になる．これを**複素数表示**という．具体例として，上の I に対する方程式のかわりに

$$L\frac{dI}{dt} + RI = V_0 e^{i\omega t} \tag{1.23}$$

を考え，その特殊解を求める．(1.23) の解 I は一般に複素数であるが，I を実数部分と虚数部分にわけ $I = I_r + iI_i$ とおくと，I_r が求める解である（問題 8.1）．以下，複素数 z の実数部分，虚数部分を $\mathrm{Re}\,z$, $\mathrm{Im}\,z$ という記号で表す．

• 複素インピーダンス • (1.23) で $I = \hat{I}e^{i\omega t}$ とおき，時間によらない複素振幅 $\hat{I}$ を導入する．(1.23) から $(R + i\omega L)\hat{I} = V_0$ となるが，$\hat{Z} = R + i\omega L$ という**複素インピーダンス**を使うと，$\hat{I}$ は $\hat{I} = V_0/\hat{Z}$ と書ける．この関係が一般的に成り立つとすれば，電流 I は $I = \hat{I}e^{i\omega t}$ の実数部分をとり

$$I = \mathrm{Re}\left(\frac{V_0}{\hat{Z}} e^{i\omega t}\right) \tag{1.24}$$

と表される．複素インピーダンスの絶対値を Z_0，偏角を φ とすれば

$$\hat{Z} = Z_0 e^{i\varphi} \tag{1.25}$$

と書け，上式を使うと (1.24) は次のようになって (1.22) が導かれる．

$$I = \frac{V_0}{Z_0} \mathrm{Re}\,(e^{i\omega t - i\varphi}) = I_0 \cos(\omega t - \varphi), \quad I_0 = \frac{V_0}{Z_0} \tag{1.26}$$

一般に複素インピーダンスを求めるには抵抗に R，インダクタンスに $i\omega L$，コンデンサーに $1/i\omega C$ を対応させ直流と同様のキルヒホッフの法則を適用すればよい．

例題 8　　**複素インピーダンス**

図 1.17 に示すような電気抵抗 R，インダクタンス L のコイル，電気容量 C のコンデンサーに対する複素インピーダンスを求め，特に位相のずれがどうなるかを考えよ．

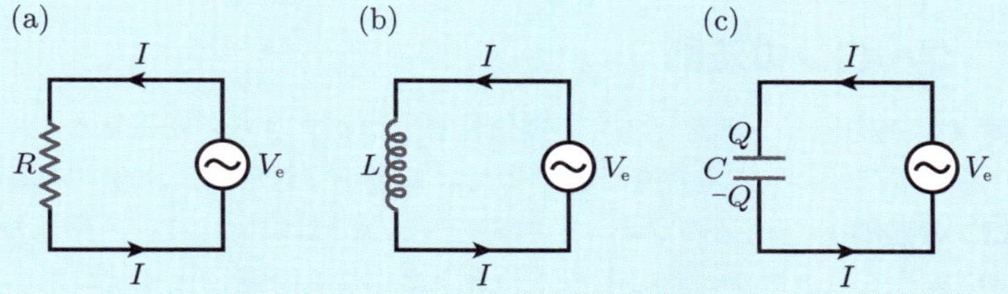

図 1.17　複素インピーダンス

解答　交流起電力 V_e は (1.21) と同様 $V_e = V_0 \cos \omega t$ であるとする．

(a) の電気抵抗の場合にはオームの法則により $RI = V_0 \cos \omega t$ と書け，これの複素数表示は $RI = V_0 e^{i\omega t}$ となる．$I = \hat{I} e^{i\omega t}$ とすれば $R\hat{I} = V_0$ で $\hat{Z} = R$ である．この場合の複素インピーダンス R は実数であるから $\varphi = 0$ となる．

(b) のインダクタンスでは図 1.14 で $R = 0$ とおき，$\hat{Z} = i\omega L$ である．$i = e^{i\pi/2}$ と表されるので $\varphi = \pi/2$ となる．

(c) ではコンデンサーに蓄えられる電荷を $\pm Q$ とし図のような電流 I をとると

$$\frac{Q}{C} = V_0 \cos \omega t, \quad I = \frac{dQ}{dt}$$

が成り立つ．$Q/C = V_0 e^{i\omega t}$ という複素数表示と $Q = \hat{Q} e^{i\omega t}, I = \hat{I} e^{i\omega t}$ の複素振幅を導入すると $\hat{Q}/C = V_0, \hat{I} = i\omega \hat{Q}$ となり，$\hat{Q}$ を消去すると $\hat{I} = i\omega C V_0$ が得られる．これから $\hat{Z}$ は $\hat{Z} = 1/i\omega C$ と求まる．$1/i = -i = e^{-i\pi/2}$ と書けるので $\varphi = -\pi/2$ と表される．

問　題

8.1　(1.23) を満たす I の実数部分は次の微分方程式の解であることを証明せよ．

$$L\frac{dI}{dt} + RI = V_0 \cos \omega t$$

8.2　図 1.16 で表される LCR 回路の複素インピーダンスを求めよ．

8.3　前問で求めた複素インピーダンスに対しインピーダンス Z_0 および位相の遅れ φ を計算せよ．

2　荷電粒子と静電場

2.1　クーロンの法則

• 点電荷 •　荷電粒子を理想化して，電気量をもつが大きさの無視できる粒子を導入し，これを**点電荷**という．点電荷は力学における質点に対応する概念である．

• クーロンの法則 •　同種の電荷（正と正，負と負）は反発し合い，異種の電荷（正と負）は引き合う．点電荷の間に働く力の向きは点電荷を結ぶ直線上にあり，その大きさは点電荷間の距離 r の 2 乗に反比例し，それぞれの電荷 q_1, q_2 の積に比例する．国際的な単位系では，力に N，距離に m，電荷に**クーロン** (C) を使うが，このとき点電荷の間に働く力 F は

$$F = \frac{q_1 q_2}{4\pi\varepsilon_0 r^2} \tag{2.1}$$

と書ける．ただし，$F > 0$ は斥力，$F < 0$ は引力を表す（図 2.1）．(2.1) を**クーロンの法則**，またこのような電気的な力を**クーロン力**という．(2.1) 中の ε_0 を**真空の誘電率**といい，その値は次式で与えられる．

$$\varepsilon_0 = \frac{10^7}{4\pi c^2}\frac{\mathrm{C}^2}{\mathrm{N\cdot m^2}} = 8.854 \times 10^{-12}\frac{\mathrm{C}^2}{\mathrm{N\cdot m^2}} \tag{2.2}$$

ここで c は真空中の光速で次式で定義される．

$$c = 299792458\,\mathrm{m/s} \tag{2.3}$$

万有引力（p.40）と同様，位置 $\boldsymbol{r}_2$ にある点電荷 q_2 が $\boldsymbol{r}_1$ にある点電荷 q_1 におよぼす力は次のように表される．

$$\boldsymbol{F} = \frac{q_1 q_2}{4\pi\varepsilon_0|\boldsymbol{r}_1 - \boldsymbol{r}_2|^2}\frac{\boldsymbol{r}_1 - \boldsymbol{r}_2}{|\boldsymbol{r}_1 - \boldsymbol{r}_2|} \tag{2.4}$$

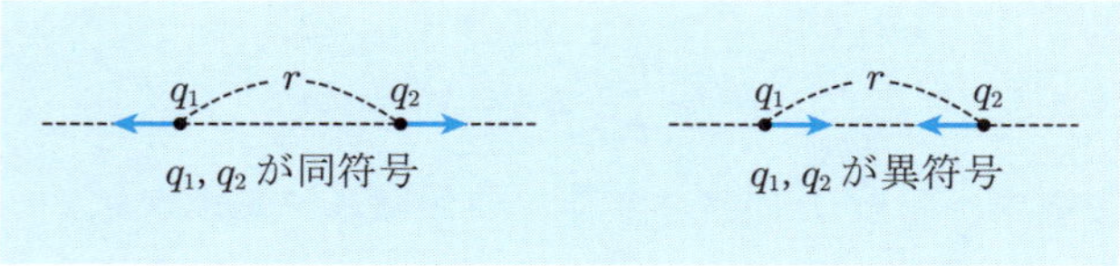

図 2.1　クーロンの法則

例題 1　多数の点電荷によるクーロン力

位置ベクトル $\boldsymbol{r}_1, \boldsymbol{r}_2, \cdots, \boldsymbol{r}_N$ にある $q_1, q_2, \cdots, q_N$ の電気量をもつ点電荷が $\boldsymbol{r}$ に存在する電気量 q の点電荷におよぼす力を求めよ（図 2.2）.

解答　(2.4) により位置 $\boldsymbol{r}_k$ にある点電荷 q_k が q におよぼすクーロン力 $\boldsymbol{F}_k$ は

$$\boldsymbol{F}_k = \frac{qq_k}{4\pi\varepsilon_0}\frac{\boldsymbol{r}-\boldsymbol{r}_k}{|\boldsymbol{r}-\boldsymbol{r}_k|^3}$$

となる．求める力 $\boldsymbol{F}$ はこれらのベクトル和で，k に関して 1 から N まで加え

$$\boldsymbol{F} = q\sum_{k=1}^{N}\frac{q_k}{4\pi\varepsilon_0}\frac{\boldsymbol{r}-\boldsymbol{r}_k}{|\boldsymbol{r}-\boldsymbol{r}_k|^3}$$

と表される．

問　題

1.1　クーロンの法則を $F = kq_1q_2/r^2$ と書いたとき k の値は単位系の選び方に依存する．SI 単位系における k の値を求めよ．

1.2　水素原子は 1 個の陽子と 1 個の電子とから構成される．その基底状態（エネルギー最低の状態）では，陽子・電子間の距離は 5.3×10^{-11} m である．陽子と電子との間に働くクーロン力の大きさは何 N か．

1.3　$4\,\mu$C と $5\,\mu$C の点電荷が 0.2 m だけ離れて置かれているとき，その間に働くクーロン力の大きさは何 N か．ただし，$1\,\mu\text{C} = 10^{-6}$ C である．

1.4　点電荷 A（質量 m，電気量 q_1）と点電荷 B（質量 m，電気量 q_2）が点 O から同じ長さ l の糸でつるされ，両者の糸は鉛直方向と角度 θ をなしてつり合っている（図 2.3）．θ が十分小さいための条件を導き，これが満たされるとして θ を求めよ．ただし，クーロンの法則は問題 1.1 のように書けるとする．

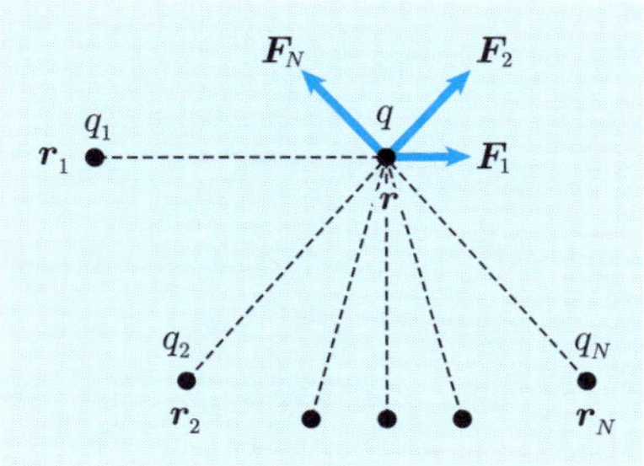

図 2.2　多数の点電荷

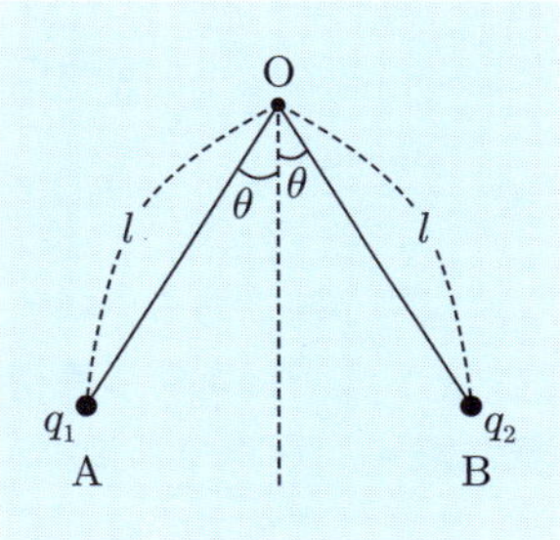

図 2.3　2 個の点電荷

2.2　電　場

• 電場の概念 •　帯電体の周辺の小紙片は帯電体に引きつけられ，その周辺の空間は通常の空間と違った性質をもつと考えられる．この種の空間を**電場**とか**電界**という．力学では力の場（p.34）を導入したが，電場はそれを一般化した概念である．

• 電場の強さ •　前節の例題 1 でみたように，N 個の点電荷が $\boldsymbol{r}$ にある電気量 q の点電荷におよぼす力 $\boldsymbol{F}$ は q に比例する．一般に，位置 $\boldsymbol{r}$ に存在する電気量 q の点電荷に働く力 $\boldsymbol{F}$ を

$$\boldsymbol{F} = q\boldsymbol{E} \tag{2.5}$$

と表し，ベクトル $\boldsymbol{E}$ をその場所での**電場の強さ**，**電場ベクトル**または単に**電場**という．単位正電荷に働く力が電場であると考えてよい．$\boldsymbol{E}$ は一般に位置ベクトル $\boldsymbol{r}$ に依存し，$\boldsymbol{E} = \boldsymbol{E}(\boldsymbol{r})$ と書ける．このように空間の各点である種のベクトルが決まっているとき，その空間を一般に**ベクトル場**という．電場の大きさの SI 単位系での単位は，(2.5) から N/C であることがわかる．ふつうは電場の大きさの単位を V/m と表すことが多い．単位間の関係として N/C = V/m の等式が成り立つ．

• 点電荷の作る電場 •　前節の例題 1 により位置ベクトル $\boldsymbol{r}_1, \boldsymbol{r}_2, \cdots, \boldsymbol{r}_N$ にそれぞれ電気量 $q_1, q_2, \cdots, q_N$ の点電荷があるとき，これら N 個の点電荷が $\boldsymbol{r}$ という場所に作る電場 $\boldsymbol{E}$ は次のように表される．

$$\boldsymbol{E} = \sum_{k=1}^{N} \frac{q_k}{4\pi\varepsilon_0} \frac{\boldsymbol{r} - \boldsymbol{r}_k}{|\boldsymbol{r} - \boldsymbol{r}_k|^3} \tag{2.6}$$

• 電荷の連続分布 •　電荷は一般に連続分布するが，これらの電荷を微小部分に分割し各部分を点電荷とみなして (2.6) を適用すれば $\boldsymbol{E}$ が求まる．電荷が空間的に分布する場合，電荷密度を ρ とし $\boldsymbol{r}'$ 近傍の微小体積 $\Delta V'$ をもつ部分を考えると，(2.6) における $\boldsymbol{E}$ への寄与は $\rho(\boldsymbol{r}')\Delta V'(\boldsymbol{r} - \boldsymbol{r}')/4\pi\varepsilon_0|\boldsymbol{r} - \boldsymbol{r}'|^3$ と書ける．よって，全体の電場はこれらをすべての微小部分に関して加え（積分し）

$$\boldsymbol{E}(\boldsymbol{r}) = \frac{1}{4\pi\varepsilon_0} \int \rho(\boldsymbol{r}') \frac{\boldsymbol{r} - \boldsymbol{r}'}{|\boldsymbol{r} - \boldsymbol{r}'|^3} dV' \tag{2.7}$$

となる．電荷が線上あるいは面上に分布するときには，電荷の**線密度**（単位長さ当たりの電気量）または電荷の**面密度**（単位面積当たりの電気量）を導入すればよい．

• 電気力線 •　各点での接線がそこでの電場の方向と一致するような曲線を**電気力線**（でんきりきせん）という．これは流体中の速度を表す流線と似ている．例題 2 でわかるように，点電荷から発する電気力線は非圧縮性の流体の流線に相当する．

例題 2 **点電荷の電気力線**

点電荷 q から発する電気力線を流体の流線とみなす．図 2.4 のように q を頂点とする円錐状の立体をとり，これは流管を表すと考えれば流体は非圧縮性であることを示せ．

解答 任意の垂直断面 A, B をとり，A における $\boldsymbol{E}$ の大きさを E_{A}，垂直断面積を S_{A} とし，同様な量を B に対して定義する．A, B は相似であるから，S は r^2 に比例する．したがって，q から A, B までの距離を $r_{\mathrm{A}}, r_{\mathrm{B}}$ とすれば

$$\frac{S_{\mathrm{A}}}{r_{\mathrm{A}}{}^2} = \frac{S_{\mathrm{B}}}{r_{\mathrm{B}}{}^2} \tag{1}$$

が成り立つ．上式の左辺 $S_{\mathrm{A}}/r_{\mathrm{A}}{}^2$ を q が S_{A} を見込む**立体角**という．(1) は q が S_{A}，S_{B} を見込む立体角は互いに等しいことを意味する．また，$q>0$ とすれば

$$E_{\mathrm{A}} = \frac{q}{4\pi\varepsilon_0 r_{\mathrm{A}}{}^2}, \quad E_{\mathrm{B}} = \frac{q}{4\pi\varepsilon_0 r_{\mathrm{B}}{}^2} \tag{2}$$

が成り立つ．(1), (2) から $E_{\mathrm{A}}S_{\mathrm{A}} = E_{\mathrm{B}}S_{\mathrm{B}}$ が得られる．流体での連続の法則（p.71）$\rho_{\mathrm{A}}v_{\mathrm{A}}S_{\mathrm{A}} = \rho_{\mathrm{B}}v_{\mathrm{B}}S_{\mathrm{B}}$ で電場の大きさと流体の速さとを対応させれば $\rho_{\mathrm{A}} = \rho_{\mathrm{B}}$ となり流体は非圧縮性であることがわかる．

問 題

2.1 問題 1.1 の k を導入し電気量 q の点電荷から r だけ離れた点での電場の大きさを求めよ．また，$4\,\mu\mathrm{C}$ の点電荷から $0.5\,\mathrm{m}$ の距離での電場の大きさは何 N/C か．

2.2 xy 面上で原点 O を中心とする半径 a の円輪がある（図 2.5）．電荷は一様に円周上に分布するとし，線密度を σ とおく．z 軸上の点を P としその座標を z とする．また，円輪上の微小な長さ ds の部分が P に作る電場を $d\boldsymbol{E}$ とする．

(a) 微小部分 ds について積分すると，電場の x, y 成分は 0 となる．その理由について述べよ．

(b) 点 P における電場を求めよ．

(c) 円輪が電荷 q をもっているとき，電場はどのように表されるか．

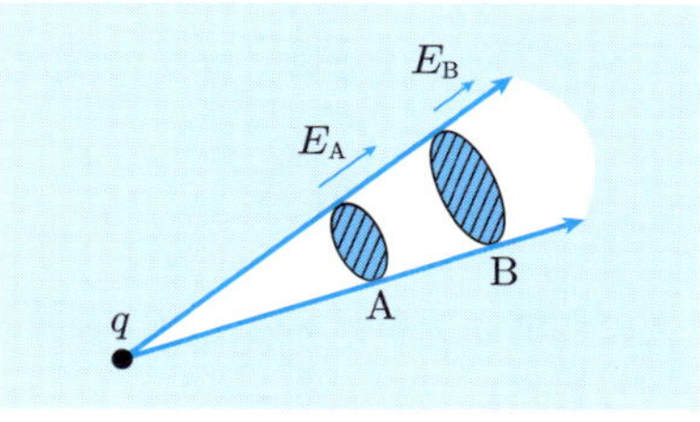

図 2.4 円錐状の立体

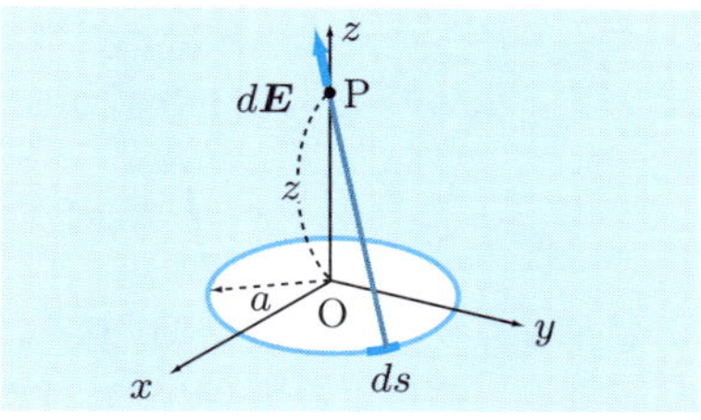

図 2.5 xy 面上の円輪

2.3　ガウスの法則

• ガウスの法則 •　図 2.6 のように点電荷 q を囲む任意の曲面を Σ，Σ 上の微小面積を ΔS，そこでの電場を $\boldsymbol{E}$，Σ の内から外へ向かう法線方向の単位ベクトルを $\boldsymbol{n}$，$\boldsymbol{E}$ の $\boldsymbol{n}$ 方向の成分を E_n $(= \boldsymbol{E}\cdot\boldsymbol{n})$ とする．このとき

$$\varepsilon_0 \int_{\Sigma} E_n dS = q \tag{2.8}$$

が成立する．Σ の内部に点電荷が存在しないと，(2.8) の左辺は 0 となる．以上を**ガウスの法則**という．

• 法則の証明 •　例題 2 と同様，電気力線を流線とみなし，第 II 編の図 2.11（p.75）のように ΔS での流速を $\boldsymbol{v}$ とし，ΔS を底とし $\boldsymbol{v}$ の方向に伸びた円筒状の立体をとる．立体の体積は $v_n \Delta S$ で，密度を ρ とすれば立体中の流体の質量は $\rho v_n \Delta S$ となり，これだけの質量の流体が単位時間中に ΔS の部分を通過する．以上の議論から (2.8) の左辺は q が単位時間当たりに湧きだす流量に比例することがわかる．流体は非圧縮性なので，この流量は q を囲む任意の曲面に対し同じ値をもつ．そこで，図 2.6 の点線のように q を中心とする任意の半径 r をもつ球面をとると (2.8) は

$$\int \frac{q}{4\pi r^2} dS = q$$

に等しくなる．また，Σ 内に点電荷がないと流量は 0 なので (2.8) も 0 となる．

• 多数の点電荷 •　点電荷 $q_1, q_2, \cdots$ があるとき，それぞれの点電荷が作る電場を $\boldsymbol{E}_1, \boldsymbol{E}_2, \cdots$ とすれば，全体の点電荷が作る電場は $\boldsymbol{E} = \boldsymbol{E}_1 + \boldsymbol{E}_2 + \cdots$ と書ける．閉曲面 Σ の内部にある点電荷については (2.8) が成立し，その外部にある点電荷からの寄与は 0 となるので，全体の $\boldsymbol{E}$ に関し次式が成り立つ．

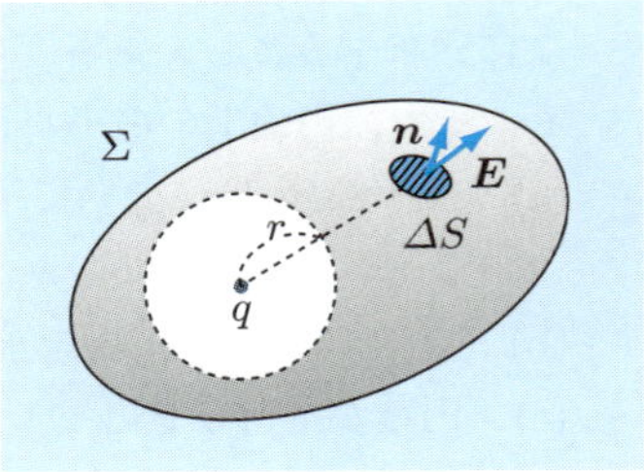

図 2.6　ガウスの法則

$$\varepsilon_0 \int_{\Sigma} E_n dS = (\Sigma\text{の中にある電荷の和}) \tag{2.9}$$

この結果もガウスの法則とよばれる．ガウスの法則はクーロンの法則から導かれたものであるが，注目する体系の対称性が利用できるため，電場を求める際クーロンの法則自身より便利な点が多い．右ページの例題や問題でその点について学ぶ．

例題 3 **ガウスの法則の応用**

面密度 σ が一定な無限に広い平面状の正電荷が作る電場を求めよ．

解答 図 2.7 のように，平面に垂直な円筒を考えこの表面についてガウスの法則を適用する．ただし，円筒の上面，下面は平面と平行で，両者は平面から同じ距離にあるとする．対称性により $\boldsymbol{E}$ は平面と垂直でその向きは図のようになる．円筒の上面のどの点も等価で，そこで電場は一定の大きさ E をもつ．また，円筒の側面では $E_n = 0$ となる．円筒の上面，下面の面積を S とすればガウスの法則を円筒に適用して

$$\varepsilon_0 \int_{\Sigma} E_n dS = 2\varepsilon_0 ES = \sigma S$$

と書け，これから E は次のように求まる．

$$E = \frac{\sigma}{2\varepsilon_0}$$

$\sigma < 0$ の場合には，上式で $\sigma \to |\sigma|$ とすればよい．

問　題

3.1 ガウスの法則を利用して，点電荷が作る電場を求めよ．

3.2 無限に長い直線に沿って一様な線密度 σ で正電荷が分布しているとする．この電荷が作る電場を求めるため，直線と垂直な平面を考え対称性を利用すると，電場はこの平面内にあることがわかる．また，電場を延長すると直線と交わり，電場は平面と直線との交点を中心として放射状に生じる．ガウスの法則を利用し，直線からの距離が r の点における電場の大きさを求めよ．また，負電荷が分布しているときにはどうなるか．

3.3 原点 O を中心とする半径 a の球が一様に帯電しているとし，その電荷密度を ρ とする（図 2.8）．点 P の原点からの距離を r として，電場を r の関数として計算せよ．特に $r > a$ の結果の物理的な意味について考えよ．

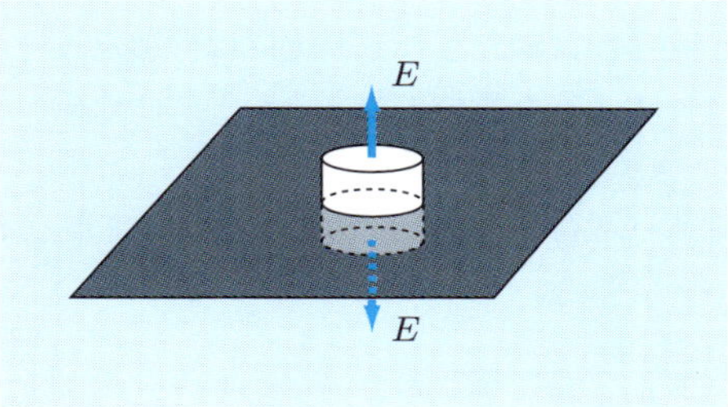

図 2.7　平面上の電荷分布

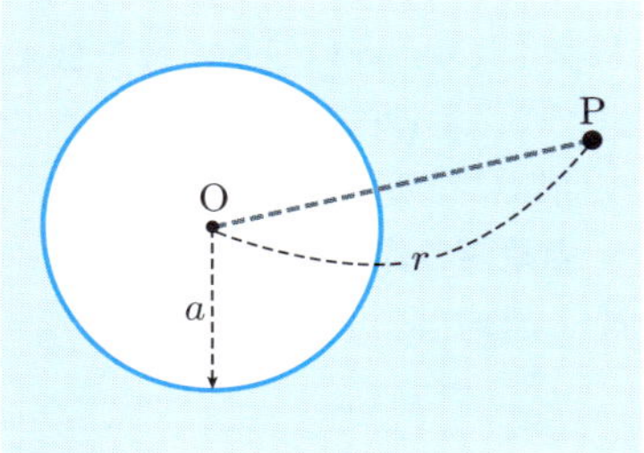

図 2.8　一様に帯電した球

2.4 電 位

• 電位 • オームの法則に現れる電圧とは電位差のことであるが，電位そのものを考えてみよう．電場中の電荷に働く力はクーロン力で保存力なので，適当なポテンシャルで記述されるはずである．単位正電荷に働く力が電場であるから，力学におけるポテンシャルの定義［第I編の (3.15)(p.34)］で $\boldsymbol{F}$ を $\boldsymbol{E}$ で置き換え，また基準点として無限遠をとり

$$\phi(\boldsymbol{r}) = \int_{\boldsymbol{r}}^{\infty} \boldsymbol{E} \cdot d\boldsymbol{r} \tag{2.10}$$

という関数 ϕ を導入する．定義からわかるように，電場中の点 $\boldsymbol{r}$ にある電気量 q の点電荷は $q\phi(\boldsymbol{r})$ の位置エネルギーをもつ．この関数 ϕ が**電位**である．

• 電位差 • $\boldsymbol{r}_{\mathrm{P}}, \boldsymbol{r}_{\mathrm{Q}}$ の位置ベクトルをもつ点をそれぞれ P, Q とし電位差 V_{PQ} を

$$V_{\mathrm{PQ}} = \phi(\mathrm{P}) - \phi(\mathrm{Q}) = \phi(\boldsymbol{r}_{\mathrm{P}}) - \phi(\boldsymbol{r}_{\mathrm{Q}}) \tag{2.11}$$

とすれば，(2.10) により

$$V_{\mathrm{PQ}} = \int_{\boldsymbol{r}_{\mathrm{P}}}^{\boldsymbol{r}_{\mathrm{Q}}} \boldsymbol{E} \cdot d\boldsymbol{r} \tag{2.12}$$

が得られる．すなわち，単位正電荷を P から Q まで移動させるとき電荷に働く力のする仕事が電位差 V_{PQ} である．

• 電場と電位 • 力学と電磁気学との対応は $\boldsymbol{F} \to \boldsymbol{E}, U \to \phi$ である．このため，第I編の (3.18)（p.34）により電場と電位との間には

$$\boldsymbol{E} = -\mathrm{grad}\,\phi \tag{2.13}$$

の関係が成り立つ．あるいは，成分をとれば

$$E_x = -\frac{\partial \phi}{\partial x}, \quad E_y = -\frac{\partial \phi}{\partial y}, \quad E_z = -\frac{\partial \phi}{\partial z} \tag{2.14}$$

と表される．ϕ に任意定数を加えても (2.14) は満たされる．電位は付加定数分だけ不定だが，物理的に意味があるのは (2.11) のような電位差であるから，この種の不定性が問題になることはない．

• 点電荷の作る電位 • 点 $\boldsymbol{r}'$ に点電荷（電荷 q）があるとき，それによる点 $\boldsymbol{r}$ での電位 $\phi(\boldsymbol{r})$ は

$$\phi(\boldsymbol{r}) = \frac{q}{4\pi\varepsilon_0} \frac{1}{|\boldsymbol{r} - \boldsymbol{r}'|} \tag{2.15}$$

で与えられる．これをみるには万有引力（p.40 参照）と同様に考えればよい．

例題 4 **等電位面**

電位 $\phi(\boldsymbol{r})$ に対して $\phi(\boldsymbol{r}) =$ 一定 という条件を課すると空間中に 1 つの曲面が得られる．これを**等電位面**という．上の一定値をいろいろ変えると，空間中にたくさんの等電位面が描かれる．電場（したがって電気力線）は等電位面と直交し，電位の減る方を向くことを示せ．

解答 1 つの等電位面に注目し，この面上に接近した 2 点 P, Q をとりそれぞれの位置ベクトルを $\boldsymbol{r}$, $\boldsymbol{r} + d\boldsymbol{r}$ とする．等電位面の定義から $\phi(\boldsymbol{r} + d\boldsymbol{r}) - \phi(\boldsymbol{r}) = 0$ が成り立つ．テイラー展開を適用し (2.13) を使うと $\boldsymbol{E} \cdot d\boldsymbol{r} = 0$ となる．したがって，スカラー積の性質により $\boldsymbol{E}$ と $d\boldsymbol{r}$ とは直交する．図 2.9 のように等電位面上にある点の近傍を考え，等電位面を平面とみなして，この平面上に x, y 軸をとる．電場は z 軸に沿うが，図 2.10 に示すように電位 $\phi(z)$ が z の減少関数のとき，$\partial\phi/\partial z < 0$ だから $E_z > 0$ となる．これからわかるように，電場は電位の減る方を向いている．

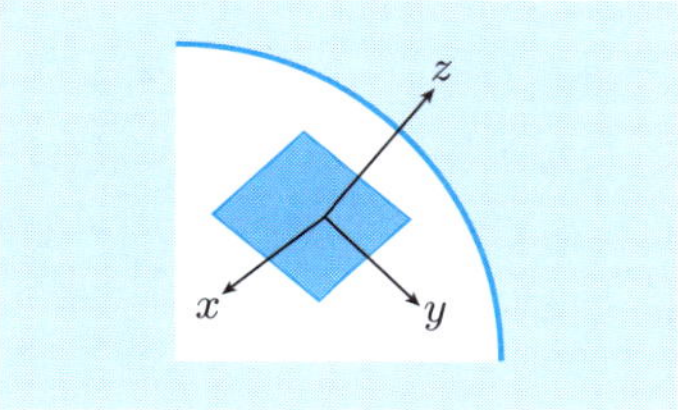

図 2.9 等電位面上の x, y 軸

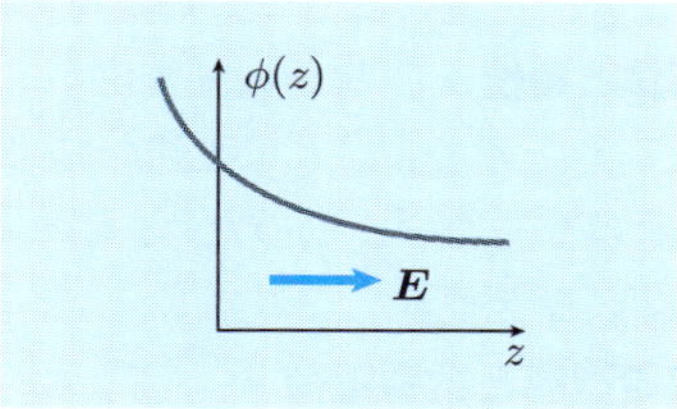

図 2.10 電場の向き

問 題

4.1 空間中のある領域 Ω 内で電荷が連続的に分布しているとし，点 $\boldsymbol{r}'$ における電荷密度を $\rho(\boldsymbol{r}')$ とする（図 2.11）．点 $\boldsymbol{r}$ での電位 $\phi(\boldsymbol{r})$ を求めよ．

4.2 接近した正負の点電荷のペアを**電気双極子**という．図 2.12 のように z 軸上で距離 l だけ離れた $\pm q$ の点電荷を考え電気双極子が点 P に作る電位を求めよ．

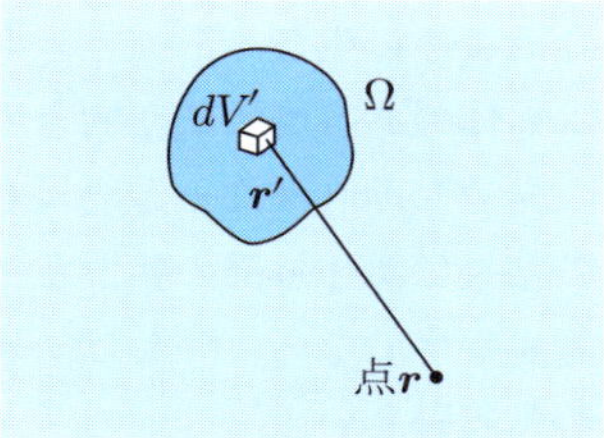

図 2.11 電荷の連続分布

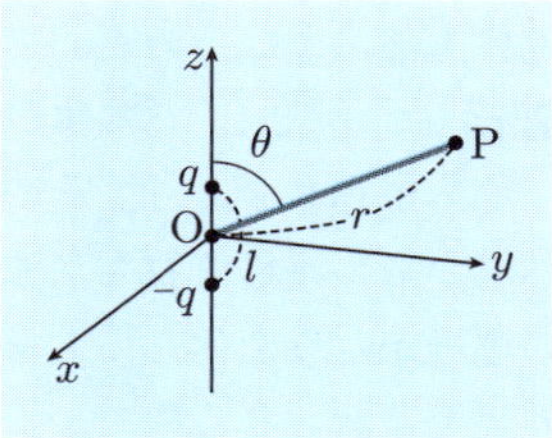

図 2.12 電気双極子

2.5　静電場中の導体

● **導体と絶縁体** ●　物質を大別し，電気をよく通す**導体**と通さない**絶縁体**とに分類できる．家庭の電気でよく使われるコードは銅で作られているが，これは銅のような金属は導体である性質を応用している．逆に，大理石のような電気を通さない絶縁体は配電盤に利用されている．もし導体中に電場が存在すると，電気の担い手に力が働きそれが運動するため電流が流れる．静電場の問題では電流は流れないとするので，静電場を扱う限り，導体内で $\boldsymbol{E} = \boldsymbol{0}$ と考えてよい．

● **電気的中性** ●　導体中に任意の閉曲面をとりこれにガウスの法則を適用すると，面積積分の値は 0 で，その結果，電荷密度も導体中ではどこでも 0 となる．このように電荷密度が 0 となる性質を**電気的中性**という．電気的中性は荷電粒子が存在しないという意味ではない．正負の電荷が同量ずつあって電気的中性が実現するのである．導体の場合，正電荷にせよ，負電荷にせよ電荷は導体の表面だけに生じる．

● **導体と電位** ●　導体内で電位が $\boldsymbol{r}$ の関数として変化していれば，(2.13) により一般に $\boldsymbol{E} \neq \boldsymbol{0}$ となり，これは上述の結果と矛盾する．したがって，導体内で電位は一定でなければならない．このため，導体の表面は等電位面であり，導体のすぐ外側の電場は導体表面と垂直になる．

● **静電誘導と誘導電荷** ●　図 2.13 のように，正電荷を導体に近づけ電場をかけると，導体中の電気の担い手は電場による力のため運動し，正電荷に近い片側では負電荷が引きつけられ負に，反対側の表面は正に帯電する．この現象を**静電誘導**という．また，静電誘導のため導体表面に発生する電荷を**誘導電荷**という．誘導電荷は導体内部およびその表面での電位が一定になるように生じる．

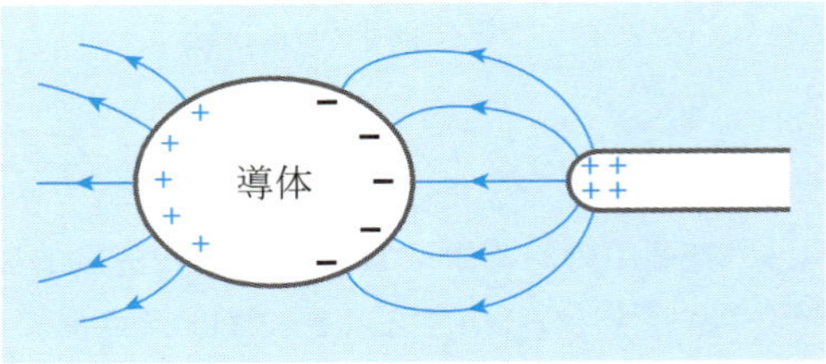

図 2.13　静電誘導

● **静電遮蔽** ●　図 2.13 で導体がなければ正電荷は導体のある場所に左向きの電場を生じる．導体が存在すると，その表面に誘導電荷が発生しそれが作る電場は右向きとなって外部からの電場を打ち消すように働く．この結果は導体外部の状況とは無関係で外部の電場がどう変化しても導体内の空間には電場が生じない．いわば，導体内の空間は外部と遮断されるので，このような性質を**静電遮蔽**という．

例題 5　**導体表面の電場**

導体表面の近傍を考えると，導体の内部で電場は **0** となり，その外部で電場は表面と垂直である．表面電荷の面密度を σ とすれば導体の外部で表面に近い場所での電場の大きさ E は $E = \sigma/\varepsilon_0$ であることを示せ．

解答　図 2.14 のように，導体表面上の 1 点 P の近傍で底面積 ΔS の微小な円筒をとり，上面，下面は表面に平行で，上面は導体の外部，下面は導体の内部にあるとする．さらにこの円筒の高さは十分小さいと仮定する．ΔS が十分小さければ，導体外部の面上で電場はほぼ一定とみなせる．また，電場はこの面と垂直で $E_n = E$ とおける．円筒の側面上，導体内の面上では $E_n = 0$ が成り立ち，円筒内の電荷は $\sigma \Delta S$ である．したがって，ガウスの法則により $\varepsilon_0 E \Delta S = \sigma \Delta S$ となり

$$E = \frac{\sigma}{\varepsilon_0}$$

が得られる．$\boldsymbol{E}$ は表面と垂直で $\sigma > 0$ だと外向き，$\sigma < 0$ だと内向きになる．

問　題

5.1　図 2.15 に示すように導体表面上で微小面積 ΔS の部分をとり，そこでの電場 $\boldsymbol{E}$ を ΔS 上の電荷 $\sigma \Delta S$ が作る電場（導体の外部 $\boldsymbol{E}_1$，内部 $\boldsymbol{E}_1{}'$）と ΔS 上にない他の電荷が作る電場（外部 $\boldsymbol{E}_2$，内部 $\boldsymbol{E}_2{}'$）とにわけて考える．ΔS 部分に働く電気力は $\boldsymbol{f}_{\rm e} \Delta S = (1/2)\sigma \boldsymbol{E} \Delta S$ と書けることを示し，$f_{\rm e}$ に対する

$$f_{\rm e} = \frac{1}{2}\varepsilon_0 E^2 = \frac{\sigma^2}{2\varepsilon_0}$$

の関係を導け．ちなみに $\boldsymbol{f}_{\rm e}$ は単位面積当たりの力で応力を表す．

5.2　頭上にある雷雲のため，地表で $E = 2 \times 10^4\,{\rm N/C}$ の大きさの電場が上向きに生じたとする．地球を導体とみなし，表面電荷の電気面密度，地表に働く電気的な応力を求めよ．また，この応力を気圧に換算すると何気圧となるか．

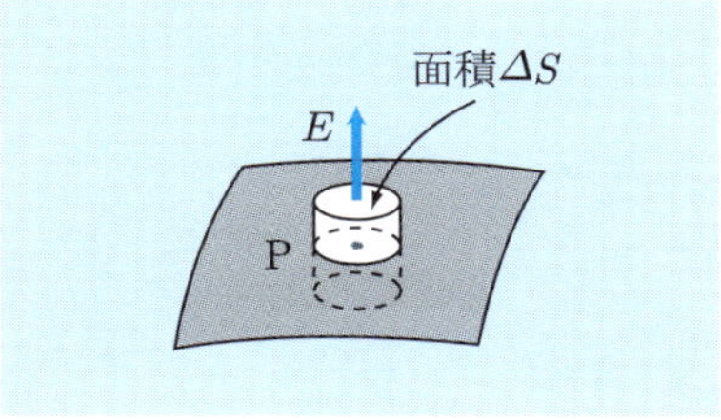

図 2.14　導体表面の電場

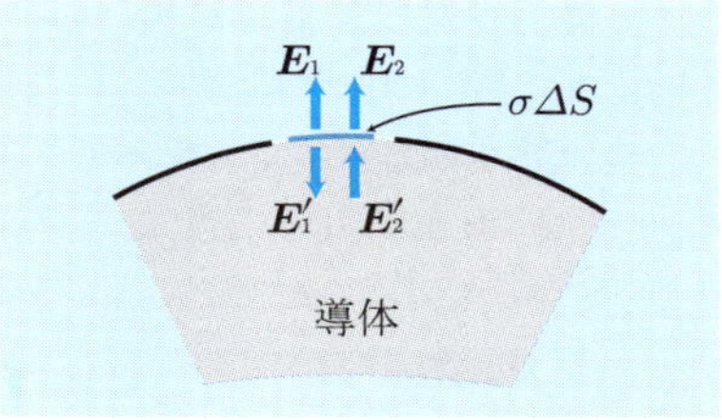

図 2.15　微小部分に働く力

2.6　コンデンサーの中の電場

• 平行板コンデンサー •　2 枚の平行な導体の板から構成されるコンデンサーを平行板コンデンサーという．極板の面積を S，極板間の距離を l とし，極板 A, B はそれぞれ電荷 $Q, -Q$ をもつとする（図 2.16）．極板が十分広ければ，2.3 節の例題 3 で述べた結果（p.103）が適用でき A による電場は極板と垂直で，A の上方では上向き，A の下方では下向きとなって，大きさは一定値 $\sigma/2\varepsilon_0$ をもつ（$\sigma = Q/S$）．B による電場も同様でこれらの電場の状況を図に示す．全体の電場は，A, B によるものの和で，A の下方，B の上方では電場は打ち消し合い 0 となる．これに反し，極板の間では，大きさ $E = \sigma/\varepsilon_0$ の電場が極板と垂直で上向きにできる．

• 電気容量 •　実際は，極板の面積は有限であるため，その縁近くで電場の大きさは上の値と違い，また電気力線も曲がる．しかし，l が極板の大きさより十分小さければ，このような効果は無視できる．そこで，1 つの電気力線に沿い (2.12) の関係（p.104）を適用すると，極板 A から極板 B へ単位正電荷が移動するとき力のする仕事は El で，これが $\phi(\mathrm{A}) - \phi(\mathrm{B})$ に等しく両極板の電位差 V となる．V はまた電池の起電力 V_e に等しい．こうして $E = V/l$ となる．一方，$E = \sigma/\varepsilon_0$ であるから $\sigma l/\varepsilon_0 = V$ が得られる．あるいは $\sigma = Q/S$ をこれに代入すると $Q = \varepsilon_0 SV/l$ となり，電気容量 C は $Q = CV$ と表されるので，C は次式のように求まる．

$$C = \frac{\varepsilon_0 S}{l} \tag{2.16}$$

• 電場，電気容量の単位 •　上記の議論で電場の大きさは $E = V/l$ と書けるので，E の単位は V/m としてよい．一方，E は N/C の単位でも表されるので

$$\mathrm{V/m} = \mathrm{N/C} \tag{2.17}$$

となる．ところで，(2.2)（p.98）により ε_0 は $\varepsilon_0 = 8.85 \times 10^{-12}\,\mathrm{C^2/N\cdot m^2}$ と書ける．電気容量の単位はファラド (F) であるから (2.16) により

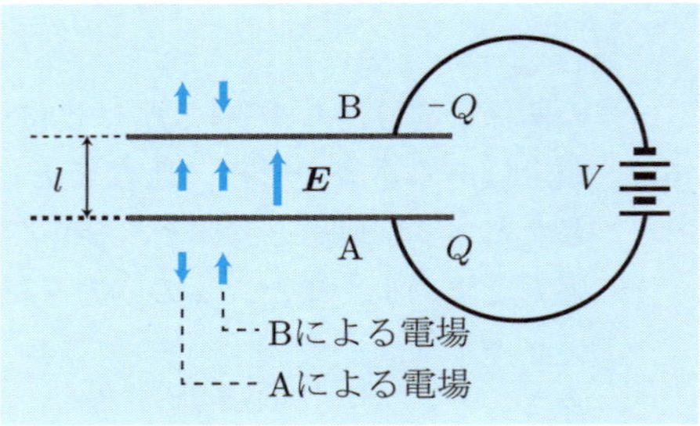

図 2.16　平行板コンデンサー

$$\mathrm{F} = \frac{\mathrm{C^2}}{\mathrm{N\cdot m}} \tag{2.18}$$

である．(2.17) を使うと F = C/V が得られる．

例題 6　**同心球コンデンサー**

図 2.17 のように，中心 O を共有する半径 a, b の導体の球殻がある（$b > a$）．このような同心球コンデンサーの内部，外部の球面に $Q, -Q$ の電荷が蓄えられている．両球面間の電位差は V であるとして以下の問に答えよ．

(a)　$\boldsymbol{E}$ は図のように O を中心として放射状に生じるが，O からの距離 r における点での $E(r)$ を求めよ．

(b)　このようなコンデンサーの電気容量を計算せよ．

解答　(a)　半径 r の球面にガウスの法則を適用すると，$r < a$，$r > b$ の場合には球面内に電荷はないので $E = 0$ となる．$a < r < b$ だと $4\pi\varepsilon_0 r^2 E(r) = Q$ が成り立ち，これから次式が得られる．

$$E(r) = \frac{Q}{4\pi\varepsilon_0 r^2}$$

(b)　両球面間の電位差 V は

$$V = \frac{Q}{4\pi\varepsilon_0}\int_a^b \frac{dr}{r^2} = \frac{Q}{4\pi\varepsilon_0}\left[-\frac{1}{r}\right]_a^b = \frac{Q}{4\pi\varepsilon_0}\left(\frac{1}{a} - \frac{1}{b}\right)$$

と計算され，これから電気容量は $Q = CV$ の関係により次のように求まる．

$$C = \frac{4\pi\varepsilon_0 ab}{b - a}$$

問　題

6.1　極板の面積が $0.5\,\mathrm{m}^2$，極板間の距離が $0.2\,\mathrm{mm}$ の平行板コンデンサーを $6\,\mathrm{V}$ のバッテリーに接続したとする．コンデンサー内の電場の大きさ，コンデンサーの電気容量を求めよ．

6.2　コンデンサーを並列あるいは直列にしたときの電気容量を論じよ（図 2.18）．

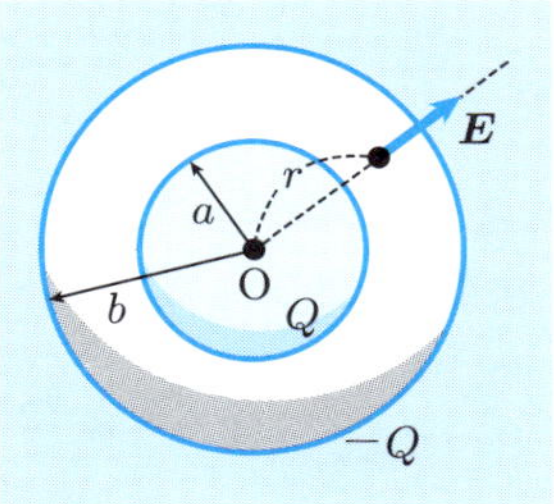

図 2.17　同心球コンデンサー

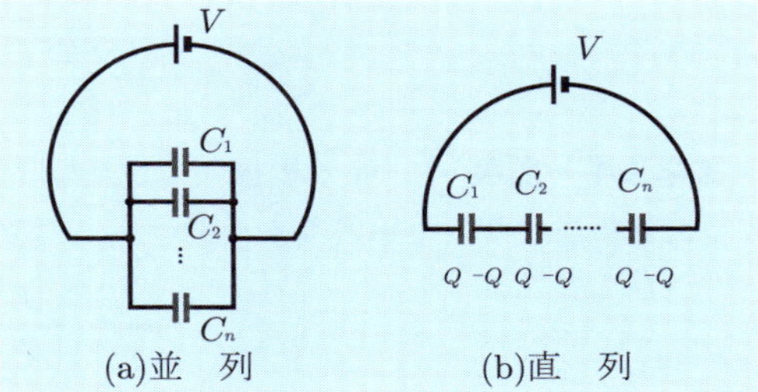

図 2.18　コンデンサーの接続

2.7 電場のエネルギー

• **帯電エネルギー** • 1.5 節の例題 5（p.91）で電気容量 C のコンデンサーが放電するときのジュール熱を考察し，$\pm Q$ に帯電しているコンデンサーには

$$U_{\mathrm{E}} = \frac{Q^2}{2C} = \frac{CV^2}{2} \tag{2.19}$$

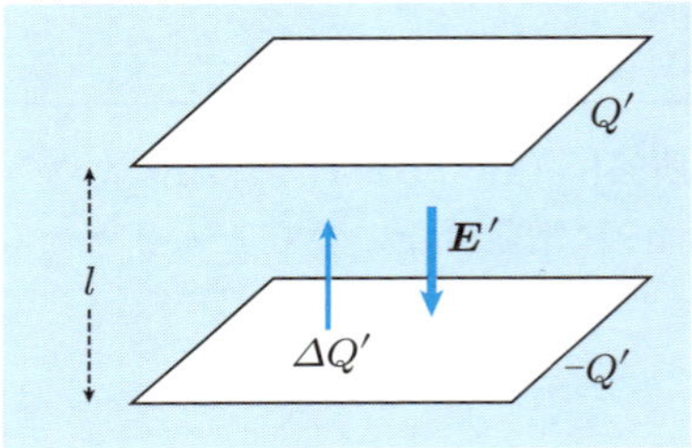

図 2.19 帯電エネルギー

の帯電エネルギーが蓄えられていることを学んだ．この関係を力学的な仕事という観点から導く．そのため極板に $\pm Q'$ の電荷があるとき，さらに $\Delta Q'$ (>0) の電荷を負極板から正極板に運ぶための仕事 ΔW を求める（図 2.19）．電場を $\boldsymbol{E}'$ とすれば，図で $\Delta Q'$ に働く力 $\boldsymbol{E}'\Delta Q'$ は下向きとなる．この力に逆らい，$\Delta Q'$ の電荷を距離 l だけ移動させるので，ΔW は $\Delta W = E'l\Delta Q'$ と表される．一方，$E'l$ はこのときの極板間の電位差 V' で $E'l = V' = Q'/C$ が成り立ち，$\Delta W = Q'\Delta Q'/C$ と書ける．電荷を 0 から Q まで増加するための仕事 W はこれを Q' に関し 0 から Q まで積分し

$$W = \frac{1}{C}\int_0^Q Q'dQ' = \frac{Q^2}{2C}$$

と計算される．これは (2.19) と一致する．

• **電場のエネルギー** • (2.19) の帯電エネルギーは極板の間に蓄えられていると考えこれを電場 E で表す．極板上の電荷の面密度を σ とすれば，$E = \sigma/\varepsilon_0$ である．σ は $\sigma = Q/S$ と書けるから $Q = \varepsilon_0 SE$ と表される．したがって (2.16)（p.108）の関係 $C = \varepsilon_0 S/l$ を利用すると，**電場のエネルギー**は次のようになる．

$$U_{\mathrm{E}} = \frac{l{\varepsilon_0}^2 S^2 E^2}{2\varepsilon_0 S} = \frac{\varepsilon_0 E^2}{2} Sl$$

• **エネルギー密度** • Sl は極板にはさまれた領域の体積 V で，上式からわかるように単位体積当たりの電場のエネルギー u_{E}（**エネルギー密度**）は次のように書ける．

$$u_{\mathrm{E}} = \frac{\varepsilon_0 E^2}{2} \tag{2.20}$$

この結果は電場が空間的，時間的に変動しているときでも正しいことが知られている．

例題 7　**電池のする仕事**

図 2.20 のように起電力 V_e の電池にコンデンサー C，電気抵抗 R を連結した電気回路がある．微小時間 Δt の間に電池のする仕事を考察し，これがジュール熱と電場のエネルギーに変換されることを利用して帯電エネルギーを求めよ．

解答　回路を流れる電流を I，コンデンサー C に蓄えられる電荷を $\pm Q$ とすれば

$$\frac{Q}{C} + RI = V_\mathrm{e} \tag{1}$$

の方程式が成り立つ．微小時間 Δt を考えると

$$I\Delta t = \Delta Q$$

はその間に回路を通過する電気量で，電池内でこの電気量は陰極から陽極へと移動する．ΔQ の電荷が陽極から陰極に移動するとき電気力のする仕事は $V_\mathrm{e}\Delta Q$（p.104）と書ける．したがって，Δt 時間中に電池のする仕事は $V_\mathrm{e}\Delta Q$ と表される．ちょうど質量 m の質点が h だけ落下したとき重力のする仕事は mgh であるが，同じ質点を高さ h だけ上げるときに人間のする仕事は mgh で与えられるのと同じである．(1) に $I\Delta t = \Delta Q$ を掛けると

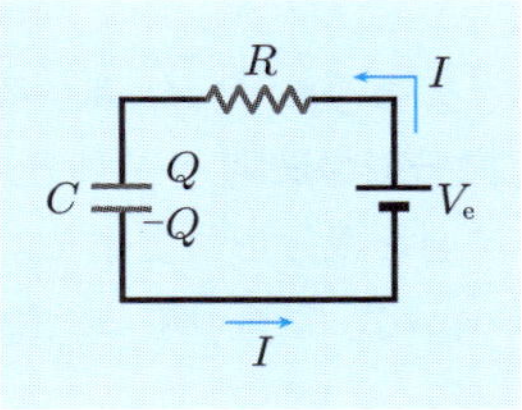

図 2.20　電気回路

$$\frac{Q\Delta Q}{C} + RI^2\Delta t = V_\mathrm{e}\Delta Q \tag{2}$$

が得られる．右辺は Δt の間に電池のする仕事，$RI^2\Delta t$ はその間に発生するジュール熱である．したがって，エネルギー保存則により $Q\Delta Q/C$ はその間の電気的なエネルギーの増加分 ΔU_E を表す．すなわち

$$\Delta U_\mathrm{E} = \frac{Q\Delta Q}{C}$$

となり $Q = 0$ で $U_\mathrm{E} = 0$ という条件で積分すれば，$U_\mathrm{E} = Q^2/2C$ となり (2.19) が導かれる．

問　題

7.1　問題 6.1(p.109) で考えたコンデンサーの帯電エネルギーは何 J か．また，この場合のエネルギー密度はいくらか．

7.2　原点 O を中心とする半径 a の導体の球が電気量 Q をもっている．中心 O から距離 r だけ離れた点での電場の大きさを $E(r)$ とする．O を中心とする半径が r と $r+dr$ の同心球を考えると，同心球に挟まれた領域内の電場のエネルギー dU_e は $dU_\mathrm{e} = 2\pi r^2\varepsilon_0 E^2(r)dr$ と表される．これを利用し，全空間中の電場のエネルギー U_E を求めよ．

2.8　静電場に対する微分形の法則

• ガウスの法則 •　2.3 節の (2.8)（p.102）のガウスの法則で曲面 Σ が囲む領域を Ω とすれば，q は Ω 内の電気量を表す．電荷密度を ρ とおくと次のようになる．

$$q = \int_\Omega \rho dV \tag{2.21}$$

ガウスの法則では結果が積分の形が表されているので，これを**積分形の法則**という．

• 微分形の法則 •　積分形の法則より微分形の方が実用上便利である．そこでガウスの法則を微分形に変換しよう．この目的のため，第 II 編の 2.4 節で述べたガウスの定理（p.76）を利用する．(2.21) とガウスの定理から

$$\varepsilon_0 \int_\Omega \mathrm{div}\, \boldsymbol{E} dV = \int_\Omega \rho dV \tag{2.22}$$

が導かれる．領域 Ω は任意にとれるから，ある点 P のまわりの微小部分を考えると，両辺の被積分関数が点 P で一致しないといけない．こうして

$$\varepsilon_0\, \mathrm{div}\, \boldsymbol{E} = \rho \tag{2.23}$$

が得られる．これを**微分形のガウスの法則**という．

• 渦なしの法則 •　静電場は，力学の立場でいえばクーロン力の場で保存力として記述されポテンシャルから導かれる．実際，2.4 節の (2.13)（p.104）で述べたように電場は電位により

$$\boldsymbol{E} = -\mathrm{grad}\, \phi \tag{2.24}$$

と表される．(2.24) が成り立つと

$$\mathrm{rot}\, \boldsymbol{E} = 0 \tag{2.25}$$

が導かれる（問題 8.1）．(2.25) は流体力学でいえば渦度が 0 であること［第 II 編，2.5 節の問題 6.2（p.80）参照］を表し，**渦なしの法則**とよばれる．

• 電位に対する方程式 •　(2.23), (2.24) から一般に電位 ϕ に対する方程式は

$$\varepsilon_0 \Delta\phi = -\rho, \quad \Delta \equiv \frac{\partial^2}{\partial x^2} + \frac{\partial^2}{\partial y^2} + \frac{\partial^2}{\partial z^2} \tag{2.26}$$

と表される（問題 8.2）．これを**ポアソン方程式**という．また Δ は**ラプラシアン**とよばれる一種の微分演算子である．特に電荷密度が 0 の場合

$$\Delta\phi = 0 \tag{2.27}$$

が成り立つが，これを**ラプラス方程式**という．

例題 8 ラプラシアン

$\boldsymbol{r} \neq \boldsymbol{r}_k$ の場合

$$\Delta \frac{1}{|\boldsymbol{r}-\boldsymbol{r}_k|} = 0$$

が成り立つことを示せ．

解答 $\boldsymbol{r} \neq \boldsymbol{r}_k$ とすれば $|\boldsymbol{r}-\boldsymbol{r}_k|$ は 0 にならないから，$1/|\boldsymbol{r}-\boldsymbol{r}_k|$ は微分可能である．これを x で偏微分すると

$$\frac{\partial}{\partial x}\frac{1}{|\boldsymbol{r}-\boldsymbol{r}_k|} = -\frac{x-x_k}{|\boldsymbol{r}-\boldsymbol{r}_k|^3}$$

が成立する．上式をもう 1 回 x で偏微分すると

$$\begin{aligned}\frac{\partial^2}{\partial x^2}\frac{1}{|\boldsymbol{r}-\boldsymbol{r}_k|} &= -\frac{1}{|\boldsymbol{r}-\boldsymbol{r}_k|^3} + \frac{3(x-x_k)}{|\boldsymbol{r}-\boldsymbol{r}_k|^4}\frac{\partial}{\partial x}|\boldsymbol{r}-\boldsymbol{r}_k| \\ &= -\frac{1}{|\boldsymbol{r}-\boldsymbol{r}_k|^3} + \frac{3(x-x_k)^2}{|\boldsymbol{r}-\boldsymbol{r}_k|^5}\end{aligned}$$

が得られる．同様に，次の関係が導かれる．

$$\frac{\partial^2}{\partial y^2}\frac{1}{|\boldsymbol{r}-\boldsymbol{r}_k|} = -\frac{1}{|\boldsymbol{r}-\boldsymbol{r}_k|^3} + \frac{3(y-y_k)^2}{|\boldsymbol{r}-\boldsymbol{r}_k|^5}$$

$$\frac{\partial^2}{\partial z^2}\frac{1}{|\boldsymbol{r}-\boldsymbol{r}_k|} = -\frac{1}{|\boldsymbol{r}-\boldsymbol{r}_k|^3} + \frac{3(z-z_k)^2}{|\boldsymbol{r}-\boldsymbol{r}_k|^5}$$

以上の 3 式を加え合わせ

$$(x-x_k)^2 + (y-y_k)^2 + (z-z_k)^2 = |\boldsymbol{r}-\boldsymbol{r}_k|^2$$

の関係に注意すると

$$\Delta \frac{1}{|\boldsymbol{r}-\boldsymbol{r}_k|} = 0$$

であることがわかる．

問 題

8.1 電場が電位から導かれるとき渦なしの法則が成り立つことを証明せよ．

8.2 (2.24) を (2.23) に代入しポアソン方程式を導け．

8.3 $\boldsymbol{r}_k$ という場所に電気量 q の点電荷が存在するときの電荷密度を求めよ．

8.4 座標 x, y, z に対し $r = \sqrt{x^2+y^2+z^2}$ と定義する．r だけの関数 $f(r)$ のラプラシアンに対する次の関係を示せ．

$$\Delta f = \frac{1}{r}\frac{d^2}{dr^2}(rf)$$

3　電流と磁場

3.1　磁場と力

• 磁針と磁力線 •　磁針は南北を指す．普通，北を指す方（N 極）を黒，南を指す方（S 極）を白で表す．磁石のまわりでは磁針がふれるので，磁石周辺は特別な空間になっていると考えられる．これを**磁場**という．磁針の S 極から N 極に向かうような方向を考えこれを磁場（厳密には磁束密度）$\boldsymbol{B}$ の方向と定義する．各点の接線がそこでの磁場の向きと一致するような曲線を**磁力線**（じりょくせん）という（図 3.1）．

• 磁場中の電流 •　磁場中に電流の流れる導線があると，導線には磁場，電流の両者に垂直な力が働く．図 3.2 のように電流 I が流れている導線を考え，電流はその流れの向きをもつベクトルで表されるとしこれを $\boldsymbol{I}$ と書く．$\boldsymbol{I}$ と垂直な断面の面積を S，電流密度を $\boldsymbol{j}$ とすれば $\boldsymbol{I} = S\boldsymbol{j}$ が成り立つ．実験によると，図のような長さ l の部分に働く力 $\boldsymbol{F}$ は次のように表される．

$$\boldsymbol{F} = (\boldsymbol{I} \times \boldsymbol{B})\,l \tag{3.1}$$

• 磁束密度 •　(3.1) の $\boldsymbol{B}$ は**磁束密度**とよばれる．$\boldsymbol{I}$ と $\boldsymbol{B}$ が垂直だと $\boldsymbol{F}$ の大きさ F は次のようになる．

$$F = BIl \tag{3.2}$$

これは B の大きさの定義で，$l = 1\,\mathrm{m}$，$I = 1\,\mathrm{A}$，$F = 1\,\mathrm{N}$ のときを国際単位系での磁束密度の単位としこれを**テスラ**（T）という．テスラは実用上大きすぎるので，その1万分の1をよく使いこれを**ガウス**（G）という．すなわち次式が成り立つ．

$$1\,\mathrm{G} = 10^{-4}\,\mathrm{T} \tag{3.3}$$

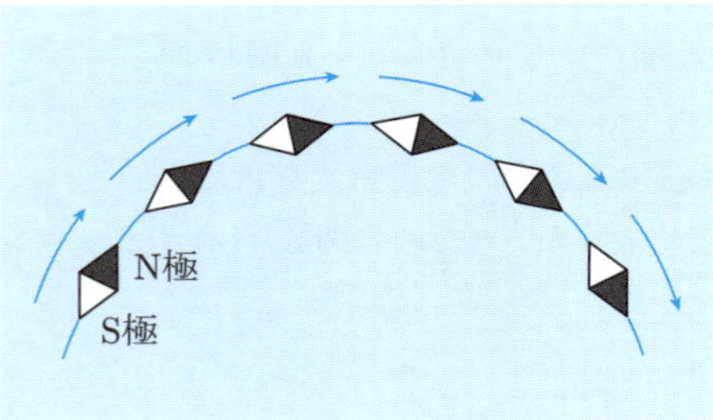

図 3.1　磁力線

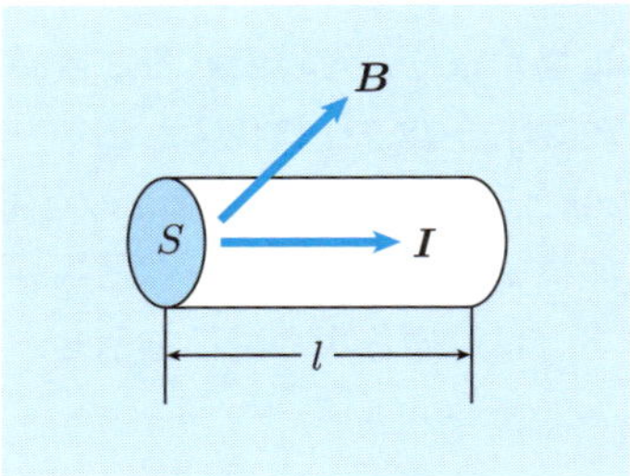

図 3.2　電流に働く力

例題 1 **ローレンツ力**

電気の担い手である荷電粒子の電気量を q とする．この粒子の速度を $\boldsymbol{v}$ とするとき，磁束密度 $\boldsymbol{B}$ 中で粒子に働く力（**ローレンツ力**）は次式のように書けることを示せ．

$$\boldsymbol{F} = q(\boldsymbol{v} \times \boldsymbol{B})$$

解答 $\boldsymbol{I} = S\boldsymbol{j}$ を (3.1) に代入すると $\boldsymbol{F} = (\boldsymbol{j} \times \boldsymbol{B})Sl$ となる．電荷密度を ρ とすれば流体のときと同様（p.74）$\boldsymbol{j} = \rho\boldsymbol{v}$ が成り立つ．したがって，$\boldsymbol{F} = (\boldsymbol{v} \times \boldsymbol{B})\rho Sl$ と表される．ρSl は図 3.2 で示した立体中の電気量で，電気の担い手のこの中の数を N とすれば ρSl は qN に等しくなり，題意が示される．

問 題

1.1 150 G の磁束密度と 30° の角度をもつ導線に 3A の電流が流れている．この導線 5 cm 当たりに働く力は何 N か．

1.2 鉛直上向きに磁場があり，その中に東向きの電流がある．この電流に働く力はどちらを向くか．次のとき①～④のうちから，正しいものを 1 つ選べ．

① 東向き　② 南向き　③ 西向き　④ 北向き

1.3 図 3.3 はモーターの原理を示したものである．同図 (a) のように磁束密度が一様な磁場の中に，回転軸 OO′ のまわりで回転する，1 辺の長さが a, b の長方形のコイル ABCD を挿入し経路 Γ に沿って電流 I を流すとする．AB には鉛直上向き，CD には鉛直下向きに F の力が働き，OO′ 方向からみると図 (b) のようにコイルには偶力が作用する．図のような角度 θ を導入したとき，コイルを回転させようとする偶力のモーメントの大きさを求めよ．また，回転の向きに右ねじを回すときねじの進む向きをモーメントの向きとし $\boldsymbol{N} = IS(\boldsymbol{n} \times \boldsymbol{B})$ の関係を導け．ここで S は長方形の面積，$\boldsymbol{n}$ は長方形の法線を表す法線ベクトルでその向きはストークスの定理と同様に決められる．

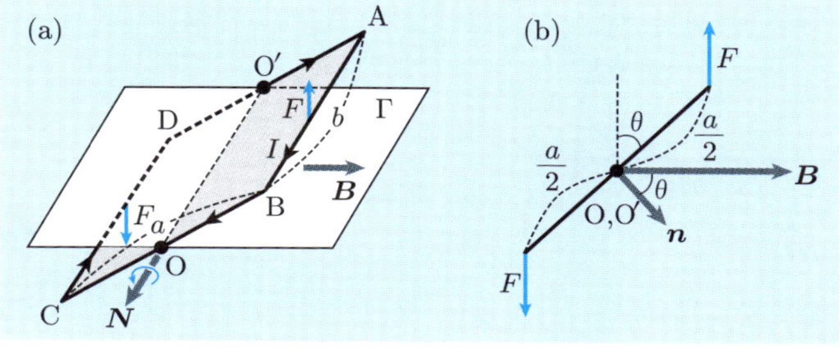

図 3.3 モーターの原理

3.2 ビオ-サバールの法則

• 電流のまわりの磁場 •　電流のまわりの空間は磁場となる．電流 I がある曲線に沿って流れるとき，曲線の Γ という部分が場所 $\boldsymbol{r}$ の点 P に作る磁束密度 $\boldsymbol{B}$ は

$$\boldsymbol{B}(\boldsymbol{r}) = \frac{\mu_0 I}{4\pi}\int_{\Gamma}\frac{d\boldsymbol{s}\times(\boldsymbol{r}-\boldsymbol{r}')}{|\boldsymbol{r}-\boldsymbol{r}'|^3} \tag{3.4}$$

と表される（図 3.4）．ここで $\boldsymbol{r}'$ は Γ 上の点で，$d\boldsymbol{s}$ は電流の向きをもつような Γ 上の微小な長さを表すベクトルである．また，μ_0 は**真空の透磁率**とよばれる定数で

$$\mu_0 = 4\pi\times 10^{-7}\,\mathrm{N/A^2} \tag{3.5}$$

という値をもつ．(3.4) を**ビオ-サバールの法則**という．(3.4) で $\boldsymbol{r}-\boldsymbol{r}'$ は $\boldsymbol{r}'$ から $\boldsymbol{r}$ へ向かうベクトルで，図のような角度 θ をとると次のように書ける．

$$|d\boldsymbol{s}\times(\boldsymbol{r}-\boldsymbol{r}')| = |\boldsymbol{r}-\boldsymbol{r}'|\sin\theta ds$$

よって，$d\boldsymbol{s}$ 部分の $\boldsymbol{B}$ への寄与を $d\boldsymbol{B}$ とすればその大きさ dB は次式で与えられる．

$$dB = \frac{\mu_0 I\sin\theta}{4\pi|\boldsymbol{r}-\boldsymbol{r}'|^2}ds \tag{3.6}$$

• 直線電流の作る磁場 •　強さ I の電流が z 軸に沿い $-\infty$ から ∞ まで流れているとき，z 方向に点 P をずらしても物理的な状況は変わらないので点 P を xy 面上にとっても一般性を失わない（図 3.5）．点 P の x, y 座標を x, y とすると点 P における $\boldsymbol{B}$ は

$$\boldsymbol{B} = \frac{\mu_0 I}{2\pi r^2}(-y, x, 0) \tag{3.7}$$

と書ける（例題 2，問題 2.2 参照）．ここで $r^2 = x^2 + y^2$ で r は点 P と直線との距離である．(3.7) は第 II 編の (2.18)（p.78）で $\kappa = \mu_0 I$ とおいた渦糸のまわりの速度場と同じになる．磁場は電流の方向に右ねじが進むときねじの回転する向きに生じる．これを**右ねじの法則**という．

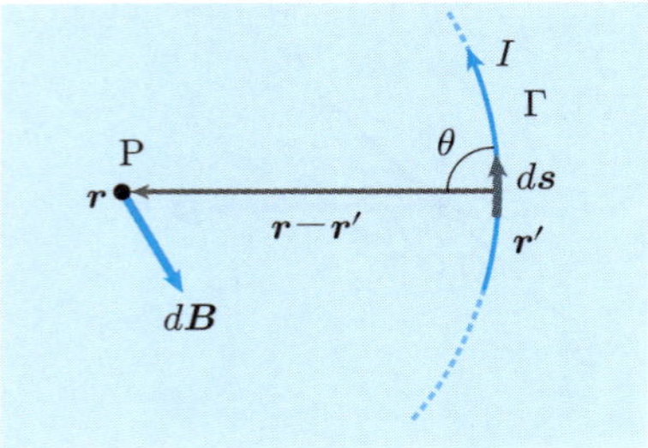

図 3.4　ビオ-サバールの法則

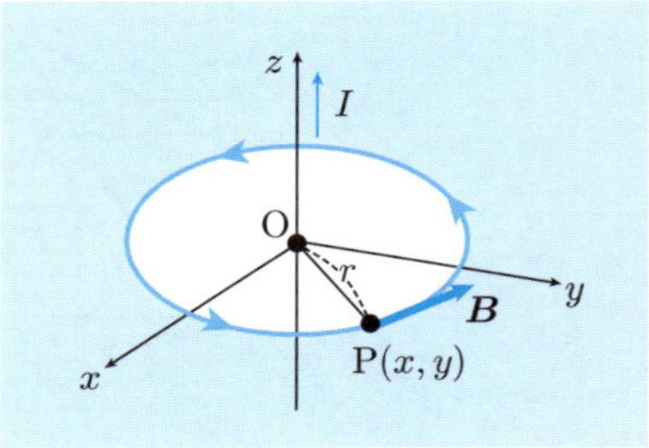

図 3.5　直線電流

例題 2　　**直線電流の作る磁場**

直線電流が z 軸に沿って流れているとき，z 軸のまわりの軸対称性により点 P を x 軸上にとることができる．図 3.6 のように原点 O から距離 r の点 P を考え，電流の dz 部分から生じる磁束密度への寄与を $d\boldsymbol{B}$ と書く．$d\boldsymbol{B}$ は y 軸に沿うことを示し，点 P における磁束密度を計算せよ．

解答　図 3.6 のように z 軸上の点 C（座標 z）をとり z 軸に沿う基本ベクトルを $\boldsymbol{k}$ とする．ビオ-サバールの法則により $d\boldsymbol{B}$ は $\boldsymbol{k} \times \overrightarrow{\mathrm{CP}}$ に比例し y 軸の向きに生じる．その大きさ dB は $\sin\theta = r/(r^2+z^2)^{1/2}$ の関係に注意し (3.6) を使うと

$$dB = \frac{\mu_0 I \sin\theta}{4\pi|\boldsymbol{r}-\boldsymbol{r}'|^2}dz = \frac{\mu_0 I}{4\pi}\frac{r}{(r^2+z^2)^{3/2}}dz$$

と表される．導線全体の寄与を求めるには，上式を z について $-\infty$ から ∞ まで積分すればよい．こうして

$$B = \frac{\mu_0 I r}{4\pi}\int_{-\infty}^{\infty}\frac{dz}{(r^2+z^2)^{3/2}}$$

が得られる．この積分を実行するため，$z = r\tan\varphi$ と変数変換を行う．幾何学的には φ は図 3.6 の $\angle\mathrm{OPC}$ を表す．次の関係

$$dz = \frac{r d\varphi}{\cos^2\varphi}, \quad r^2+z^2 = \frac{r^2}{\cos^2\varphi}$$

を利用すると B は次のように計算される．

$$B = \frac{\mu_0 I}{4\pi r}\int_{-\pi/2}^{\pi/2}\cos\varphi d\varphi = \frac{\mu_0 I}{4\pi r}\left(\sin\frac{\pi}{2}+\sin\frac{\pi}{2}\right) = \frac{\mu_0 I}{2\pi r}$$

問　題

2.1　(3.5) のように μ_0 の単位が $\mathrm{N/m^2}$ で与えられることに注意し，ビオ-サバールの法則 (3.4) の右辺を国際単位系で表したとき，それは磁束密度の国際単位系の T であることを示せ．

2.2　図 3.6 の直線電流の場合，z 軸のまわりの軸対称性により，磁束密度は O を中心とする半径 r の円の接線方向に生じる．この性質により円上の任意の点を Q とすれば $\overrightarrow{\mathrm{OQ}}\cdot\boldsymbol{B} = 0$ となる．これを利用し (3.7) を導け．

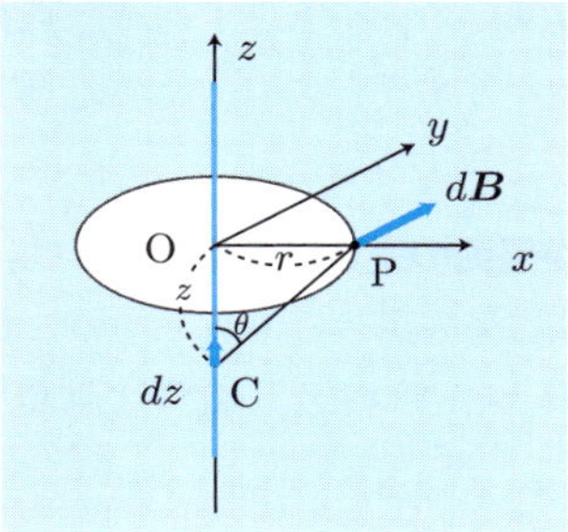

図 3.6　dz 部分が作る $d\boldsymbol{B}$

3.3 磁石と磁場

• 磁荷とクーロンの法則 • 電流が流れると磁場が生じるが，磁石のまわりでも磁場が発生する．棒磁石には鉄粉をよく吸いつける部分が2箇所ある．これを**磁極**といい，北を指す方がN極，南を指す方がS極である．磁極には磁気が存在しN極には正の**磁荷**，S極には負の磁荷があるとする．磁気量 q_{m} の点磁荷と磁気量 q_{m}' の点磁荷との間には電気の場合と同様なクーロンの法則が成り立ち，真空中で両者の間に働く力 F は，両磁荷間の距離を r としたとき

$$F = \frac{1}{4\pi\mu_0}\frac{q_{\mathrm{m}}q_{\mathrm{m}}'}{r^2} \tag{3.8}$$

と表される．μ_0 は (3.5) の真空の透磁率である．電気に対するクーロンの法則で $\varepsilon_0 \to \mu_0$, $q \to q_{\mathrm{m}}$ と変換すれば磁気に対する同法則が得られる．このため，クーロンの法則から導かれる結論は，上述の変換を行えば磁気でも電気と同様に成立する．

• 磁気量の単位 • 力 F をN，距離 r をmで表したとき，(3.8) の成り立つような磁気量がSI単位系での単位でこれを**ウェーバ**（Wb）という．この単位に関して

$$1\,\mathrm{Wb} = 1\,\mathrm{J/A} \tag{3.9}$$

の関係が成り立つ（問題3.2）．ウェーバは4.2節で学ぶように磁束の単位でもある．

• 磁場 • ある点に置かれた磁気量 q_{m} の小さな磁荷の受ける力 $\boldsymbol{F}$ を

$$\boldsymbol{F} = q_{\mathrm{m}}\boldsymbol{H} \tag{3.10}$$

と表したとき，この $\boldsymbol{H}$ をその点における**磁場の強さ**または単に**磁場**という．磁場の大きさの単位は，(3.9) を用いまた $\mathrm{J} = \mathrm{N \cdot m}$ の関係に注意すると

$$\mathrm{N/Wb} = \mathrm{N \cdot A/J} = \mathrm{A/m}$$

と書ける．電気力線と同様に磁場の様子は**磁力線**によって記述される．厳密にいうと磁束密度の様子を表す曲線は**磁束線**とよばれる．真空中では磁力線と磁束線は同じであると考えてもよい．なお，真空の場合，$\boldsymbol{B}$ と $\boldsymbol{H}$ との間には次の関係が成り立つ．

$$\boldsymbol{B} = \mu_0\boldsymbol{H} \tag{3.11}$$

• 点磁荷の生じる磁場 • 電場でクーロンの法則から得られる結果は，$\boldsymbol{E} \to \boldsymbol{H}$ とすれば磁場の場合にも成立する．例えば，$\boldsymbol{r}'$ の点に点磁荷 q_{m} があるとき場所 $\boldsymbol{r}$ における $\boldsymbol{H}$ は，(2.6)(p.100) で上記の変換を行い次のように表される．

$$\boldsymbol{H} = \frac{q_{\mathrm{m}}}{4\pi\mu_0}\frac{\boldsymbol{r}-\boldsymbol{r}'}{|\boldsymbol{r}-\boldsymbol{r}'|^3} \tag{3.12}$$

電位と同様，**磁位**を定義することができる（例題3）．

例題 3 ―――――――――――――――――――――――――― **点磁荷に対する磁位**

磁位を $\phi_{\mathrm{m}}(\boldsymbol{r})$ としたとき，$\boldsymbol{r}$ における磁場 $\boldsymbol{H}$ は $\boldsymbol{H} = -\mathrm{grad}\,\phi_{\mathrm{m}}(\boldsymbol{r})$ と表される．点 $\boldsymbol{r}'$ に磁荷 q_{m} があるとき点 $\boldsymbol{r}$ における $\phi_{\mathrm{m}}(\boldsymbol{r})$ は，次式で与えられることを示せ．

$$\phi_{\mathrm{m}}(\boldsymbol{r}) = \frac{q_{\mathrm{m}}}{4\pi\mu_0}\frac{1}{|\boldsymbol{r}-\boldsymbol{r}'|}$$

解答　(2.15)(p.104) で $q \to q_{\mathrm{m}}$，$\varepsilon_0 \to \mu_0$ の置き換えを実行すればよい．

問　題

3.1　同じ 1 Wb の磁気量をもつ 2 つの点磁荷が 1 m 離れて置かれているとき，両者間に働く磁気的なクーロン力は何 N か．

3.2　(3.8) の両辺の単位を比較して 1 Wb = 1 J/A の関係が成り立つことを示せ．

3.3　図 3.7 に示すように，z 軸に沿い $-\infty$ から ∞ まで電流 I が流れている．内部に原点を含まないような xy 面上の閉曲線 Γ で記述される経路を考える．この経路に関する線積分について次の関係を導け．ただし，添字の t は切線成分を表す．

$$\oint_{\Gamma} B_t ds = 0$$

3.4　わずかに離れた正負の 2 つの点磁荷 $\pm q_{\mathrm{m}}$ を考え，このような一組を電気双極子［問題 4.2 (p.105)］に対応し**磁気双極子**という．また磁荷間の距離を l とし $m = q_{\mathrm{m}}l$ の m を**磁気モーメントの大きさ**という．$(0, 0, \pm l/2)$ に $\pm q_{\mathrm{m}}$ の点磁荷があるとき（図 3.8），z 軸上で $\boldsymbol{B}$ は z 軸に沿って生じる．$|z| \gg l$ と仮定すれば z 軸上の点 $\mathrm{P}(0, 0, z)$ での $B(z)$ は次のように書けることを確かめよ．

$$B(z) = \frac{m}{2\pi z^3}$$

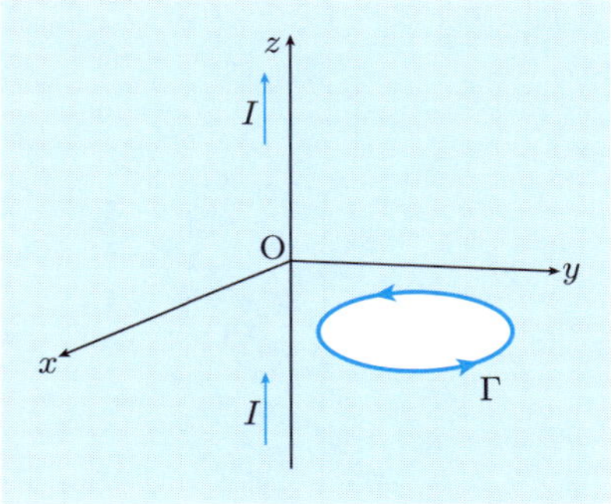

図 3.7　xy 面上の閉曲線 Γ

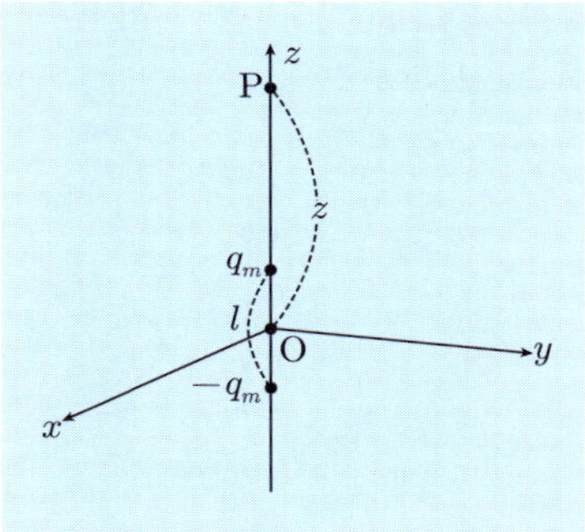

図 3.8　磁気双極子

3.4　閉じた電流と磁気モーメント

• 円電流が作る磁場 •　図 3.9 のように xy 面上で原点 O を中心とする半径 a の円に電流 I が流れているとする．z 軸上で座標 z をもつ点 P での磁束密度は z 軸に沿って発生しその z 成分 B_z を $B(z)$ と書けば

$$B(z) = \frac{\mu_0 a^2 I}{2(z^2+a^2)^{3/2}} \tag{3.13}$$

となる（例題 4）．特に $z \gg a$ の場合には上式の分母で a^2 の項は z^2 に比べ無視できるので，円の面積 $S = \pi a^2$ を使うと

$$B(z) = \frac{\mu_0 IS}{2\pi z^3} \tag{3.14}$$

となる．これを前ページの問題 3.4 と比べればわかるように，$m = \mu_0 IS$ とおくと両者の結果は一致する．すなわち，円電流は磁気双極子で記述できると期待される．

• 磁気双極子モーメント •　図 3.8 で $-q_{\mathrm{m}}$ から q_{m} に向かい大きさ $q_{\mathrm{m}}l$ をもつベクトルを導入しこれを**磁気双極子モーメント**という．このベクトルを $\boldsymbol{m}$ で表すことにする．図 3.10 のように，鉛直上向きの一様な磁束密度 $\boldsymbol{B}$ 中に磁気双極子があるとし，これに働く偶力のモーメントを考える．q_{m} の点磁荷には鉛直上向きに $q_{\mathrm{m}}B/\mu_0$ の大きさの力 F が働き，$-q_{\mathrm{m}}$ には鉛直下向きに F の力が加わり，状況は図 3.3(b) と同じになる．このため，図のように $\boldsymbol{m}$ と $\boldsymbol{B}$ とのなす角度を θ とすれば偶力のモーメントの大きさは $Fl\sin\theta = q_{\mathrm{m}}lB\sin\theta/\mu_0 = mB\sin\theta/\mu_0$ と表される．あるいは偶力のモーメント $\boldsymbol{N}$ は問題 1.3 と同様 $\boldsymbol{N} = (\boldsymbol{m} \times \boldsymbol{B})/\mu_0$ となる．これと問題 1.3 の結果とを比較し

$$\boldsymbol{m} = \mu_0 IS\boldsymbol{n} \tag{3.15}$$

が得られる．こうして，閉回路を流れる電流は磁気双極子モーメントと同じ性質をもつことがわかる．

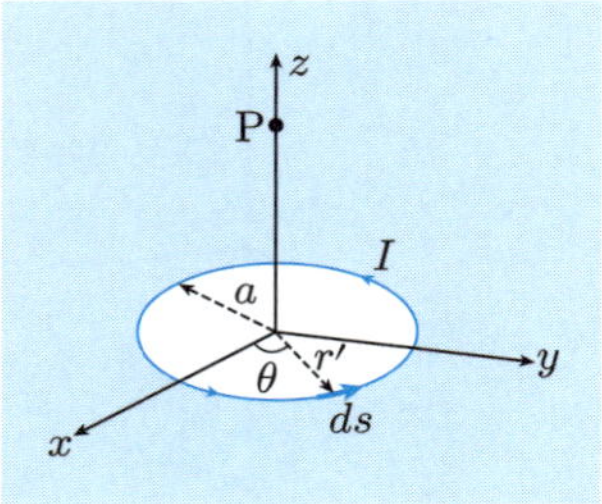

図 3.9　円電流による磁束密度

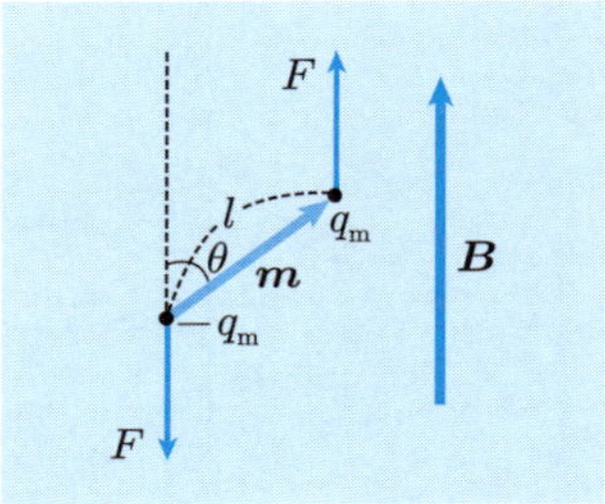

図 3.10　一様な $\boldsymbol{B}$ 中の $\boldsymbol{m}$

例題 4 ―――― **円電流が生じる磁場**

xy 面上で原点を中心とする半径 a の円に沿い電流 I が正の向き（反時計まわり）に流れている（図 3.9）．z 軸上の点 P における磁束密度を求めよ．

解答 点 P の座標を $(0,0,z)$ とし，図 3.9 のような角度 θ をとると (3.4)（p.116）の $\boldsymbol{r}$，$\boldsymbol{r}'$ は $\boldsymbol{r}=(0,0,z)$，$\boldsymbol{r}'=(a\cos\theta, a\sin\theta, 0)$ である．また，$d\boldsymbol{s}=d\boldsymbol{r}'$ と書けるので，$\boldsymbol{r}'$ の微分をとると $d\boldsymbol{s}=a(-\sin\theta,\ \cos\theta,\ 0)d\theta$ である．$|\boldsymbol{r}-\boldsymbol{r}'|=(z^2+a^2)^{1/2}$ が成り立つのでビオ-サバールの法則から

$$
\begin{aligned}
\boldsymbol{B} &= \frac{\mu_0 a I}{4\pi(z^2+a^2)^{3/2}}\int_0^{2\pi}(-\sin\theta,\cos\theta,0)\times(-a\cos\theta,-a\sin\theta,z)d\theta \\
&= \frac{\mu_0 a I}{4\pi(z^2+a^2)^{3/2}}\int_0^{2\pi}(z\cos\theta,z\sin\theta,a)d\theta
\end{aligned}
$$

となる（問題 4.2）．この積分を実行すると $\boldsymbol{B}$ の x,y 成分は 0 で，$\boldsymbol{B}$ の z 成分は次のように計算され (3.13) が導かれる．

$$
B_z = \frac{\mu_0 a^2 I}{4\pi(z^2+a^2)^{3/2}}\int_0^{2\pi}d\theta = \frac{\mu_0 I a^2}{2(z^2+a^2)^{3/2}}
$$

問　題

4.1 $\boldsymbol{A}=(A_x,A_y,A_z)$，$\boldsymbol{B}=(B_x,B_y,B_z)$ のとき，ベクトル積は形式的に

$$
\boldsymbol{A}\times\boldsymbol{B} = \begin{vmatrix} \boldsymbol{i} & \boldsymbol{j} & \boldsymbol{k} \\ A_x & A_y & A_z \\ B_x & B_y & B_z \end{vmatrix}
$$

と書けることを示せ．ただし $\boldsymbol{i},\boldsymbol{j},\boldsymbol{k}$ は x,y,z 方向の基本ベクトルである．

4.2 前問を利用し $(-\sin\theta,\cos\theta,0)\times(-a\cos\theta,-a\sin\theta,z)$ を計算せよ．

4.3 原点 O に置かれた磁気モーメント $\boldsymbol{m}$ が点 $\boldsymbol{r}$ に作る磁位 ϕ_{m} とそこでの $\boldsymbol{H}(\boldsymbol{r})$ を計算せよ（図 3.11）．

4.4 図 3.12 に示すように，$\boldsymbol{m}$ が z 軸に沿う場合，点 $\mathrm{P}(x,y,z)$ での $\boldsymbol{H}$ を求めよ．

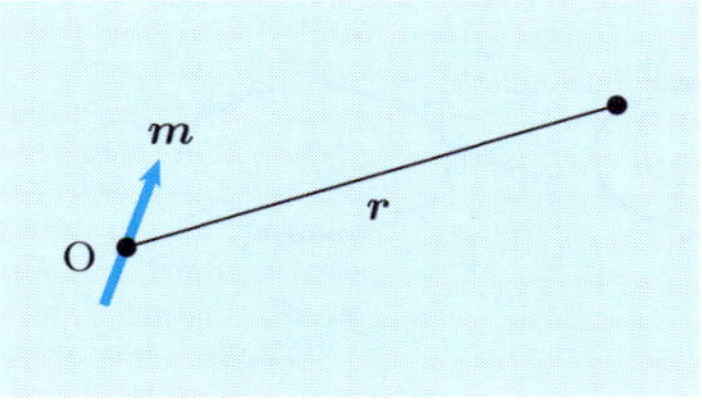

図 3.11　磁気双極子の磁位

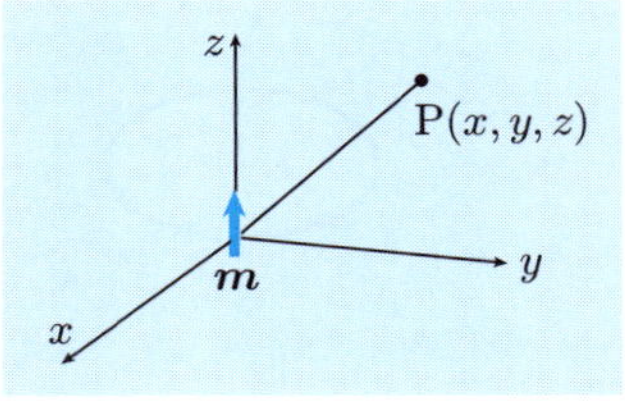

図 3.12　$\boldsymbol{m}=(0,0,m)$ の場合

3.5 アンペールの法則

● 等価磁石板の定理 ● 大きな回路に電流 I が流れているとき，ストークスの定理のときと同様（p.80），この回路を図 3.13 のように多数の網目にわける．網目の境に流れる電流は互いに逆向きで消し合い，結局，外縁の回路 Γ に電流 I が流れているのと同じとなる．面積が ΔS の網目は，モーメントが $\mu_0 I \Delta S \boldsymbol{n}$ の磁気双極子モーメントと等価になる．ここで $\boldsymbol{n}$ はストークスの定理と同様 Γ を縁とする曲面 Σ への法線ベクトルでその向きは同定理と同じように決められる．こうして，Γ に電流 I が流れるときにできる磁場は，Σ の上に単位面積当たり $\mu_0 I \boldsymbol{n}$ の磁気双極子が分布しているときに生じる磁場と等しいことがわかる．これを**等価磁石板の定理**という．

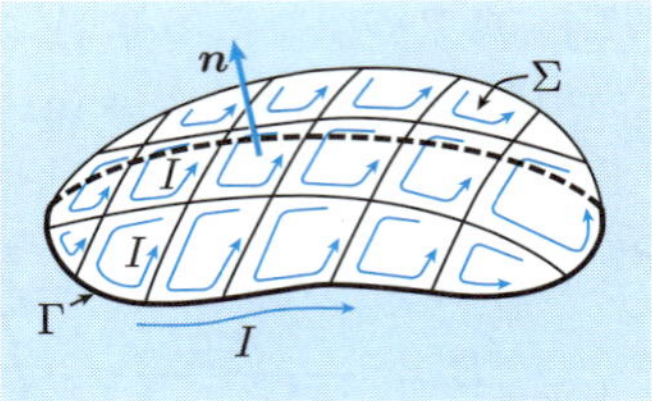

図 3.13　等価磁石板

● 電流と渦なしの場 ● 磁気双極子モーメントの作る磁場は点磁荷が生じるので，モーメントが存在する場所以外では渦なしとなり $\mathrm{rot}\,\boldsymbol{B} = 0$ が成立する．その結果，等価磁石板を除き $\mathrm{rot}\,\boldsymbol{B} = 0$ となる．曲面 Σ は任意にとれるので，縁を除きすなわち Γ 以外では $\mathrm{rot}\,\boldsymbol{B} = 0$ が成り立つ．こうして電流密度 $\boldsymbol{i}$ が 0 だと $\mathrm{rot}\,\boldsymbol{B}$ も 0 となる．

● アンペールの法則 ● 閉曲線 Γ 上の微小変位を $d\boldsymbol{s}$，Γ を縁とする曲面を Σ とし，$\boldsymbol{n}$ をストークスの定理と同様に定義する（図 3.14）．$\boldsymbol{n}$ と同じ向きの電流 I が Σ を貫通するか (a)，$\boldsymbol{n}$ と逆向きの電流が貫通するか (b)，まったく貫通しないか (c) に従い

$$\oint_\Gamma \boldsymbol{B}\cdot d\boldsymbol{s} = \begin{cases} \mu_0 I & (3.16\mathrm{a}) \\ -\mu_0 I & (3.16\mathrm{b}) \\ 0 & (3.16\mathrm{c}) \end{cases}$$

が成り立つ．これを**アンペールの法則**という（例題 5）．

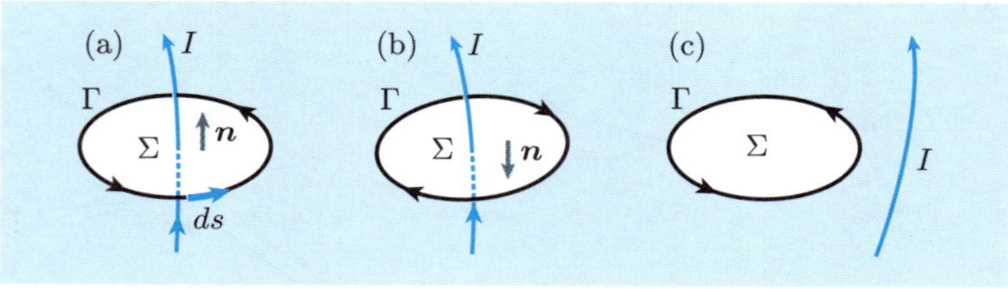

図 3.14　アンペールの法則

例題 5　　**アンペールの法則**

アンペールの法則を導け．

解答　図 3.14(c) の場合，ストークスの定理を利用すると Σ 上で $\mathrm{rot}\,\boldsymbol{B}=0$ が成り立つので (3.16c) が導かれる．(a), (b) を扱うため，図 3.7（p.119）で経路 Γ は原点を中心とする半径 a の円であるとする．(3.7)（p.116）で $x=a\cos\theta, y=a\sin\theta$ とおけば $\boldsymbol{B}=(\mu_0 I/2\pi a)(-\sin\theta,\cos\theta,0)$ と表される．また，変数として θ を使えば $d\boldsymbol{s}=(dx,dy,0)=a(-\sin\theta,\cos\theta,0)d\theta$ と書け $\boldsymbol{B}\cdot d\boldsymbol{s}=(\mu_0 I/2\pi)d\theta$ が成り立つ．こうして

$$\int_\Gamma \boldsymbol{B}\cdot d\boldsymbol{s}=\frac{\mu_0 I}{2\pi}\int d\theta$$

が導かれる．図 3.14(a) では積分範囲は 0 から 2π で上式の θ に関する積分は 2π となり (3.16a) が得られる．同様に，図 3.14(b) の場合，積分値は -2π で (3.16b) が証明される．一般の経路については問題 5.1 を参照せよ．

問　題

5.1　経路が縁となっている曲面を電流 I が貫通している．このような任意の 2 つの経路 Γ_1,Γ_2 に対し（図 3.15），次の等式が成り立つことを示せ．

$$\int_{\Gamma_1}\boldsymbol{B}\cdot d\boldsymbol{s}=\int_{\Gamma_2}\boldsymbol{B}\cdot d\boldsymbol{s}$$

5.2　図 3.16 のように n 個の電流 $I_1,I_2,\cdots,I_n$ が流れている場合，アンペールの法則はどのように表されるか．

5.3　導線を円筒面に沿いらせん状に一様かつ密に巻いたコイルを**ソレノイド**という（図 3.17）．ソレノイドは無限に長いと仮定し，導線に電流 I を流したときにソレノイドの作る磁場を求めよ．ただし，単位長さ当たりの巻数を n とせよ．

5.4　$n=1500/\mathrm{m}$, $I=3\mathrm{A}$ の場合，ソレノイド内の磁場，磁束密度はいくらか．

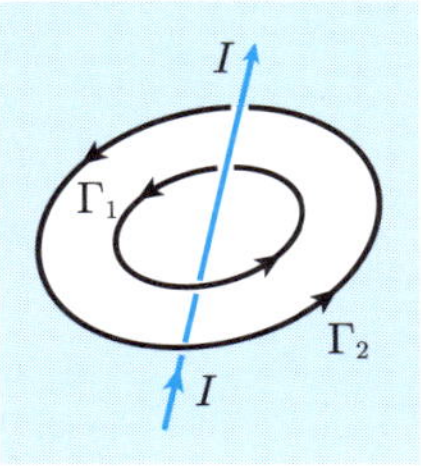

図 3.15　2 つの経路

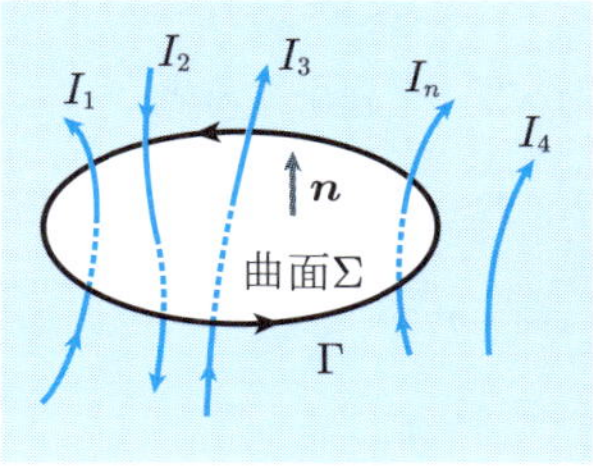

図 3.16　多数の電流

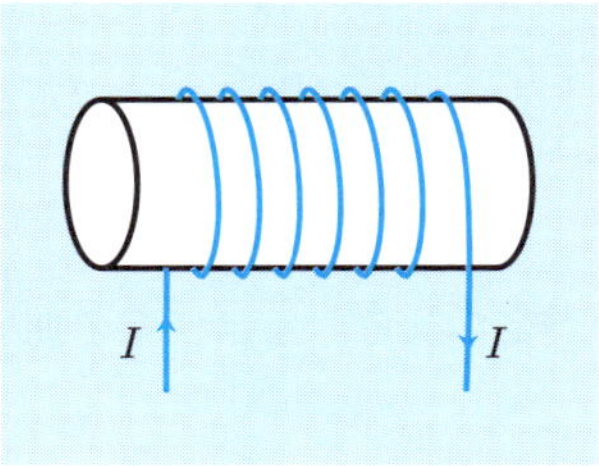

図 3.17　ソレノイド

3.6 ベクトルポテンシャルと微分形の法則

● ベクトルポテンシャル ● 電磁気学では磁束密度 $\boldsymbol{B}$ を適当なベクトル $\boldsymbol{A}$ により

$$\boldsymbol{B} = \mathrm{rot}\,\boldsymbol{A} \tag{3.17}$$

と表し，このようにして定義されるベクトル $\boldsymbol{A}$ を**ベクトルポテンシャル**という．静電場だと電場 $\boldsymbol{E}$ は電位 ϕ により $\boldsymbol{E} = -\mathrm{grad}\,\phi$ で与えられ，磁石の作る磁場は磁位 ϕ_m により $\boldsymbol{H} = -\mathrm{grad}\,\phi_\mathrm{m}$ と書ける．ϕ や ϕ_m は場所だけに依存し方向をもたないスカラーである．そこで ϕ や ϕ_m を**スカラーポテンシャル**という．(3.17) を用いると

$$\mathrm{div}\,\boldsymbol{B} = 0 \tag{3.18}$$

の関係が得られる．すなわち

$$\begin{aligned}\mathrm{div}\,\boldsymbol{B} &= \mathrm{div}(\mathrm{rot}\,\boldsymbol{A})\\ &= \frac{\partial}{\partial x}\left(\frac{\partial A_z}{\partial y} - \frac{\partial A_y}{\partial z}\right) + \frac{\partial}{\partial y}\left(\frac{\partial A_x}{\partial z} - \frac{\partial A_z}{\partial x}\right) + \frac{\partial}{\partial z}\left(\frac{\partial A_y}{\partial x} - \frac{\partial A_x}{\partial y}\right)\end{aligned}$$

と書け，偏微分の公式［第 II 編 2.5 節の問題 6.1（p.80）参照］

$$\frac{\partial^2 A_z}{\partial x \partial y} = \frac{\partial^2 A_z}{\partial y \partial x}$$

などを使えば，(3.18) が証明される．(3.18) は真空中だけでなく第 5 章で示すように物質が存在しても成立する．物理的にこの関係は磁気の場合いつも正磁荷と負磁荷がペアとなって現れ真磁荷は存在しないという事情を反映している．電流または磁気モーメントによるベクトルポテンシャルについては例題 6 と問題 6.1 で学ぶ．

● 微分形のアンペールの法則 ● アンペールの法則は前ページの問題 5.2 から

$$\int_\Gamma \boldsymbol{B}\cdot d\boldsymbol{s} = \mu_0 \times (\Sigma \text{ を貫通する全電流}) \tag{3.19}$$

と書けることがわかる．(3.19) の右辺は

$$\mu_0 \int_\Sigma \boldsymbol{j}\cdot\boldsymbol{n}dS$$

と表され，ストークスの定理（p.79）を利用すると

$$\int_\Sigma \mathrm{rot}\,\boldsymbol{B}\cdot\boldsymbol{n}dS = \mu_0 \int_\Sigma \boldsymbol{j}\cdot\boldsymbol{n}dS$$

が得られる．Σ は任意の曲面と考えてよいので

$$\mathrm{rot}\,\boldsymbol{B} = \mu_0 \boldsymbol{j} \tag{3.20}$$

が求まる．これを**微分形のアンペールの法則**という．

例題 6　　**電流の作るベクトルポテンシャル**

経路 Γ に沿って流れる I の電流が場所 $\boldsymbol{r}$ に生じるベクトルポテンシャル $\boldsymbol{A}$ は，電流の向きと一致する微小部分のベクトルを $d\boldsymbol{s}$ とすれば

$$\boldsymbol{A}(\boldsymbol{r}) = \frac{\mu_0 I}{4\pi}\int_\Gamma \frac{d\boldsymbol{s}}{|\boldsymbol{r}-\boldsymbol{r}'|}$$

と表されることを証明せよ．

解答　ビオ-サバールの法則 (3.4)（p.116）で $d\boldsymbol{s} = (dx', dy', dz')$ とし，例えば x 成分をとると

$$B_x(\boldsymbol{r}) = \frac{\mu_0 I}{4\pi}\int_\Gamma \frac{dy'(z-z') - dz'(y-y')}{|\boldsymbol{r}-\boldsymbol{r}'|^3} \tag{1}$$

と表される．次の等式

$$\frac{\partial}{\partial z}\frac{1}{|\boldsymbol{r}-\boldsymbol{r}'|} = -\frac{z-z'}{|\boldsymbol{r}-\boldsymbol{r}'|^3}, \quad \frac{\partial}{\partial y}\frac{1}{|\boldsymbol{r}-\boldsymbol{r}'|} = -\frac{y-y'}{|\boldsymbol{r}-\boldsymbol{r}'|^3}$$

に注意すると，(1) は

$$B_x(\boldsymbol{r}) = \frac{\mu_0 I}{4\pi}\left(\frac{\partial}{\partial y}\int_\Gamma \frac{dz'}{|\boldsymbol{r}-\boldsymbol{r}'|} - \frac{\partial}{\partial z}\int_\Gamma \frac{dy'}{|\boldsymbol{r}-\boldsymbol{r}'|}\right) \tag{2}$$

と書ける．与えられたベクトルポテンシャルに対する式から

$$A_z(\boldsymbol{r}) = \frac{\mu_0 I}{4\pi}\int_\Gamma \frac{dz'}{|\boldsymbol{r}-\boldsymbol{r}'|}, \quad A_y(\boldsymbol{r}) = \frac{\mu_0 I}{4\pi}\int_\Gamma \frac{dy'}{|\boldsymbol{r}-\boldsymbol{r}'|} \tag{3}$$

が導かれる．(2), (3) を組み合わせると

$$B_x = \frac{\partial A_z}{\partial y} - \frac{\partial A_y}{\partial z} = (\mathrm{rot}\,\boldsymbol{A})_x$$

が得られる．y, z 成分も同様で，$\boldsymbol{B} = \mathrm{rot}\,\boldsymbol{A}$ が成り立つ．

問　題

6.1　原点にモーメント $\boldsymbol{m}$ をもつ磁気双極子が置かれているとする．位置ベクトル $\boldsymbol{r}$ におけるベクトルポテンシャルは

$$\boldsymbol{A} = \frac{1}{4\pi}\frac{\boldsymbol{m}\times\boldsymbol{r}}{r^3}$$

と書けることを示せ．

6.2　(3.20) の微分形のアンペールの法則から $\mathrm{div}\,\boldsymbol{j} = 0$ の関係が導かれる．これは物理的に何を意味しているかについて論じよ．

6.3　例題 6 のベクトルポテンシャルは電流が空間分布しているときにはどのように表されるか．

4 変動する電磁場

4.1 電磁誘導

• レンツの法則 • 磁石をコイルに近づけたり遠ざけたりすると，コイル中に電流が誘起される．この現象を**電磁誘導**といい，これによる電流の向きは，電流の作る磁場が誘導の原因である磁場の変化に逆らうように生じる．これを**レンツの法則**という．

• 磁束 • 閉回路 Γ に起電力 V_{e} の電池が挿入され，回路の電気抵抗を R，流れる電流を I とする（図 4.1）．電流の流れる向きを Γ の向きにとり，Γ を縁とする任意の曲面を Σ として，ストークスの定理と同様な向きをもつ Σ の法線ベクトルを $\boldsymbol{n}$ とする．磁束密度 $\boldsymbol{B}$ に対し $B_n = \boldsymbol{B}\cdot\boldsymbol{n}$ とし次の面積積分

$$\Phi = \int_{\Sigma} B_n dS \tag{4.1}$$

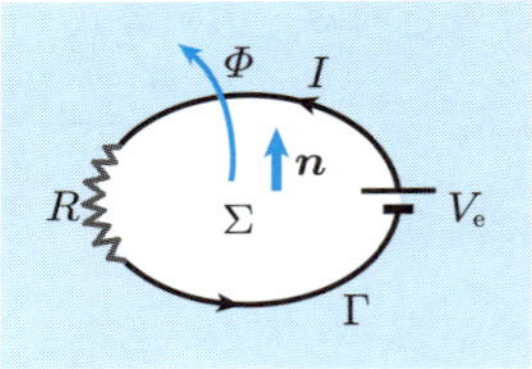

図 4.1 磁束

で定義される Φ は曲面 Σ を貫く**磁束**とよばれる．いつも $\mathrm{div}\,\boldsymbol{B} = 0$ が成立するので，Φ は Σ の選び方に依存しない［問題 6.1（p.80）］．特に Σ が平面で一様な大きさ B の磁束密度に垂直なら $B_n = B$ で $\Phi = BS$ と書ける（S は Σ の面積）．磁束の単位は**ウェーバ**(Wb) で，1 Wb とは磁場に垂直な $1\,\mathrm{m}^2$ の面を 1 T の磁束密度が貫くときの磁束を表す．

• ファラデーの法則 • Φ が時間的に変動すると電磁誘導によりコイル内に電流を流そうとする作用すなわち起電力が発生する．電磁誘導によって生じる起電力を**誘導起電力**あるいは**逆起電力**ともいう．誘導起電力 V_{i} は

$$V_{\mathrm{i}} = -\frac{d\Phi}{dt} \tag{4.2}$$

と書ける．これを**ファラデーの法則**という．図 4.1 で I を決めるべき回路方程式は

$$RI = V_{\mathrm{e}} - \frac{d\Phi}{dt} \tag{4.3}$$

となる．$d\Phi/dt > 0$ だと逆起電力は電池の起電力と逆向きの作用をもち，電流を減らそうとする．逆に $d\Phi/dt < 0$ では電流が増え，レンツの法則が導かれる．

例題 1 **交流発電機の原理**

図 4.2(a) のように，大きさ B の一様な磁束密度中に 1 辺の長さがそれぞれ a, b の長方形回路 ABCD が置かれているとする．図の回転軸のまわりで回路を一定の角速度 ω で矢印の向きに回転させたとし，端子 Q に対する端子 P の電圧 V を求めよ．

解答 長方形 ABCD が図 4.1 の曲面 Σ に，また端子 P, Q が図 4.1 の電池の陽極，陰極に相当するものとする．図 4.1 と同様な Σ の法線方向の単位ベクトルを $\boldsymbol{n}$ と書き，図 4.2(b) のように $\boldsymbol{n}$ と $\boldsymbol{B}$ のなす角度を θ とすれば θ は回転角を表す．時刻 $t=0$ で $\theta=0$ とすれば $\theta=\omega t$ と書ける．$\boldsymbol{B}$ の $\boldsymbol{n}$ 方向の成分は $B\cos\omega t$ で，このため長方形回路を貫く磁束 Φ は $\Phi = ab\,B\cos\omega t$ と書ける．このため誘導起電力 V_{i} は

$$V_{\mathrm{i}} = -\frac{d}{dt}(ab\,B\cos\omega t) = ab\,\omega B\sin\omega t$$

となる．上の V_{i} は角振動数 ω あるいは周波数 ν（$\omega = 2\pi\nu$）の交流電圧である．

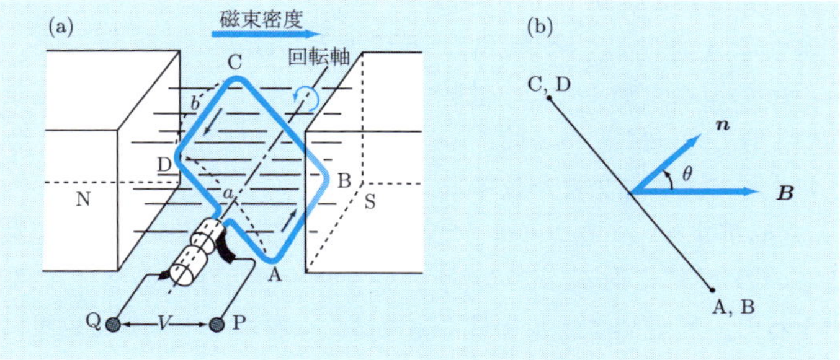

図 4.2 交流発電機の原理

問 題

1.1 $a = 0.2\,\mathrm{m}, b = 0.3\,\mathrm{m}, B = 0.2\,\mathrm{T}, \nu = 50\,\mathrm{Hz}$ の場合，交流電圧の振幅は何 V か．

1.2 磁束の単位も磁荷の単位もともに Wb で表されるのはなぜか．

1.3 図 4.3 のように円形回路の中心軸上で棒磁石を回路から遠ざけるとして次の問に答えよ．

(a) 回路にはどちら向きの電流が流れるか．

(b) 回路には棒磁石の磁場によりどんな力が働くか．

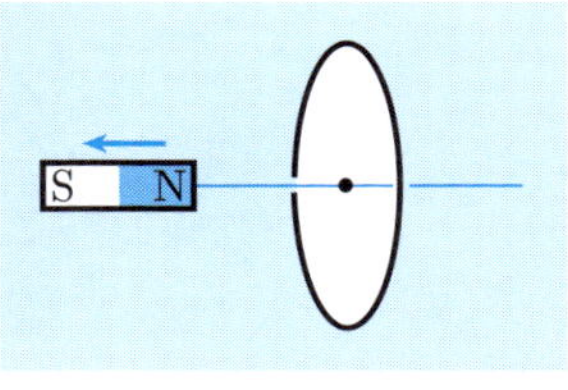

図 4.3 円形回路と棒磁石

4.2 誘導起電力

磁束の変化は，回路中の電流の変化，回路全体の移動，回路の変形などさまざまな原因で起こる．いずれの場合でもファラデーの法則が成り立つ．

• 誘導起電力とローレンツ力 • 誘導起電力はローレンツ力と密接に関係している．両者の関係を理解するため，一様な磁束密度 $\boldsymbol{B}$ の磁場中にこれと垂直なコの字型の導線 CDEF があるとする（図 4.4）．図のように辺 DE と平行のまま導線 AB を一定の速度 $\boldsymbol{v}$ で右向きに運動させたとし，$\mathrm{DE} = l$, $\mathrm{EB} = x$ とする．長方形 ADEB を貫く磁束 Φ は ADEB の面積は lx であるから $\Phi = Blx$ と表される．そうすると矢印の向きに電流を流そうとする誘導起電力 V_i は (4.2)（p.126）により

$$V_\mathrm{i} = -\frac{d\Phi}{dt} = -Bl\frac{dx}{dt} = -Blv$$

と書ける．V_i は負であるから，誘導起電力は A から B の方へ電流を流そうとする．一方，電気量 q の荷電粒子は $\boldsymbol{F} = q(\boldsymbol{v} \times \boldsymbol{B})$ のローレンツ力を受ける（p.115）．この力は図に示すように A から B へと向かい，その大きさは $F = qBv$ となる．これは荷電粒子に $E = Bv$ の電場が働くことを意味する．したがって，AB 間の電位差すなわち誘導起電力の大きさは（電場）×（長さ）$= Blv$ となり，また起電力は A から B へ電流を流すように生じて上の結果と一致する．

• 全磁束 • 形が等しい一巻コイルが N 巻きしてあるコイルの誘導起電力は，一巻に発生するものの N 倍である．この場合，磁束は一巻コイルの N 倍になったとすればよい．すなわち，N 巻のコイルを貫く磁束は，一巻コイルを貫く磁束に巻数を掛けたものである．このような磁束を**全磁束**という．以下，単に磁束というときは全磁束を意味するものとする．

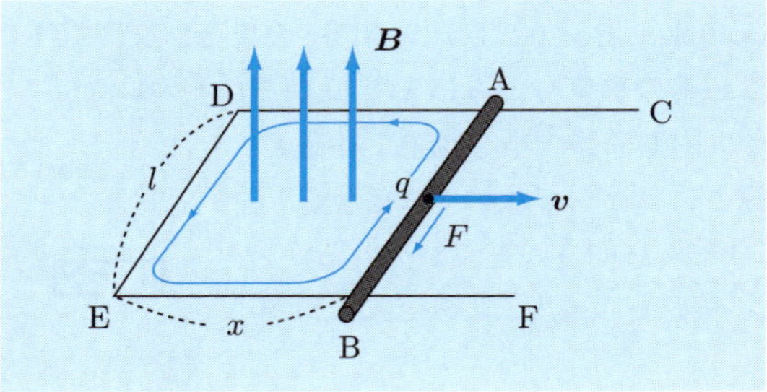

図 4.4 誘導起電力とローレンツ力

例題 2 ―――― **ファラデーの法則の積分形と微分形**

図 4.5 のように経路 Γ に沿って A から B へと電流を流そうとする起電力 V_i は，Γ と同じ向きをもつ微小な長さを表すベクトルを $\boldsymbol{ds}$ としたとき

$$V_\mathrm{i} = \int_\Gamma \boldsymbol{E} \cdot d\boldsymbol{s}$$

と書けることを示し，ファラデーの法則の積分形と微分形を導け．

解答 電位を ϕ とすれば，Γ を A から B へ向かう経路として

$$V_\mathrm{i} = \phi(\mathrm{A}) - \phi(\mathrm{B}) = -\int_\Gamma d\phi$$

となる．$d\phi = \phi(\boldsymbol{r} + d\boldsymbol{s}) - \phi(\boldsymbol{r}) = d\boldsymbol{s} \cdot \mathrm{grad}\,\phi = -\boldsymbol{E} \cdot d\boldsymbol{s}$ に注意すれば与式が得られる．図 4.5 で点 A と点 B が一致するとして，一周する積分を導入するとファラデーの法則の積分形は

$$\oint_\Gamma \boldsymbol{E} \cdot d\boldsymbol{s} = -\frac{d}{dt} \int_\Sigma \boldsymbol{B} \cdot \boldsymbol{n} dS$$

と表される．あるいはストークスの定理（p.79）を利用すると微分形のアンペールの法則（p.124）と同様，次の微分形の方程式が求まる．

$$\mathrm{rot}\,\boldsymbol{E} = -\frac{\partial \boldsymbol{B}}{\partial t}$$

問 題

2.1 図 4.4 で $B = 200$ ガウス，$l = 0.1\,\mathrm{m}$，$v = 5\,\mathrm{m/s}$ のとき，誘導起電力の大きさは何 V か．

2.2 図 4.6 に示すように，xy 面内に原点を中心をする半径 a の円形回路がある．z 方向を向いたモーメント $\boldsymbol{m}$ をもつ磁気双極子が z 軸に沿って一定の速さ v で運動動している．回路に生じる誘導起電力を求めよ．

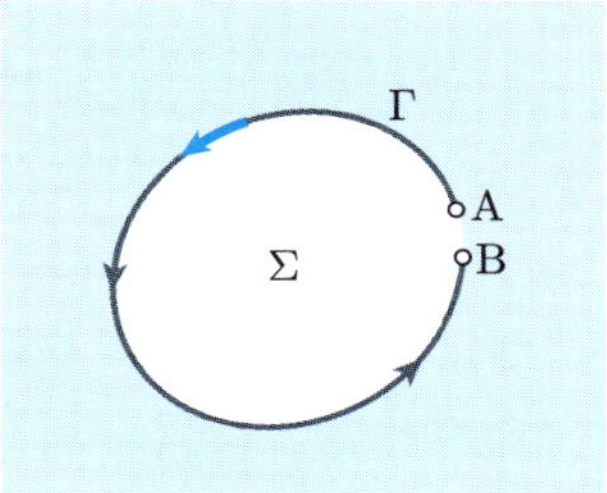

図 4.5　起電力

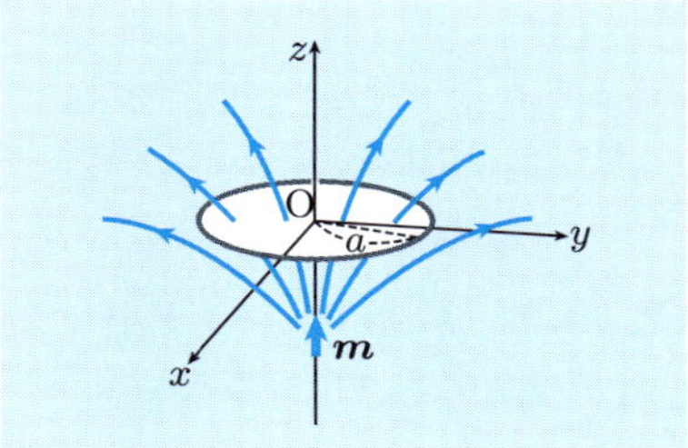

図 4.6　磁気双極子と円形回路

4.3　インダクタンスと磁場のエネルギー

• 自己誘導 •　コイルに電流 I が流れているとき，この電流が作る磁束密度は I に比例し，よってコイルを貫く磁束 Φ も I に比例する．これを

$$\Phi = LI \tag{4.4}$$

と書き，L を**自己インダクタンス**あるいは単に**インダクタンス**という．L はコイルの巻数や形状に依存する量である．また，コイル内の電流変化によりそれ自身の内部に誘導起電力が起こる現象を**自己誘導**という．(4.4) を (4.3) の回路方程式に代入し L は時間に依存しないとすれば $L(dI/dt) + RI = V_{\mathrm{e}}$ となって例題 6（p.93）で論じたのと同じ結果が得られる．

• 相互誘導 •　電流 I_1 が流れるコイル Γ_1 の作る磁場は I_1 に比例する．したがって，それが別のコイル Γ_2 を貫くときの磁束 Φ_2 も I_1 に比例し（図 4.7）

$$\Phi_2 = M_{21} I_1 \tag{4.5}$$

と書ける．Γ_1, Γ_2 を固定し I_1 を時間的に変化させると Φ_2 も変化するため，Γ_2 に誘導起電力が発生する．この現象を**相互誘導**，また定数 M_{21} を Γ_1 から Γ_2 への**相互インダクタンス**という．同様に，図 4.7 でコイル Γ_2 に電流 I_2 が流れると，Γ_1 を貫通する磁束 Φ_1 は (4.5) と同様

$$\Phi_1 = M_{12} I_2 \tag{4.6}$$

と表される．M_{12} は Γ_2 から Γ_1 への相互インダクタンスであるが，一般に

$$M_{12} = M_{21} \tag{4.7}$$

が成り立つ（例題 3）．この関係を**相反定理**という．

• 磁場のエネルギー •　(1.16)（p.92）で磁場のエネルギー U_{B} が $U_{\mathrm{B}} = LI^2/2$ と書けることを示したが，これを場の量で表すことにする．長さ l，断面積 S，単位長さ当たりの巻数が n のソレノイドのインダクタンス L は

$$L = \mu_0 n^2 S l \tag{4.8}$$

で与えられる（問題 3.1）．一方，ソレノイド中の磁束密度 B と電流 I との間には $I = B/n\mu_0$ の関係が成立するので［問題 5.3（p.123）参照］，U_{B} は

$$U_{\mathrm{B}} = (\mu_0 n^2 S l/2)(B^2/n^2 {\mu_0}^2) = B^2 S l/2\mu_0$$

と表される．Sl はソレノイド中の磁場が生じる空間の体積で，磁場のエネルギー密度 u_{B} は，(2.20)（p.110）の電場の u_{E} に対応し次式で与えられる．

$$u_{\mathrm{B}} = \frac{1}{2\mu_0} B^2 \tag{4.9}$$

例題 3　　**相反定理**

閉曲線 Γ_1 に電流 I_1，閉曲線 Γ_2 に電流 I_2 が流れているとする．$\varPhi_1 = M_{12}I_2$，$\varPhi_2 = M_{21}I_1$ の関係により，相互インダクタス M_{12}, M_{21} を導入したとき，M_{12}, M_{21} に対する表式を求め，相反定理 $M_{12} = M_{21}$ が成立していることを確かめよ．

解答　I_2 が場所 $\boldsymbol{r}_1$ に作るベクトルポテンシャルは，3.6 節の例題 6（p.125）により

$$\boldsymbol{A}_2(\boldsymbol{r}_1) = \frac{\mu_0 I_2}{4\pi}\oint_{\Gamma_2}\frac{d\boldsymbol{s}_2}{|\boldsymbol{r}_1 - \boldsymbol{r}_2|}$$

と表される．$\varPhi_1$ はストークスの定理を使うと

$$\varPhi_1 = \int_{\Sigma_1} B_n dS = \int_{\Sigma_1}\boldsymbol{n}\cdot\mathrm{rot}\,\boldsymbol{A}_2 dS = \oint_{\Gamma_1}\boldsymbol{A}_2(\boldsymbol{r}_1)\cdot d\boldsymbol{s}_1$$

と書けるので，M_{12} は

$$M_{12} = \frac{\mu_0}{4\pi}\oint_{\Gamma_1}\oint_{\Gamma_2}\frac{d\boldsymbol{s}_1\cdot d\boldsymbol{s}_2}{|\boldsymbol{r}_1 - \boldsymbol{r}_2|}$$

と表される．M_{21} を求めるには，上の議論で $1 \rightleftarrows 2$ という交換を行えばよい．上式はこのような交換に対し不変な形をもっているので，$M_{12} = M_{21}$ の相反定理が成り立つ．

問　題

3.1　長さ l，断面積 S，単位長さ当たりの巻数が n のソレノイドのインダクタンスを求めよ．

3.2　直径 3 cm，長さ 5 cm の中空円筒に直径 0.5 mm のエナメル線を 100 回巻いたソレノイドのインダクタンスは何 H か．

3.3　中心軸を共有する円筒形の 2 つのコイルがあり，コイル 1（半径 a，単位長さ当たりの巻数 n_1）とコイル 2（半径 b，単位長さ当たりの巻数 n_2）の軸方向の共通する部分の長さを l とする（図 4.8）．$M_{12} = M_{21}$ の相反定理を導け．

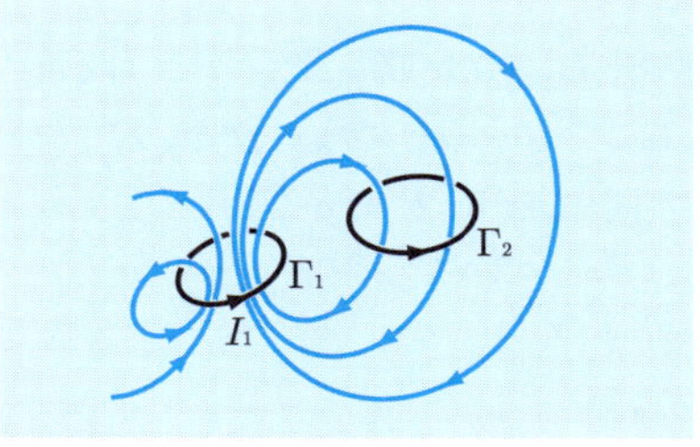

図 4.7　相互誘導

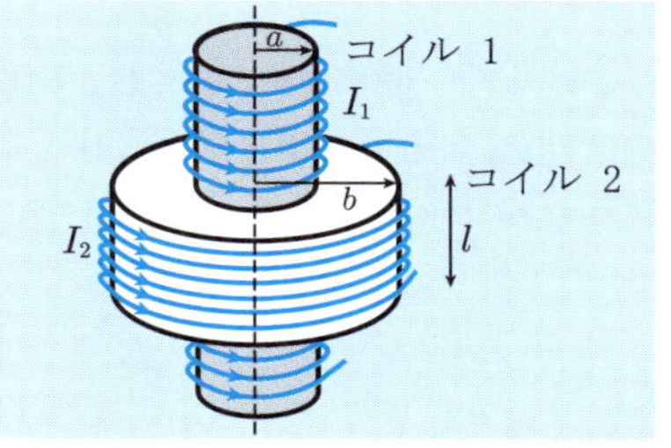

図 4.8　2 つのコイル

4.4　変位電流

• マクスウェル-アンペールの法則 •　閉曲線 Γ が囲む曲面 Σ の法線方向の単位ベクトルを $\boldsymbol{n}$（向きはストークスの定理と同じ），電流密度を $\boldsymbol{j}$ とすれば（図 4.9）

$$\oint_\Gamma \boldsymbol{B}\cdot d\boldsymbol{s} = \mu_0 \int_\Sigma \boldsymbol{j}\cdot\boldsymbol{n}dS \tag{4.10}$$

のアンペールの法則が成り立つ［(3.19)（p.124）］．この法則は定常電流の場合に導かれたが，時間変化する電磁場では (4.10) の右辺を修正し

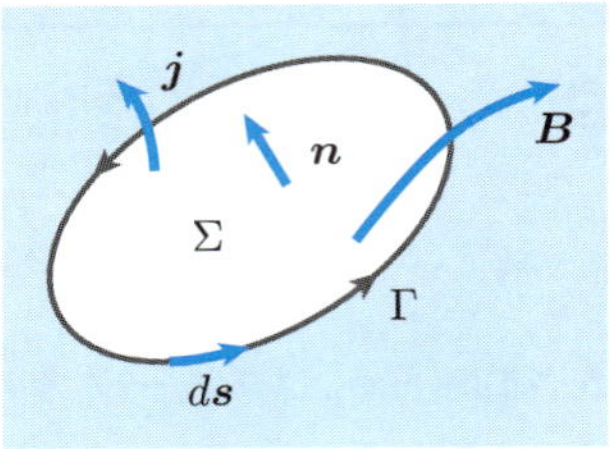

図 4.9　アンペールの法則

$$\oint_\Gamma \boldsymbol{B}\cdot d\boldsymbol{s} = \mu_0 \int_\Sigma \left(\boldsymbol{j} + \varepsilon_0 \frac{\partial \boldsymbol{E}}{\partial t}\right)\cdot\boldsymbol{n}dS \tag{4.11}$$

としなければならない．これを**マクスウェル-アンペールの法則**という．この法則は，時間変化する電磁場の場合，本来の電流密度 $\boldsymbol{j}$ に $\varepsilon_0\partial\boldsymbol{E}/\partial t$ という電流密度に相当する項を加える必要があることを意味し，この項を**変位電流**という．

• マクスウェル-アンペールの法則の微分形 •　(4.11) の左辺にストークスの定理を適用し，(3.20)（p.124）を導いたのと同じ議論を行うと

$$\mathrm{rot}\,\boldsymbol{B} = \mu_0 \left(\boldsymbol{j} + \varepsilon_0 \frac{\partial \boldsymbol{E}}{\partial t}\right) \tag{4.12}$$

という微分形の方程式が求まる．これを**微分形のマクスウェル-アンペールの法則**という．電磁場が定常的だと $\partial\boldsymbol{E}/\partial t = 0$ で (4.12) は (3.20) に帰着する．

• 連続の方程式 •　$\mathrm{div}\,(\mathrm{rot}\,\boldsymbol{B}) = 0$ が成り立つので（p.124 参照），(4.12) から

$$\mathrm{div}\,\left(\boldsymbol{j} + \varepsilon_0 \frac{\partial \boldsymbol{E}}{\partial t}\right) = 0$$

と書ける．一般に $\mathrm{div}\,(\boldsymbol{A}+\boldsymbol{B}) = \mathrm{div}\,\boldsymbol{A} + \mathrm{div}\,\boldsymbol{B} = 0$ が成り立つので（問題 4.1），上式は $\mathrm{div}\,\boldsymbol{j} + \varepsilon_0\,\mathrm{div}\,(\partial\boldsymbol{E}/\partial t) = 0$ となる．ここで $\mathrm{div}\,(\partial\boldsymbol{E}/\partial t) = \partial(\mathrm{div}\,\boldsymbol{E})/\partial t$ の等式に注意すれば（問題 4.2），(2.23)（p.112）の関係 $\varepsilon_0\,\mathrm{div}\,\boldsymbol{E} = \rho$ を用い

$$\frac{\partial\rho}{\partial t} + \mathrm{div}\,\boldsymbol{j} = 0 \tag{4.13}$$

という電荷に対する連続の方程式が得られる．連続の方程式を導くためには変位電流の存在が不可欠である．

例題 4 ―――― **変位電流**

図 4.10 のように，帯電していないコンデンサーを電池に接続しスイッチを入れると，電池からコンデンサーへ電流 I が流れる．Γ を縁とする Σ_1 という曲面では Σ_1 を貫通する電流は I となり，この I に対して (4.10) が成立する．しかし，Γ を縁としコンデンサーの極板間を通る曲面 Σ_2 では貫通する電流は 0 となり，(4.10) の右辺も 0 で矛盾した結果となる．この矛盾を解決するための方法を考えよ．

解答 コンデンサーの極板間には，導線内の電流と異なる電流が流れるとし，(4.10) の右辺にはこの電流の寄与を考慮すればよい．そのような電流を求めるため，2.6 節 (p.108) の議論を繰り返し，極板にたまる電荷を $\pm Q$，極板の面積を S とすれば，コンデンサー中の電場に対し $\varepsilon_0 E = \sigma = Q/S$ と書けることに注意する．これを時間で微分すると，図 4.10 で $I = dQ/dt$ と書けるので $\varepsilon_0 dE/dt = I/S$ が得られる．これからコンデンサーの極板間には $\varepsilon_0 dE/dt$ という大きさの電流密度の電流が流れていると解釈することができる．この電流が変位電流である．

問　題

4.1 $\mathrm{div}\,(\boldsymbol{A}+\boldsymbol{B}) = \mathrm{div}\,\boldsymbol{A} + \mathrm{div}\,\boldsymbol{B}$ の関係を導け．

4.2 次の等式を証明せよ．

$$\mathrm{div}\,\frac{\partial \boldsymbol{E}}{\partial t} = \frac{\partial(\mathrm{div}\,\boldsymbol{E})}{\partial t}$$

4.3 半径 a の円板を極板とする平行板コンデンサーがある（図 4.11）．極板 A, B の中心を結ぶ線を z 軸としたとき，z 軸に沿う電流 I は時間変化しているとする．また，z 軸の原点 O を下の円板 A 上にとり円板間の距離を l とする．極板間の電場 $\boldsymbol{E}$ は z 軸に沿い，また極板間で一様であるとして，$0 < z < l$ の空間における磁束密度 $\boldsymbol{B}$ を求めよ．

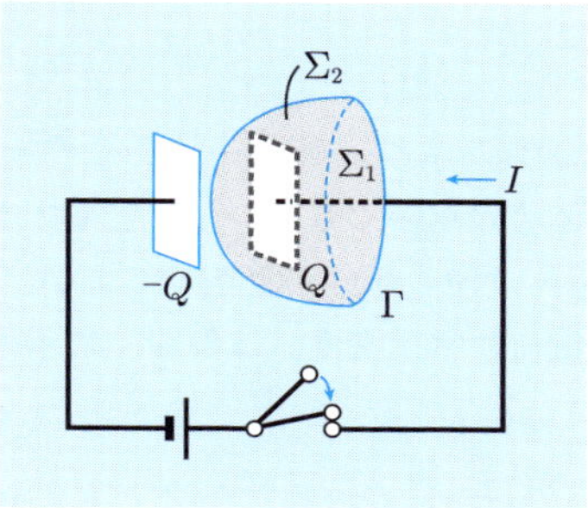

図 4.10 変位電流

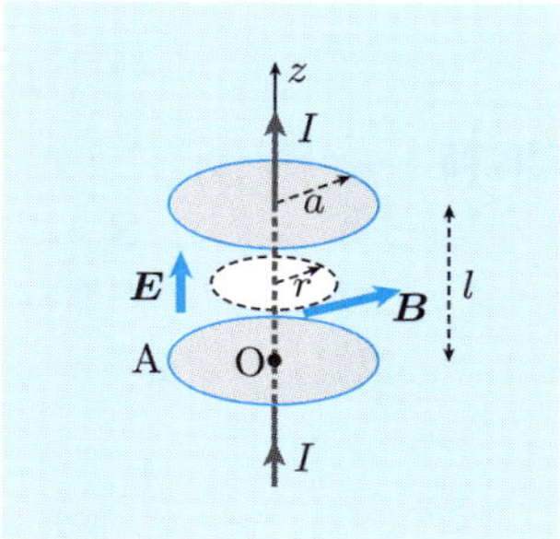

図 4.11 円形の極板

5　物質中の電磁場

5.1　誘　電　体

● コンデンサーの容量 ●　平行板コンデンサーの極板の間に絶縁体を挿入すると電気容量が大きくなる．真空の (2.16)（p.108）と同じように，この場合の電気容量は

$$C = \frac{\varepsilon S}{l} \tag{5.1}$$

と表される．ε を極板の間の絶縁体の**誘電率**という．また

$$\bar{\varepsilon} = \frac{\varepsilon}{\varepsilon_0} \tag{5.2}$$

の $\bar{\varepsilon}$ を**比誘電率**という．真空では $\bar{\varepsilon}$ は 1 だが，物質の $\bar{\varepsilon}$ は 1 より大きい定数である．

● 誘電分極 ●　絶縁体に外部から電場 $\boldsymbol{E}$ を図 5.1 のように右向きにかけると，絶縁体を構成する分子は電気双極子となり，右側の表面は正に，左側の表面は負に帯電する．この現象を**誘電分極**，表面に生じる電荷を**分極電荷**という．また，誘電分極を起こす物質という意味で，絶縁体のことを**誘電体**という．

● 電気分極 ●　電場中の誘電体の内部は，電気双極子の集まりとみなせる．i 番目の電気双極子のモーメントを $\boldsymbol{p}_i$ とし，点 $\boldsymbol{r}$ の近傍で微小体積 dV 中での $\boldsymbol{p}_i$ の和を

$$\boldsymbol{P}(\boldsymbol{r})dV = \sum_i \boldsymbol{p}_i \tag{5.3}$$

と表す．このようにして定義されるベクトル $\boldsymbol{P}$ を**電気分極**または**分極ベクトル**という．特に，(5.3) で $dV = 1$ とおけば $\boldsymbol{P}$ は象徴的に次のように書ける．

$$\boldsymbol{P} = \sum_{(\text{単位体積中})} \boldsymbol{p}_i \tag{5.4}$$

● 分極電荷 ●　分極電荷は電気分極と密接な関係をもつ．体系中に任意の領域 Ω をとりその表面を Σ とする（図 5.2）．Ω は誘電体そのものでもよいし，誘電体の内部の空間でもよい．また，Ω の内部の一部分が誘電体で他の部分が真空でもよい．一般に，表面 Σ 上の分極電荷の面密度 σ と Ω 内の分極電荷の電荷密度 ρ は例題 1 に示すように

$$\sigma = P_n, \quad \rho = -\mathrm{div}\,\boldsymbol{P} \tag{5.5}$$

となる．ここで，Σ の法線方向で Ω の内部から外部へ向かう単位ベクトルを $\boldsymbol{n}$ としたとき，P_n は $\boldsymbol{P}$ の $\boldsymbol{n}$ 方向の成分である．また，$\boldsymbol{P}$ が一定であれば $\rho = 0$ である．

例題 1 —— **分極電荷の面密度と電荷密度**

領域 Ω（表面 Σ）内の電気双極子が作る電位は，$\sigma = P_n$ の面密度，$\rho = -\mathrm{div}\,\boldsymbol{P}$ の電荷密度の分極電荷が生じるものと同じであることを証明せよ．

解答 点 $\boldsymbol{r}$ での電気分極を $\boldsymbol{P}(\boldsymbol{r})$ とすれば，問題 4.2（p.105）または問題 4.3（p.121）と同様，点 $\boldsymbol{r}$ における電位 $\phi(\boldsymbol{R})$ は次のように表される．

$$\phi(\boldsymbol{R}) = \frac{1}{4\pi\varepsilon_0}\int_\Omega \frac{\boldsymbol{P}(\boldsymbol{r})\cdot(\boldsymbol{R}-\boldsymbol{r})}{|\boldsymbol{R}-\boldsymbol{r}|^3}dV$$

ここで，$\boldsymbol{R}, \boldsymbol{r}$ の x, y, z 成分をそれぞれ X, Y, Z, x, y, z とすると

$$\frac{\partial}{\partial x}\frac{1}{|\boldsymbol{R}-\boldsymbol{r}|} = \frac{X-x}{|\boldsymbol{R}-\boldsymbol{r}|^3}$$

となり，同様な関係が y, z の偏微分に対して成立する．これらの関係を利用すると

$$\begin{aligned}\mathrm{div}\,\frac{\boldsymbol{P}(\boldsymbol{r})}{|\boldsymbol{R}-\boldsymbol{r}|} &= \frac{\partial}{\partial x}\frac{P_x}{|\boldsymbol{R}-\boldsymbol{r}|} + \frac{\partial}{\partial y}\frac{P_y}{|\boldsymbol{R}-\boldsymbol{r}|} + \frac{\partial}{\partial z}\frac{P_z}{|\boldsymbol{R}-\boldsymbol{r}|} \\ &= \frac{\boldsymbol{P}\cdot(\boldsymbol{R}-\boldsymbol{r})}{|\boldsymbol{R}-\boldsymbol{r}|^3} + \frac{\mathrm{div}\,\boldsymbol{P}}{|\boldsymbol{R}-\boldsymbol{r}|}\end{aligned}$$

と計算される．したがって，ガウスの定理を適用すると（問題 1.2）

$$\phi(\boldsymbol{R}) = \frac{1}{4\pi\varepsilon_0}\int_\Sigma \frac{P_n}{|\boldsymbol{R}-\boldsymbol{r}|}dS - \frac{1}{4\pi\varepsilon_0}\int_\Omega \frac{\mathrm{div}\,\boldsymbol{P}}{|\boldsymbol{R}-\boldsymbol{r}|}dV$$

と書ける．すなわち，領域 Ω 内の電気双極子が作る電場は，その表面上の面密度 $\sigma = P_n$ の分極電荷と Ω 内の電荷密度 $\rho = -\mathrm{div}\,\boldsymbol{P}$ の分極電荷から作られるものに等しい．

問 題

1.1 問題 6.1（p.109）で論じた平行板コンデンサーの極板の間に大理石を挿入したとき，電気容量は何 F か．ただし，大理石の比誘電率は 8 である．

1.2 ガウスの定理を適用し，電位 $\phi(\boldsymbol{R})$ に対する表式を導出せよ．

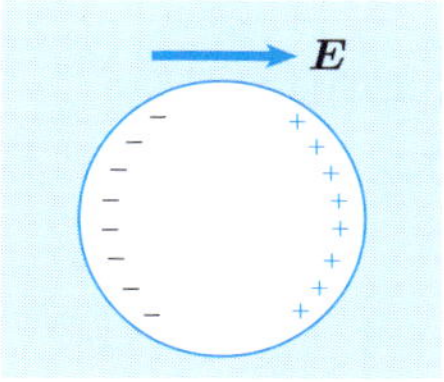

図 5.1 誘電分極

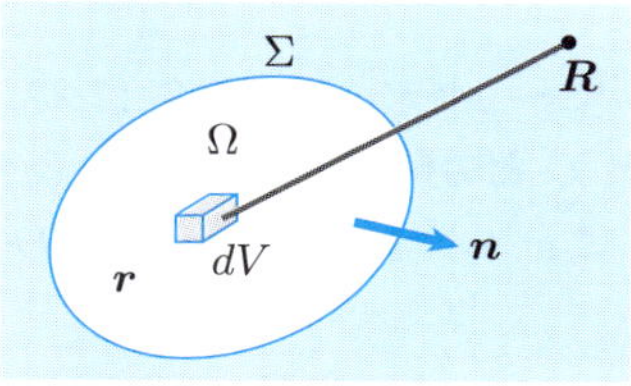

図 5.2 誘電体の作る電位

5.2　物質中の電場の基礎法則

• $\boldsymbol{P}$ と $\boldsymbol{E}$ の関係 •　誘電体に電場を作用させると，誘電体中に電気双極子が発生し，通常 $\boldsymbol{P}$ は $\boldsymbol{E}$ に比例する．P と $\varepsilon_0 E$ とは同じ単位で表されるので（問題 2.1），$\boldsymbol{P}$ を

$$\boldsymbol{P} = \chi_e \varepsilon_0 \boldsymbol{E} \tag{5.6}$$

と書けば，χ_e は無次元の量である．この比例定数 χ_e をその誘電体の**電気感受率**という．真空では $\chi_e = 0$ である．誘電体に外部から電場を作用させると，$\boldsymbol{P}$ は必ず電場と同じ向きに生じるので $\chi_e > 0$ である．

• 分極電荷と真電荷 •　誘電体に電場をかけると，誘電体の表面とその内部に (5.5) で述べたような分極電荷が発生する．これらはもともと電気双極子から由来するもので正負にわけて取りだすことはできない．一方，電池から移動する電荷や導体に帯電した電荷は正負にわけて取りだすことができ，これらを**真電荷**とよんで分極電荷と区別している．

• 電束密度 •　以下の式

$$\boldsymbol{D} = \varepsilon_0 \boldsymbol{E} + \boldsymbol{P} \tag{5.7}$$

で定義されるベクトル $\boldsymbol{D}$ を**電束密度**という．$\boldsymbol{D}$ は $\boldsymbol{P}$ と同じ次元をもち，$\boldsymbol{P}$ は単位体積当たりの電気双極子モーメントでその単位は C/m^2 となり，$\boldsymbol{D}$ の単位も同じ C/m^2 である．ガウスの法則から真空中の (2.9)（p.102）に対応し

$$\int_\Sigma D_n dS = (\Sigma\text{の中にある真電荷の和}) \tag{5.8}$$

という関係が導かれる（例題 2）．真電荷の電荷密度を ρ_t とし，曲面 Σ が囲む領域を Ω として，(5.8) にガウスの定理を適用すると

$$\int_\Omega \mathrm{div}\, \boldsymbol{D} dV = \int_\Omega \rho_t dV \tag{5.9}$$

が成り立つ．領域 Ω は任意に選べるので (5.9) から

$$\mathrm{div}\, \boldsymbol{D} = \rho_t \tag{5.10}$$

が得られる．上式は真空中の (2.23)（p.112）に対応する関係である．

• $\boldsymbol{E}$ と $\boldsymbol{D}$ との関係 •　(5.7) に (5.6) を代入すると $\boldsymbol{D} = \varepsilon_0(1+\chi_e)\boldsymbol{E}$ と表される．誘電率 ε は $\varepsilon = \varepsilon_0(1+\chi_e)$ と書け，$\boldsymbol{D}$ と $\boldsymbol{E}$ との間には

$$\boldsymbol{D} = \varepsilon \boldsymbol{E} \tag{5.11}$$

という関係が成り立つ．

例題 2　**誘電体があるときのガウスの法則**

誘電体があるときのガウスの法則を導出せよ.

解答　図 5.3(a) の破線の曲面 Σ 中に真電荷と誘電体の一部があるとする. Σ 中の誘電体の領域を Ω', その表面を Σ' とし, また (b) のように, Σ のうち, 誘電体に含まれる部分を Σ'' と記す. 問題 2.2 で示すように

$$\int_{\Omega'} \rho dV + \int_{\Sigma'} \sigma dS + \int_{\Sigma''} P_n dS = 0 \tag{1}$$

が成り立つ. ここで $\boldsymbol{n}$ は図の矢印のように表される. 一方, 曲面 Σ に真空に対するガウスの法則を適用すると

$$\varepsilon_0 \int_{\Sigma} E_n dS = (\Sigma\text{の中の全電荷量}) \tag{2}$$

となる. 上式の右辺は

$$(\Sigma\text{の中にある真電荷の和}) + \int_{\Omega'} \rho dV + \int_{\Sigma'} \sigma dS \tag{3}$$

と書けるので, (1)～(3) により

$$\varepsilon_0 \int_{\Sigma} E_n dS + \int_{\Sigma''} P_n dS = (\Sigma\text{の中にある真電荷の和}) \tag{4}$$

が導かれる. ここで電束密度に対する $\boldsymbol{D} = \varepsilon_0 \boldsymbol{E} + \boldsymbol{P}$ の定義に注意すれば, Σ のうち, Σ'' 以外では $\boldsymbol{P} = 0$ となるので, (4) から (5.8) のガウスの法則が導かれる.

問　題

2.1　P と $\varepsilon_0 E$ とは同じ単位で表されることを示せ.

2.2　例題 2 中の (1) を導け.

2.3　平行板コンデンサーの極板の間に誘電率 ε の誘電体を挿入したときのコンデンサーの電気容量を求め, (5.1) の結果を確認せよ.

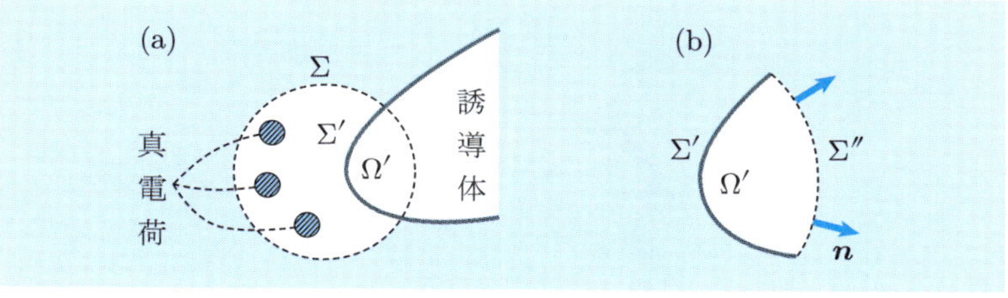

図 5.3　誘電体があるときのガウスの法則

5.3 電束密度と電場の境界条件

• 電束密度の境界条件 • 物理量が境界面で満たすべき条件を**境界条件**という．例として，誘電率 ε_1 の物質1と誘電率 ε_2 の物質2とが隣接しているとする（図5.4）．境界面を挟む高さ h の円筒を考え，その上面，下面（面積 ΔS）は境界面と平行とし，ΔS は十分に小さく境界面は平面とみなせるとする．境界面の法線は図のように物質2から物質1に向かうとし，$\boldsymbol{D}$ のこの法線方向の成分を D_n と表し，物質1, 2中の $\boldsymbol{D}$ をそれぞれ $\boldsymbol{D}_1, \boldsymbol{D}_2$ とする．また，真電荷の電荷密度，境界面上の真電荷の面密度はこの円筒中でほぼ一定であるとみなし，これらをそれぞれ ρ, σ と書く．Σ の中から外へ向かう Σ への法線方向を $\boldsymbol{n}$ とし $D_n = \boldsymbol{D}\cdot\boldsymbol{n}$ と書いて円筒に対してガウスの法則 (5.8) を適用する．円筒の上面で $\boldsymbol{n}$ はいまの法線と同じ向きなので $\boldsymbol{D}\cdot\boldsymbol{n} = D_{1n}$ であるが，下面では両者は互いに逆向きなので $\boldsymbol{D}\cdot\boldsymbol{n} = -D_{2n}$ となる．また，h が十分小さければ円筒の側面からの寄与は無視できる．こうして (5.8) から

$$(D_{1n} - D_{2n})\Delta S = (\sigma + \rho h)\Delta S$$

が得られる．$h \to 0$ の極限をとると $D_{1n} - D_{2n} = \sigma$ が成り立つ．もし $\sigma = 0$ の場合には

$$D_{1n} = D_{2n} \tag{5.12}$$

となり，電束密度の法線方向の成分は連続である．

• 電場の境界条件 • (5.12) から電場の法線方向の成分に対し

$$\varepsilon_1 E_{1n} = \varepsilon_2 E_{2n} \tag{5.13}$$

が得られる．$\varepsilon_1 \neq \varepsilon_2$ としているので，(5.13) からわかるように電場の法線方向の成分は不連続である．一方，例題3で示すように，一般に電場の接線方向の成分は連続となる．この結論は電磁場が時間的に変動しているような場合にも成り立つ．

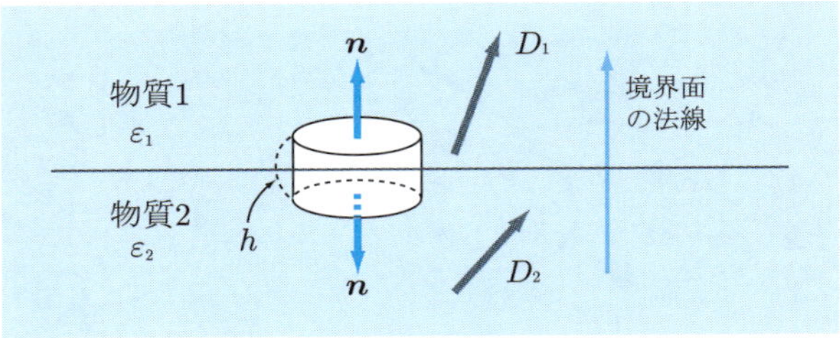

図 5.4 境界面における電束密度

例題 3　　**電場の接線方向の成分**

図 5.5 に示すように物質 1 と物質 2 が境界面で接しているとする．境界面の接線方向の成分を表すのに t という添字をつければ

$$E_{1t} = E_{2t}$$

が成り立つことを示せ．

解答　接線方向の成分を考察するため，境界面と垂直な長方形（各辺の長さは l, h）を考え，図 5.5 のように辺 AB，辺 CD はそれぞれ境界面と平行で，AB は物質 1 中，CD は物質 2 中にあるとする．また，境界面の接線方向を図のように選び，$\boldsymbol{E}$ のこの方向の成分を E_t と書く．一般に，ファラデーの法則の積分形により（p.129）

$$\oint_{\Gamma} \boldsymbol{E} \cdot d\boldsymbol{s} = -\frac{d\Phi}{dt}$$

が成り立つ．左辺の積分路として図の矢印で示したように ABCDA と一周する経路をとろう．h は十分小さいとして，辺 AD，辺 BC からの寄与は無視する．その結果上式の左辺は $(E_{1t} - E_{2t})l$ となる．また，上式の右辺で Φ は ABCD に垂直に紙面の表から裏へ向かう磁束を表すが，$h \to 0$ の極限で 0 となり，結局 $E_{1t} = E_{2t}$ が導かれる．これからわかるように，$\boldsymbol{E}$ の接線成分は連続である．

問　題

3.1　真空と大理石が接しているとき，真空中の E_n は大理石中の何倍か．

3.2　境界面における $\boldsymbol{D}$ の接線成分に対してどのような関係が成り立つか．

3.3　電気力線が電場の様子を記述するように，電束密度は**電束線**で表される．2 種類の物質が接しているとき，電束線は境界面で折れ曲がる．図 5.6 のように誘電率 $\varepsilon_1, \varepsilon_2$ の物質 1, 2 が接しているとき，それぞれの物質中の電束線が境界面の法線方向となす角度を θ_1, θ_2 とする．境界面上に真電荷は存在しないとして $\varepsilon_1, \varepsilon_2, \theta_1, \theta_2$ の間に成り立つ関係を導け．

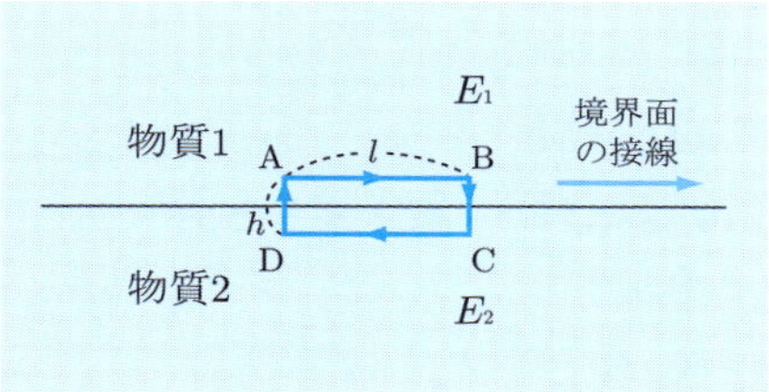

図 5.5　境界面における電場

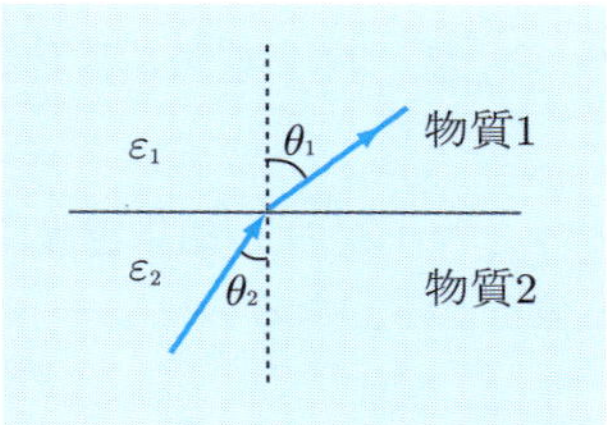

図 5.6　電束線と法線のなす角度

5.4 磁　性　体

● 磁気分極 ●　物質を構成する原子や分子はもともと磁石の性質をもっていて，外部から磁場が作用すると磁気モーメントとして振る舞う．電気の (5.3) (p.134) と同じように i 番目の磁気双極子のモーメントを $\boldsymbol{m}_i$ とし，点 $\boldsymbol{r}$ の近傍で微小体積 dV 中での $\boldsymbol{m}_i$ の和を

$$\boldsymbol{M}(\boldsymbol{r})dV = \sum_i \boldsymbol{m}_i \tag{5.14}$$

と表し，上記の $\boldsymbol{M}$ を**磁気分極**，**磁化ベクトル**あるいは単に**磁化**という．誘電体の分極電荷に対する (5.5) (p.134) と同様，分極磁荷の面密度 σ_{m}，磁荷密度 ρ_{m} は

$$\sigma_{\mathrm{m}} = M_n, \quad \rho_{\mathrm{m}} = -\mathrm{div}\,\boldsymbol{M} \tag{5.15}$$

と表される．ただし，M_n は $\boldsymbol{M}$ の（磁性体の内部から外部に向かう）法線方向の成分である．磁気モーメントの単位は Wb・m で，M はこれを単位体積当たりに換算するので m^3 で割り，M の単位は $\mathrm{Wb/m^2}$ となる．

● 磁性体の種類 ●　すべての物質は磁性体であるが，大部分の物質では外部から磁場を作用させないと磁化は 0 で，磁場が十分小さいとき $\boldsymbol{M}$ は $\boldsymbol{H}$ に比例する．この関係を

$$\boldsymbol{M} = \chi_{\mathrm{m}}\mu_0\boldsymbol{H} \tag{5.16}$$

と書き，χ_{m} をその物質の**磁化率**あるいは**磁気感受率**という．(5.16) は電気の (5.6) (p.136) に対応する関係である．電気と同様，χ_{m} は無次元の量である（問題 4.1）．電気の場合，χ_{m} に対応する χ_{e} は必ず正であるが，χ_{m} は正になったり負になったりする．$\chi_{\mathrm{m}} > 0$ の物質を**常磁性体**，$\chi_{\mathrm{m}} < 0$ の物質を**反磁性体**という．例えば，硫酸銅は常磁性体，ビスマスは反磁性体である．外部から磁場をかけなくても，磁化が自然に発生しているような物質を**強磁性体**といい，その磁化を**自発磁化**という．鉄，コバルト，ニッケルは典型的な強磁性体である．

● 磁束密度と磁場 ●　電気から磁気へ移行するには $\varepsilon_0 \to \mu_0$, $q \to q_{\mathrm{m}}$, $\boldsymbol{E} \to \boldsymbol{H}$, $\boldsymbol{P} \to \boldsymbol{M}$ という変換を行えばよい．電気の場合，(5.7) (p.136) により電束密度 $\boldsymbol{D}$ は $\boldsymbol{D} = \varepsilon_0\boldsymbol{E} + \boldsymbol{P}$ で定義されたが，磁気ではこれに対応し

$$\boldsymbol{B} = \mu_0\boldsymbol{H} + \boldsymbol{M} \tag{5.17}$$

で与えられる $\boldsymbol{B}$ が**磁束密度**である．(5.16) を (5.17) に代入すると $\boldsymbol{B} = \mu_0(1+\chi_{\mathrm{m}})\boldsymbol{H}$ と表される．あるいは $\mu = \mu_0(1+\chi_{\mathrm{m}})$ とおき

$$\boldsymbol{B} = \mu\boldsymbol{H} \tag{5.18}$$

と書いて，μ を**透磁率**という．強磁性体以外は事実上 $\mu = \mu_0$ とみなしてよい．

例題 4 ──── **磁束密度に対するガウスの法則**

電束密度に対するガウスの法則 (5.8)（p.136）は磁束密度の場合，どのように表されるか．

解答 電気と磁気の基本的な違いは電気の場合には真電荷があるが，磁気の場合には真磁荷に相当するものが存在しない点である．すなわち，磁気では正磁荷と負磁荷がいつもペアになっていて，磁荷を正負にわけて取りだすことはできない．このため，磁束密度では (5.8) の右辺はいつも 0 となり

$$\int_{\Sigma} B_n dS = 0$$

の関係が成り立つ．

問　題

4.1 M と $\mu_0 H$ とは同じ単位で表されることを示せ．

4.2 一様な磁束密度 $\boldsymbol{B}_0$ をもつ真空の磁場中に無限に広い反磁性体（透磁率 μ）の板をその面が $\boldsymbol{B}_0$ と垂直になるように置いたとする（図 5.7）．磁性体内の磁束密度の大きさ B，磁場の大きさ H，磁化の大きさ M を求めよ．

4.3 前問で板が常磁性体の場合，磁性体内の磁束密度の大きさ B，磁場の大きさ H，磁化の大きさ M はどのように表されるか．

4.4 超伝導体の内部ではマイスナー効果とよばれる効果により磁束密度は 0 となる．超伝導体の磁化率を求めよ．

4.5 違った種類の磁性体 1 と磁性体 2 が接しているとき，その境界面での磁場の振る舞いを調べるため，図 5.5 と同様，図 5.8 のように境界面と垂直な各辺の長さ l, h の長方形の経路を考える．磁場が磁位から導かれると仮定し，磁場の接線成分が連続であること，すなわち $H_{1t} = H_{2t}$ が成り立つことを示せ．

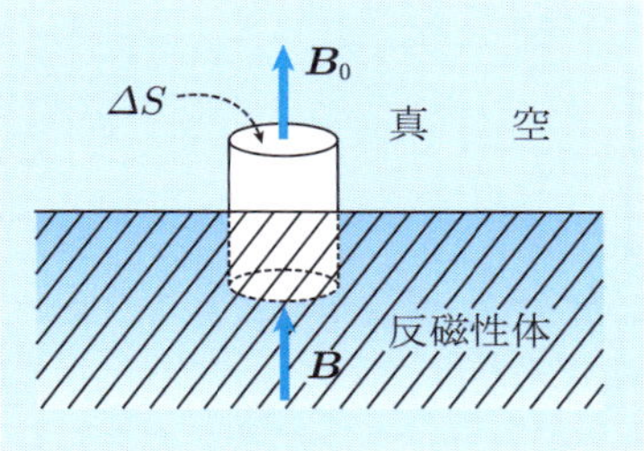

図 5.7　反磁性体中の磁場

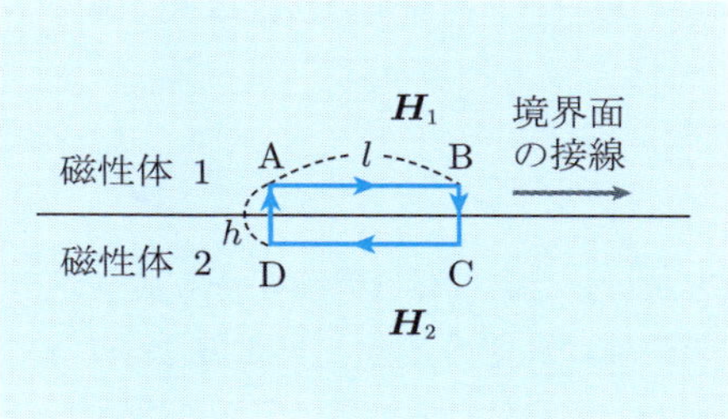

図 5.8　境界面における磁場

5.5　インダクタンスと透磁率

• ソレノイドのインダクタンス •　長さ l，断面積 S，単位長さ当たりの巻数が n のソレノイドが真空中にあると，(4.8)（p.130）で示したように，そのインダクタンスは $L = \mu_0 n^2 Sl$ で与えられる．ソレノイドの形態をそのままにしておき，円筒の中空部分にぴったり合うような鉄心を挿入すると（図 5.9），ソレノイドのインダクタンスは数桁大きくなり，例題 5 に示すような現象が観測される．ソレノイドに挿入した磁性体のため，真空に比べインダクタンスは $\overline{\mu}$ 倍となるが，$\overline{\mu}$ を**比透磁率**といい

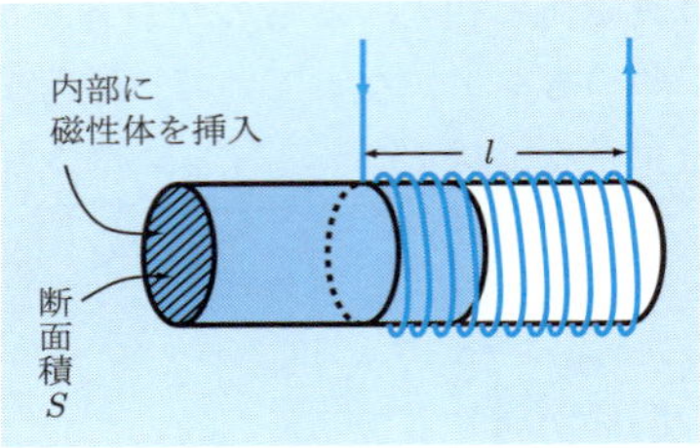

図 5.9　ソレノイド

$$\overline{\mu} = \frac{\mu}{\mu_0} \tag{5.19}$$

と表される．これは (5.2)（p.134）に対応した関係である．磁性体を挿入するとインダクタンスは $\overline{\mu}$ 倍となるので，挿入する磁性体の透磁率を μ とすれば，ソレノイドのインダクタンスは

$$L = \mu n^2 Sl \tag{5.20}$$

で与えられる．

• 物質中のビオ-サバールの法則 •　(5.20) を導くため真空中のビオ-サバールの法則 (3.4)（p.116）を考えてみよう．この式に $\boldsymbol{B} = \mu_0 \boldsymbol{H}$ を代入すると μ_0 が消え

$$\boldsymbol{H}(\boldsymbol{r}) = \frac{I}{4\pi} \int_{\Gamma} \frac{d\boldsymbol{s} \times (\boldsymbol{r} - \boldsymbol{r}')}{|\boldsymbol{r} - \boldsymbol{r}'|^3} \tag{5.21}$$

という形に書ける．上式中には真空とか磁性体を表す物理定数が含まれていないから，(5.21) は一般的に正しいとみなされる．そこで，物質中でも上式が成り立つとする．その結果，アンペールの法則は (3.16a)～(3.16c)（p.122）に対応して

$$\int_{\Gamma} \boldsymbol{H} \cdot d\boldsymbol{s} = \begin{cases} I & \text{(5.22a)} \\ -I & \text{(5.22b)} \\ 0 & \text{(5.22c)} \end{cases}$$

と書け，この関係は物質中でも成り立つ．したがって，電流 I が流れるソレノイド中の磁場は真空のときと同様 $H = nI$ となり，磁束密度はこれに μ を掛け μnI と表される．このためインダクタンスの値は (4.8)（p.130）の μ_0 を μ で置き換えたものとなる．なお，物質中のクーロンの法則については問題 5.2 を参考にせよ．

例題 5　　**コイルに関する実験**

コイルの実験をするため，直径 2 cm，長さ 4 cm の中空円筒に直径 0.5 mm の銅でできたエナメル線を 80 回巻いてソレノイドを作った．このコイルを 50 Hz, 100 V の交流電源に接続したところショートの状態となりブレーカーが落ちてしまった．しかし，円筒の中空部分にぴったり合う鉄心を挿入したところショート状態とはならなかった．銅の電気抵抗率を $1.72 \times 10^{-8}\,\Omega\cdot\mathrm{m}$，鉄の比透磁率を 7×10^3 として，なぜこのような現象が起こったか，その理由を述べよ．

解答　1 巻きの銅線の長さは 6.28 cm で銅線全体の長さは 5.02 m となる．このため銅線の電気抵抗 R は

$$R = 1.72 \times 10^{-8}\,\Omega\cdot\mathrm{m} \times \frac{5.02\,\mathrm{m}}{\pi \times (0.25 \times 10^{-3}\,\mathrm{m})^2} = 0.44\,\Omega$$

と計算される．一方，ソレノイドが中空のとき，空気の透磁率は真空のときと同じとしてよいので，インダクタンス L は $L = \mu_0 n^2 S l$ と書ける．$\mu_0 = 4\pi \times 10^{-7}\,\mathrm{N/A^2}$, $n = 2000/\mathrm{m}$, $S = 3.14 \times 10^{-4}\,\mathrm{m^2}$, $l = 0.04\,\mathrm{m}$ を代入し $L = 6.31 \times 10^{-5}\,\mathrm{H}$ が得られる．ω は $\omega = 314/\mathrm{s}$ であるから $\omega L = 1.98 \times 10^{-2}\,\Omega$ で，いまの場合，$R \gg \omega L$ が成立し，インピーダンス Z は $Z \simeq R$ としてよい．このため 100 V の電源に接続したとき流れる電流の実効値は $(100/0.44)\,\mathrm{A} = 227\,\mathrm{A}$ という大電流となりブレーカーは落ちてしまう．一方，ソレノイドの内部を鉄で満たすと L の値は 7000 倍となり $L = 0.442\,\mathrm{H}$, $\omega L = 139\,\Omega$ が得られ，$\omega L \gg R$ の条件が実現する．すなわち $Z \simeq \omega L$ となって電流実効値は $(100/139)\,\mathrm{A} = 0.719\,\mathrm{A}$ と計算され，この程度の電流ではブレーカーは落ちない．

問　題

5.1　物質中の電磁場を考えるとき，マクスウェル-アンペールの法則 (4.11)（p.132）をどのように修正すればよいか．

5.2　真空中の磁荷間の力に関するクーロンの法則は (3.8)（p.118）で与えられる．この法則は物質中では

$$F = \frac{1}{4\pi\mu}\frac{q_\mathrm{m} q_\mathrm{m}'}{r^2}$$

と修正される．これを前提として，図 5.10 のように，透磁率 μ の物質中の磁荷 q_m を考え，それが導線の $d\boldsymbol{s}$ におよぼす力の反作用としてビオ-サバールの法則を導け．

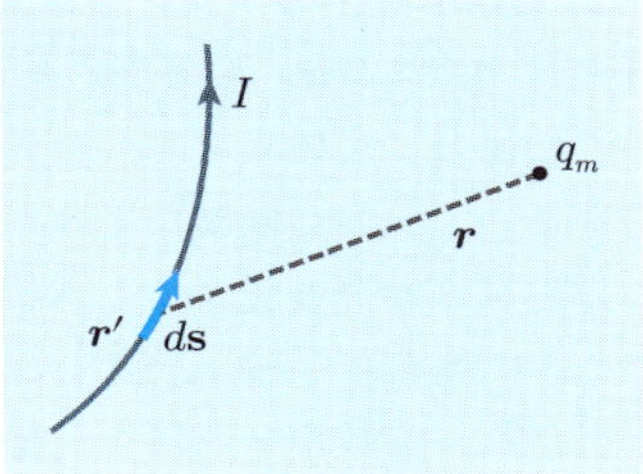

図 5.10　ビオ-サバールの法則の導出

5.6 微分形の法則

• 電束密度，磁束密度の発散 • (5.10)（p.136）により，真電荷の添字 t を省略すると，電束密度の発散は

$$\mathrm{div}\,\boldsymbol{D} = \rho \tag{5.23}$$

と表される．磁束密度の場合には真磁荷に相当するものは存在しないので

$$\mathrm{div}\,\boldsymbol{B} = 0 \tag{5.24}$$

が成立する．

• 微分形のファラデーの法則 • ファラデーの法則は物質中でも真空の場合と同様な形に表され，4.2 節の例題 2（p.129）により

$$\mathrm{rot}\,\boldsymbol{E} = -\frac{\partial \boldsymbol{B}}{\partial t} \tag{5.25}$$

という微分形が成り立つ．

• アンペールの法則と変位電流 • 問題 5.1（p.143）により，物質中の一般的なマクスウェル-アンペールの法則は積分形で

$$\oint_{\Gamma} \boldsymbol{H}\cdot d\boldsymbol{s} = \int_{\Sigma}\left(\boldsymbol{j} + \frac{\partial \boldsymbol{D}}{\partial t}\right)\cdot \boldsymbol{n}dS$$

と表される．ストークスの定理を利用し，上式を微分形で書くと次式が得られる．

$$\mathrm{rot}\,\boldsymbol{H} = \boldsymbol{j} + \frac{\partial \boldsymbol{D}}{\partial t} \tag{5.26}$$

(5.23)～(5.26) を**マクスウェルの方程式**という．これらの方程式と

$$\boldsymbol{D} = \varepsilon\boldsymbol{E}, \quad \boldsymbol{B} = \mu\boldsymbol{H}, \quad \boldsymbol{j} = \sigma\boldsymbol{E} \tag{5.27}$$

とを組み合わせると，電磁的な現象を統一的に理解できると考えられている．

• 非定常な場合のベクトルポテンシャル • (5.24) から $\boldsymbol{B}$ はベクトルポテンシャル $\boldsymbol{A}$ により $\boldsymbol{B} = \mathrm{rot}\,\boldsymbol{A}$ と表される．この関係は真空中，物質中，定常，非定常の別なくどの場合にも成立する．むしろこれはベクトルポテンシャルの定義であると考えた方がよい．一方，定常な場合，電位を ϕ とすれば $\boldsymbol{E}$ は $\boldsymbol{E} = -\mathrm{grad}\,\phi$ と書ける．そこで電磁場が時間変化するときには，これを拡張し $\boldsymbol{E} = -\mathrm{grad}\,\phi + \boldsymbol{X}$ とおく．これを (5.25) に代入し，$\mathrm{rot}\,(\mathrm{grad}\,\phi) = 0$，$\boldsymbol{B} = \mathrm{rot}\,\boldsymbol{A}$ に注意すると $\mathrm{rot}\,\boldsymbol{X} + \mathrm{rot}\,(\partial\boldsymbol{A}/\partial t) = 0$ が得られ，定数項を別にし，$X = -\partial\boldsymbol{A}/\partial t$ となる．すなわち，次式が成り立つ．

$$\boldsymbol{E} = -\mathrm{grad}\,\phi - \frac{\partial \boldsymbol{A}}{\partial t} \tag{5.28}$$

例題 6 ── **一様な媒質中の磁気モーメント**

透磁率 μ の一様な媒質中で磁気双極子モーメント $\boldsymbol{m}$ の磁気双極子が原点に置かれている（図 5.11）．位置ベクトル $\boldsymbol{r}$ における磁位およびベクトルポテンシャルを求めよ．

解答　真空中の場合には問題 4.3（p.121）により，磁位は $\phi_{\mathrm{m}} = \boldsymbol{m}\cdot\boldsymbol{r}/4\pi\mu_0 r^3$ と表される．透磁率 μ の媒質中では $\mu_0 \to \mu$ という変換を行えばよいので，磁位は

$$\phi_{\mathrm{m}} = \frac{\boldsymbol{m}\cdot\boldsymbol{r}}{4\pi\mu r^3}$$

と表される．磁束密度は $\boldsymbol{B} = -\mu\,\mathrm{grad}\,\phi_{\mathrm{m}} = -\mathrm{grad}\,(\boldsymbol{m}\cdot\boldsymbol{r}/4\pi r^3)$ と書け，μ に依存しない．このため，ベクトルポテンシャルは真空のときと同様で，問題 6.1（p.125）により次のように与えられる．

$$\boldsymbol{A} = \frac{1}{4\pi}\frac{\boldsymbol{m}\times\boldsymbol{r}}{r^3}$$

問　題

6.1　磁性体は磁気双極子の集合体である．場所 $\boldsymbol{r}$ での磁化を $\boldsymbol{M}(\boldsymbol{r})$ とするとき，場所 $\boldsymbol{R}$ でのベクトルポテンシャルは

$$\boldsymbol{A}(\boldsymbol{R}) = \frac{1}{4\pi}\int_{\Omega}\frac{\boldsymbol{M}(\boldsymbol{r})\times(\boldsymbol{R}-\boldsymbol{r})}{|\boldsymbol{R}-\boldsymbol{r}|^3}dV$$

と表されることを示せ．ただし，Ω は $\boldsymbol{M}$ が 0 でないような領域である．

6.2　マクスウェルの方程式を使って，真電荷に対する連続の方程式を導け．

6.3　χ を時間，空間の任意関数とするとき，スカラーポテンシャル，ベクトルポテンシャルに対する次の変換（**ゲージ変換**）によって電場，磁束密度を不変であること（**ゲージ不変性**）を示せ．

$$\phi \to \phi - \frac{\partial x}{\partial t}, \quad \boldsymbol{A} \to \boldsymbol{A} + \mathrm{grad}\,\chi$$

6.4　図 5.12 のように，磁束線が境界面で折れ曲がるときに成り立つ条件を導け．

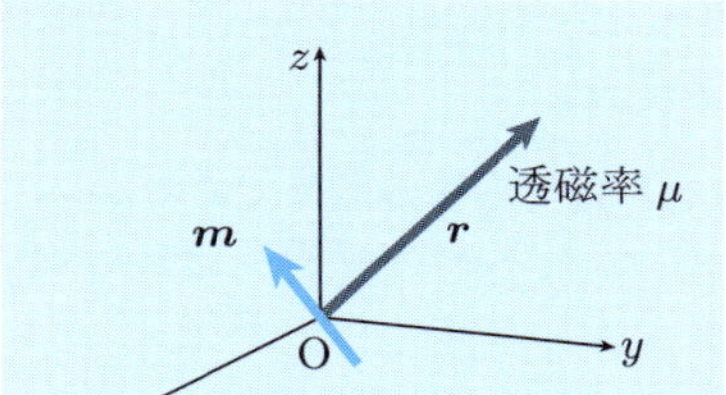

図 5.11　一様な媒質中の磁気双極子

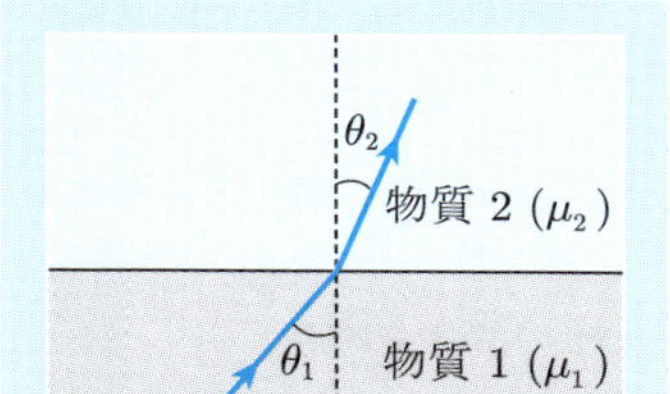

図 5.12　磁束線

例題 7　　**磁化電流**

電流の作る磁場が磁気双極子で記述されるのとは逆に磁気双極子の作る磁場は電流により記述される．このような電流を**磁化電流**という．磁化電流について述べよ．

解答　5.1 節の例題 1（p.135）と同様，$\mathrm{grad}\,(1/|\boldsymbol{R}-\boldsymbol{r}|) = (\boldsymbol{R}-\boldsymbol{r})/|\boldsymbol{R}-\boldsymbol{r}|^3$ の関係が成り立つ．これを利用すると，前ページの問題 6.1 により

$$\boldsymbol{A}(\boldsymbol{R}) = \frac{1}{4\pi}\int_\Omega \left(\boldsymbol{M} \times \mathrm{grad}\,\frac{1}{|\boldsymbol{R}-\boldsymbol{r}|}\right) dV \tag{1}$$

と書ける．ここで，等式

$$\boldsymbol{M} \times \mathrm{grad}\,\frac{1}{|\boldsymbol{R}-\boldsymbol{r}|} = \frac{\mathrm{rot}\,\boldsymbol{M}}{|\boldsymbol{R}-\boldsymbol{r}|} - \mathrm{rot}\,\frac{\boldsymbol{M}}{|\boldsymbol{R}-\boldsymbol{r}|} \tag{2}$$

が成り立つことに注意する（問題 7.1）．(2) を (1) に代入すると

$$\boldsymbol{A}(\boldsymbol{R}) = \frac{1}{4\pi}\int_\Omega \frac{\mathrm{rot}\,\boldsymbol{M}}{|\boldsymbol{R}-\boldsymbol{r}|} dV - \frac{1}{4\pi}\int_\Omega \mathrm{rot}\,\frac{\boldsymbol{M}}{|\boldsymbol{R}-\boldsymbol{r}|} dV \tag{3}$$

が得られる．第 3 章の問題 6.3（p.125）により真空中の電流分布による $\boldsymbol{A}(\boldsymbol{R})$ は

$$\boldsymbol{A}(\boldsymbol{R}) = \frac{\mu_0}{4\pi}\int_\Omega \frac{\boldsymbol{j}(\boldsymbol{r})}{|\boldsymbol{R}-\boldsymbol{r}|} dV \tag{4}$$

と書ける．(3) の第 1 項と (4) を比べると

$$\boldsymbol{j}(\boldsymbol{r}) = \mathrm{rot}\,\boldsymbol{M}/\mu_0 \tag{5}$$

の磁化電流密度が生じていることがわかる．一方，(3) の第 2 項を調べるため任意のベクトル $\boldsymbol{C}$ に対する次の公式を利用する（問題 7.2）．

$$\int_\Omega \mathrm{rot}\,\boldsymbol{C} dV = \int_\Sigma (\boldsymbol{n} \times \boldsymbol{C}) dS \tag{6}$$

ここで，Σ は領域 Ω を囲む曲面を表し，$\boldsymbol{n}$ は Ω の内部から外部へ向かう法線方向の単位ベクトルである．(6) を使うと (3) の第 2 項は表面電流に対応し，その面密度は

$$\boldsymbol{\sigma}(\boldsymbol{r}) = (\boldsymbol{M} \times \boldsymbol{n})/\mu_0 \tag{7}$$

で与えられる．(5), (7) は誘電体の (5.5)（p.134）に対応する関係である．

問　題

7.1　(2) の関係を導け．

7.2　ガウスの定理を利用して (6) の等式を証明せよ．

7.3　半径 a の磁性体の内部で一様な磁化が生じているとする．この場合の磁化電流はどのように表されるか．

第IV編

波動・光

海岸に押し寄せる波は波動の典型的な例であろう．地震波，音波，電磁波などの波動現象は物理学の対象としてその性質は古くから研究されてきた．波の特徴は波を表す物理量がその形を変えずに空間を伝わっていくことである．この現象は数学的には波動方程式とよばれる一種の偏微分方程式で記述される．光は電磁波の一種であるが，光と物質はこの宇宙を構成する重要な構成要素でもある．本編では波動という観点に立ち，光の性質を考察していく．量子力学でもド・ブロイ波という一種の波が現れるが，これについては第VI編で扱う．

本編の内容

1 波　動

1.1 進行波を表す式

● **進行波** ●　波動または波とはある物理量（波動量）がその形を変えずにある方向に伝わる現象である．進んでいく波を**進行波**という．x 軸の正方向に進む波を考え，その波動量を φ とする．φ は座標 x と時間 t の関数で，これを $\varphi = \varphi(x,t)$ と表す．$t = 0$ での φ を $\varphi = f(x)$ とし，波の伝わる速さを v とすれば，図 1.1 のような x' をとると $x' = x - vt$ である．進行波の性質により，x における点線の φ 座標は x' における実線の φ 座標すなわち $f(x') = f(x - vt)$ に等しい．したがって

$$\varphi(x,t) = f(x - vt) \tag{1.1}$$

が成り立つ．同様に，x 軸の負の向きに進む進行波の場合，$t = 0$ で $\varphi = g(x)$ とすれば，時刻 t における波動量は次式で表される．

$$\varphi(x,t) = g(x + vt) \tag{1.2}$$

● **波動方程式** ●　x 軸を伝わる波は一般に (1.1) と (1.2) の和で

$$\varphi(x,t) = f(x - vt) + g(x + vt) \tag{1.3}$$

と書ける．(1.3) は次の偏微分方程式

$$\frac{1}{v^2}\frac{\partial^2 \varphi}{\partial t^2} = \frac{\partial^2 \varphi}{\partial x^2} \tag{1.4}$$

を満たす（例題 1）．上式を 1 次元の**波動方程式**という．

● **正弦波** ●　$f(x)$ が $f(x) = A \sin kx$ の正弦関数のとき，この波を**正弦波**，k を**波数**という（図 1.2）．山と山，谷と谷との間の距離が**波長** λ である．また，正弦波の場合 sin の中身に相当する量を**位相**という．山と次の谷では位相が π だけ違う．

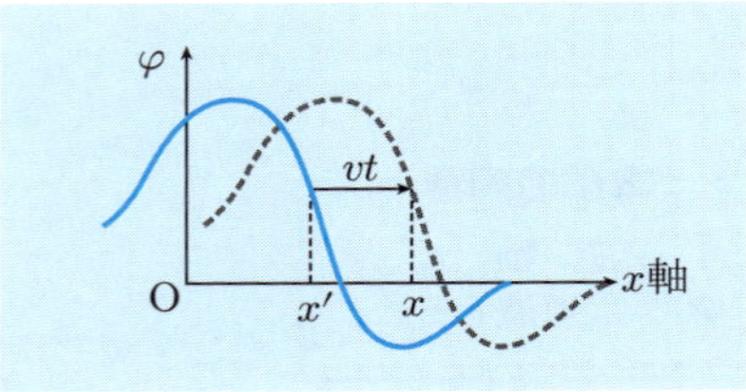

図 1.1　x 軸上の進行波

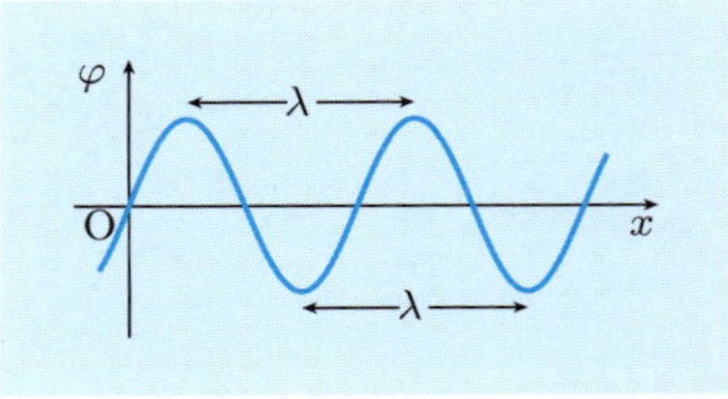

図 1.2　正弦波

例題 1 **波動方程式**

(1.3) は (1.4) の波動方程式の解であることを示せ．

解答 (1.3) を x に関して偏微分すれば次のようになる．

$$\frac{\partial \varphi}{\partial x} = f' + g', \quad \frac{\partial^2 \varphi}{\partial x^2} = f'' + g''$$

ただし，$f'(z) = df/dz$, $f''(z) = d^2 f/dz^2$ などの記号を用いた．同様に

$$\frac{\partial \varphi}{\partial t} = -vf' + vg', \quad \frac{\partial^2 \varphi}{\partial t^2} = v^2 f'' + v^2 g''$$

となり，(1.4) が示される．

問　題

1.1 x 軸を正の向きに進む正弦波を x, t の関数として求めよ．

1.2 正弦波の波数と波長との間にはどんな関係が成り立つか．

1.3 x 軸を正あるいは負の向きに進む進行波を考える．x を固定して波動量を観測すると，波動量はある角振動数 ω をもつ単振動として表されることを示せ．また，この単振動の振動数を ν，波長を λ とするとき，次の**波の基本式**

$$v = \lambda \nu$$

を導け．

1.4 φ_1, φ_2 がともに波動方程式を満たすとき，次式で定義される

$$\varphi = c_1 \varphi_1 + c_2 \varphi_2 \quad (c_1, c_2 \text{ は定数})$$

φ も波動方程式を満たす．これを**波の重ね合わせの原理**という．この原理を証明せよ．

1.5 3 次元の空間中を伝わる波に対する波動方程式は

$$\frac{1}{v^2} \frac{\partial^2 \varphi}{\partial t^2} = \frac{\partial^2 \varphi}{\partial x^2} + \frac{\partial^2 \varphi}{\partial y^2} + \frac{\partial^2 \varphi}{\partial z^2} = \Delta \varphi$$

と表される．ここで Δ の記号はラプラシアンである．複素数表示を使い

$$\varphi = Ae^{i\boldsymbol{k}\cdot\boldsymbol{r} - i\omega t}$$

として上式の実数部分（あるいは虚数部分）が物理的な意味をもつとする．ここで $\boldsymbol{k}$, $\boldsymbol{r}$ はベクトルで

$$\boldsymbol{k} = (k_x, k_y, k_z), \quad \boldsymbol{r} = (x, y, z)$$

と書ける．特に $\boldsymbol{k}$ を**波数ベクトル**という．また，上のような波動量を**平面波**という．平面波の場合に ω と k との間に成り立つ関係を導き，それがもつ物理的な意味を明らかにせよ．

1.2 定 在 波

● **定在波** ●　進行波に対し，空間を進まない波を**定在波**または**定常波**という．弦の振動は波動方程式で記述されるが（例題 2），バイオリンやギターの弦では，弦の長さを L とし，一方の端を $x=0$ と選べば，すべての時刻 t に対し波動量 φ は

$$\varphi = 0 \ (x=0, x=L) \tag{1.5}$$

を満たさねばならない．上の条件は境界条件で，$x=0, x=L$ を**固定端**という．

● **変数分離の方法** ●　(1.4) で上記の境界条件を満たす解を求めるため

$$\varphi = X(x)T(t) \tag{1.6}$$

とする．この解法を**変数分離の方法**という．(1.6) の X が $X(0)=X(L)=0$ を満たせば，(1.5) の境界条件はつねに満たされる．(1.6) を (1.4) に代入し，XT で割れば

$$\frac{1}{v^2}\frac{T''}{T} = \frac{X''}{X}$$

が得られる．左辺は t，右辺は x の関数で，上式がいつも成立するには両辺とも定数になる必要がある．この定数を $-k^2$ とおく．$\omega = vk$ とすれば T に対する方程式は $T'' = -\omega^2 T$ と書け，これは角振動数 ω の単振動の運動方程式である．X の式は $X'' = -k^2 X$ となり，これの一般解は $X = A\sin kx + B\cos kx$ で与えられる．A, B は任意定数である．$x=0$ の条件から $B=0$ となる．また，$x=L$ の条件から $\sin kL = 0$ が得られ，これから次式が求まる．

$$kL = n\pi \quad (n = 1, 2, 3, \cdots) \tag{1.7}$$

● **固有振動** ●　上記の n に相当する波動量は

$$\varphi_n = A_n \sin(n\pi x/L)\cos(\omega_n t + \alpha_n) \tag{1.8}$$

と表される．振幅 A，角振動数 ω，初期位相 α は n に依存し，$\omega_n = n\pi v/L$ である．(1.8) のような振動を**固有振動**，特に $n=1$ の場合を**基本振動**という．現代物理の言葉を使うと振動が量子化されるという．$n=1,2,3$ に対応する固有振動を図 1.3 に示す．もっとも大きく振動するところを**腹**，つねに静止しているところを**節**という．

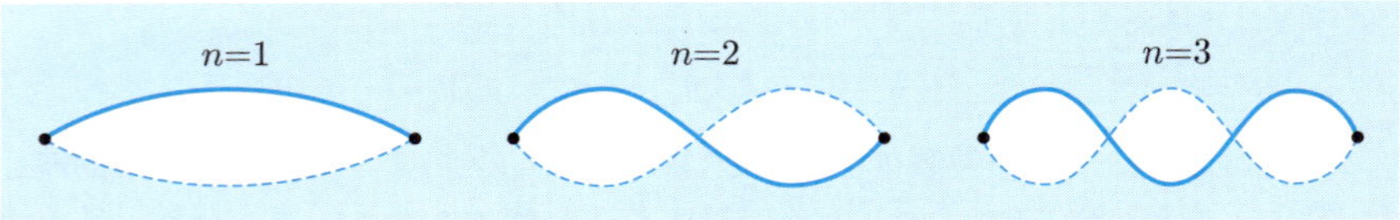

図 1.3　弦の固有振動

例題 2 **弦の振動**

線密度 σ が一様な弦を張力 T で張り，弦に垂直な方向での横振動，すなわち横波を考える（振動方向と波の進行方向とが垂直な波を**横波**，両者が平行な波を**縦波**という）．弦の静止位置を x 軸にとり，座標 x，時刻 t における変位を波動量 φ にとったとき，φ は波動方程式で記述されることを示せ．

解答 座標が $x \sim x + \Delta x$ の微小部分 PQ の運動を考える（図 1.4）．弦が x 軸となす角度 θ が小さいと，点 P に働く力の垂直成分は $-T\sin\theta \simeq -T\tan\theta$ で，これは

$$-T\left(\frac{\partial\varphi}{\partial x}\right)_x$$

と表される．ただし，添字は座標 x での値を意味する．同様に，点 Q における力の垂直成分は $T(\partial\varphi/\partial x)_{x+\Delta x}$ と書ける．したがって，PQ 部分に働く合力の垂直成分は，Δx が十分小さいとして

$$T\left[\left(\frac{\partial\varphi}{\partial x}\right)_{x+\Delta x} - \left(\frac{\partial\varphi}{\partial x}\right)_x\right] = T\frac{\partial^2\varphi}{\partial x^2}\Delta x$$

となる．一方，変位は小さければ $\mathrm{PQ} \simeq \Delta x$ なので PQ 部分の質量は $\sigma\Delta x$，またその垂直方向の加速度は $\partial^2\varphi/\partial t^2$ である．こうして PQ 部分の運動方程式は

$$\sigma\Delta x\frac{\partial^2\varphi}{\partial t^2} = T\Delta x\frac{\partial^2\varphi}{\partial x^2} \qquad \therefore \quad \sigma\frac{\partial^2\varphi}{\partial t^2} = T\frac{\partial^2\varphi}{\partial x^2}$$

と書ける．また，波の速さ v は $v = \sqrt{T/\sigma}$ で与えられる．

問　題

2.1 ピアノの中央のドの音の振動数は 262 Hz である．線密度 0.03 kg/m，長さ 0.2 m の弦の基本振動の振動数がこの値に等しくなるための張力を求めよ．

2.2 長さ L の気柱に振動を起こさせるとき，管の一端を閉じ他端を開いたものを**閉管**という（図 1.5）．閉管の固有振動を論じよ．

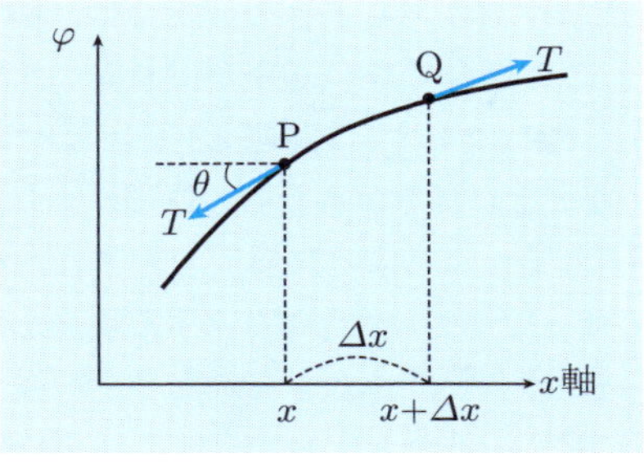

図 1.4　弦の横振動

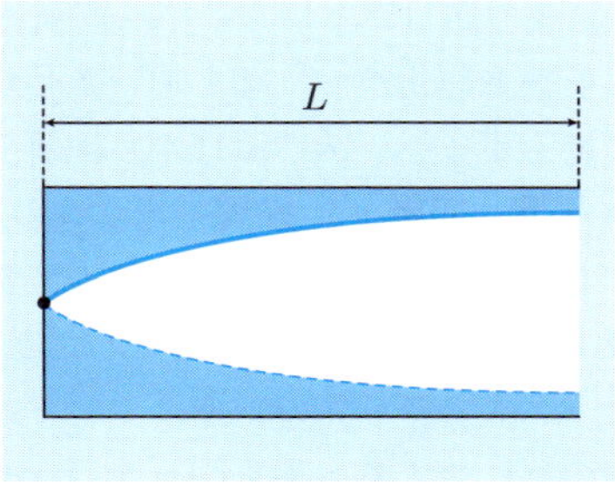

図 1.5　閉管の振動

1.3 波の性質

• ホイヘンスの原理 • 1点Oから出た波の波面はOを中心とする球面となる．このような波を**球面波**という．一般に，波が伝わるとき，波面上の各点から2次的な球面波（**2次波**または**素元波**，**要素波**）ができるとし，それらを合成すると次の波面が求まる．これを**ホイヘンスの原理**という．平面上に広がっていく波の場合には，2次波として円形波を考えればよい．

• 波の反射・屈折 • 波の速度が違う2つの媒質が境界面で接しているとし，境界面の狭い範囲を考え，それは平面とみなせるとする．第1媒質を進行する**入射波**が境界面に当たると，一部は反射されて**反射波**となり，一部は屈折され第2媒質を進行する**屈折波**となる（図1.6）．入射波，反射波，屈折波のそれぞれの進行方向と境界面の法線とのなす角度を**入射角**，**反射角**，**屈折角**といい，これらを θ, θ', φ の記号で表す．反射の際

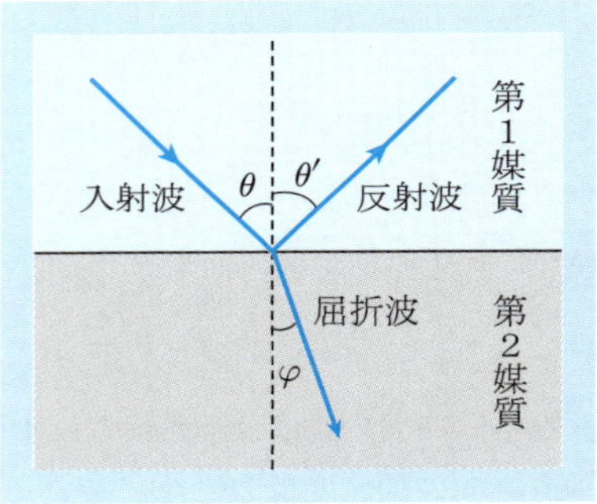

図 1.6 波の反射・屈折

$$\theta = \theta' \tag{1.9}$$

の関係が成り立つ．これを**反射の法則**という．ホイヘンスの原理から反射の法則を導くことができる（例題3）．

一方，第1，第2媒質中の波の速さをそれぞれ v_1, v_2 とすれば

$$\frac{\sin\theta}{\sin\varphi} = \frac{v_1}{v_2} = n \tag{1.10}$$

となる．これを**屈折の法則**という．また，上式で定義される n を第1媒質に対する第2媒質の**屈折率**という．第2媒質から第1媒質へ波が進むときの屈折では，図1.6の入射波と屈折波の矢印を逆転させればよく，この場合でも(1.10)が成り立つ．屈折の法則もホイヘンスの原理から理解できるが，これについては問題3.1を参照せよ．

• 干渉，回折 • 媒質中を2つの波が伝わるときには重ね合わせの原理により，それぞれの波動量を加えれば全体の波動量が得られる．このように重ね合わされた波を**合成波**という．2つの波を合成したとき，強め合ったり，弱め合ったりする現象を**干渉**という．次の章で光の干渉について述べる．波が障害物でさえぎられたとき，波が障害物の陰に達する現象を**回折**という．すき間に対して波長が大きいほど，回折の効果は顕著になる．日常みられる回折の例については問題3.2を参照せよ．

例題 3 **反射の法則**

ホイヘンスの原理を利用して反射の法則を導け．

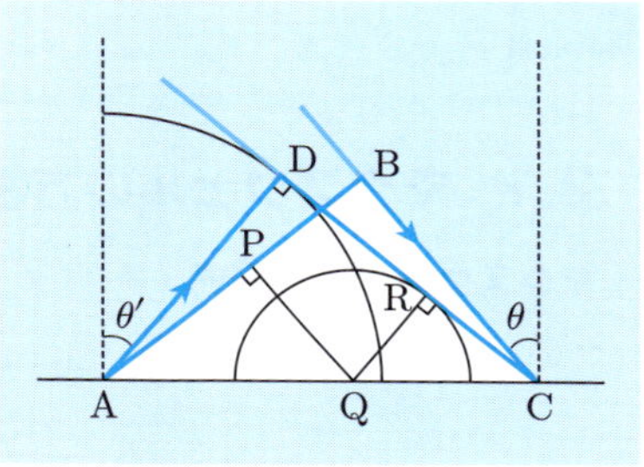

図 1.7 反射の法則

解答 図 1.7 のように入射角 θ で BC の方向に進む入射波の波面 AB を考え，A が境界面に当たった瞬間を時間の原点にとる．これから時間が t だけ経過して B が境界面上の点 C に到着したとすれば BC $= vt$ である．また，時刻 0 で点 A から出た 2 次波の波面は，時刻 t において点 A を中心とする半径 vt の円となる．図のように，点 C からこの円に引いた接線を CD とする．ここで，AB 上の任意の点 P をとり，点 P から BC に平行な直線を引きこれと AC との交点を Q，点 Q から CD に下ろした垂線の足を R とする．$\triangle$CDA と $\triangle$CRQ は相似なので

$$\mathrm{QR} = \mathrm{AD} \times \frac{\mathrm{CQ}}{\mathrm{AC}} = vt \times \frac{\mathrm{AC} - \mathrm{AQ}}{\mathrm{AC}} = vt\left(1 - \frac{\mathrm{AQ}}{\mathrm{AC}}\right) \tag{1}$$

が成り立つ．ところで，$\triangle$ABC と $\triangle$APQ は相似であるから

$$\frac{\mathrm{PQ}}{\mathrm{BC}} = \frac{\mathrm{AQ}}{\mathrm{AC}} \qquad \therefore \quad \left(\frac{\mathrm{AQ}}{\mathrm{AC}}\right)vt = \mathrm{PQ} \tag{2}$$

となる．ただし，BC $= vt$ の関係を利用した．(1), (2) から

$$\mathrm{QR} = v\left(t - \frac{\mathrm{PQ}}{v}\right) \tag{3}$$

が得られる．点 P が AC に到着するまでの時間は PQ$/v$ である．したがって，点 Q を出た 2 次波の半径は時刻 t において $v(t - \mathrm{PQ}/v)$ となり，これは (3) と一致する．すなわち，この 2 次波は CD に接する．点 P は勝手に選んでよいので，結局任意の 2 次波は CD に接し，よって CD が反射波の波面となる．$\triangle$ACD と $\triangle$ACB は直角三角形で斜辺と 1 辺とが等しいから合同である．その結果

$$\angle \mathrm{DAC} = \angle \mathrm{BCA}$$

が成立する．図に示す θ' が反射角でこうして $\theta = \theta'$ の反射の法則が導かれた．

問題

3.1 ホイヘンスの原理を利用して屈折の法則を導け．

3.2 音と光の波長の違いに注目し，波の回折現象が日常において両者のどのような違いをもたらすかについて考察せよ．

2 電磁波と光

2.1 マクスウェルの方程式と電磁波

• マクスウェルの方程式 • マクスウェルの方程式（p.144）は次のように書ける．

$$\mathrm{div}\,\boldsymbol{D} = \rho, \quad \mathrm{div}\,\boldsymbol{B} = 0 \tag{2.1}$$

$$\mathrm{rot}\,\boldsymbol{E} + \frac{\partial \boldsymbol{B}}{\partial t} = \boldsymbol{0}, \quad \mathrm{rot}\,\boldsymbol{H} - \frac{\partial \boldsymbol{D}}{\partial t} = \boldsymbol{j} \tag{2.2}$$

上式中の電束密度 $\boldsymbol{D}$，電場 $\boldsymbol{E}$，磁束密度 $\boldsymbol{B}$，磁場 $\boldsymbol{H}$，電荷密度 ρ，電流密度 $\boldsymbol{j}$ は位置ベクトル $\boldsymbol{r}$，時間 t の関数である．一様な物質の場合には次式が成り立つとする．

$$\boldsymbol{D} = \varepsilon \boldsymbol{E}, \quad \boldsymbol{B} = \mu \boldsymbol{H} \tag{2.3}$$

• $\rho = 0, \boldsymbol{j} = \boldsymbol{0}$ の場合 • 一様な物質中で $\rho = 0, \boldsymbol{j} = \boldsymbol{0}$ の場合，$\boldsymbol{E}, \boldsymbol{B}$ に対する式を求めると，まず (2.1) により

$$\mathrm{div}\,\boldsymbol{E} = 0, \quad \mathrm{div}\,\boldsymbol{B} = 0 \tag{2.4}$$

となる．また，(2.2) により次の関係が導かれる．

$$\mathrm{rot}\,\boldsymbol{E} + \frac{\partial \boldsymbol{B}}{\partial t} = \boldsymbol{0}, \quad \mathrm{rot}\,\boldsymbol{B} - \varepsilon\mu \frac{\partial \boldsymbol{E}}{\partial t} = \boldsymbol{0} \tag{2.5}$$

ここで，任意のベクトル $\boldsymbol{A}$ に対する次の公式に注目する（例題 1）．

$$\mathrm{rot}(\mathrm{rot}\,\boldsymbol{A}) = \mathrm{grad}(\mathrm{div}\,\boldsymbol{A}) - \Delta \boldsymbol{A} \tag{2.6}$$

(2.5) の左式の rot をとり (2.4) を使うと $-\Delta \boldsymbol{E} + \mathrm{rot}(\partial \boldsymbol{B}/\partial t) = \boldsymbol{0}$ となる．したがって，(2.5) の右式を適用すれば

$$\varepsilon\mu \frac{\partial^2 \boldsymbol{E}}{\partial t^2} = \Delta \boldsymbol{E} \tag{2.7}$$

が得られる．同様に，(2.5) の右式の rot をとると同じ方法で

$$\varepsilon\mu \frac{\partial^2 \boldsymbol{B}}{\partial t^2} = \Delta \boldsymbol{B} \tag{2.8}$$

が導かれる．(2.7), (2.8) は $\boldsymbol{E}, \boldsymbol{B}$ に対する波動方程式でこのような波動が**電磁波**である．電磁波が伝わる速さ v は次式で与えられる．

$$v = \frac{1}{(\varepsilon\mu)^{1/2}} \tag{2.9}$$

例題 1　**ベクトルに対する公式**

ベクトルに対する (2.6) の公式を導け．

解答　rot(rot $\boldsymbol{A}$) の x 成分は

$$[\mathrm{rot}(\mathrm{rot}\,\boldsymbol{A})]_x = \frac{\partial}{\partial y}\left(\frac{\partial A_y}{\partial x} - \frac{\partial A_x}{\partial y}\right) - \frac{\partial}{\partial z}\left(\frac{\partial A_x}{\partial z} - \frac{\partial A_z}{\partial x}\right)$$

$$= \frac{\partial}{\partial x}\frac{\partial A_y}{\partial y} + \frac{\partial}{\partial x}\frac{\partial A_z}{\partial z} - \frac{\partial^2 A_x}{\partial y^2} - \frac{\partial^2 A_x}{\partial z^2}$$

$$= \frac{\partial}{\partial x}\left(\frac{\partial A_x}{\partial x} + \frac{\partial A_y}{\partial y} + \frac{\partial A_z}{\partial z}\right) - \left(\frac{\partial^2}{\partial x^2} + \frac{\partial^2}{\partial y^2} + \frac{\partial^2}{\partial z^2}\right) A_x$$

$$= \frac{\partial}{\partial x}\,\mathrm{div}\,\boldsymbol{A} - (\Delta \boldsymbol{A})_x$$

で grad(div $\boldsymbol{A}$) − $\Delta\boldsymbol{A}$ の x 成分と同じである．y, z 成分も同様で公式が証明される．

問　題

1.1　$\boldsymbol{E}$ や $\boldsymbol{B}$ が z 方向に伝わる電磁波では，$\boldsymbol{E}$ や $\boldsymbol{B}$ は x, y に依存しない．この場合，(2.4) により

$$\frac{\partial E_z}{\partial z} = 0, \quad \frac{\partial B_z}{\partial z} = 0$$

が成り立つことを示せ．

1.2　前問と同じく $\boldsymbol{E}$ や $\boldsymbol{B}$ は x, y に依存しないとして，(2.5) から

$$\frac{\partial E_z}{\partial t} = 0, \quad \frac{\partial B_z}{\partial t} = 0$$

の関係を導け．以上の議論から E_z や B_z は定数であることがわかる．このような静電場や静磁場は別に扱えばよく，いまの電磁波の問題とは直接関係がないのでこれらを 0 とおく．

1.3　$E_z = 0, B_z = 0$ とおいた z 方向に伝わる電磁波は横波か，縦波か．

1.4　電場が x 方向だけに生じているような電磁波を x 方向の**直線偏波**（光の場合には**直線偏光**）という．直線偏波の 1 つの例として，z 方向に伝わる電磁波を想定し E_x が

$$E_x = f\left(t - \frac{z}{v}\right) + g\left(t + \frac{z}{v}\right)$$

と表されるとする．この場合の B_y を求めよ．

1.5　複素数表示を導入し $\boldsymbol{E} = \boldsymbol{E}_0 e^{i(\boldsymbol{k}\cdot\boldsymbol{r} - \omega t)}$ とする．$\boldsymbol{k}$ と $\boldsymbol{E}_0$ との関係を導き，結果の物理的な意味を述べよ．

2.2 電磁波の性質

• **光** • 光は波長が約 400 nm の紫色から約 770 nm の赤色の範囲の電磁波で ($1\,\mathrm{nm} = 10^{-9}\,\mathrm{m}$)，これを**可視光**という．真空中を伝わる電磁波の速さ，すなわち**光速** c は

$$c = 1/(\varepsilon_0\mu_0)^{1/2} \tag{2.10}$$

で与えられる．その数値は p.98 の (2.3) で定義される．

• **絶対屈折率** • 図 1.6（p.152）で第 1 媒質が真空，第 2 媒質が ε, μ の物質であるとすれば，真空に対する物質の屈折率（**絶対屈折率**）n は

$$n = (\varepsilon\mu/\varepsilon_0\mu_0)^{1/2} \tag{2.11}$$

となる．通常の物質では $\mu = \mu_0$ としてよいので，n は次のように書ける．

$$n = (\varepsilon/\varepsilon_0)^{1/2} \tag{2.12}$$

• **電磁波の分類** • 波長に応じて電磁波は図 2.1 のように分類されている．

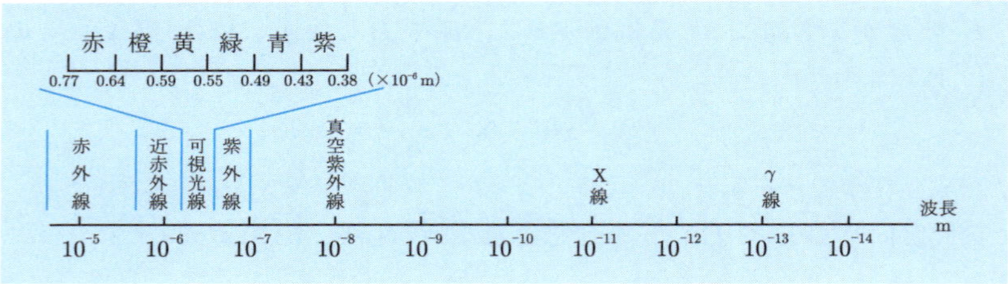

図 2.1 電磁波の分類

• **反射係数** • 図 2.2 のように，$z < 0$ が第 1 媒質 (ε_1, μ_1)，$z > 0$ が第 2 媒質 (ε_2, μ_2) とする．第 1 媒質中 $(z < 0)$ の入射波を

$$E_{1x} = E_1 \sin\omega(t - z/c_1)$$

とし，反射波を

$$E'_{1x} = E_1{}' \sin\omega(t + z/c_1)$$

と書く．反射係数 r を $r = E_1{}'/E_1$ で定義すれば (2.12) が成り立つとき，r は

$$r = \frac{n_1 - n_2}{n_1 + n_2} \tag{2.13}$$

と表される（例題 2）．

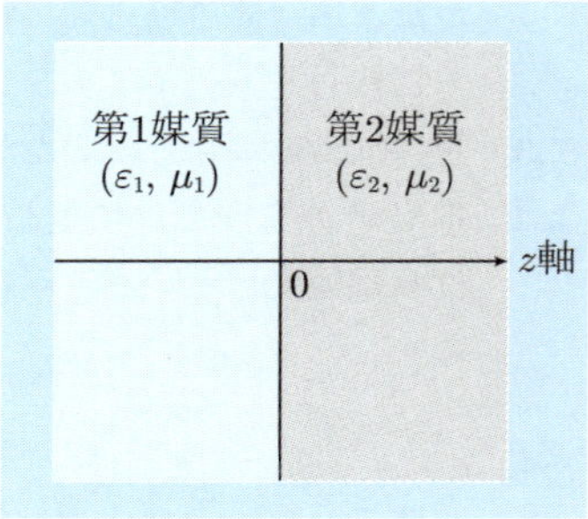

図 2.2 $z = 0$ で接する媒質

例題 2　　**反射係数**

x 方向の直線偏波の電磁波が第1媒質から第2媒質に垂直入射する（図 2.2）ときの反射係数を求めよ．

解答　問題 1.4（p.155）の解答中の式 (4) を利用すると，第1媒質中の電磁波は，入射波，反射波の両者を考慮し，次のように表される．

$$E_{1x} = E_1 \sin\omega\left(t - \frac{z}{c_1}\right) + E_1{}' \sin\omega\left(t + \frac{z}{c_1}\right) \tag{1}$$

$$B_{1y} = \frac{1}{c_1}\left[E_1 \sin\omega\left(t - \frac{z}{c_1}\right) - E_1{}' \sin\omega\left(t - \frac{z}{c_1}\right)\right] \tag{2}$$

ここで次式が成り立つ．

$$c_1 = 1/(\varepsilon_1\mu_1)^{1/2} \tag{3}$$

第1媒質中で1回振動が起こると第2媒質中でも1回振動が起こり，このような考察からわかるように角振動数 ω は両者で共通である．また，第2媒質中では z 軸の負向きに進む波はなく，正向きに進む屈折波だけが存在し，それは次のように書ける．

$$E_{2x} = E_2 \sin\omega\left(t - \frac{z}{c_2}\right), \quad B_{2y} = \frac{E_2}{c_2}\sin\omega\left(t - \frac{z}{c_2}\right) \tag{4}$$

$$c_2 = 1/(\varepsilon_2\mu_2)^{1/2} \tag{5}$$

境界面での境界条件として E_t, H_t は連続であることが要求される．x, y 方向はちょうど境界面の接線方向であるから，$z = 0$ で $E_{1x} = E_{2x}, H_{1y} = H_{2y}$ が成立する．これまでの方程式で $z = 0$ とおくと $\sin\omega t$ は共通になるので (1), (2), (4) から振幅間の関係として方程式 $E_1 + E_1{}' = E_2$, $\dfrac{1}{c_1\mu_1}(E_1 - E_1{}') = \dfrac{E_2}{c_2\mu_2}$ が得られる．これらの式から $E_1, E_1{}'$ を解くと次式が導かれる．

$$r = \frac{E_1{}'}{E_1} = \frac{c_2\mu_2 - c_1\mu_1}{c_1\mu_1 + c_2\mu_2} \tag{6}$$

$\mu_1 = \mu_2 = \mu_0$ とすれば $r = (c_2 - c_1)/(c_1 + c_2)$ となる．真空中の光速を c とすれば $c_1 = c/n_1, c_2 = c/n_2$ が成り立つので，これから (2.13) が導かれる．

問　題

2.1　一般の場合の r を $\varepsilon_1, \varepsilon_2, \mu_1, \mu_2$ で表せ．

2.2　r の2乗を**反射率**という．反射率を R とし，ダイヤモンド $(n = 2.4)$ とガラス $(n = 1.5)$ の R を比べ，ダイヤモンドがきらきら輝く理由を考えよ．

2.3　光の干渉

• ヤングの実験 •　1807 年，イギリスの物理学者ヤングは光の干渉実験を行い，光が波であることを実証した．図 2.3 にヤングの実験の概略を示す．光源 L から出た光はスリット S を通り，2 つの接近した平行なスリット S_1, S_2 を通り 2 つに分けられる．$S_1S_2 = d$ とおき，SC は S_1S_2 の垂直二等分線とし，スクリーン AB 上の点 P で光を観測したとする．また，図のように，S_1 あるいは S_2 とスクリーンとの間の距離を D とおく．さらに，$SS_1 = SS_2$ とし，光は S_1, S_2 で同じ位相であるとする．

ホイヘンスの原理により，P では S_1, S_2 から出た 2 次波が重なり合う．$D \gg d$ とすれば，S_1P と S_2P とはほぼ平行であるとみなせる．P での光は上述の 2 つの波の合成波であるから，山と山あるいは谷と谷が重なると光は強くなり，逆に山と谷が重なると光は弱くなる．$D \gg d, D \gg |x|$ を仮定しているので

$$
\begin{aligned}
S_1P &= \left[D^2 + \left(x - \frac{d}{2}\right)^2\right]^{1/2} = D\left[1 + \frac{(x-d/2)^2}{D^2}\right]^{1/2} \\
&\simeq D\left[1 + \frac{(x-d/2)^2}{2D^2}\right] = D\left[1 + \frac{x^2 - xd + d^2/4}{2D^2}\right]
\end{aligned}
$$

となる．S_2P を求めるには上式で $d \to -d$ とおけばよい．こうして

$$S_2P - S_1P \simeq (d/D)x \tag{2.14}$$

が得られる．前述のように (2.14) が $0, \pm\lambda, \pm 2\lambda, \cdots$ なら合成波は明るく，逆にそれが $\pm\lambda/2, \pm 3\lambda/2, \pm 5\lambda/2, \cdots$ だと合成波は暗くなる．すなわち

$$x = \frac{nD\lambda}{d} \qquad (n = 0, \pm 1, \pm 2, \cdots) \quad \cdots 明 \tag{2.15}$$

$$x = \frac{(2n+1)D\lambda}{2d} \qquad (n = 0, \pm 1, \pm 2, \cdots) \quad \cdots 暗 \tag{2.16}$$

となり，スクリーン AB 上に明暗のしま模様が観測される．これを**干渉じま**という．

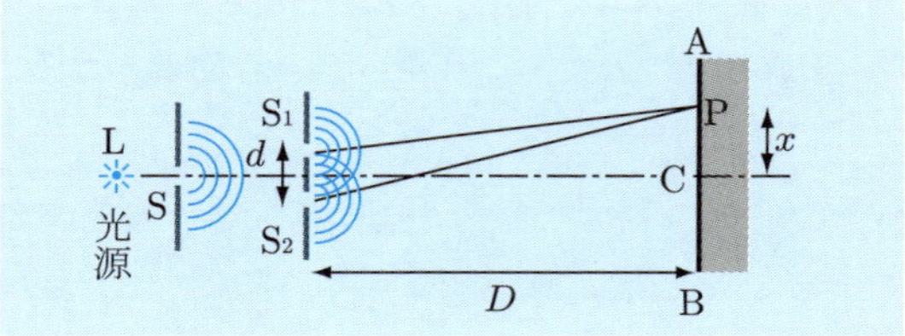

図 2.3　ヤングの実験の概略図

例題 3 **回折格子**

図 2.4 のように多数の細長いスリットを等間隔で密に並べたものを**回折格子**という．ガラス板にアルミニウムを蒸着し，カッターで膜をはがして 1 mm 当たり 1000 本程度の割合でスリットを作ることができる．図のように，回折格子に垂直な方向から平行光線が入射したとき，格子面の法線と角度 θ をなす方向に進む光を考える．この光が強め合う条件はどのように表されるか．

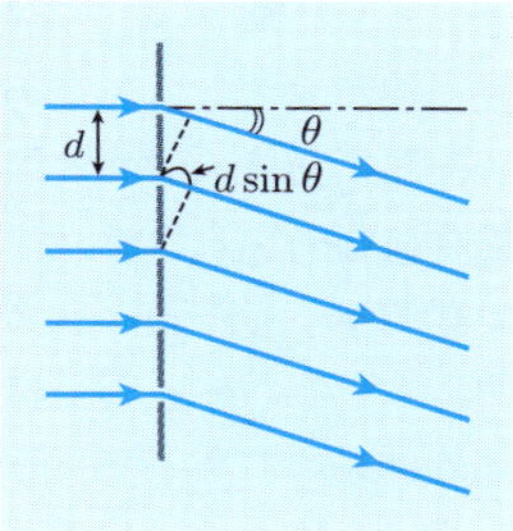

図 2.4 回折格子

解答 各スリットを出る 2 次波の位相は同じであるから，スリットの間隔を d とすると，隣り合うスリットから出る光の光路差（問題 3.3 参照）は $d\sin\theta$ である．これが波長 λ の整数倍だと隣り合うスリットから出た光はすべて互いに強め合うことになる．したがって

$$d\sin\theta = n\lambda \quad (n = 0, \pm1, \pm2, \cdots)$$

を満たす方向で明るい光が観測される．この光を **n 次の回折線**という．

問　題

3.1 ヤングの実験で $d = 1\,\mathrm{mm}, D = 1\,\mathrm{m}, \lambda = 500\,\mathrm{nm}$ のとき，しまの間隔はいくらか．

3.2 1 mm 当たり 1000 本の割合でスリットを刻んだ回折格子にナトリウムの D 線（波長 589 nm）を当てた．1 次の回折線の θ は何度か．

3.3 図 2.5 のように，同じ位相の光源 S_1, S_2 から出る真空中の平行光線に対し $S_1P - S_2P$ を**光路差**という．光路差が波長の整数倍であれば両者の光が強め合うことを図で示せ．また，屈折率 n の媒質中での光路差について考えよ．

3.4 屈折率の小さな物質を**光学的に疎**，大きな物質を**光学的に密**という．光が密 → 疎，疎 → 密と境界面と垂直に入射すると（図 2.6），前者では反射波と入射波は同位相だが，後者では反射波と入射波は π（半波長分）だけずれることを示せ．

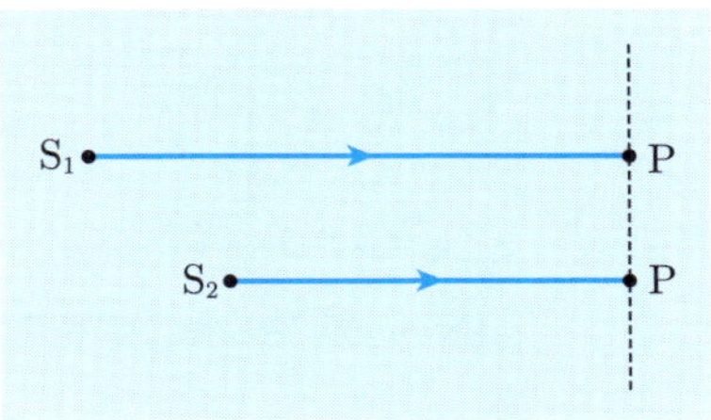

図 2.5 光路差

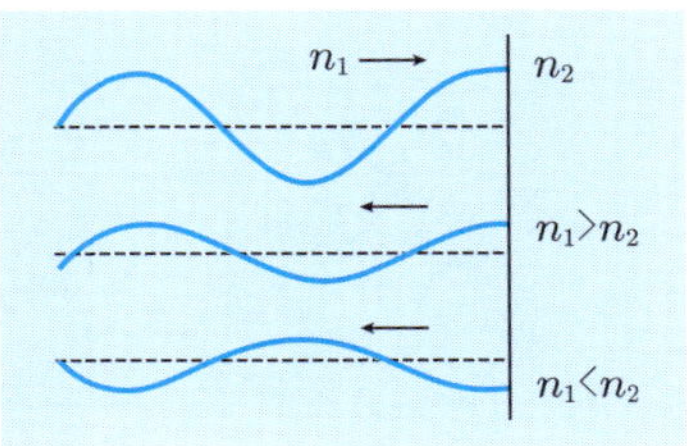

図 2.6 入射波と反射波

例題 4 **薄膜による干渉**

厚さ d，屈折率 n の薄膜があり（図 2.7），空気中から平行光線（波長 λ）が入射したとする．AB という波面で光の位相は同じであるとし，図の P の方向で光を観測するとき，干渉のためこの光が明るく，あるいは暗くなるための φ の条件を求めよ．

解答 薄膜の屈折率 n が 1 より大きいと（空気の屈折率は 1 とする），B → C → P という光は疎 → 密と進む場合になるので反射光の位相は π だけずれる．あるいは，波長に換算すると $\lambda/2$ だけずれるのと同等になる．一方，A → D → C → P の経路の場合，屈折光は入射光と同じ位相をもち（問題 4.1 参照），D での反射は密 → 疎と進む場合に相当するので位相変化はない．よって，両者の光は波長にして $\lambda/2$ だけずれ，P で観測する光路差が λ の整数倍だと光は暗くなり，逆にそれが $\lambda/2$ の奇数倍だと光が明るくなる．A → D → C → P の光と B → C → P の光の光路差を考えると C → P の部分は共通であるから考慮する必要はない．また，屈折率 n の部分は距離を n 倍するために光路差 $= n(\mathrm{AD}+\mathrm{DC})-\mathrm{BC}$ と書ける．図の φ を用いると光路差 $= 2nd\cos\varphi$ と計算され（問題 4.2），P での光の干渉の結果は次のように表される．

$$2nd\cos\varphi = \begin{cases} 0, \lambda, 2\lambda, 3\lambda, \cdots & \cdots \text{暗} \\ \dfrac{\lambda}{2}, \dfrac{3\lambda}{2}, \dfrac{5\lambda}{2}, \cdots & \cdots \text{明} \end{cases}$$

問　題

4.1 垂直入射を考え，屈折光と入射光は同位相であることを示せ．

4.2 例題 2 の光路差を計算せよ．

4.3 図 2.8 のように，曲率半径 R の平凸レンズを平面ガラスの上にのせ，これを真上から見ると点 O を中心とした明暗の環が観測される．これを**ニュートン環**という．この現象を考察し，明暗のための条件を導け．

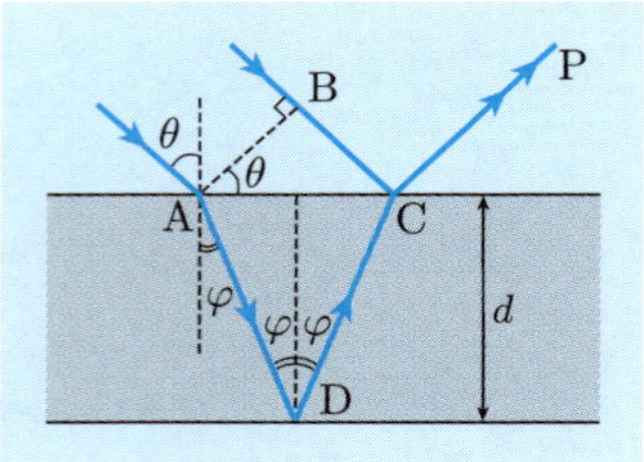

図 2.7　薄膜による干渉

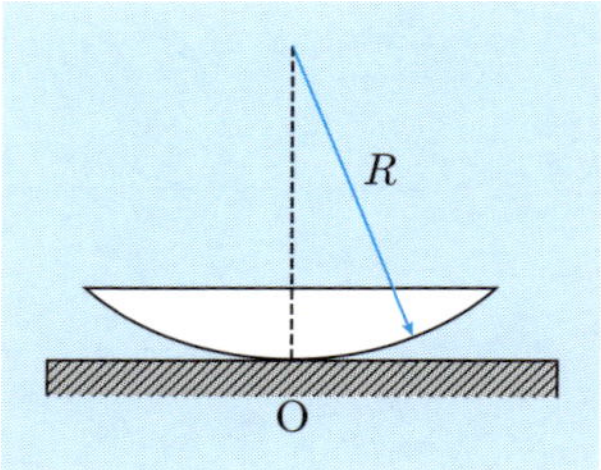

図 2.8　ニュートン環

第Ⅴ編

熱　学

原始人は火を利用することで現代文明への第１歩を記した.「てこ」や「ころ」といった力学的な装置は文明の発展に大きく寄与したが，生の肉より焼き肉の方がはるかに美味であることは力学的な装置の発見よりずっと以前に人類の獲得した知識であったろう．しかし，力学の基礎が300年も前に築かれたのに熱に関する学問すなわち熱学の発展は大幅に遅れ，熱学が現在のような体系に整ったのは19世紀の半ば以降である．大ざっぱにいえば，熱学の歴史は力学の半分程度である．熱学は別名**熱力学**とよばれるが，本編では熱力学における基本的な事項について学んでいく．

本編の内容

1 熱力学第一法則

1.1 温度と熱

● 温度 ●　寒暖の度合いを定量的に表すものが**温度**である．物理で使う単位は**セルシウス度**（記号 °C）あるいは**セ氏温度**で，1 気圧の下，氷の溶ける温度を 0，水が沸騰する温度を 100 と決め，この間を 100 等分して 1 度とする．セルシウス度 t°C から

$$T = t + 273.15 \tag{1.1}$$

で決められる温度を**絶対温度**または**熱力学的温度**という．その単位は**ケルビン**（K）である．今後，温度といえば絶対温度を意味するものとする．また，温度差を表すとき，°C ではなく K の記号を用いる．

● 熱と熱量 ●　高温物体と低温物体を接触させると，前者は冷え，後者は暖まる．このとき，高温物体から低温物体へ熱が移動したという．一般に，物体の温度を変える原因になるものを**熱**，また熱を定量的に表したものを**熱量**という．熱量の単位として 1 g の水の温度を 1 K だけ上げるのに必要な熱量を 1 **カロリー**（cal）という．1.2 節で学ぶように熱は力学的な仕事と等価である．このため，熱量を仕事の単位である J（ジュール）で表すことが国際的に推奨されている．本書でも原則としてそれに従う．

● 熱容量と比熱 ●　ある物体の温度を 1 K だけ上げるのに必要な熱量をその物体の**熱容量**という．熱容量は一般に温度の関数であるが，さらに物質の量に比例する．熱容量が C の物体に微小な熱量 δQ を与えたとき，その温度が dT だけ上昇したとする．この間の熱容量が一定であるとみなしてよいほど温度変化が小さければ

$$\delta Q = C dT \tag{1.2}$$

が成り立つ（d と δ の差については例題 1 を参照せよ）．特に，1 g の物質の熱容量をその物質の**比熱**という．比熱は物質定数である．比熱を c cal/g·K とし，それが温度に依存しないとすれば，質量 m g の物体の温度を t K だけ上げるのに必要な熱量 Q は，次式のように表される．

$$Q = mct \tag{1.3}$$

温度が t だけ下がるとき失われる熱量 Q も (1.3) で与えられる．

● 熱平衡 ●　温度の異なる 2 つの物体を接触させ放置しておくと，2 つの温度が同じとなり，以後両者間の熱の移動が止まる．このとき両者は**熱平衡**の状態にあるという．

例題 1 **熱力学における微小変化**

物体の状態を決める物理量を**状態量**という．温度 T，体積 V，圧力 p は状態量である．物体の微小変化を考えるとき，これらの状態量の変化は数学的な微分と同様に扱うことができるので dT, dV, dp といった記号を用いる．これに対し例えば熱量 Q はそのような状態量ではなく，微小変化といっても変化の方法により Q の変化分 δQ も違ってくる．このような具体的な例を考察せよ．

解答 一定量の気体の温度を dT だけ上昇するとき，この気体の吸収する熱量 δQ はどんな条件下で変化させるかで違う．ちなみに，熱力学では考えている物体に流れ込む熱を正とする．例えば，$p =$ 一定 という変化（**定圧変化**）では，気体が熱膨張するため加わる熱量の一部はこの膨張のために使われる．その結果，同じ dT だけ変化させるとき $V =$ 一定 の変化（**定積変化**）に比べ δQ は大きくなる．

問 題

1.1 40 g の水の温度を 15 K だけ高めるのに必要な熱量は何 cal か．ただし比熱は温度によらないものとせよ．

1.2 外部との間に熱の出入りがないようにして，高温物体と低温物体と互いに接触させたり，または混合させたりするとき

（高温物体の失った熱量）＝（低温物体の受け取った熱量）

の関係が成り立つ．熱容量が C_1 で温度が T_1 の物体と熱容量が C_2 で温度が T_2 の物体を接触させ，しばらく放置させていたら，温度が T の熱平衡状態が実現した．上の関係を利用して T を求めよ．ただし，両物体の熱容量は温度によらないものとする．

1.3 まったく同じ状態にある 2 つの物体があるとし，この 2 つを接合させ 1 つの物体とみなしたとする．このとき，2 倍になるような状態量を**示量性の量**，変わらない状態量を**示強性の量**という．状態量の例として，温度，圧力，体積，熱容量を考える．これらは示量性か，示強性か．

1.4 他の物体と熱のやり取りをしても温度が変わらないような物体（理想的には熱容量が ∞ の物体）を熱力学の方面では**熱源**または**熱浴**という．熱源は熱の供給源（あるいは熱の吸収源）であると考えてよい．熱源と区別して注目する物体を**体系**とよぶ．次の例ではどれが熱源でどれが体系か．

(a) ガスコンロでヤカンの中の水を沸かす．

(b) 電気冷蔵庫でビールを冷やす．

(c) 体温計を腋の下にあて体温を測る．

1.2 仕事と温度

● 断熱過程 ● 物体の温度を上げるのに，必ずしも熱を与える必要はない．一般に，熱の出入りがないような状態変化を**断熱過程**という．気体を断熱的に圧縮する操作を**断熱圧縮**といい，この場合気体の温度が上昇する．逆に，気体が断熱膨張するときには気体の温度が下がる．自転車のタイヤに空気を入れるとき空気入れが熱くなるのは断熱圧縮の一例である．電気冷蔵庫やもっと一般に低温を実現するための装置には断熱膨張が利用されている．

● 熱の仕事当量 ● 断熱圧縮の場合，体系に熱は加わらないが，力学的な仕事が加わって体系の温度が上がる．これから仕事は熱と同じように物体の温度を上げるような作用をもつことがわかる．熱と仕事は等価で，これを**熱と仕事の等価原理**という．ある一定量の仕事 W J はいつもある一定量の熱量 Q cal に相当し，両者の間には

$$W = JQ \tag{1.4}$$

という関係が成立する．(1.4) の J は 1 cal の熱量が何 J の仕事に相当するかを表す量で，これを**熱の仕事当量**といい，次式で与えられる．

$$J = 4.19\,\mathrm{J/cal} \tag{1.5}$$

● ジュールの実験 ● イギリスの物理学者ジュールは図 1.1 のような装置を利用して J を測定した．おもりが落下するとき重力のする仕事のため測定箱中の羽根車が回転し，水がかき回され，水の温度が上がる．このときの温度上昇とおもりのした仕事との関係から J が測定される．

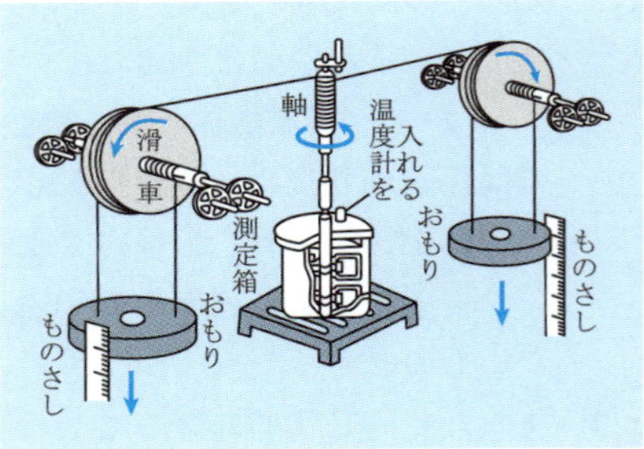

図 1.1 ジュールの実験装置

● 準静的過程 ● 熱力学では熱平衡を保ったままゆっくり行う状態変化を導入することがあり，これを**準静的過程**という．図 1.2 のように，摩擦のないシリンダーの中に気体を入れ，ピストン（断面積 S）を気体の体積が増す向きに dl だけ移動させたとする．ピストンに働く外圧を $p^{(e)}$ とすればピストンが気体におよぼす外力は $p^{(e)}S$ である．準静的過程の場合，$p^{(e)}$ は気体の圧力 p に等しいと仮定する．気体が上述のように膨張する場合，気体がピストンにする仕事 $\delta W'$ は $\delta W' = pSdl = pdV$ と表される．ここで $dV = Sdl$ は気体の体積の増加分である．このような考えから気体が膨張，圧縮されるとき気体に加わる仕事 δW は次式のように書ける（例題 2）．

$$\delta W = -pdV \tag{1.6}$$

例題 2　　**気体に加わる仕事**

準静的過程では気体の体積が dV だけ増加したとき，気体に加わる仕事は (1.6) で与えられることを示せ．

解答　気体が膨張するとき，気体がピストンにする仕事は $\delta W' = pdV$ と書けるので，気体がピストンからされる仕事 δW は符号を反対にして $\delta W = -pdV$ で与えられる．気体が圧縮される場合には，外力が気体に対し仕事を行い $\delta W > 0$ となる．このときには $dV = -Sdl$ となり，気体に加わった仕事は $\delta W = pSdl$ と書けるので，この場合にも (1.6) が成立する．

問　題

2.1　浴槽に水温 25° C の水を 0.1 トン入れた．1 kW の電熱器で風呂を沸かし，水を 43° C の湯にしたい．電熱器の熱がすべて浴槽中の水に供給されると仮定して風呂が沸くまでの所要時間を計算せよ．

2.2　1.2 atm のもと断面積 $4 \times 10^{-3}\,\mathrm{m}^2$ のピストンが熱膨張のため 0.05 m 移動するとして，以下の問に答えよ．

(a)　熱膨張の結果，ピストンが外部にした仕事は何 J か．

(b)　横軸に気体の体積 V，縦軸に気体の圧力 p をとる．気体の状態変化は Vp 面上でどのように表されるか．

2.3　横軸に V，縦軸に p をとったとき，V と p との関係が図 1.3 の曲線で記述されるとする．気体が体積 V_1 から体積 V_2 まで膨張するとき気体のする仕事 W' は

$$W' = \int_{V_1}^{V_2} pdV$$

で与えられ，これは図の斜線部分の面積に等しいことを示せ．

2.4　一定量の気体に対し温度が一定の場合 pV ＝ 一定 ＝ A の関係（ボイルの法則）が成り立つ．このときの W' を求めよ．

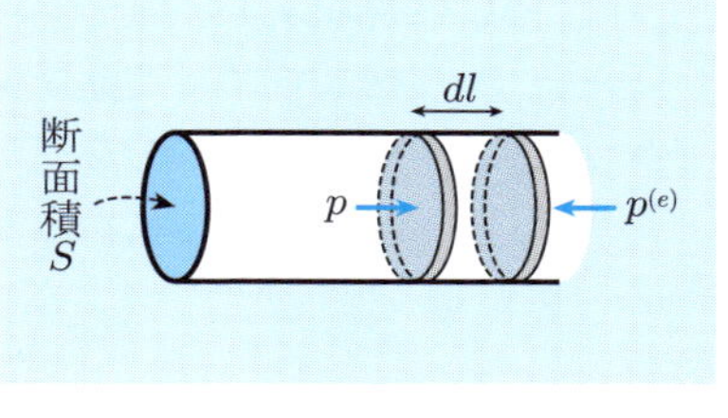

図 1.2　準静的過程

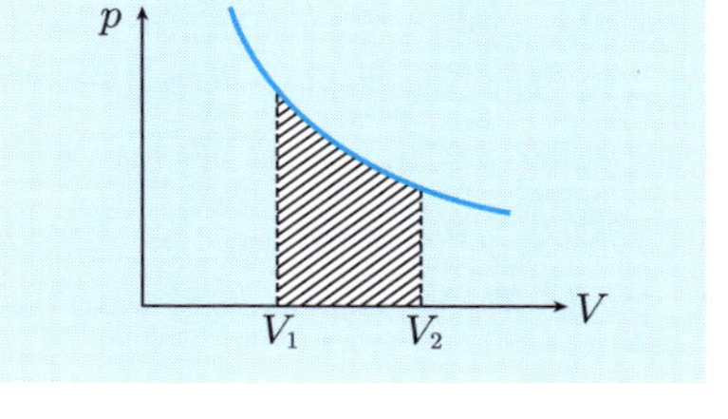

図 1.3　気体のする仕事

1.3　分子運動論

• 分子運動 •　物体に熱や仕事を加えるとその温度が上がるが，この現象を理解するには物体をミクロの立場から考える必要がある．容器に入れた気体は多数の分子から構成され，これらの分子は容器内で運動している．この運動を**分子運動**という．

• 内部エネルギー •　静止した容器の中の気体はマクロな力学の立場ではエネルギーをもたない．しかし，ミクロにみれば，分子運動に伴う力学的エネルギーをもっている．このエネルギーを**内部エネルギー**という．内部エネルギーは示量性の量である．一般には，分子は互いに力をおよぼし合っているが，分子間の力は無視できるとして，熱に関する事項をミクロの立場で考察する．

• 分布関数 •　容器内の分子のうち，あるものは速く，あるものは遅く走っている．いいかえると，気体分子の速度はある統計分布をもつ．この分布を表すため，体積 V の気体中の分子数を N とし，座標が

$$(x, y, z) \sim (x + dx, y + dy, z + dz) \tag{1.7}$$

の範囲内にあり，また速度が

$$(v_x, v_y, v_z) \sim (v_x + dv_x, v_y + dv_y, v_z + dv_z) \tag{1.8}$$

の範囲内にある分子数を

$$f(\boldsymbol{v})d\boldsymbol{r}d\boldsymbol{v} \quad (d\boldsymbol{r} = dxdydz, d\boldsymbol{v} = dv_x dv_y dv_z) \tag{1.9}$$

と書き，f を**分布関数**という．ただし，分布は空間的には一様であるとし，f は x, y, z によらないとする．一般に，物理量 A の分子 1 個当たりの平均値 $\langle A \rangle$ は

$$\langle A \rangle = \frac{1}{N} \int A f(\boldsymbol{v}) d\boldsymbol{r} d\boldsymbol{v} \tag{1.10}$$

で与えられる（問題 3.2）．

• 圧力 •　気体を入れた容器の微小部分を考え，それは平面とみなしてよいとする．この平面に垂直な方向に x 軸，平面内に y, z 軸をとって，$x > 0$ が容器の外，$x < 0$ が容器の中に対応するよう座標系を選ぶ（図 1.4）．気体分子の質量を m とすれば，衝突前後における x 方向の運動量の増加分は $-2mv_x$ で，y, z 方向では運動量変化はない．運動量の増加は力積に等しいから，分子は x 軸に沿い負の向きの力を壁から受ける．作用反作用の法則により，逆に分子は正の向きに（壁を押す向きに）力をおよぼし，その結果，圧力 p は次式のように表される（例題 3）．

$$p = \frac{mN}{3V} \langle v^2 \rangle \tag{1.11}$$

例題 3　　　　**気体の圧力**

気体の示す圧力が (1.11) のように書けることを示せ.

解答　気体分子は容器の壁に衝突しはね返されるが，衝突が完全弾性的であれば，衝突前の分子の速度 $\boldsymbol{v}$，衝突後の $\boldsymbol{v}'$ に対し $v_x{}' = -v_x, v_y{}' = v_y, v_z{}' = v_z$ が成り立つ．すなわち，衝突のため分子の運動量の x 成分は $-2mv_x$ だけ増加する．壁の微小面積 ΔS を底とし $\boldsymbol{v}$ の方向に伸びた図 1.5 の立体を考えると，この立体中にある速度 $\boldsymbol{v}$ の分子は，単位時間中に容器の壁と衝突する（分子が壁と衝突するには $v_x > 0$ の条件が必要である）．立体の体積は $v_x \Delta S$ であるから，この立体中にあり，速度が (1.8) の範囲にある分子数は (1.9) により $v_x \Delta S f(\boldsymbol{v}) d\boldsymbol{v}$ で与えられる．これらの分子は衝突の際，x 方向に $-2mv_x$ だけ運動量の変化を受ける．よって，単位時間中に受ける全体の運動量変化 ΔP は次のように書ける．

$$\Delta P = -2m\Delta S \int_0^\infty dv_x \int_{-\infty}^\infty dv_y dv_z v_x{}^2 f(\boldsymbol{v})$$

上式の v_x の積分を求めるには，対称性により v_x について $-\infty$ から ∞ まで積分し結果を半分にすればよい．圧力 p は $p = -\Delta P/\Delta S$ と書けるので

$$p = m \int v_x{}^2 f(\boldsymbol{v}) d\boldsymbol{v}$$

が得られる．(1.10) の $\boldsymbol{r}$ に関する積分は体積 V を与えるので，A として $v_x{}^2$ をとり

$$p = \frac{mN\langle v_x{}^2\rangle}{V}$$

が求まる．$\langle v_x{}^2\rangle = \langle v_y{}^2\rangle = \langle v_z{}^2\rangle = \langle v^2\rangle/3$ となり，(1.11) が導かれる．

問　題

3.1　1 個の分子が (1.7), (1.8) の範囲内にある確率を求めよ．

3.2　A の平均値が (1.10) のように表されることを示せ．

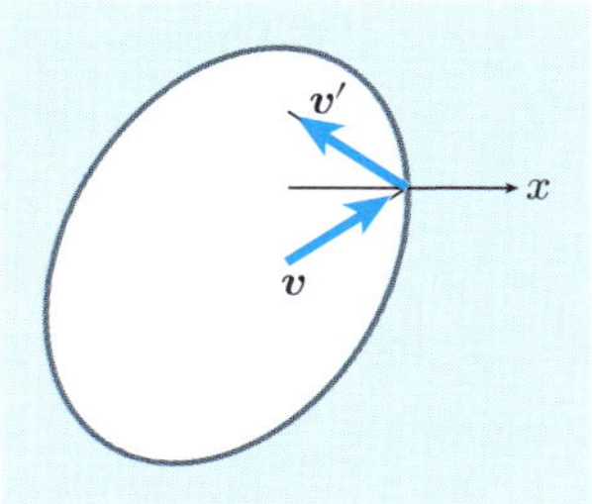

図 1.4　分子の壁との衝突

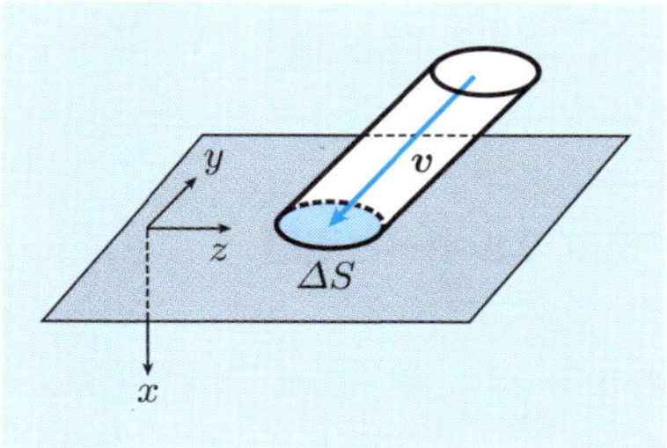

図 1.5　圧力の計算

1.4 単原子理想気体の内部エネルギー

• モル数 • 熱力学で物質の量を表すとき，次のモル分子数

$$N_{\mathrm{A}} = 6.02 \times 10^{23} \tag{1.12}$$

だけの分子を含む場合を単位とし，これを 1 **モル**（mol）という．

• 理想気体 • 状態量の間に成り立つ関係を**状態方程式**という．n モルの気体があって，その状態方程式が

$$pV = nRT \tag{1.13}$$

と表されるとき，この気体を**理想気体**という．(1.13) 中の R は気体の種類によらない定数でこれを**気体定数**という．その値は次式で与えられる（例題 4）．

$$R = 8.314\,\mathrm{J/mol\cdot K} = 1.986\,\mathrm{cal/mol\cdot K} \tag{1.14}$$

• 内部エネルギー • (1.11), (1.13) から，次の関係が導かれる．

$$mN\langle v^2\rangle = 3nRT \tag{1.15}$$

理想気体では気体分子の間には力が働かないので，内部エネルギーは分子の運動エネルギーの総和に等しい．He や Ar などの単原子分子の場合には分子の重心の運動エネルギーが分子のエネルギーである．これに反し，CO_2 や O_2 では分子の重心運動だけでなく回転や振動の内部自由度を考慮する必要がある．ここでは単原子理想気体を扱うが，速度が $\boldsymbol{v}$ の質点の運動エネルギーは $mv^2/2$ であるから，N 個の単原子分子から構成される理想気体の内部エネルギー U は

$$U = \frac{mN}{2}\langle v^2\rangle \tag{1.16}$$

と書ける．(1.15) を (1.16) に代入すると

$$U = \frac{3}{2}nRT \tag{1.17}$$

となる．これから U は n, T に依存するが V とは無関係であることがわかる．また，絶対零度では分子運動が消失するため，$T = 0$ で $U = 0$ となる．T が絶対温度とよばれるのはこのような理由による．

• 内部エネルギーと温度 • (1.17) によると理想気体の内部エネルギーは気体の絶対温度に比例している．一般に，物体の内部エネルギーは温度の単調増加関数であることが知られている．物体に熱が流れ込んだり仕事が加わったりするとき物体の温度が上がるのは，その物体の内部エネルギーが増えるためである．これをもっと定量的に表すのが次節の熱力学第一法則である．

例題 4　　**気体定数**

すべての気体の 1 モルは標準状態（0° C，1 気圧）で $2.2414 \times 10^{-2}\,\mathrm{m}^3$ の体積を占めることが知られている．この性質を利用して気体定数を J/mol・K および cal/mol・K の単位で求めよ．ただし，計算の際，1 気圧 $= 1.01325 \times 10^5\,\mathrm{N/m^2}$，$0^\circ\,\mathrm{C} = 273.15\,\mathrm{K}$，$1\,\mathrm{cal} = 4.18605\,\mathrm{J}$ とせよ．

解答　(1.13) を利用し次のように計算される．

$$R = \frac{1.01325 \times 10^5 \times 2.2414 \times 10^{-2}}{273.15} \frac{\mathrm{J}}{\mathrm{mol \cdot K}} = 8.314 \frac{\mathrm{J}}{\mathrm{mol \cdot K}}$$

あるいは，これを cal/mol・K の単位で表すと次のようになる．

$$R = \frac{8.314}{4.18605} \frac{\mathrm{cal}}{\mathrm{mol \cdot K}} = 1.986 \frac{\mathrm{cal}}{\mathrm{mol \cdot K}}$$

問　題

4.1　気体のモル数 n は気体の質量を m，分子量を M とすれば $n = m/M$ で与えられる．16 g の酸素気体のモル数，この気体が 2 気圧，28° C において占める体積を求めよ．ただし，酸素気体の分子量を 32 g とする．

4.2　モル分子数を N_A とすれば，$N = nN_\mathrm{A}$ と書けるので (1.15) から

$$\left\langle \frac{mv^2}{2} \right\rangle = \frac{3R}{2N_\mathrm{A}} T = \frac{3kT}{2}$$

が得られる．ただし，k は

$$k = \frac{R}{N_\mathrm{A}}$$

で定義され，これを**ボルツマン定数**という．ボルツマン定数を求めよ．

4.3　問題 4.2 の結果から

$$\left\langle \frac{m{v_x}^2}{2} \right\rangle = \left\langle \frac{m{v_y}^2}{2} \right\rangle = \left\langle \frac{m{v_z}^2}{2} \right\rangle = \frac{kT}{2}$$

が導かれる．上式は，気体分子の運動エネルギーの平均値は 1 つの自由度当たり $kT/2$ であることを意味し，これを**エネルギーの等分配則**という．27° C における 1 自由度当たりのエネルギーは何 J か．

4.4　(1.13) の関係を**ボイル-シャルルの法則**という．温度を a 倍，体積を b 倍にしたとき圧力は何倍となるか．

4.5　一直線上で単振動する体系を 1 次元**調和振動子**という．1 次元調和振動子のエネルギーを e とすれば $\langle e \rangle = kT$ が成り立つことを示せ．

1.5　熱力学第一法則

• 熱力学第一法則 •　熱は力学的な仕事と等価であるから，物体に仕事と熱が同時に加わるとその合計分だけ，物体の内部エネルギーが増加する．静止している物体に仕事 W，熱量 Q が加わり，物体の状態が A から B まで変わったとしよう．内部エネルギーは状態量なので状態 A, B での内部エネルギーを $U_{\mathrm{A}}, U_{\mathrm{B}}$ と書けば

$$U_{\mathrm{B}} - U_{\mathrm{A}} = W + Q \tag{1.18}$$

が成り立つ．これを**熱力学第一法則**という．(1.18) で W, Q は符号をもつ点に注意する必要がある．物体に加わる向きを正としたので，物体が外部に対して仕事をするときには $W < 0$ である．同じようにして，物体が熱を放出する（物体から熱を奪う）ときには $Q < 0$ となる．

• 微小変化の場合 •　(1.18) で B が A に限りなく近づくと同式の左辺は U の微分 dU と書ける．例題 1（p.163）で注意したように，右辺の W や Q は状態量ではないので，これらの微小量を表すのに $\delta W, \delta Q$ という記号を使う．その結果，微小変化では

$$dU = \delta W + \delta Q \tag{1.19}$$

という関係が成り立つ．(1.6)（p.164）によると $\delta W = -pdV$ と表されるので，微小変化の場合には次のように書ける．

$$dU = -pdV + \delta Q \tag{1.20}$$

• サイクル •　ある 1 つの状態から出発し，再びその状態に戻るような一回りの状態変化を**サイクル**という．サイクルでは (1.18) で A = B とおき

$$W + Q = 0 \tag{1.21}$$

である．すなわち $-W = Q$ で，体系が外部にした仕事と吸収した熱量は等しい．

• 熱機関の原理 •　熱を仕事に変える装置を**熱機関**という．熱機関にはサイクルが利用されるが，その原理を図 1.6 に示す．この図は一定量の気体のサイクルを Vp 面上で記述したものだが，A → B と Γ_1 に沿って気体が膨張するとき，問題 2.3（p.165）により，気体は Γ_1 と AA′，BB′ に挟まれた部分の面積に等しいだけの仕事をする．逆に B → A と圧縮される場合には Γ_2 と AA′，BB′ に挟まれた面積だけの仕事をされるので，1 サイクルの間には差し引き閉曲線で囲まれた面積に等しいだけの仕事を外部にする．

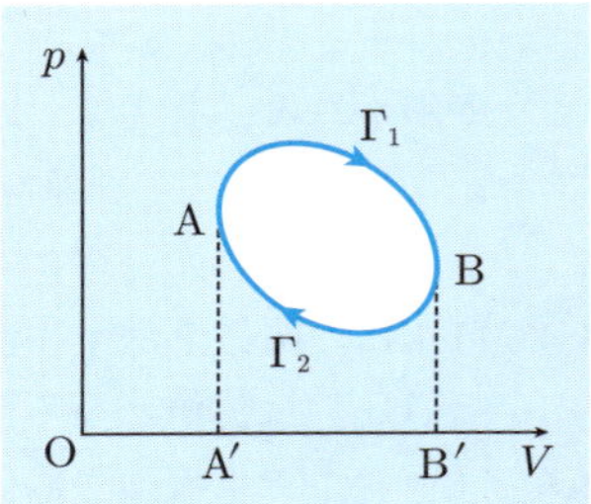

図 1.6　熱機関の原理

例題 5　　**冷凍機の原理**

図 1.6 で状態変化の矢印の向きは時計まわりでこのときには熱 → 仕事という変換が起こる．矢印の向きを逆転したときサイクルはどのような機能をもつか．

解答　図 1.6 の矢印を逆向き（反時計まわり）にすると，前述と逆なことが起こる．すなわち，気体のする仕事は，閉曲線内の面積に負の符号をつけたものとなり，この場合には $W = -Q > 0$ が成り立つ．したがって，外部から加わった仕事に等しいだけの熱量が気体から奪われる．その結果，気体の温度は下がるので，いまの過程は冷凍機（電気冷蔵庫やエアコンなど）の原理となる．

問　題

5.1　1.5 kg の銅の小球が 30 m の高さから落下し地面と完全非弾性衝突をして静止した．衝突の際，失われた力学的エネルギーはすべて銅球の内部エネルギーに変換されるとする．銅の比熱は 0.094 cal/g・K であるとし以下の問に答えよ．

(a)　衝突によって銅球に与えられる内部エネルギーは何 J か．

(b)　衝突のため銅球の温度は何 K 上がるか．

5.2　ある物体に 4 J の仕事を加え，それと同時に 3 cal の熱量を奪った．この作用により，物体の内部エネルギーはどれだけ変化したか．

5.3　一定量の気体をシリンダーに入れ，適当に加熱または冷却し，かつピストンを動かして図 1.7 のように ABCDA の順序でサイクルの状態変化を行わせた．熱の仕事当量を $4.2\,\mathrm{J \cdot cal^{-1}}$，1 気圧 $= 1.013 \times 10^5\,\mathrm{N \cdot m^{-2}}$ として，次の問に答えよ．

(a)　ABCDA の 1 サイクルの間に，気体が吸収した熱量は何 cal か．

(b)　矢印を逆向きにしたサイクルはどんな変化を記述するか．

5.4　一定量の理想気体が状態 A から順次 B, C, D に移り，再び A に戻るサイクル変化をした（図 1.8）．状態 A の温度を T_A とし次の問に答えよ．

(a)　状態 B, C, D の温度はいくらか．

(b)　状態 A から B を通って，C にいくまでに気体が外部にする仕事は何 J か．

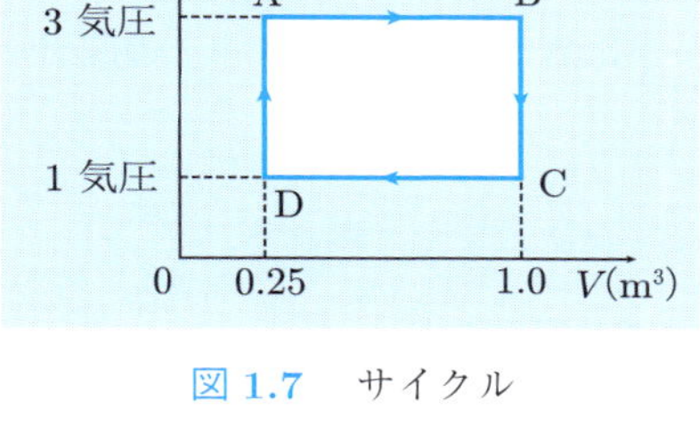

図 1.7　サイクル

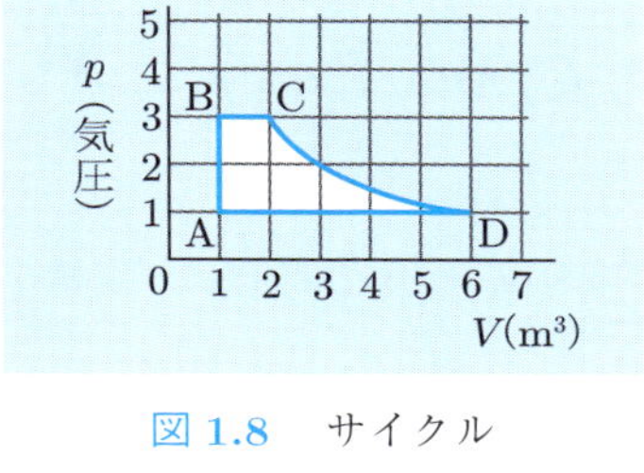

図 1.8　サイクル

1.6 気体の熱容量

• 物体の内部エネルギー • 一様な物体の内部エネルギー U は，一般に温度 T と体積 V の関数である．以下，この関数関係を $U = U(T, V)$ と表して，物体の熱容量の表式を導こう．T, V を微小変化させたとき U の変化分を dU と書けば上式から

$$dU = \left(\frac{\partial U}{\partial T}\right)_V dT + \left(\frac{\partial U}{\partial V}\right)_T dV \tag{1.22}$$

となる．$(\partial U/\partial T)_V$ の記号は，V を一定に保ちながら U を T で微分することを意味する．このように，一定に保つ独立変数を明記することが熱力学の慣習である．

• 熱容量の表式 • (1.20)（p.170）により $\delta Q = dU + pdV$ と書けるので

$$\delta Q = \left(\frac{\partial U}{\partial T}\right)_V dT + \left[p + \left(\frac{\partial U}{\partial V}\right)_T\right] dV \tag{1.23}$$

が得られる．体積が一定な場合の熱量を**定積熱容量**といい，C_V の記号で表すことにする．$C_V = (\delta Q/dT)_V$ と書けるので，(1.23) から C_V は

$$C_V = \left(\frac{\partial U}{\partial T}\right)_V \tag{1.24}$$

となる．体積が一定な場合の比熱を**定積比熱**という．また，圧力が一定の場合の熱容量を**定圧熱容量**といい，C_p と書く．$p =$ 一定 として (1.23) を dT で割ると

$$C_p = \left(\frac{\delta Q}{dT}\right)_p = C_V + \left[p + \left(\frac{\partial U}{\partial V}\right)_T\right] \left(\frac{\partial V}{\partial T}\right)_p \tag{1.25}$$

という C_p, C_V に対する一般的な関係が導かれる．

• 単原子理想気体のモル比熱 • 物質 1 モル当たりの熱容量をその物質の**モル比熱**という．理想気体の内部エネルギーは (1.17)（p.168）のように T だけの関数で，(1.25) 中 $(\partial U/\partial V)_T = 0$ とおける．したがって

$$C_p = C_V + p\left(\frac{\partial V}{\partial T}\right)_p \tag{1.26}$$

となる．特に 1 モルの場合，状態方程式 (1.13)（p.168）により $pV = RT$ と書けるので $p(\partial V/\partial T)_p = R$ である．すなわち，モル比熱に対し次の**マイヤーの関係**

$$C_p - C_V = R \tag{1.27}$$

が成り立つ．(1.17) により定積モル比熱 C_V は次式で与えられる．

$$C_V = \frac{3R}{2} \quad \text{（単原子理想気体）} \tag{1.28}$$

例題 6 ――― **2 原子分子理想気体の熱容量**

問題 4.3（p.169）で気体分子の並進運動に対し，運動エネルギーの平均値は 1 つの自由度当たり $kT/2$ であることを示した．これを一般化し，多原子分子の回転や振動の場合にも 1 つの自由度当たり $kT/2$ だけのエネルギーが分配されているとする．このような仮定下で以下の問に答えよ．

(a)　1 つの気体分子の自由度が f の場合，定積モル比熱はどのように表されるか．

(b)　O_2 や N_2 などの 2 原子分子から構成される理想気体の定積モル比熱，定圧モル比熱を求めよ．

解答　(a)　1 分子当たりの運動エネルギーの平均値は $fkT/2$ と表される．1 モルの気体中にはモル分子数 N_A だけの分子が含まれ

$$kN_A = R$$

が成り立つので，1 モルの気体の内部エネルギーは $U = fRT/2$ と書ける．したがって，定積モル比熱は次式のようになる．

$$C_V = \frac{fR}{2}$$

(b)　2 原子分子の場合，通常の温度では，分子間の距離は一定であると考えてよい．1 個の原子の自由度は 3 であるから，2 個の原子がそれぞれ独立に運動すれば自由度は 6 になる．しかし，両者間の距離が一定という制限がつくので自由度は 5 と表される．したがって，C_V は

$$C_V = \frac{5R}{2}$$

となる．マイヤーの関係式はいまの場合でも成り立つので，C_p は

$$C_p = \frac{7R}{2}$$

と書ける．

問　題

6.1　定圧の下で，2 g の酸素気体の温度を 15 K 上げたとき，内部エネルギーは何 J 増加するか．

6.2　3 原子分子の自由度 f は一般的には $f = 6$ であること，もし 3 原子が一直線上にある場合には $f = 5$ であることを示せ．ただし，各原子の間の距離は一定であると仮定する．

6.3　1 気圧の下で，400 °C における水蒸気の比熱は 1.854 J/g・K と測定されている．この測定値を理論値と比較せよ．

1.7 断熱変化

• 断熱変化 •　外部との間に熱の出入りがない状態変化を**断熱変化**または**断熱過程**という．(1.23) で $\delta Q=0$ とおくと断熱変化は一般に次式で記述される．

$$\left(\frac{\partial U}{\partial T}\right)_V dT+\left[p+\left(\frac{\partial U}{\partial V}\right)_T\right]dV=0 \tag{1.29}$$

• 理想気体の断熱変化 •　特に，理想気体では U は温度だけの関数で $(\partial U/\partial V)_T=0$ とおける．また，定積熱容量 C_V は $C_V=(\partial U/\partial T)_T$ と表されるので (1.29) は

$$C_V dT+pdV=0 \tag{1.30}$$

と書ける．簡単のため 1 モルの場合を考えると，$p=RT/V$ を上式に代入し

$$C_V dT+RT dV/V=0 \tag{1.31}$$

である．マイヤーの関係式 $R=C_p-C_V$ を使い

$$\gamma=\frac{C_p}{C_V} \tag{1.32}$$

で定義される**比熱比** γ を導入すると次式が得られる．

$$\frac{dT}{T}+(\gamma-1)\frac{dV}{V}=0 \qquad \therefore \quad \ln T+(\gamma-1)\ln V=\text{一定} \tag{1.33}$$

$C_p>C_V$ であるから $\gamma>1$ である．(1.33) から

$$TV^{\gamma-1}=\text{一定} \tag{1.34}$$

が導かれる．He, Ar などの単原子分子では $\gamma=5/3$，O_2, N_2 の 2 原子分子では $\gamma=7/5$ となる．

• 断熱圧縮と断熱膨張 •　$\gamma>1$ が成り立つので (1.34) を利用すると，T は V の単調減少関数であることがわかる．したがって，一定量の理想気体は断熱圧縮すると温度が上がり，逆に断熱膨張すると温度が下がる．

• 断熱線と等温線 •　状態方程式 $T\propto pV$ を利用すれば (1.34) から次式のようになる．

$$pV^{\gamma}=\text{一定} \tag{1.35}$$

Vp 面上で (1.35) の変化を記述する曲線を**断熱線**という．一方，等温変化では $pV=\text{一定}$ となり，Vp 面上でこの変化を表す曲線を**等温線**という．図 1.9 に示すように，Vp 面上の点 $P(V_0, p_0)$ を通る断熱線（実線）と等温線（点線）を考える．気体を膨張させその体積を V_1 にしたとすれば，断熱膨張のため気体の温度は下がり，断熱線上の点 P_1 は等温線上の点 P_1' の下になる．断熱圧縮では逆に断熱線が等温線より上となる．すなわち，断熱線は等温線より急勾配となる（例題 7）．

例題 7 **等温線と断熱線**

図 1.9 の点 P における等温線，断熱線の勾配を直接計算し，断熱線は等温線より急勾配であることを示せ．

解答 等温線上では $pV = $ 一定 であるからこの自然対数をとると $\ln p + \ln V = $ 一定 が得られる．温度は一定としてこの微分をとると $dp/p + dV/V = 0$ となる．したがって，点 P における等温線の勾配は

$$\left(\frac{\partial p}{\partial V}\right)_T = -\frac{p_0}{V_0}$$

と表される．一方，断熱過程では (1.35) により $\ln p + \gamma \ln V = $ 一定 と書けるので，同じ方法により次の関係が求まる．

$$\left(\frac{\partial p}{\partial V}\right)_S = -\gamma \frac{p_0}{V_0}$$

断熱過程では後で示すように，エントロピー S が一定であるので上のような記号を用いた．以上の両式から次式が得られ，断熱線は等温線より急勾配となる．

$$\frac{(\partial p/\partial V)_S}{(\partial p/\partial V)_T} = \gamma$$

問　題

7.1 木炭の発火点を 300°C とする．27°C の空気を断熱圧縮し炭火を作るためには空気をどれくらい圧縮すればよいか．

7.2 状態 A（体積 V_A，圧力 p_A，温度 T_A）にある n モルの理想気体を状態 B（体積 V_B，圧力 p_B，温度 T_B）へ断熱変化させたとする．この間に気体が外部にした仕事 W' を求めよ．

7.3 体積 V の体系に加える圧力を Δp だけ増加させると体積は減少する（図 1.10）．体積の変化分を ΔV とするとき $\kappa = -(\Delta V/V)/\Delta p$ で定義される κ を**圧縮率**という．図 1.9 の点 P での等温圧縮率 κ_T，断熱圧縮率 κ_S を求めよ．

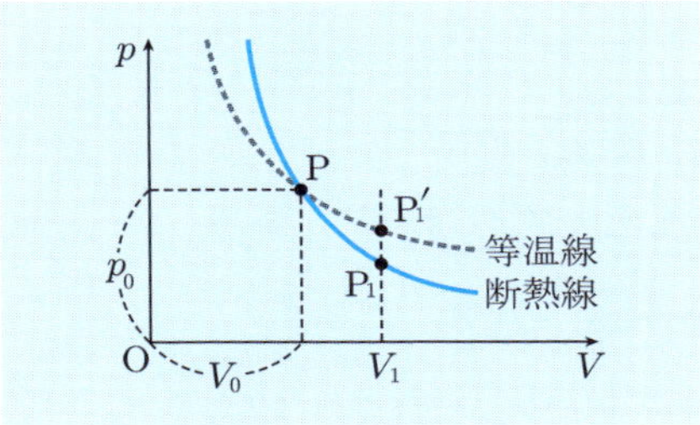

図 1.9　断熱線と等温線

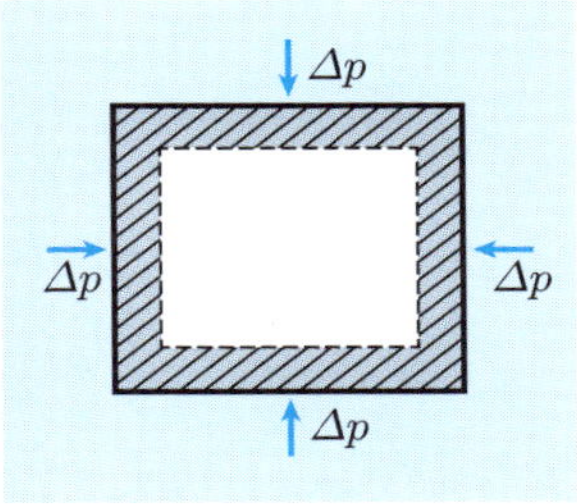

図 1.10　圧縮率

1.8 カルノーサイクル

• **熱機関** • 熱を仕事に変える装置を熱機関というが（1.5 節），熱機関に利用する物質を**作業物質**という．図 1.11 のように温度 T_1 の高温熱源 R_1 と温度 T_2 の低温熱源 R_2 の間で働く熱機関 C があるとする．作業物質に 1 サイクルの状態変化を行わせ，1 サイクル後，C が R_1 から Q_1 の熱量を吸収し，R_2 へ Q_2 の熱量を放出したとすれば，C は $W = Q_1 - Q_2$ だけの仕事を外部に行う（Q_2 は放出する向きを正とする）．次の η は受けとった熱量のうち，仕事に変わった比を表し，これを熱機関の**効率**という．

$$\eta = \frac{Q_1 - Q_2}{Q_1} \tag{1.36}$$

• **カルノーサイクル** • 作業物質として n モルの理想気体を考え，これを摩擦のないシリンダー中に入れ，Vp 面上で図 1.12 で示す準静的な状態変化をさせたとする．これを**カルノーサイクル**という．$1 \to 2$ の間で気体は高温熱源と接しながら等温膨張するが，等温では内部エネルギーは変わらず，Q_1 は $1 \to 2$ で気体のする仕事 W' に等しい．問題 2.3（p.165）と状態方程式を利用し，1, 2 の体積を V_1, V_2 とすると

$$Q_1 = \int_{V_1}^{V_2} pdV = nRT_1 \int_{V_1}^{V_2} \frac{dV}{V} = nRT_1 \ln \frac{V_2}{V_1} \tag{1.37}$$

となる．状態が 2 になったとき気体を高温熱源から引き離し，$2 \to 3$ と断熱膨張させる．温度が T_2 になったところで，R_2 と接しながら $3 \to 4$ と変化させる．$1 \to 2$ の変化と同様，気体は T_2 の等温に保たれるので内部エネルギーは変わらず，Q_2 は気体が V_4 から V_3 まで膨張するとき気体のする仕事に等しくなる．すなわち

$$Q_2 = \int_{V_4}^{V_3} pdV = nRT_2 \ln \frac{V_3}{V_4} \tag{1.38}$$

と計算される．(1.37), (1.38) で $V_2/V_1 = V_3/V_4$ が成り立ち（例題 8），次の関係が導かれる．

$$\frac{Q_1}{T_1} = \frac{Q_2}{T_2} \tag{1.39}$$

上式から Q_2 を解き，(1.36) に代入すると次式が得られる．

$$\eta = \frac{T_1 - T_2}{T_1} \tag{1.40}$$

R_1, R_2 の間で働く熱機関のうち，カルノーサイクルは最大の効率をもち，そのような点で理想的な熱機関である．

例題 8　**カルノーサイクルの性質**

カルノーサイクルにおいて次の関係が成り立つことを証明せよ．

$$\frac{V_2}{V_1} = \frac{V_3}{V_4}$$

解答　$2 \to 3$ は断熱変化であり，このため $T_1 {V_2}^{\gamma-1} = T_2 {V_3}^{\gamma-1}$ が成り立つ．同様に，$T_2 {V_4}^{\gamma-1} = T_1 {V_1}^{\gamma-1}$ である．この両式から

$$\frac{T_2}{T_1} = \left(\frac{V_2}{V_3}\right)^{\gamma-1} = \left(\frac{V_1}{V_4}\right)^{\gamma-1} \qquad \therefore \quad \frac{V_2}{V_3} = \frac{V_1}{V_4}$$

となり，これから与式が得られる．

問　題

8.1　1000 K の高温熱源と 300 K の低温熱源の間で働くカルノーサイクルを考え，以下の問に答えよ．

(a)　このカルノーサイクルの効率は何％か．

(b)　高温熱源から提供される 500 J の熱量のうち，実際に仕事に変わった熱量と低温熱源に捨てられた熱量を求めよ．

8.2　効率 100％の熱機関を製作することは不可能である．これは現在の技術が不完全なためではなく，熱本来の性質のためである．この事実を利用し，絶対零度を実現するのは不可能であることを証明せよ．

8.3　図 1.12 の矢印の向きを逆向きにしたサイクルを**逆カルノーサイクル**という．逆カルノーサイクルは冷凍機としての機能をもつことを示せ（このため逆カルノーサイクルを**カルノー冷凍機**という場合もある）．

8.4　400 K の高温熱源と 300 K の低温熱源で働くカルノー冷凍機がある．低温熱源から 300 cal の熱量が奪われたとして次の量を求めよ．

(a)　高温熱源の受けとった熱量　　(b)　外部からなされた仕事

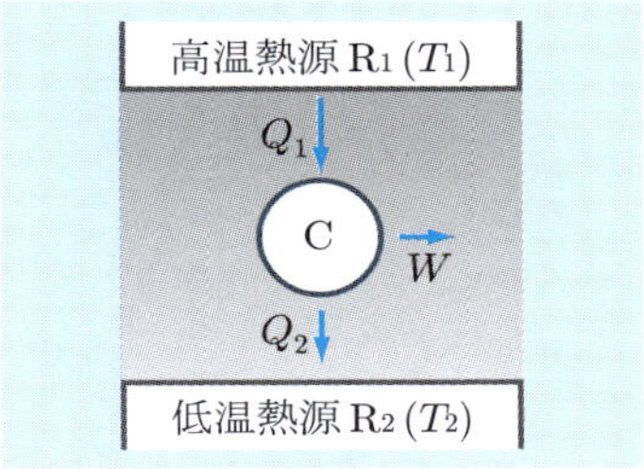

図 1.11　熱機関

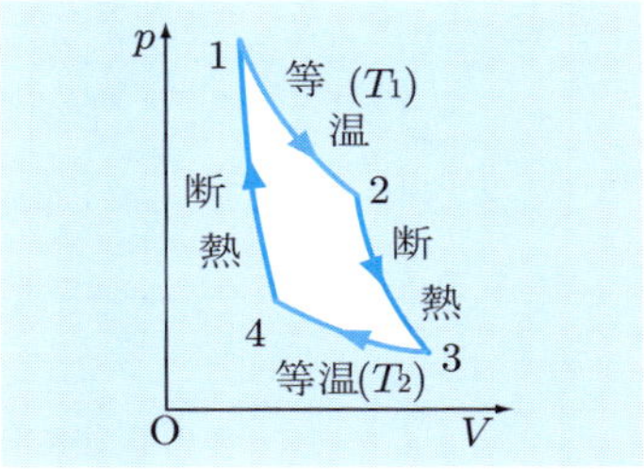

図 1.12　カルノーサイクル

2　熱力学第二法則

2.1　不可逆過程と熱力学第二法則

• 可逆過程と不可逆過程 •　ある体系を状態 1 から状態 2 へ変化させたとする．この変化は，例えば Vp 面上の 1 つの経路で記述される（図 2.1）．体系が状態 2 に達したとき，一般には注目する体系の外部になんらかの変化が生じている．図 2.1 の矢印を逆転させ同じ経路を逆向きにたどって，体系が $2 \to 1$ と変化し元の状態に戻ったとき，外部の変化が帳消しになれば $1 \to 2$ の変化を**可逆過程**または**可逆変化**という．これに対し，$2 \to 1$ のどんな経路をとっても，外部に必ず変化が残るとき，$1 \to 2$ の変化を**不可逆過程**または**不可逆変化**という．例えば，カルノーサイクルでシリンダーとピストンの間に摩擦が働くと摩擦熱が発生し，サイクルは不可逆過程となる．

• 可逆過程の例 •　第 I 編で学んだ運動には可逆過程が多い．例えば単振動では $\mathrm{A} \to \mathrm{B}$ という運動の時間の流れを逆にした $\mathrm{B} \to \mathrm{A}$ という運動も可能である（図 2.2）．

• 熱力学第二法則 •　不可逆過程の特徴を表すのに以下の 2 つの方法がある．1 つは

熱は低温部から高温部へひとりでに移動しない　(2.1)

ということで，これを**クラウジウスの原理**という．また

熱はひとりでに力学的な仕事に変わらない　(2.2)

とも表現でき，これを**トムソンの原理**という．これらの原理を**熱力学第二法則**という．上記の原理は一見，異なったことを述べているように思われるが，実は同じことを違ったふうに表現したものである（例題 1）．なお,「ひとりでに」というのは一種のキーワードで正確には「外部になんらの変化を残さないで」という意味である．

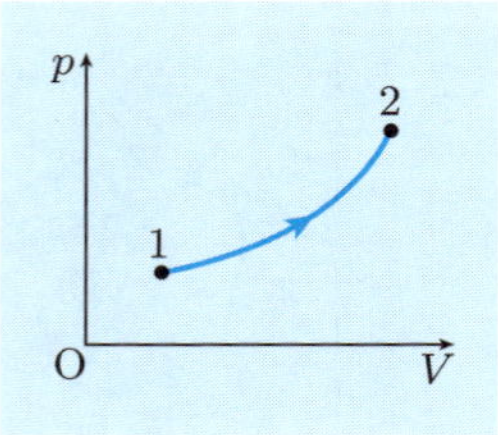

図 2.1　1 → 2 の状態変化

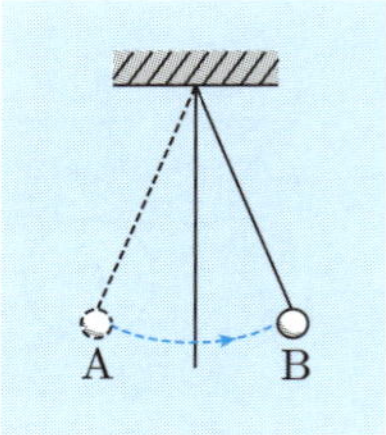

図 2.2　単振動

例題 1　　**原理の等価性**

クラウジウスの原理とトムソンの原理とが等価であることを示せ．ただし，両原理が等価であるとは，前者が成立すれば後者も成立し，逆に後者が成立すれば前者も成立する，という意味である．

解答　両者の原理の等価性を証明するため，クラウジウスの原理を命題 A，トムソンの原理を命題 B とし，A が成立するとき B が成立することを $A \to B$ と記す．また A, B を否定する命題をそれぞれ A', B' と書く．$A \to B, B \to A$ を証明するのに $A' \to B', B' \to A'$ を証明してもよい．いま，この結果が証明されたとしよう．一般に，$A \to B$ か $A \to B'$ のどちらかが正しいが，もし後者が成立すれば $A \to B' \to A'$ となり，A と A' とは両立するはずはなく矛盾に導く．したがって，$A \to B$ でなければならない．同様に $B \to A$ が導かれる．

A' が成立すると熱は低温部から高温部へひとりでに移動する．そこで，カルノーサイクル C を運転させ，高温部から Q_1 の熱量を吸収し，低温部へ Q_2 の熱量を放出したとする．C は $Q_1 - Q_2$ だけの仕事を外部に対して行う．ここで，Q_2 の熱量をひとりでに高温部へ移動させると，低温部の変化が消滅し，高温部の熱量 $Q_1 - Q_2$ がひとりでに仕事に変わって B' が成立し，$A' \to B'$ が証明される．逆に，B' が正しいと仮定し，低温部の熱量 Q' がひとりでに仕事になったとして，この仕事を使い逆カルノーサイクル $\overline{\mathrm{C}}$ を運転させる．その際，低温部から Q_2 の熱量が失われたとすれば，1 サイクルの後，外部の仕事は帳消しとなり，低温部から $Q_2 + Q'$ の熱量がひとりでに高温部へ移動したことになる．このようにして $B' \to A'$ が示された．

問　題

1.1　ある現象が可逆か，不可逆かを判断するにはどのような方法を使えばよいか．

1.2　一滴のインクを水中に落とし放置しておくと，インクは次第に水中に広がっていく．この現象を**拡散**という．拡散は，熱はともなわないが，不可逆過程であることを示せ．

1.3　火薬の爆発は，軍事目的に使われたり，身のまわりでは花火に利用されたりする．火薬の爆発は不可逆過程であることを示せ．

1.4　電気抵抗が有限な導線を電池の陽極，陰極につなぎ電流を流すとジュール熱が発生する．もし時間を反転することができれば，この場合どのような現象が観測されるか．

1.5　1 気圧の下，水を熱すると 100°C で水は水蒸気となり**気化**の現象が起こる．気化は可逆か，不可逆か．

2.2 クラウジウスの式

• 可逆サイクルと不可逆サイクル • 可逆過程から構成されるサイクルを**可逆サイクル**，その熱機関を**可逆機関**という．一方，不可逆過程を含むサイクルを**不可逆サイクル**，その熱機関を**不可逆機関**という．現実の熱機関は摩擦熱，熱伝導など不可逆過程をともなうので不可逆機関である．

• クラウジウスの式 • 高温熱源 R_1（温度 T_1）と低温熱源 R_2（温度 T_2）との間で働く任意のサイクル（可逆でも不可逆でもよい）を C とする．この C が 1 サイクルの間に R_1 から Q_1，R_2 から Q_2 の熱量を吸収したとする．いまの場合，熱量の符号についてはサイクルが吸収する向きを正ととる．その結果，C が熱機関の場合には $Q_1 > 0$，$Q_2 < 0$ となる．一般に

$$\frac{Q_1}{T_1} + \frac{Q_2}{T_2} \leq 0 \tag{2.3}$$

の関係が成立する（例題 2）．ただし，(2.3) で $=$ は可逆サイクル，$<$ は不可逆サイクルの場合に対応する．上の関係を**クラウジウスの式**という．

• 熱機関の効率 • サイクルの性質により，外部からなされた仕事を W とすれば $Q_1 + Q_2 + W = 0$ の関係が成立する．そのため，1 サイクルの間に熱機関が外部にした仕事は

$$-W = Q_1 + Q_2 \tag{2.4}$$

と表される．したがって，C の効率は

$$\eta = \frac{Q_1 + Q_2}{Q_1} = 1 + \frac{Q_2}{Q_1} \tag{2.5}$$

と書ける．C が外部に仕事をするときには $Q_1 > 0$ で (2.3) から，$T_2 > 0$ に注意して

$$\frac{T_2}{T_1} + \frac{Q_2}{Q_1} \leq 0 \qquad \therefore \quad \frac{Q_2}{Q_1} \leq -\frac{T_2}{T_1}$$

が得られる．その結果，(2.5) により

$$\eta \leq \frac{T_1 - T_2}{T_1} \tag{2.6}$$

となる（$=$ は可逆，$<$ は不可逆）．上式の右辺はカルノーサイクルの効率 η_{C} で，2 つの熱源間で働く任意の熱機関の効率の最大値は η_{C} に等しいことがわかる．カルノーサイクルの議論で導いた (1.39)（p.176）は，1.8 節といまの Q_2 とはちょうど反対符号であることに注意すれば，(2.3) で等号をとった関係に帰着する．

例題 2　　**クラウジウスの式**

クラウジウスの式を導け．

解答　任意のサイクルを C，カルノーサイクルを C′ とし，両者を高温熱源 R_1 と低温熱源 R_2 との間で運転させ，1 サイクルの間に C，C′ はそれぞれ図 2.3 に示すような熱量を吸収したと仮定する．元に戻ったとき，C は Q_1+Q_2，C′ は $Q_1'+Q_2'$ の仕事を外部に行い，結局，外部には $Q_1+Q_2+Q_1'+Q_2'$ だけの仕事が残る．ここですべての操作が終わったとき R_2 に変化が残らないように Q_2' を決める．すなわち

$$Q_2+Q_2'=0 \tag{1}$$

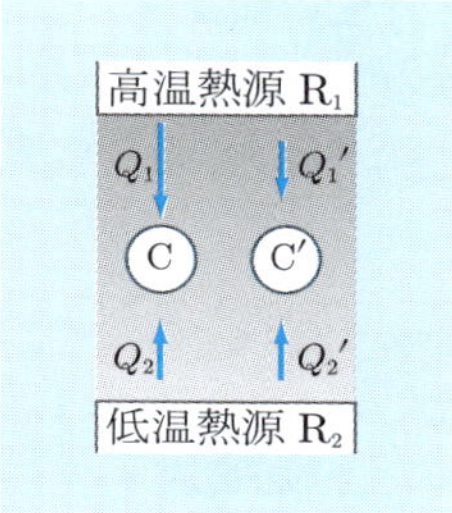

図 2.3　サイクル C，C′

とする．その結果，C，C′ がもとに戻ったとき R_2 はもとに戻るが，R_1 は Q_1+Q_1' の熱量を失い，それに等しい仕事が外部に残っている．もし，Q_1+Q_1' が正であれば，正の熱量がひとりでに仕事に変わったことになり，トムソンの原理に反する．したがって

$$Q_1+Q_1' \leq 0 \tag{2}$$

でなければならない．C が可逆サイクルなら逆向きの状態変化が可能で上の操作がすべて逆転でき，Q，Q' の符号がすべて逆転する．このため $Q_1+Q_1' \geq 0$ となり (2) と両立するためには $Q_1+Q_1'=0$ が必要となる．逆にこれが成立すれば，すべての変化が帳消しになるので，C は可逆サイクルである．すなわち，(2) の ≤ 0 で $=0$ と可逆サイクルとは等価である．したがって，<0 と不可逆サイクルとが等価になる．C′ はカルノーサイクルであるから，(1.39)（p.176）で $Q_2=-Q_2'$ とおき

$$\frac{Q_1'}{T_1}+\frac{Q_2'}{T_2}=0 \tag{3}$$

が成立する．(1) から得られる $Q_2'=-Q_2$ を (3) に代入すると $Q_2/T_2=Q_1'/T_1$ となる．(2) から $Q_1' \leq -Q_1$ が導かれるので次の (4) のように (2.3) が得られる．

$$\frac{Q_2}{T_2} \leq -\frac{Q_1}{T_1} \tag{4}$$

問　題

2.1　上記の (2) は具体的にどのような物理的過程を表すかについて論じよ．

2.2　900 K の高温熱源と 300 K の低温熱源の間で働く熱機関の最大効率は何％か．

2.3　トムソンの原理に基づいて (2.6) を導いたが，クラウジウスの原理を用いてこの関係を証明せよ．

2.3　任意のサイクルに対するクラウジウスの式

• n 個の熱源 •　(2.3) は多数の熱源がある場合に拡張される．任意の体系が行う任意のサイクル C があり，1 サイクルの間に C は温度 T_1 の熱源 R_1 から熱量 Q_1，温度 T_2 の熱源 R_2 から熱量 Q_2，⋯，温度 T_n の熱源 R_n から熱量 Q_n を吸収したとすれば

$$\frac{Q_1}{T_1}+\frac{Q_2}{T_2}+\cdots+\frac{Q_n}{T_n}\leq 0 \tag{2.7}$$

が成り立つ．ここで，等号が可逆サイクル，不等号が不可逆サイクルに対応する．上式で $n=2$ とすれば，同式は (2.3) に帰着する．

• (2.7) の証明 •　任意の熱源 R（温度 T）を考え，R と $R_1, R_2, \cdots, R_n$ との間にカルノーサイクル $C_1, C_2, \cdots, C_n$ を働かせる（図 2.4）．もとに戻したとき図のように熱量を吸収したとすれば，(1.39)（p.176）で熱量の符号を考慮し

$$\frac{Q_i'}{T}=\frac{Q_i}{T_i}\quad (i=1,2,\cdots,n) \tag{2.8}$$

となる．すべてのサイクルが完了した時点で，$C, C_1, C_2, \cdots, C_n$ はもとに戻る．熱源 R_i から Q_i と $-Q_i$ の熱量が出ているので変化はなく $R_1, R_2, \cdots, R_n$ ももとに戻る．1 サイクルの間に C_i は $Q_i'-Q_i$，C は $Q_1+Q_2+\cdots+Q_n$ の仕事を外部に対して行い，外部にした仕事は $Q_1'+Q_2'+\cdots+Q_n'$ となる．よって，すべてのサイクルが完了したとき，変化があるのは R が $Q_1'+Q_2'+\cdots+Q_n'$ の熱量を失い，外部に同量の仕事が残っているという点である．もし，この仕事が正だと，熱がひとりでに仕事に変わったことになり，トムソンの原理に反する．このため $Q_1'+Q_2'+\cdots+Q_n'\leq 0$ と書け，前節と同様の議論により $=0$ と可逆サイクルとが，<0 と不可逆サイクルとが等価になる．(2.8) を代入し $T>0$ に注意すれば，(2.7) が導かれる．

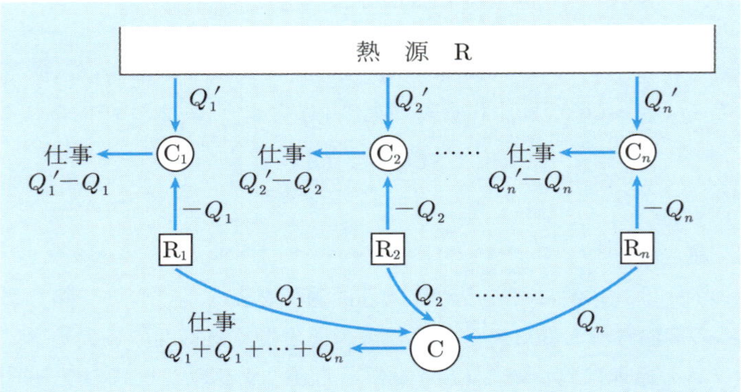

図 2.4　一般のクラウジウスの式

例題 3　　**ガス冷蔵庫の原理**

ガス冷蔵庫はガスを燃やして物を冷やすといった，一見手品のようなことを行うがその原理を図 2.5 に示す．あるサイクルがガスの炎（温度 T_0）から Q_0，低温熱源（温度 T_2）から Q_2 の熱量を吸収し，高温熱源（温度 T_1）に Q_0+Q_2 の熱量を供給してもとに戻ったと仮定する．すべての変化が可逆的であるとして，Q_2 を求めよ．

解答　すべての変化が可逆的であれば，(2.7) で等号が成立し

$$\frac{Q_0}{T_0}-\frac{Q_0+Q_2}{T_1}+\frac{Q_2}{T_2}=0 \tag{1}$$

となり，(1) から Q_2 を解いて

$$Q_2=\frac{T_2}{T_0}\frac{T_0-T_1}{T_1-T_2}Q_0 \tag{2}$$

が得られる．(2) からわかるように $T_1>T_2$ であるから，$T_0>T_1$ なら $Q_2>0$ となる．すなわち，$T_0>T_1>T_2$ だと低温熱源から高温熱源へと熱が移動するため，体系は冷蔵庫としての機能をもつ．

問　題

3.1　ある作業物質が，温度 T_0,T_1,T_2 の熱源からそれぞれ Q_0,Q_1,Q_2 の熱量を吸収してもとの状態に戻った．このサイクルに対するクラウジウスの式はどのように表されるか．

3.2　図 2.5 で $T_0=1000\,\mathrm{K}$ とする．また，T_1 は庫外の温度で室温 $T_1=300\,\mathrm{K}$ とし，庫内は $-10\,^\circ\mathrm{C}$ を保つと考え $T_2=-10\,^\circ\mathrm{C}=263\,\mathrm{K}$ とおく．ガスの炎が Q_0 の熱量を提供するとき，庫内から庫外へ運ばれる熱量 Q_2 を求めよ．

3.3　$T_0\to\infty$ の極限で Q_2 はどのように表されるか．また，このような極限での Q_2 の値を問題 3.2 の場合に適用し，正確な値との差について論じよ．

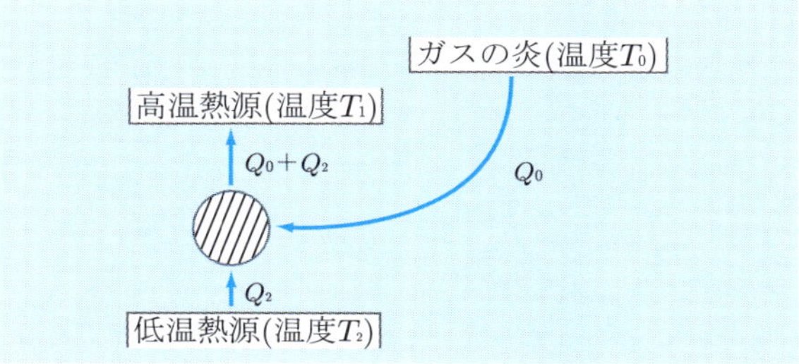

図 2.5　ガス冷蔵庫の原理

2.4　エントロピー

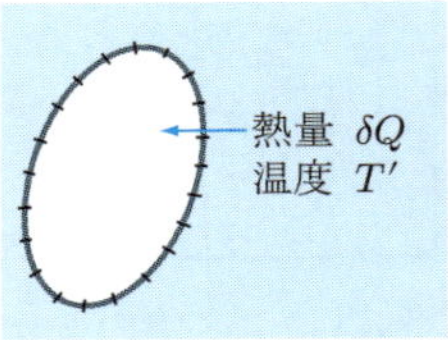

図 2.6　連続的な変化

• 連続的な変化 •　連続的な変化の場合，1 サイクルを表す閉曲線（図 2.6）を分割し，各微小部分で体系が吸収する熱量を δQ，熱源の温度を T' とする．(2.7) の左辺は積分で表され次のようになる．

$$\oint \frac{\delta Q}{T'} \leq 0 \tag{2.9}$$

• エントロピーの定義 •　図 2.7(a) のように，1 から 2 に経路 L_1 に沿って変化し，$2 \to 1$ と $L_2{}'$ をたどりもとへ戻る可逆サイクルを考える．体系の温度 T と熱源の温度 T' が違うと熱伝導が起こり，可逆サイクルになり得ないので，可逆サイクルでは $T = T'$ となり

$$\int_{L_1} \frac{\delta Q}{T} + \int_{L_2{}'} \frac{\delta Q}{T} = 0 \tag{2.10}$$

となる．図 2.7(b) のように，$L_2{}'$ と逆向きの経路を L_2 とすれば，可逆過程では変化の向きを逆転させると熱量の符号が逆転するので，(2.10) は

$$\int_{L_1} \frac{\delta Q}{T} = \int_{L_2} \frac{\delta Q}{T} \tag{2.11}$$

と書ける．すなわち，$1 \to 2$ の可逆過程を表す任意の経路 L に対し $\displaystyle\int_{L} \frac{\delta Q}{T}$ は L の選び方に依存しない．始点 0 を決め $0 \to 1$，$0 \to 2$ の可逆過程を表す任意の経路を新たに，L_1，L_2 とする (図 2.8)．0 を固定したと思えば

$$\int_{L_1} \frac{\delta Q}{T} = S(1), \quad \int_{L_2} \frac{\delta Q}{T} = S(2) \tag{2.12}$$

で定義される $S(1), S(2)$ はそれぞれ状態 1, 2 に依存し状態量となる．この S を**エントロピー**という．基準状態 0 の選び方は任意であり，エントロピーには不定性がある．

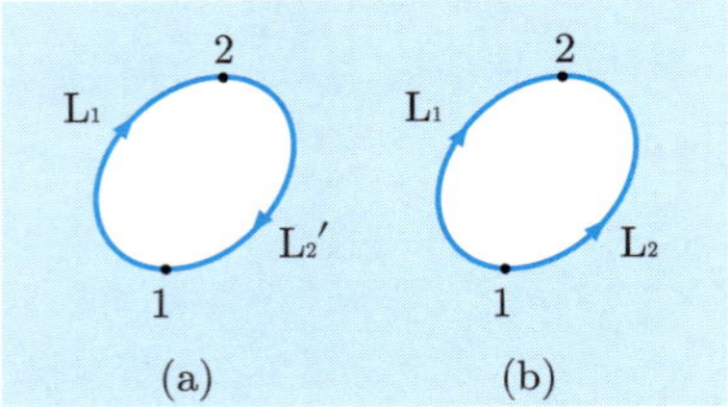

図 2.7　可逆サイクル

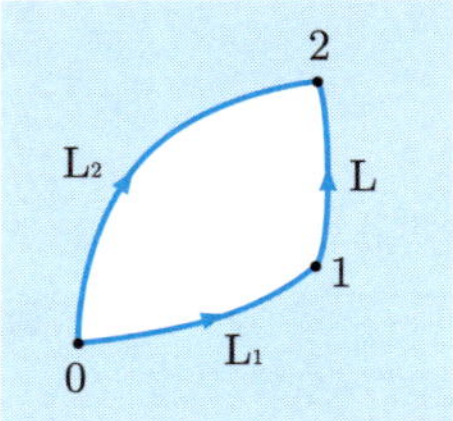

図 2.8　エントロピーの定義

例題 4 **状態変化とエントロピーの差**

図 2.8 のように，$1 \to 2$ の任意の経路 L（可逆でも不可逆でもよい）を考えたとき

$$\int_{\mathrm{L}} \frac{\delta Q}{T'} \leq S(2) - S(1)$$

が成り立つことを示せ．ただし，等号（不等号）は $1 \to 2$ の状態変化が可逆（不可逆）な場合を表す．

解答 $0 \to 1 \to 2 \to 0$ のサイクルに (2.9) を適用し，可逆過程では $T' = T$ とおけることおよび可逆過程で経路を逆にすると δQ の符号が逆転することに注意すると

$$\int_{\mathrm{L}_1} \frac{\delta Q}{T} + \int_{\mathrm{L}} \frac{\delta Q}{T'} - \int_{\mathrm{L}_2} \frac{\delta Q}{T} \leq 0$$

が得られる．(2.12) を用いると与式が導かれる．

問 題

4.1 例題 4 の結果で状態 2 が状態 1 に限りなく近づくと，結果は微小量の間の関係となり，次式が得られることを示せ．

$$\frac{\delta Q}{T'} \leq dS$$

4.2 可逆的な微小変化では前問で等号をとり，$T' = T$ とおけば $\delta Q = TdS$ が得られる．これを熱力学第一法則 (1.20)（p.170）と組み合わせ，次の関係を導け．

$$dS = \frac{dU}{T} + \frac{pdV}{T}$$

4.3 n モルの理想気体のエントロピーを求めよ．

4.4 質量 m，比熱 c の物体の温度を T_1 から T_2 まで可逆的に上昇させたとき，物体のエントロピーはどれだけ増加するか．ただし，比熱は温度に依存しないと仮定する．

4.5 断熱過程（$\delta Q = 0$）を考えると，問題 4.1 により $0 \leq dS$ となる．すなわち，可逆断熱過程ではエントロピーは不変だが，不可逆断熱過程ではエントロピーは必ず増大する．これを**エントロピー増大の原理**という．この原理は自然界における状態変化の向きを与えるが，次の ①～⑩ の事項のうちで方向が逆であるものを選べ．

① 明瞭 → 不明瞭　② 乱れ → 秩序　③ 清澄 → 汚染　④ 拡散 → 集中
⑤ 玲瓏 → 混濁　⑥ 破壊 → 建設　⑦ 不確定 → 確定　⑧ 透明 → 不透明
⑨ 光沢 → 曇り　⑩ 純 → 雑

2.5　自由エネルギー

• 内部エネルギーの変化 •　可逆な微小変化の場合，問題 4.2 により

$$dU = -pdV + TdS \tag{2.13}$$

が得られる．(2.13) を利用すると，目的に応じ便利な熱力学関数が導入できる．また，これらの関数を用いると相平衡の議論が可能となる．

• ヘルムホルツの自由エネルギー •　独立変数として T, V を選んだときには

$$F = U - TS \tag{2.14}$$

のヘルムホルツの自由エネルギーが用いられる．(2.13) を利用すると次式が導かれる．

$$\begin{aligned} dF &= -pdV + TdS - TdS - SdT \\ &= -SdT - pdV \end{aligned} \tag{2.15}$$

• ギブスの自由エネルギー •　独立変数を T, p としたときに便利な熱力学関数がギブスの自由エネルギー G で G は

$$G = F + pV = U - TS + pV \tag{2.16}$$

と定義される．この微分は次式のようになる．

$$dG = -SdT + Vdp \tag{2.17}$$

• 熱平衡の条件 •　問題 4.1 で T' は熱源の温度であるが，これが体系の温度 T に等しいとすれば，一般に $TdS \geq \delta Q \quad \therefore \ TdS - \delta Q \geq 0$ となる．一方，熱力学第一法則から $dU = -pdV + \delta Q \quad \therefore \ \delta Q = dU + pdV$ と書け，両式から

$$TdS - dU - pdV \geq 0 \tag{2.18}$$

となる．体系の T, p が一定なら，(2.18) の左辺は $d(TS - U - pV) = -dG$ と表され，次式が得られる．

$$dG \leq 0 \tag{2.19}$$

上式からわかるように，実際の状態変化は G が増えない向きに起こる．むしろ，状態変化に不可逆過程は避けられないから，G はいつも減少する．G が極小に達するとそれ以上 G は減りようがないので，状態変化が止まり平衡状態が実現する．すなわち，T, p が一定な場合，$G =$ 極小 が熱平衡の条件を与える．G が変数 x に依存するとき，図 2.9 のように，G が極小になる x_0 が熱平衡を与える．同様に考えると T, V が一定な場合 $F =$ 極小 が熱平衡に対応することがわかる．

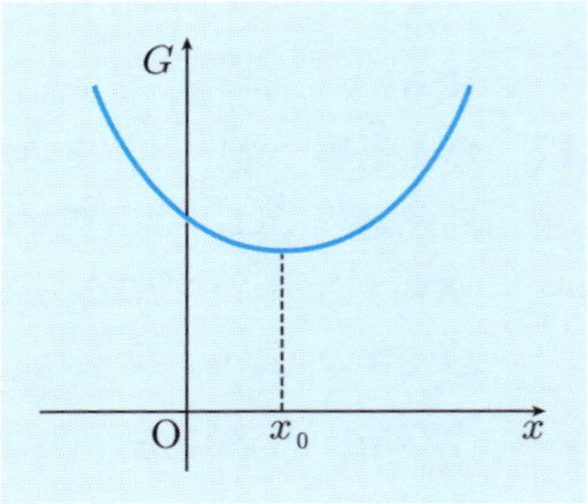

図 2.9　熱平衡の条件

例題 5 **エントロピーの関数形**

独立変数として T, V を選んだとき，エントロピーは $S = S(T, V)$ と表される．この関数形を実験的に決める方法を考えよ．

解答 (2.15) で $V =$ 一定，あるいは $T =$ 一定 のときを考えると

$$S = -\left(\frac{\partial F}{\partial T}\right)_V, \quad p = -\left(\frac{\partial F}{\partial V}\right)_T \tag{1}$$

となる．偏微分の公式 $(\partial/\partial V)(\partial F/\partial T) = (\partial/\partial T)(\partial F/\partial V)$ を利用すると

$$\left(\frac{\partial S}{\partial V}\right)_T = \left(\frac{\partial p}{\partial T}\right)_V \tag{2}$$

となる．(2) は**マクスウェルの関係式**とよばれるものの一種である．一方，可逆変化のとき成り立つ $\delta Q = TdS$ を dT で割ると $\delta Q/dT = T(dS/dT)$ であるが，特に $V =$ 一定 の場合，定積熱容量 C_V に対し

$$\left(\frac{\partial S}{\partial T}\right)_V = \frac{C_V}{T} \tag{3}$$

が成り立つ．(2), (3) の右辺は実験的に測定できる量なので，これらの式を積分すれば $S(T, V)$ の関数形が決められる．

問題

5.1 n モルの理想気体に対するヘルムホルツの自由エネルギー F を求めよ．

5.2 前問で求めた F から $p = -(\partial F/\partial V)_T$ の式を用いて圧力を計算し，n モルの理想気体に対する状態方程式が導かれることを確かめよ．

5.3 ギブスの自由エネルギーから導かれるマクスウェルの関係式はどうなるか．

5.4 内部エネルギー U，ヘルムホルツの自由エネルギー F に対して

$$U = -T^2 \left[\frac{\partial}{\partial T}\left(\frac{F}{T}\right)\right]_V$$

が成り立つことを示せ．これを**ギブス-ヘルムホルツの式**という．

5.5 n 個の種類の物質から構成される体系があり，i 番目の物質（**化学種**）の質量を m_i とする．ギブスの自由エネルギー G は $T, p, m_1, m_2, \cdots, m_n$ の関数だが m_i 以外の変数は一定に保ったとし

$$\mu_i = \frac{\partial G}{\partial m_i}$$

で定義される μ_i を化学種 i に対する（単位質量当たりの）**化学ポテンシャル**という．G が示量性であることに注目し $G = \sum \mu_i m_i$ の関係を導け．

2.6 相平衡と相図

● 相 ●　一般に，熱力学では均質な性質をもつ部分は**相**とよばれる．1 種類の物質から構成される，一様な物体は 1 相の体系ということになる．

● 相平衡 ●　容器に液体を入れ，図 2.10 のようにピストンでふたをし，一定圧力 p を加え，また体系を一定温度 T に保つとする．T, p が適当な値をとると，気相と液相の平衡（**相平衡**）が実現し，両相が共存する．その状態を **2 相共存**という．相平衡が実現するための条件は気相，液相の（単位質量当たりの）化学ポテンシャルを $\mu_{\mathrm{G}}(T,p)$，$\mu_{\mathrm{L}}(T,p)$ としたとき

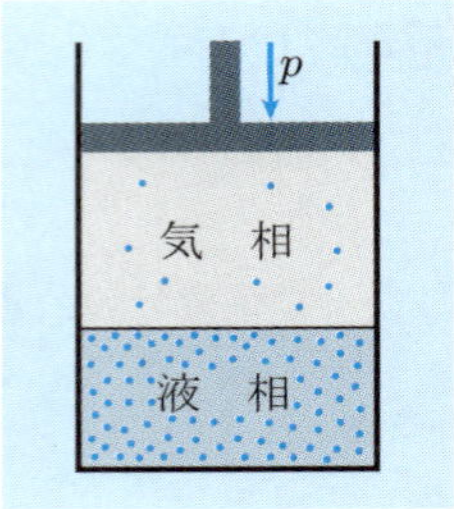

図 2.10　2 相の平衡

$$\mu_{\mathrm{G}}(T,p) = \mu_{\mathrm{L}}(T,p) \tag{2.20}$$

が成り立つことである（例題 6）．(2.20) から p を解くと，$p = p(T)$ は Tp 面上の気相-液相の共存曲線を与える．

● 相図 ●　横軸に温度 T，縦軸に圧力 p をとり**物質の三態**（気相，液相，固相）を表示した図は**相図**または**状態図**とよばれる．相図は物質の種類が違えば異なるが，大略，図 2.11 のように表される．この図で**三重点**とは気相，液相，固相の 3 つが共存する点を意味する．原点 O から三重点に至る曲線（**昇華曲線**）は固相と気相の共存を表す．三重点から**臨界点**までの曲線は，気相-液相の共存曲線で，この曲線上の p の値がその温度 T における**飽和蒸気圧**である．逆に，p を与えたとき，この曲線上の T の値は液体が気体に変わる温度（**沸点**）を与える．三重点から上方に延びている曲線（**融解曲線**）は液相-固相の共存を表す．p を与えたとき，この曲線上のTは固体が液体に変わる温度（**融点**）である．臨界点より高温あるいは高圧では気体と液体の区別がつかない．臨界点における温度を**臨界温度**といい，普通 T_{c} の記号で表す．$T > T_{\mathrm{c}}$ だと気体をどんなに圧縮しても液体にならない．この事情を調べるには vp 面を考えるのが便利で（v は単位質量の体系の体積），例えば図 2.11 の点線で示したような A から B への変化が理解できる（問題 6.3)．

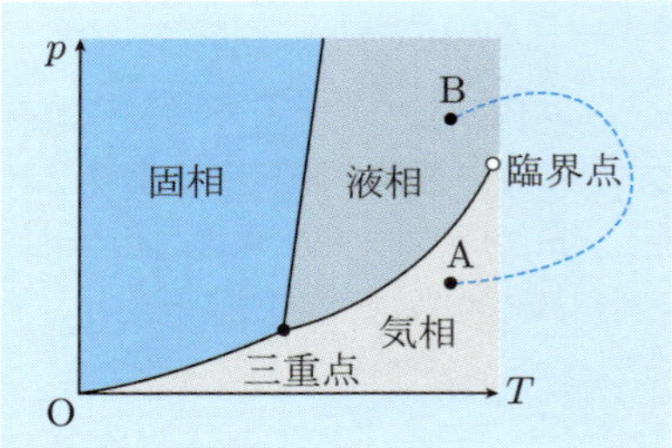

図 2.11　相図

例題 6　　**相平衡の条件**

T, p が一定という条件下で，気相と液相が熱平衡になるための条件を導け．

解答　図 2.10 で容器中の気体，液体の質量をそれぞれ $m_{\mathrm{G}}, m_{\mathrm{L}}$ とする．体系は外部と質量のやりとりはしないとし，$M = m_{\mathrm{G}} + m_{\mathrm{L}}$ の全質量は一定であるとする．また，気相，液相の単位質量当たりの化学ポテンシャルを $\mu_{\mathrm{G}}(T,p), \mu_{\mathrm{L}}(T,p)$ とすれば問題 5.5 により全系のギブスの自由エネルギー G は $G = \mu_{\mathrm{G}} m_{\mathrm{G}} + \mu_{\mathrm{L}} m_{\mathrm{L}}$ と表される．G が極小であれば，$m_{\mathrm{G}}, m_{\mathrm{L}}$ に微小な変化 $\Delta m_{\mathrm{G}}, \Delta m_{\mathrm{L}}$ を与えたとき，$\Delta G = 0$ でなければならない．$\mu_{\mathrm{G}}, \mu_{\mathrm{L}}$ は T, p の関数で，この変化に対しては定数とみなされ

$$\mu_{\mathrm{G}} \Delta m_{\mathrm{G}} + \mu_{\mathrm{L}} \Delta m_{\mathrm{L}} = 0 \tag{1}$$

$$\Delta m_{\mathrm{G}} + \Delta m_{\mathrm{L}} = 0 \tag{2}$$

となる．(2) から $\Delta m_{\mathrm{L}} = -\Delta m_{\mathrm{G}}$ で，これを (1) に代入して $(\mu_{\mathrm{G}} - \mu_{\mathrm{L}})\Delta m_{\mathrm{G}} = 0$ が得られる．$\Delta m_{\mathrm{G}} \neq 0$ としてよいから $\mu_{\mathrm{G}} = \mu_{\mathrm{L}}$ となって (2.20) が導かれる．

問　題

6.1　例題 6 で $m_{\mathrm{G}}, m_{\mathrm{L}}$ の値は決まらない．これはどのような理由によるものかを明らかにせよ．

6.2　相図で気相-固相の共存曲線，液相-固相の共存曲線および三重点はどんな条件で決まるか．

6.3　単位質量の気体を温度一定という条件で圧縮していくと当然気体の体積が減少していく．図 2.12 のように横軸に体積 v，縦軸に圧力 p をとり，vp 面上の曲線でこのような変化を表すと便利である．この曲線は等温変化を記述するので，それを**等温線**という．$T < T_{\mathrm{c}}$ だと，気体を圧縮していったとき v が v_{G} に達すると気体の一部が液体に変わる．この現象を**凝縮**という．$v_{\mathrm{L}} \leq v \leq v_{\mathrm{G}}$ は 2 相共存の領域を表し，図 2.12 で示すように，この領域の最上点が臨界点である．図 2.11 の点線の A → B の状態変化は vp 面ではどのように表されるか．また，A での気相はどのようにして B での液相に変わるか．

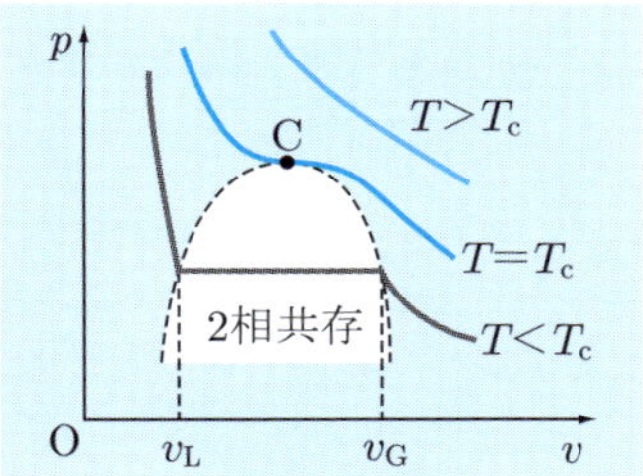

図 2.12　等温線

例題 7 **クラウジウス-クラペイロンの式**

気相-液相の共存曲線上の点で

$$\frac{dp}{dT}=\frac{Q}{T(v_{\mathrm{G}}-v_{\mathrm{L}})}$$

が成り立つことを示せ．ただし，Q は単位質量の液体が気体になるとき吸収する熱量，すなわち**気化熱**で，$v_{\mathrm{G}}, v_{\mathrm{L}}$ は図 2.12 と同じ意味をもつ．上の関係を**クラウジウス-クラペイロンの式**という．

解答 図 2.13 のような共存曲線上の接近した 2 点に対する熱平衡の条件は

$$\mu_{\mathrm{G}}(T,p)=\mu_{\mathrm{L}}(T,p), \quad \mu_{\mathrm{G}}(T+dT,p+dp)=\mu_{\mathrm{L}}(T+dT,p+dp)$$

で与えられる．右式を dT, dp に関し 1 次の項まで展開し，左式を使うと

$$\left(\frac{\partial\mu_{\mathrm{G}}}{\partial T}\right)_p dT+\left(\frac{\partial\mu_{\mathrm{G}}}{\partial p}\right)_T dp=\left(\frac{\partial\mu_{\mathrm{L}}}{\partial T}\right)_p dT+\left(\frac{\partial\mu_{\mathrm{L}}}{\partial p}\right)_T dp \qquad (1)$$

となる．μ は単位質量当たりのギブスの自由エネルギーであるから，(2.17)（p.186）により $d\mu=-sdT+vdp$ と書ける．この関係を用いると (1) は

$$-s_{\mathrm{G}}dT+v_{\mathrm{G}}dp=-s_{\mathrm{L}}dT+v_{\mathrm{L}}dp \qquad \therefore \quad (v_{\mathrm{G}}-v_{\mathrm{L}})dp=(s_{\mathrm{G}}-s_{\mathrm{L}})dT$$

と書ける．$Q=T(s_{\mathrm{G}}-s_{\mathrm{L}})$ であることに注意すれば，与式が求まる．

問 題

7.1 1 気圧，0°C の氷では $v_{\mathrm{L}}=10^{-3}\,\mathrm{m^3/kg}$，$v_{\mathrm{S}}=1.091\times10^{-3}\,\mathrm{m^3/kg}$，$Q'=80\,\mathrm{cal/g}$ である．ただし，添字 $_{\mathrm{S}}$ は固相を表し，Q' は単位質量の固体が液体になるとき吸収する熱量，すなわち**融解熱**である．圧力を 1 気圧増やしたとき，氷点はどのように変化するか．

7.2 vp 面上で図 2.14 で示すサイクル ABCDA を考え，これが熱機関としての機能をもつ点に注目してクラウジウス-クラペイロンの式を導け．

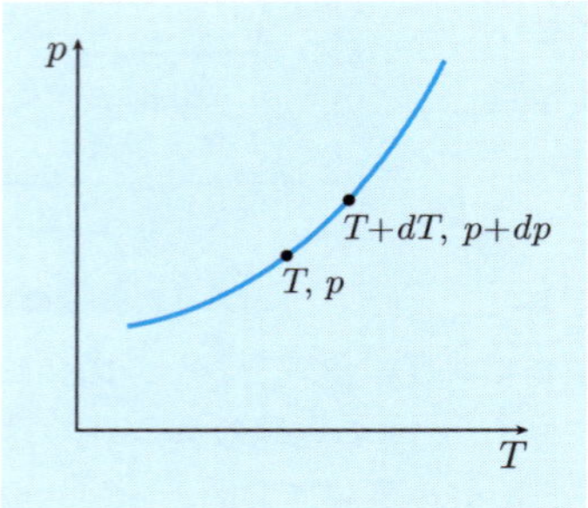

図 2.13　共存曲線上の点

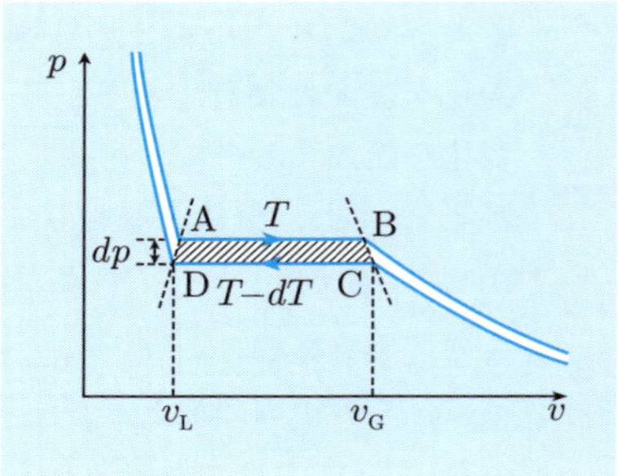

図 2.14　vp 面上のサイクル

第VI編

現代物理学

ニュートンの力学とマクスウェルの電磁気学を**古典物理学**という．日常的な物理現象は，特別な場合を除き，ほぼ古典物理学で理解することができる．しかし，物体が光速に近い猛スピードで運動していたり，ミクロな世界での現象を扱うようなときには古典物理学に適用限界のあることがわかってきた．また，物質の究極な構成要素として光子・原子・原子核などが注目を集めてきた．1905年にアインシュタインが提唱した**相対性理論**と多くの人達によって築かれた**量子力学**は古典物理学をその中に含むような，現代的な物理学である．本編で現代物理学の概略について学ぶ．

本編の内容

1　相対性理論

1.1　相対性原理

● 並進座標系 ●　運動の第二法則が成立する座標系を**慣性系**という．図 1.1 で示す点 O を原点とする座標系（O 系）は慣性系としよう．原点を O′ とし，x, y, z 軸に平行な x', y', z' 軸をもつような座標系（O′ 系）を導入し，O′ 系を**並進座標系**という．O 系から見た O′ の位置ベクトルを $\boldsymbol{r}_0 = (x_0, y_0, z_0)$ とすれば，一般に $\boldsymbol{r}_0$ は時間の関数として変わっていく．O 系，O′ 系から見た点 P の位置ベクトルを $\boldsymbol{r}, \boldsymbol{r}'$ とすれば次の関係が成立する．

$$\boldsymbol{r} = \boldsymbol{r}' + \boldsymbol{r}_0 \tag{1.1}$$

● ガリレイ変換 ●　$t = 0$ で O 系と O′ 系は一致するものとし，O′ 系が x 方向に等速度 v で運動する場合には $\boldsymbol{r}_0 = (vt, 0, 0)$ であるから

$$x = x' + vt, \quad y = y', \quad z = z' \tag{1.2}$$

となる．これを**ガリレイ変換**という．(1.2) を時間で微分すると

$$v_x = v_{x'} + v, \quad v_y = v_{y'}, \quad v_z = v_{z'} \tag{1.3}$$

が得られる．さらにもう 1 回 t で微分すると v は定数であるから，加速度は両系で同じとなる．すなわち，1 つの慣性系に対して等速度で並進運動する座標系もやはり慣性系でこれを**ガリレイの相対性**という．

● マイケルソン-モーリーの実験 ●　音波が伝わるのは空気が媒質となり，空気の振動が伝わるためである．(1.3) で $v_x =$ 音速 $= s$ とすれば，x 方向に等速度 v で運動する座標系にいる人には，音速は $s - v$ と表される．このような見かけ上の音速の違いにより，発音体が近づいてくるとき波長は短くなって高い音が聞こえ，逆に発音体が遠ざかっていくとき波長は長くなって低い音が聞こえる．これは**ドップラー効果**とよばれ，日常的によく観測される現象である．音波の媒質が空気であるのと同じように，かつて光波を伝える媒質としてエーテルというものが存在し，これと相対運動する場合，光速が変わると信じられていた．また，エーテルは宇宙空間に静止しているとした．**マイケルソン-モーリーの実験**（例題 1）ではそのようなエーテルの存在が否定された．アインシュタインは特殊相対性原理を提唱し，時空間に対する古典物理学とは異なる概念を発展させた．

例題 1　　**マイケルソン-モーリーの実験**

地球は自転，公転のため宇宙空間を運動するので，エーテルがあれば光の進む向きにより光速が違うはずである．図 1.2 に示すように，光源 S を出た光が平行平面 M で 2 つの路にわかれ，1 つは平面鏡 P で 1 つは平面鏡 Q で反射し，ともに MO を通って望遠鏡 O に入るとする．装置全体は図のように v の速さで宇宙空間内を運動すると仮定する．エーテルに対する光の速さを c，光が MQ，MP を往復する時間を t_1, t_2 とする．$\mathrm{MP} = \mathrm{MQ} = l$ として t_1/t_2 を求めよ．

解答　光が M から Q へ向かうとき，光は宇宙空間に対し c の速さで伝わるが，装置全体が宇宙空間に対して v の速さで運動するので装置が静止した座標系から見た光の速さは $c-v$ となる．逆に Q から M の向きの光が進むときには，装置からみた光の速さは $c+v$ と表される．したがって，t_1 は

$$t_1 = \frac{l}{c-v} + \frac{l}{c+v} = \frac{2lc}{c^2 - v^2} \tag{1}$$

と計算される．一方，MP 方向で光の速さは $\sqrt{c^2 - v^2}$ と書けるので（問題 1.2）

$$t_2 = \frac{2l}{\sqrt{c^2 - v^2}} \tag{2}$$

となり，次の結果が得られる．

$$\frac{t_2}{t_1} = \frac{1}{\sqrt{1-\beta^2}} > 1, \quad \beta = \frac{v}{c}$$

問　題

1.1　地球の自転，公転の速さを計算し，例題 1 の β を概算せよ．

1.2　MP 方向の光の速さを求め，(2) を導け．

1.3　マイケルソン-モーリーの実験では O で干渉じまを観測するが，水平面内で装置を 90° 回転したとき干渉じまに変化がなかった．これから何がわかるか．

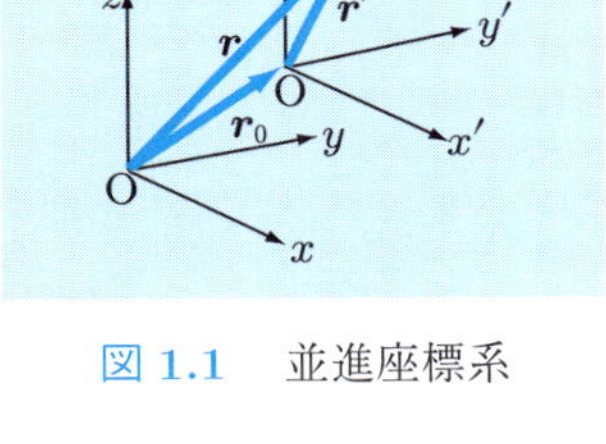

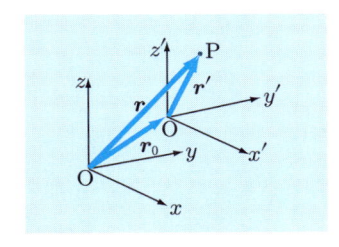

図 1.1　並進座標系

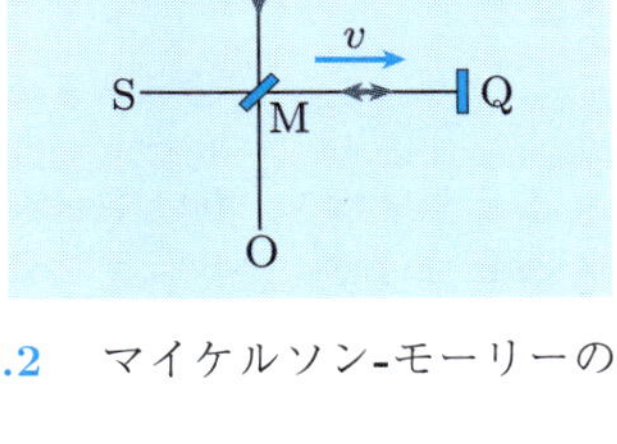

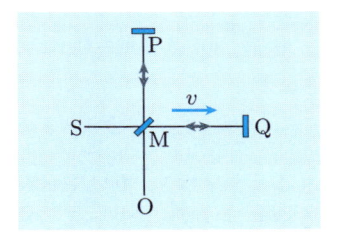

図 1.2　マイケルソン-モーリーの実験

1.2　ローレンツ変換

• 光速不変の原理 •　マイケルソン-モーリーの実験の結果，真空中の光速はどの慣性系でも一定であることがわかった．これを**光速の不変性**，またこの原理を**光速不変の原理**という．(1.3) は同原理を満たさないのでこれを書き換える必要がある．そのためアインシュタンは時間 t は共通でなく，各慣性系はそれ自体の特有な時間をもつと考えた．以下，O 系，O$'$ 系での時間を t, t' とする．

• ローレンツ不変性 •　(1.2) で $t=0$ において O 系と O$'$ 系とは一致するとした．この瞬間に原点から光が出たとし，以後の波面を O 系，O$'$ 系で観測するとしよう．O 系で光は球面的に広がっていくので波面は $x^2+y^2+z^2-c^2t^2=0$ で記述される．光速不変の原理により同じ波面を O$'$ 系で観測すると，この波面は上の変数にすべて $'$ を付けた $x'^2+y'^2+z'^2-c^2t'^2=0$ の方程式で表される．これを一般化し

$$x^2+y^2+z^2-c^2t^2 \tag{1.4}$$

は O 系でも O$'$ 系でも同じ値をもつと仮定する．これを**ローレンツ不変性**という．

• ローレンツ変換 •　ローレンツ不変性を満たす x, y, z, t から x', y', z', t' への変換を一般に**ローレンツ変換**という．x 方向に O 系が v の速度で運動すると y, z 方向は O 系でも O$'$ 系でも同等であると考えられ (1.2) と同様 $y=y', z=z'$ が成り立つ．また，x, t に対するローレンツ変換は次のようになる（例題 2）．

$$x'=\frac{x-vt}{\sqrt{1-\beta^2}}, \quad t'=\frac{1}{\sqrt{1-\beta^2}}\left(t-\frac{vx}{c^2}\right) \tag{1.5}$$

ただし，β は例題 1 と同様，$\beta=v/c$ で定義される．

• ローレンツ収縮 •　O$'$ 系の x' 軸に沿って長さ l' の物体があるとし，O$'$ 系から見たこの物体の x' 座標を ${x_1}', {x_2}'$ とする．O 系でこれらの座標を時刻 t で測定し x_1, x_2 を得たとすれば，(1.5) の左式から

$${x_2}'=\frac{x_2-vt}{\sqrt{1-\beta^2}}, \quad {x_1}'=\frac{x_1-vt}{\sqrt{1-\beta^2}}$$

となる．O 系，O$'$ 系で見た物体の長さ l, l' は $l=x_2-x_1, l'={x_2}'-{x_1}'$ であるから，上式より

$$l=\sqrt{1-\beta^2}\,l' \tag{1.6}$$

が導かれる．すなわち，動いている物体は運動方向に $\sqrt{1-\beta^2}$ 倍に縮んで見える．この現象を**ローレンツ収縮**という．例題 1 で述べたマイケルソン-モーリーの実験結果はローレンツ収縮という立場から理解することができる（問題 2.4）．

例題 2　　　　**ローレンツ変換**

ローレンツ不変性が $x^2 - c^2t^2 =$ 不変 と書けるとする．$\cosh\theta = (e^{\theta} + e^{-\theta})/2$, $\sinh\theta = (e^{\theta} - e^{-\theta})/2$ としたとき，ローレンツ変換が

$$\begin{bmatrix} x' \\ ct' \end{bmatrix} = \begin{bmatrix} \cosh\theta & -\sinh\theta \\ -\sinh\theta & \cosh\theta \end{bmatrix} \begin{bmatrix} x \\ ct \end{bmatrix}$$

と表されると仮定して，(1.5) を導け．

解答

$$x' = x\cosh\theta - ct\sinh\theta, \quad ct' = -x\sinh\theta + ct\cosh\theta \tag{1}$$

となるが，$\cosh^2\theta - \sinh^2\theta = 1$ の関係を利用するとローレンツ不変性の満たされていることがわかる．θ を決めるため，いまの問題で O′ 系の原点 O′ を O 系で見るとその座標は $(vt, 0, 0)$ と書けることに注意する．この点を O′ 系で見ると $(0, 0, 0)$ であるから，(1) の左式により

$$0 = vt\cosh\theta - ct\sinh\theta \qquad \therefore \quad \tanh\theta = \frac{\sinh\theta}{\cosh\theta} = \frac{v}{c} = \beta \tag{2}$$

が得られる．$\cosh^2\theta - \sinh^2\theta = 1$ から

$$1 - \tanh^2\theta = \frac{1}{\cosh^2\theta}$$

となり，これを利用すると (2) を用いて

$$\cosh\theta = 1/\sqrt{1-\beta^2}, \quad \sinh\theta = \beta/\sqrt{1-\beta^2} \tag{3}$$

と表される．(3) を (1) に代入すれば (1.5) が導かれる．

問　題

2.1　例題 2 の逆変換は

$$\begin{bmatrix} x \\ ct \end{bmatrix} = \begin{bmatrix} \cosh\theta & \sinh\theta \\ \sinh\theta & \cosh\theta \end{bmatrix} \begin{bmatrix} x' \\ ct' \end{bmatrix}$$

で与えられることを証明せよ．

2.2　$c \to \infty$ $(\beta \to 0)$ の極限で (1.5) のローレンツ変換はどのように表されるか．

2.3　O′ 系の一定の座標 x' で $t_1{}'$ から $t_2{}'$ まで継続した現象があるとする．この現象を O 系で観測したとき t_1 から t_2 まで継続したとすれば

$$t_2 - t_1 = \frac{t_2{}' - t_1{}'}{\sqrt{1-\beta^2}}$$

と書けることを示せ．この結果を**時間の遅れ**という．

2.4　ローレンツ収縮という概念を応用して，マイケルソン-モーリーの実験について論じよ．

1.3　質量とエネルギー

• **質量** •　図 1.3 に示すように，xy 面上の $y<0$ の領域で y 方向に運動する質量 m，速度 u の質点があるとする．質点は $y=0$ で x 方向の外力を受け，$y>0$ の領域に入ったとき，外力を受けずに O′ 系とともに運動したとする．y 方向に関しては O 系，O′ 系の区別はないから，質点の速度の y 成分は O′ 系でも u となる．ところが，例題 3 で学ぶように，O 系で見るとこの成分は $\sqrt{1-\beta^2}\,u$ のように観測される．一方，y 方向の外力はないとしているので運動量の y 成分は O 系で見たとき保存されるはずである．$y<0$ でこの成分は mu であるから，$y>0$ で質量が $1/\sqrt{1-\beta^2}$ 倍になったように見える．上の結果を一般化し，相対性理論では，静止しているときの質量（**静止質量**）が m の質点は，速度 $\boldsymbol{v}\,(v_x, v_y, v_z)$ で運動しているとき，その質量が見かけ上，次のように

$$\frac{m}{\sqrt{1-\beta^2}}, \quad \beta^2 = \frac{v^2}{c^2} = \frac{{v_x}^2 + {v_y}^2 + {v_z}^2}{c^2} \tag{1.7}$$

と表されるとする．

• **運動量と運動方程式** •　(1.7) を考慮し質点の運動量を

$$\boldsymbol{p} = \frac{m}{\sqrt{1-\beta^2}}\,\boldsymbol{v} \tag{1.8}$$

と定義する．質点に $\boldsymbol{F}$ の力が働くときニュートン力学の運動方程式は $d\boldsymbol{p}/dt = \boldsymbol{F}$ と書ける．相対性理論でもこれと同じ次の運動方程式が成り立つとする．

$$\frac{d\boldsymbol{p}}{dt} = \boldsymbol{F} \tag{1.9}$$

• **エネルギー** •　(1.9) を利用すると質点のエネルギーは

$$E = \frac{mc^2}{\sqrt{1-\beta^2}} \tag{1.10}$$

となる（問題 3.2）．静止している質点 $(v=0)$ でも次の**静止エネルギー**をもつ．

$$E_0 = mc^2 \tag{1.11}$$

$v \ll c$ だと E は次のように展開される（問題 3.3）．

$$E = E_0 + \frac{1}{2}mv^2 + \cdots \tag{1.12}$$

(1.12) 右辺の第 1 項は静止エネルギー，第 2 項はニュートン力学での運動エネルギーを表す．

例題 3 ————————————————— **v_y と $v_{y'}$ との間の関係**

O 系，O′ 系における質点の速度の y 成分を $v_y, v_{y'}$ としたとき両者の間に成り立つ関係を求めよ．

解答　O′ 系が O 系の x 軸方向に運動する場合，$y = y'$ で微小変化では $\Delta y = \Delta y'$ である．一方，問題 2.3 で微小な時間変化を考えると

$$\Delta t = \frac{\Delta t'}{\sqrt{1-\beta^2}}$$

が成り立つ．したがって

$$v_y = \frac{\Delta y}{\Delta t} = \frac{\Delta y'}{\Delta t'/\sqrt{1-\beta^2}} = \sqrt{1-\beta^2}\, v_{y'}$$

の関係が導かれる．

問　題

3.1　質点の静止質量を m，運動量の大きさを p とすると，質点のエネルギー E は

$$E = c\sqrt{p^2 + m^2c^2}$$

で与えられることを示せ．

3.2　質点に働く力のする仕事はエネルギーの増加分に等しいという関係が成り立つので，状態 1, 2 に対し

$$\int_1^2 \boldsymbol{F}\cdot d\boldsymbol{r} = E_2 - E_1$$

と書けるはずである．問題 3.1 の結果と運動方程式を利用して実際，上式が満たされていることを示せ．

3.3　$v \ll c$ と仮定して，相対論的なエネルギーが (1.12) のように表されることを証明せよ．

3.4　$c^2p^2 - E^2$ はローレンツ不変性を満たすことを示せ．

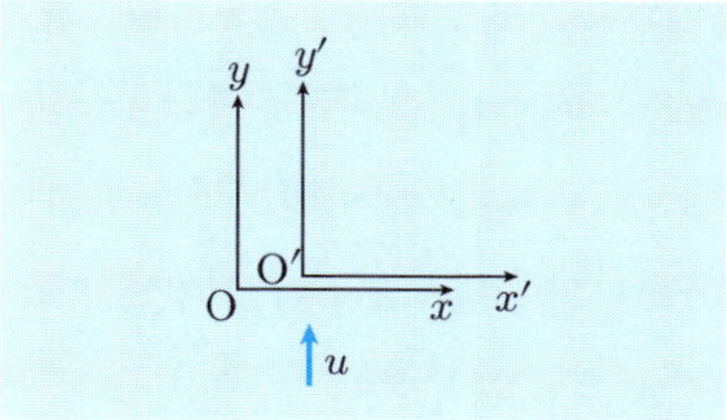

図 1.3　y 方向に運動する質点

2 光子・原子・原子核

2.1 熱放射と量子仮説

• 熱放射 • 高温の物体の表面から光（電磁波）が放出される現象を**熱放射**という．体積 V の空洞中の電磁波が温度 T で熱平衡にあるとする．この空洞に小さな窓をあけ，出てくる電磁波のエネルギーを振動数ごとに測定すると，振動数に対する熱放射のエネルギー分布がわかる．この分布は温度により決まり，実験結果は図 2.1 のようになる．

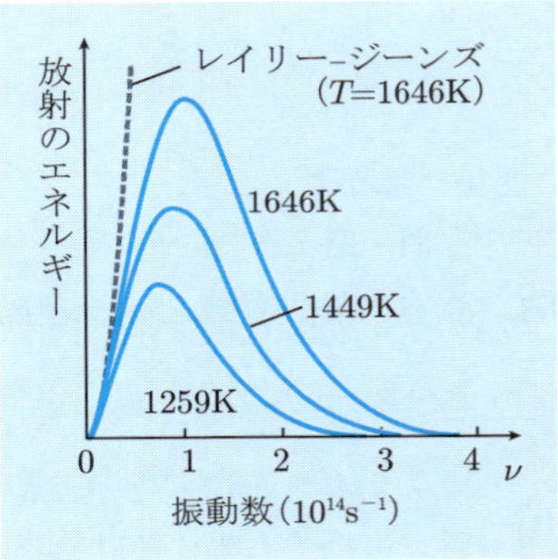

図 2.1　熱放射のエネルギー分布

• レイリー-ジーンズの放射法則 • 空洞内の電磁波は調和振動子の集合と等価である．問題 4.5（p.169）で学んだように．1 次元調和振動子は kT だけの熱エネルギーをもつ．空洞の体積を V とすれば，空洞中で振動数が $\nu \sim \nu + d\nu$ の範囲内にある電磁波のエネルギー $E(\nu)d\nu$ は

$$E(\nu)d\nu = \frac{8\pi kTV}{c^3}\nu^2 d\nu \tag{2.1}$$

で与えられる（問題 1.1）．これを**レイリー-ジーンズの放射法則**といい，図 2.1 中の点線で表している．図からわかるように，点線は ν の大きいところでは実測値とまったく合わない．また，空洞内の全エネルギーを求めるため，(2.1) を ν に関し 0 から ∞ まで積分すると，結果は無限大となり物理的に不合理である．

• 量子仮説 • プランクは物体が振動数 ν の光を吸収，放出するとき，やりとりされるエネルギーは $h\nu$ の整数倍であるという**量子仮説**を提唱した．h は

$$h = 6.626 \times 10^{-34}\,\mathrm{J\cdot s} \tag{2.2}$$

の**プランク定数**である．この仮説を使うと (2.1) の代わりに（問題 1.2 参照）

$$E(\nu)d\nu = \frac{h\nu}{e^{h\nu/kT} - 1}\frac{8\pi V}{c^3}\nu^2 d\nu \tag{2.3}$$

が求まる．これを**プランクの放射法則**という．この法則は実験結果と完全に一致する．

例題 1　**エネルギーの平均値**

統計力学によると調和振動子が温度 T で熱平衡にあるとき，それが $e_n = nh\nu$ の状態をとる確率 p_n は

$$p_n = \exp\left(-\frac{e_n}{kT}\right) \bigg/ \sum_{n=0}^{\infty} \exp\left(-\frac{e_n}{kT}\right)$$

で与えられる．これを用いて e_n の統計力学的な平均値 $\langle e_n \rangle$ を求めよ．

解答　$\langle e_n \rangle$ は $\langle e_n \rangle = \sum_{n=0}^{\infty} e_n p_n$ と定義される．ここで $\beta = 1/kT$ とすれば

$$\langle e_n \rangle = \frac{\sum_{n=0}^{\infty} nh\nu e^{-\beta nh\nu}}{\sum_{n=0}^{\infty} e^{-\beta nh\nu}} = -\frac{\partial}{\partial\beta} \ln\left(\sum_{n=0}^{\infty} e^{-\beta nh\nu}\right) = -\frac{\partial}{\partial\beta} \ln Z$$

と書ける．ただし，**分配関数** Z を $Z = \sum_{n=0}^{\infty} e^{-\beta nh\nu}$ とおく．Z は

$$Z = 1 + e^{-\beta h\nu} + e^{-2\beta h\nu} + \cdots = \frac{1}{1 - e^{-\beta h\nu}}$$

と計算される．したがって，次の結果が得られる．

$$\langle e_n \rangle = \frac{\partial}{\partial\beta} \ln\left(1 - e^{-\beta h\nu}\right) = \frac{h\nu e^{-\beta h\nu}}{1 - e^{-\beta h\nu}} = \frac{h\nu}{e^{\beta h\nu} - 1}$$

問　題

1.1　x, y, z 軸に各辺が沿う 1 辺の長さ L の立方体の空洞を想定し，その中の電磁場を表す波動量 φ は問題 1.5（p.149）のような平面波で記述されるとする．すなわち，複素数表示を使い φ は

$$\varphi = Ae^{i\boldsymbol{k}\cdot\boldsymbol{r} - i\omega t}$$

と表されるとする．φ は**周期的境界条件**に従うと仮定し，例えば x 方向を考え

$$\varphi(x + L) = \varphi(x)$$

が成り立つとする．このような条件下で波数ベクトル $\boldsymbol{k}$ はどのようになるか．

1.2　$\boldsymbol{k}$ 方向に進む平面波の場合，$\omega = ck$ という関係が成立する．また，$\boldsymbol{k}$ と垂直な 2 つの独立な方向の直線偏光が可能である．このような点を考慮し，振動数が $\nu \sim \nu + d\nu$ の範囲内の状態数 $g(\nu)d\nu$ は

$$g(\nu)d\nu = \frac{8\pi V}{c^3}\nu^2 d\nu$$

であることを示せ．また，(2.3) は上式と $\langle e_n \rangle$ の積であることを確かめよ．

1.3　量子仮説に基づいて求まる $\langle e_n \rangle$ は，古典的な極限 $(\beta h\nu \ll 1)$ で古典的な結果 kT に帰着することを示せ．

2.2 光子と物質波

● **光子** ● ある種の金属（Na, Cs など）の表面に光を当てるとその表面から電子（**光電子**）が飛び出す．この現象を**光電効果**という．光電効果は，実用的にはカメラの露出装置や太陽電池に応用されている．1905 年，光電効果を説明するためにアインシュタインはプランクの量子仮説を一般化し，次のような**光子**（**光量子**）**説**を導入した．すなわち，光は**光子**という一種の粒子の集まりであると考える．最初，光子は単なる想像上の存在であったが，技術の進歩により最近では弱い光の場合 1 つ 1 つの光子が観測されている．光の振動数を ν としたとき 1 個の光子のもつエネルギー E は $h\nu$ と表される．また，光子は粒子のように運動量をもち，その方向は光の進行方向と一致する．運動量の大きさ p は光の波長を λ としたとき $p = h/\lambda$ と書ける（問題 2.1）．すなわち，光子に対して

$$E = h\nu, \quad p = \frac{h}{\lambda} \tag{2.4}$$

が成立する．これを**アインシュタインの関係**という．

● **波と粒子の二重性** ● 光は干渉や回折など波としても振る舞うので，光は波と粒子の両方の性質を示すことになる．これを**波と粒子の二重性**という．このような二重性は古典物理学の範囲内では理解不可能なことで，それをどう理解するかは量子力学の問題である．これについては第 3 章で述べる．

● **物質波** ● フランスの物理学者ド・ブロイは，電子のように古典的には粒子とみなされるものは波の性質をもつと考えた．一般に，物質粒子に伴う波を**物質波**または**ド・ブロイ波**という．粒子から波へと変換する式は (2.4) を逆にし

$$\nu = \frac{E}{h}, \quad \lambda = \frac{h}{p} \tag{2.5}$$

とすればよい．上式を**ド・ブロイの関係**という．この関係は実験的に検証されているし，量子力学の基礎ともいうべきものである．

● **電子顕微鏡** ● 電子に伴うド・ブロイ波を**電子波**という．顕微鏡で物体を見る場合，認識できる長さは波長程度で，それより小さい物体は見ることができない．電子波を使った顕微鏡を**電子顕微鏡**というが，この顕微鏡は光学顕微鏡に比べずっと高い倍率が実現可能で，ウイルスは電子顕微鏡の実現により初めて観測することができた．現在では，固体物理学，生物学など広範な分野で電子顕微鏡が活躍している．

例題 2 ―――― 光の波動説と原子に照射される光子数

豆電球の出力を 1 W とし波長 600 nm の光が Cs 原子に当たるとする．波動説では，光は電球を中心とし，球面波として周囲の空間に広がっていくとする．豆電球から 1 m の距離の場所にある Cs 原子の半径を 0.1 nm の程度として，1 s 当たりこの原子に照射される光子数を求めよ．

解答 1 W は 1 J/s に等しいので，1 s 当たり 1 J の光のエネルギーが球対称的に広がっていく．電球を中心とする半径 1 m の球面の表面積は $4\pi\,\mathrm{m}^2$ なので，球面上の面積 S の部分を通るエネルギーは $(S/4\pi\,\mathrm{m}^2)$ J/s となる．球面上にある原子の面積は $\pi(10^{-10})^2\mathrm{m}^2$ 程度であるから，これを上式に代入し，1 s 当たり 1 個の原子に照射されるエネルギーは 0.25×10^{-20} J/s と計算される．一方，波長 600 nm の光の振動数 ν は 5×10^{14}Hz であるので，これに伴う光子のエネルギーは次のようになる．

$$E = h\nu = 6.63 \times 10^{-34}\,\mathrm{J \cdot s} \times 5 \times 10^{14}\,\mathrm{Hz} = 3.32 \times 10^{-19}\,\mathrm{J}$$

したがって，1 s 当たりの光子数は $(0.25 \times 10^{-20})/(3.32 \times 10^{-19})\,\mathrm{s}^{-1} = 7.5 \times 10^{-3}\mathrm{s}^{-1}$ と求まる．

問　題

2.1 光子の質量 m を $m = 0$ として相対性理論の式から，光子のエネルギー E と運動量 p との間の関係を導け．

2.2 光電効果の特徴は以下の①, ②である．

① 金属にはそれに特有な固有振動数 ν_0 があり，$\nu < \nu_0$ だとどんなに強い光を当てても光電効果は起こらない．一方，$\nu > \nu_0$ だと，光を当てた瞬間に電子が飛び出す．

② $\nu > \nu_0$ の場合，光電子のエネルギー E は次式のように表される．

$$E = h\nu - h\nu_0$$

光子説で上の特徴が理解できることを示せ．

2.3 問題 2.2 で $W = h\nu_0$ とおくと，W は物質固有の定数となる．これを**仕事関数**という．仕事関数は通常，**電子ボルト** (eV) の単位で表される．1 eV とは電子が電位差 1 V で加速されるとき得るエネルギーである．次の関係を示せ．

$$1\,\mathrm{eV} = 1.602 \times 10^{-19}\,\mathrm{J}$$

2.4 Cs の仕事関数は 1.38 eV と測定されている．Cs に波長 600 nm の光を当てたときに飛び出す光電子のエネルギーは何 J か．

2.5 静止している電子を電圧 V で加速したときの電子波の波長を求めよ．また，加速電圧が 65 V だと電子波の波長は何 Å か．ただし，$1\,\text{Å} = 10^{-10}\,\mathrm{m}$ である．

2.3 原　子

• ラザフォード散乱 •　イギリスの物理学者ラザフォードは 1911 年ガイガー，マースデンによって調べられた金属箔による α 線の散乱実験（図 2.2）を考察した．α 線はヘリウムの原子核の流れであるが，ラザフォードは図中の散乱角 ϕ と散乱された α 線の強度との関係から次のような結論に達した．

① 原子内で，正電荷は中心に集中していて，その近くを α 粒子が通過するとき，α 粒子は強いクーロン力を受ける．このクーロン力による α 粒子の散乱の様子を理論的に求めたのが図 2.3 である．この散乱を**ラザフォード散乱**という．実験の結果は，この理論結果とよく一致する．

② 一般に，原子の中心，すなわち**原子核**はその大きさが半径 $10^{-15} \sim 10^{-14}$ m の程度であって非常に小さい．

• 原子構造 •　ラザフォード以後，原子構造に関し次のことがわかった．すなわち，原子番号 Z の原子では Ze の正電荷をもつ原子核のまわりで，Z 個の $-e$ の負電荷をもつ電子が運動している．ここで e は電気素量（p.82）である．もっとも簡単な原子は $Z = 1$ の場合，すなわち水素原子で，このときの原子核は 1 個の**陽子**であり，このまわりを 1 個の電子が運動している．

• 古典物理学の矛盾 •　マクスウェルの理論によると，加速度運動する荷電粒子は電磁波を放射する．電磁波はエネルギーを運ぶので，水素原子のエネルギーは減少し，ついには電子は陽子と結合してしまう（問題 3.2）．また，放射する電磁波の角振動数は円運動の ω に等しいが，現実にはバルマー系列のような一定波長の光が放出され（例題 3），古典物理学の結果と矛盾することがわかった．

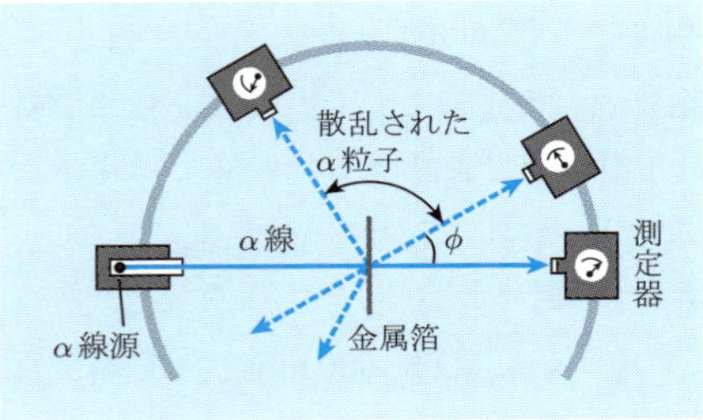

図 2.2　α 線の散乱実験

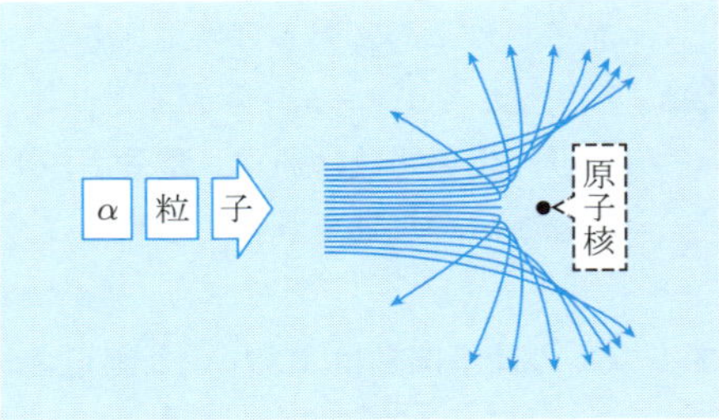

図 2.3　ラザフォード散乱

例題 3 ―――― **バルマー系列**

水素気体を気体放電管に入れ放電させ水素原子の出す光を分光器で調べると，何本かの一定波長の輝線から構成されることがわかる．このような線を**スペクトル線**という．図 2.4 に可視部でのスペクトル線を示す．赤から紫にかけて，$H_\alpha, H_\beta, H_\gamma, H_\delta, \cdots$ とよばれる系列が観測される．これを**バルマー系列**という．図 2.4 でスペクトル線の下に書いた数字は，空気中の波長を nm の単位で表したものである．波長が短くなるにつれて線間の間隔は次第に小さくなり，ついには 364.6 nm の紫外部でこの系列は終わる．バルマー系列のスペクトル線の真空中の波長 λ は

$$\frac{1}{\lambda} = R_{\mathrm{H}}\left(\frac{1}{2^2} - \frac{1}{n'^2}\right) \quad (n' = 3, 4, 5, \cdots)$$

と表される．陽子の質量を無限大としたときの R_{H} を R_∞ と書くが，R_∞ は

$$R_\infty = 1.097373 \times 10^7\ \mathrm{m}^{-1}$$

の**リュードベリ定数**である．R_∞ は R_{H} より 0.054 % 大きい．R_∞ の値を使い $n' = 3$ とおいて H_α の波長を求め，図 2.4 に示した数値と比べよ．

解答　$R_\infty = 1.00054 R_{\mathrm{H}}$ の関係を使うと，H_α の波長は $\lambda = (36/5)/(R_\infty/1.00054) = 656.5\,\mathrm{nm}$ と計算される．図 2.4 で示した数値とのずれは空気の屈折率の影響である．

問　題

3.1　簡単のため陽子は静止しているとする．そのまわりで電子が半径 r の等速円運動を行うとして水素原子を古典力学で扱い，電子の力学的エネルギー E を r の関数として求めよ．

3.2　水素原子が電磁波を放出すると E は減少していく．その結果 $E \to -\infty$ で $r \to 0$ となることを示せ．

3.3　通常の水素気体は水素分子 H_2 から構成される．気体放電管に入れた水素気体の出す光がなぜ水素原子から放出されると考えてよいのか．

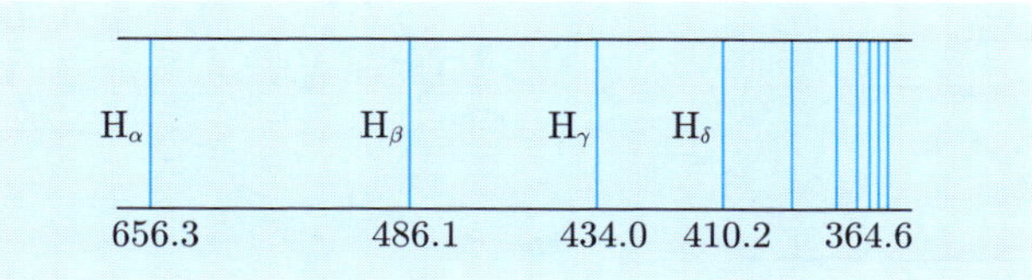

図 2.4　バルマー系列

2.4　前期量子論

● ボーアの理論 ●　ボーアは 1913 年，水素原子のスペクトルを説明する 1 つの理論を提唱した．これは古典物理学から量子力学への中継ぎという役割を果たし，現在ではそれを**前期量子論**という．ボーアの理論は次の 3 つの仮定に基づいている．

① 原子内の電子のエネルギーは連続的でなく離散的である．一定のエネルギーをもつ状態（**定常状態**）では光を出さない．エネルギー最低の定常状態を**基底状態**，それより上の状態を**励起状態**という．

② 電子が 1 つの定常状態から他の定常状態に移るとき，そのエネルギー差に相当する光子を吸収したり，放出したりする．この光子に伴う光の振動数を ν とすれば

$$h\nu = E_{n'} - E_n \tag{2.6}$$

となり，これを**ボーアの振動数条件**という．図 2.5 のように，$E_{n'} > E_n$ とするとき，光子の放出，吸収に対して (2.6) が成り立つ．

③ 定常状態では，電子は古典力学の法則に従って運動する．

● 量子条件 ●　水素原子の定常状態を決めるには適当な条件が必要でこれを**量子条件**という．陽子を中心として電子は半径 r の等速円運動を行うとして，電子に伴うド・ブロイ波の波長を λ とするとき，例題 4 や図 2.6 に示すように，円に沿う電子波がスムーズにつながるためには

$$2\pi r = n\lambda \quad (n = 1, 2, 3, \cdots) \tag{2.7}$$

の量子条件が要求される．上の整数 n を**量子数**という．これは電子の角運動量が $\hbar$ の整数倍であること意味する（問題 4.1）．ただし，$\hbar$ は

$$\hbar = h/2\pi = 1.055 \times 10^{-34}\ \mathrm{J \cdot s} \tag{2.8}$$

で定義され，これを**ディラックの定数**という．

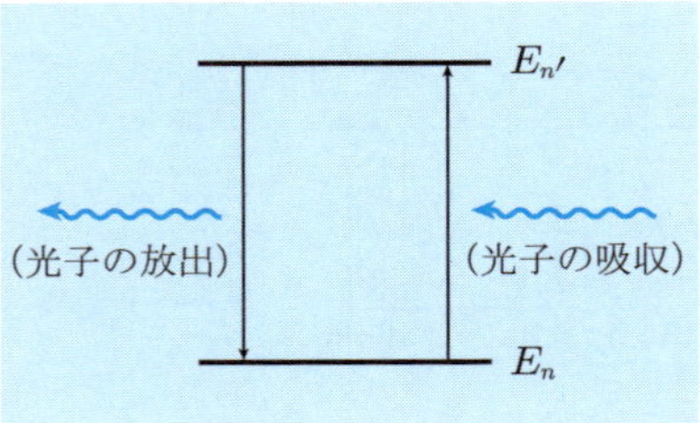

図 2.5　ボーアの振動数条件

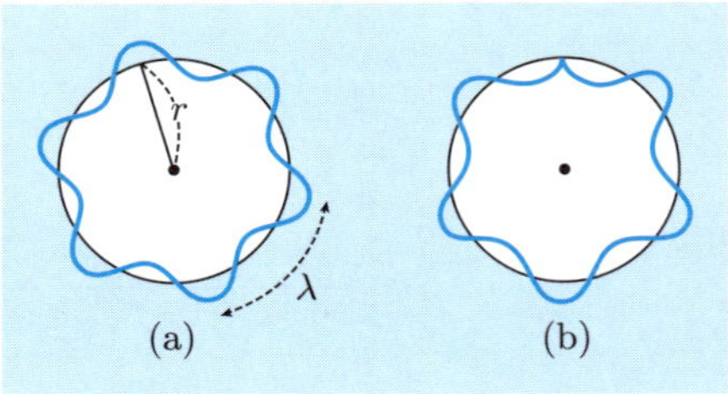

図 2.6　水素原子中の電子波

例題 4 ―――― **量子条件**

水素原子中の電子波について (2.7) の量子条件が成り立つことを示せ．

解答 電子が半径 r の円運動をしているとき円周の長さは $2\pi r$ であるから $2\pi r/\lambda = n$ とおくと，n は円周に含まれる波の数である．図 2.6 の (a), (b) にそれぞれ $n = 6$, $n = 5.5$ の場合を示す．これからわかるように，円に沿って電子波がスムーズにつながるためには，n は整数でなければならない．(b) のような場合には電子波が何回も円周を回っているうち，波の干渉が起こり結局電子波は 0 となってしまう．このようにして (2.7) の量子条件が導かれる．

問　題

4.1 (2.7) の量子条件は，電子の角運動量が $\hbar$ の整数倍に等しいことと等価であることを証明せよ．

4.2 量子条件を利用し量子数 n に対応する円運動の半径を求めよ．

4.3 問題 4.2 で特に $n = 1$ の場合の半径を**ボーア半径**といい，普通 a と書く．この半径に関する以下の設問に答えよ．

(a)　次の等式を導け（以下の式の a は a_∞ に相当する）．

$$a = \frac{4\pi\varepsilon_0\hbar^2}{me^2}$$

(b)　$\hbar = 1.0546 \times 10^{-34}\,\mathrm{J \cdot s}$, $e = 1.6022 \times 10^{-19}\,\mathrm{C}$, $m = 9.1094 \times 10^{-31}\,\mathrm{kg}$, $\varepsilon_0 = 8.8542 \times 10^{-12}\,\mathrm{C^2\,N^{-1}\,m^{-2}}$ としてボーア半径 a が次のように計算されることを示せ．

$$a = 0.529 \times 10^{-10}\,\mathrm{m} = 0.529\,\text{Å}$$

4.4 量子数 n に対応する水素原子のエネルギーの値（**エネルギー準位**）が

$$E_n = -\frac{e^2}{8\pi\varepsilon_0 a n^2}$$

で与えられることを示せ．また，これとボーアの振動数条件とを結び付け，水素原子から放出される光の振動数を求めよ．

4.5 前問で求まった結果から，水素原子の出す光の波長 λ は

$$\frac{1}{\lambda} = R_{\mathrm{H}}\left(\frac{1}{n^2} - \frac{1}{n'^2}\right) \quad (n' = n+1, n+2, n+3, \cdots)$$

と書けることを示せ（$n = 1, 2, 3$ に相当する系列はそれぞれ**ライマン系列**，**バルマー系列**，**パッシェン系列**とよばれる）．

4.6 リュードベリ定数 R_∞ の理論値を求め，例題 3 で述べた値と比べよ．

2.5　原子核と素粒子

• 原子核の構造 •　原子は原子核と電子とで作られるが，原子核自身もある種の構造をもつ．すなわち，原子核は陽子と中性子から構成される．陽子と中性子をまとめて**核子**という．**陽子**は水素原子の原子核で，電気素量 e の正電荷をもつ粒子である．その質量は電子のほぼ 1840 倍である．**中性子**は電荷をもたない粒子で，質量は陽子にほぼ等しい．陽子，中性子の質量 $M_\mathrm{p}, M_\mathrm{n}$ は正確には次のように表される．

$$M_\mathrm{p} = 1.6726 \times 10^{-27}\,\mathrm{kg} \tag{2.9}$$

$$M_\mathrm{n} = 1.6749 \times 10^{-27}\,\mathrm{kg} \tag{2.10}$$

• 原子番号，質量数 •　原子核に含まれる陽子の数を**原子番号**（Z）といい，中性原子では核外電子の数に等しい．また，原子核に含まれる核子の総数を**質量数**（A）という．中性子の数 N は $N = A - Z$ で与えられる．原子核の構造を表すのに，元素記号に質量数 A と原子番号 Z をつけて記す．すなわち，元素記号を X としたとき，この原子核を ${}^{A}_{Z}\mathrm{X}$ と表す．例えば，水素の原子核（陽子）は ${}^{1}_{1}\mathrm{H}$，中性子は ${}^{1}_{0}\mathrm{n}$，酸素の原子核は ${}^{16}_{8}\mathrm{O}$ などと書かれる．Z が同じで A の異なる原子核を**同位核**，同位核から作られる原子を同位体（**アイソトープ**）という．

• 質量欠損 •　核子の質量の和は $ZM_\mathrm{p} + NM_\mathrm{n}$ と書ける．これらの核子が原子核を作る場合，その質量 M は上の和より小さくなるが，その差

$$\Delta m = ZM_\mathrm{p} + NM_\mathrm{n} - M \tag{2.11}$$

を**質量欠損**という．この質量に相当するエネルギー E は相対性理論により

$$E = \Delta m \cdot c^2 \tag{2.12}$$

となり，これを**原子核の結合エネルギー**という．上式は原子核を陽子と中性子とにばらばらに分解するためのエネルギーである（図 2.7）．

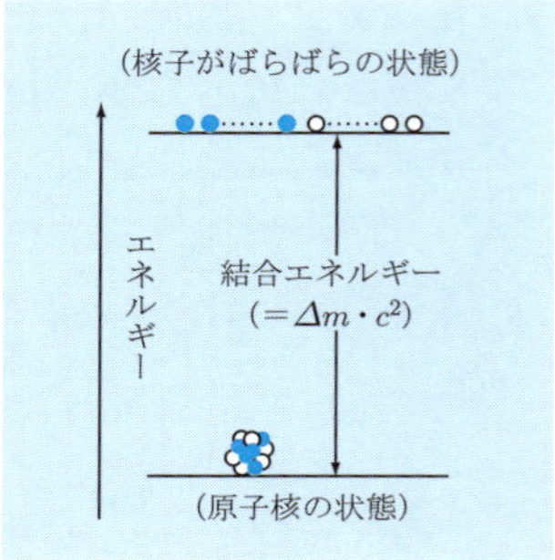

図 2.7　原子核の結合エネルギー

• 原子核の崩壊 •　原子核にはいつまでも安定なものと，放射線を出して自然に他の原子核に変わる不安定なものがある．放射線を出す元素を**放射性元素**，その原子核を**放射性原子核**，放射線を出す性質を**放射能**という．放射性原子核から出る放射線には α 線，β 線，γ 線の 3 種類がある．α 線，β 線の実体はそれぞれ ${}^{4}_{2}\mathrm{He}$，電子である．γ 線は X 線よりももっと波長の短い電磁波である．放射性原子核が α 線，β 線，γ 線を出して他の原子核になることを **α 崩壊**，**β 崩壊**，**γ 崩壊**という．

● 核エネルギー ●　原子核と関連するエネルギーを**核エネルギー**という．量子力学的な考察［問題 3.2（p.215）］からわかるように，核エネルギーは原子の問題を扱うときの単位 eV［問題 2.3（p.201）］と比較し桁違いに大きいので，それを 100 万倍した 1 **メガ電子ボルト**（MeV），すなわち

$$1\,\mathrm{MeV} = 10^6\,\mathrm{eV} = 1.602 \times 10^{-13}\,\mathrm{J} \tag{2.13}$$

が適した単位である．一方，原子や原子核の質量を表すのによく**原子質量単位**（u あるいは amu）と用いる．これは，$^{12}_{6}\mathrm{C}$ の中性原子の質量を 12 u と決めた単位で

$$1\,\mathrm{u} = 1.6605 \times 10^{-27}\,\mathrm{kg} \tag{2.14}$$

である．問題 5.2 で学ぶように 1 u はほぼ 932 MeV に等しい．

● 核分裂と核融合 ●　$^{235}_{92}\mathrm{U}$ の原子核に中性子を当てると，この原子核 1 個につき約 200 MeV のエネルギーが放出され，$^{235}_{92}\mathrm{U}$ は 2 個の原子核と中性子に分裂する．これを**核分裂**という．核分裂の一例を例題 6 に示す．核分裂の際，解放されるエネルギーを利用するのが原子爆弾や原子力発電である．核分裂とは逆に，軽い原子核が 2 個結合して，より安定な原子核が作られるときにも核エネルギーが放出される．このような現象を**核融合**という．例えば

$$^{2}_{1}\mathrm{H} + {}^{3}_{1}\mathrm{H} \longrightarrow {}^{4}_{2}\mathrm{He} + {}^{1}_{0}\mathrm{n}$$

という核融合では 17.6 MeV のエネルギーが放出される．太陽の放射するエネルギーの源はこのような核融合による．

● 素粒子 ●　光子，電子，陽子，中性子などは光や物質を構成する基本的な粒子であり，このような粒子を**素粒子**という．β 崩壊では，原子核中の中性子が陽子に変わり，そのとき電子が放出される．ただし，この場合，同時に中性で質量がほぼ 0 の粒子が飛び出さないとエネルギー保存の法則が成り立たない（問題 6.3 参考）．この粒子を**中性微子**（**ニュートリノ**）といい，普通 ν と書かれる．以上の変換は

$$\mathrm{n} \longrightarrow \mathrm{p} + \mathrm{e}^- + \nu \tag{2.15}$$

と表される（n：中性子，p：陽子，e^-：電子）．中性微子は素粒子の 1 つである．通常の電子は $-e$ の電荷をもつが，ディラックの相対論的量子力学によると，電子と同じ質量をもち，反対符号の電荷 $+e$ をもつ粒子の存在が予言される．一般に，後者の粒子を前者の**反粒子**という．電子の反粒子は**陽電子**（記号 e^+）とよばれ，1932 年，その存在が実証された．核力を説明するため 1934 年湯川秀樹は**中間子**の存在を予言した．それ以後，多種多様な中間子が発見されている．現在では，電荷が $-e/3$ または $2e/3$ の**クォーク**という粒子が導入され，陽子，中性子，中間子などは基本的な 6 種類のクォークから構成されると考えられている．

例題 5 **原子核の変換**

原子核に，陽子，中性子，α 粒子（${}^{4}_{2}\mathrm{He}$）などが衝突すると，その原子核が別の原子核に変わることがある．一般に，ある原子核が別の原子核に変わる現象を**原子核の変換**または**核反応**という．核反応では，陽子や中性子の組み合わせ方が変化するだけで，核子が消滅したり新たに生じたりしない．したがって，核反応の前後で，原子番号の和と質量数の和が保存される．一般に核反応を表現する式を**核反応式**という．次の核反応式で x, y を求めよ．

$${}^{x}_{7}\mathrm{N} + {}^{1}_{0}\mathrm{n} \longrightarrow {}^{14}_{y}\mathrm{C} + {}^{1}_{1}\mathrm{H}$$

解答 核反応の前後で質量数の和が一定に保たれるので $x+1=14+1 \quad \therefore\ x=14$ で，同様に原子番号の和が一定という条件から $7=y+1 \quad \therefore\ y=6$ となる．

問　題

5.1 原子核は非常に小さいが有限の大きさをもち，その半径は大体 $A^{1/3}$ に比例する．詳しい実験によると，原子核はほぼ球形で，その半径 r は

$$r = r_0 A^{1/3} \quad (r_0 = 1.4 \times 10^{-15}\,\mathrm{m})$$

と表される．${}^{141}_{56}\mathrm{Ba}$ の原子核の半径を求めよ．

5.2 $1\,\mathrm{u}$ は何 MeV に相当するか．

5.3 ${}^{4}_{2}\mathrm{H}$ 原子核の結合エネルギーは $28.4\,\mathrm{MeV}$ と表される．この原子核の質量欠損を求めよ．

5.4 ${}^{A}_{Z}\mathrm{X}$ という原子核が α 崩壊，β 崩壊，γ 崩壊するときの核反応式はそれぞれどのように表されるか．また，α 崩壊を x 回，β 崩壊を y 回繰り返し起こした後の原子核の原子番号 Z' と質量数 A' を求めよ．

5.5 原子番号 92，質量数 235 のウランは α 崩壊や β 崩壊を何回も起こして最終的に原子番号 82 の安定な鉛になる．この変化は U → Th → Pa → ⋯ と表され，それを**崩壊系列**という．崩壊系列に関する次の問に答えよ．

(a)　ウランが鉛になった場合，質量数は 206, 207, 208 のうちどれか．

(b)　ウランが鉛になるまでに α 崩壊および β 崩壊を何回行ったか．

5.6 放射性原子核が崩壊して他の原子核になるとき，時刻 t で現存する未崩壊の原子核の数を N とすれば $dN/dt = -\gamma N$ が成り立つ．γ は原子核の種類だけによって決まる定数で，これを**崩壊定数**という．$t=0$ における N の値を N_0 としたとき，N が N_0 の半分になるまでの時間を**半減期**という．次の問に答えよ．

(a)　半減期を T として T と γ との間に成り立つ関係を導け．

(b)　$t = T/2$ のときの N/N_0 を求めよ．

例題 6　**核分裂**

$^{235}_{92}$U の核分裂の一例として

$$^{235}_{92}\mathrm{U} + ^{1}_{0}\mathrm{n} \longrightarrow ^{141}_{56}\mathrm{Ba} + ^{92}_{36}\mathrm{Kr} + 3\,^{1}_{0}\mathrm{n}$$

を考える．1 個の $^{235}_{92}$U 原子核が上式により核分裂したとき，放出されるエネルギーは何 MeV か．ただし，各原子の質量は $^{235}_{92}\mathrm{U} = 235.0439\,\mathrm{u}$, $^{141}_{56}\mathrm{Ba} = 140.9139\,\mathrm{u}$, $^{92}_{36}\mathrm{Kr} = 91.8973\,\mathrm{u}$, $^{1}_{0}\mathrm{n} = 1.0087\,\mathrm{u}$ とする．

解答　反応式の左辺の質量の和は 236.0526 u，右辺の質量の和は 235.8373 u である．この差をとり，エネルギーに変わった質量は 0.2153 u となる．これを MeV に換算すると，問題 5.2 で求めた 1 u = 931.6 MeV を利用し，200.7 MeV と計算される．本来ならば，このような計算を行うとき，各原子核の質量をとる必要がある．しかし，電子の質量は左辺，右辺で打ち消し合うので，各原子の質量を考えれば十分である．

問　題

6.1　電子と陽電子が衝突すると，質量が消滅し γ 線が生じる．これを**対消滅**という．逆に，γ 線が消滅して，電子と陽電子の対が作られる現象もあり，これを**対生成**という．電子と陽電子が対消滅するとき，2 個の光子が発生するとして，γ 線の波長を求めよ．

6.2　静止している電子と陽電子が対消滅するときその全運動量は 0 であると考えられる．1 個の光子が発生すると光子の運動量 p に対し $p \neq 0$ なので 2 個の光子が生じることを示せ．

6.3　静止している原子核 A（質量 m_{A}）が β 崩壊して原子核 B（質量 m_{B}）と電子（質量 m）に変換したとする．各粒子のエネルギーは (1.12)（p.196）のように表されるとして電子の運動エネルギー K を求めよ．図 2.8 は K の測定結果を表したものである．$E_{\max}$ は上の議論から予想される K の値を表す．この測定から β 崩壊で放出される電子の運動エネルギーはある種の統計分布を示し，0 と $E_{\max}$ の間の任意の値をとり得ることがわかる．その事実は何を意味しているか．

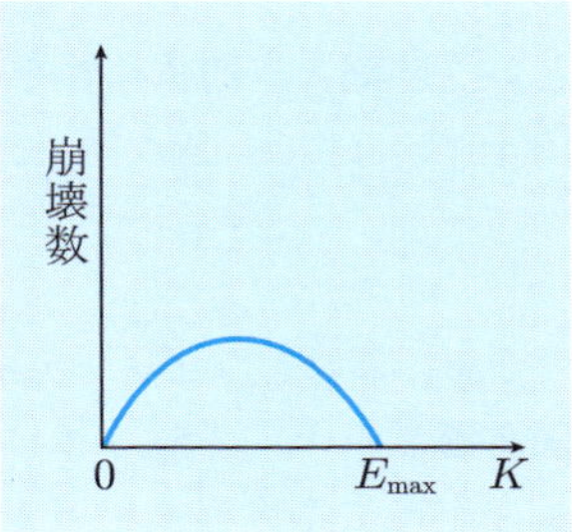

図 2.8　K の測定結果

6.4　人工放射性原子核では $^{64}_{29}\mathrm{Cu} \longrightarrow ^{64}_{28}\mathrm{Ni} + \mathrm{e}^{+}$ のように，通常の β 崩壊ではなく，陽電子を出す崩壊（**陽電子崩壊**）が起こるときがある．(2.15) はどう書けるか．

3 量子力学

3.1 シュレーディンガー方程式

• ド・ブロイ波の表示 •　ド・ブロイ波が記述する波動量を ψ とする．ψ は**波動関数**とよばれる．ψ に対する方程式を導くため，外力の働かない質量 m の粒子を考えよう．そのエネルギーは運動量 p により次のように書ける．

$$E = \frac{p^2}{2m} \tag{3.1}$$

振動数 ν の代わりに $\omega = 2\pi\nu$ の角振動数を導入すると，(2.4)（p.200）の左式は

$$E = \hbar\omega \tag{3.2}$$

となる．また，$k = 2\pi/\lambda$ とおけば，(2.4) の右式は $p = \hbar k$ となる．p も k もベクトルとみなし，上式を一般化して次のようにおく．

$$\boldsymbol{p} = \hbar\boldsymbol{k} \tag{3.3}$$

• シュレーディンガー方程式 •　(3.3) を (3.1) に代入し (3.2) を使うと

$$\omega = \frac{\hbar k^2}{2m} \tag{3.4}$$

が得られる．ここで ψ は平面波で記述されるとし［問題 1.5（p.149）参照］

$$\psi = \psi_0 e^{i\boldsymbol{k}\cdot\boldsymbol{r} - i\omega t} \tag{3.5}$$

という時間，空間依存性をもつと仮定する．(3.5) から $\Delta\psi = -k^2\psi$ が導かれるので，(3.4) は $-(\hbar/2m)\Delta\psi = \omega\psi$ と書ける．この方程式に $\hbar$ を掛け $E = \hbar\omega$ を使うと

$$-\frac{\hbar^2}{2m}\Delta\psi = E\psi \tag{3.6}$$

となる．これを**シュレーディンガーの（時間によらない）波動方程式**，E を**エネルギー固有値**という．(3.6) を単に**シュレーディンガー方程式**ともいう．波動関数の時間的発展を記述する方程式を導くため，(3.5) から得られる $\partial\psi/\partial t = -i\omega\psi$ を利用すると，(3.4) と $\Delta\psi = -k^2\psi$ とから

$$-\frac{\hbar}{i}\frac{\partial\psi}{\partial t} = -\frac{\hbar^2}{2m}\Delta\psi \tag{3.7}$$

となる．これを**シュレーディンガーの（時間を含んだ）波動方程式**という．

例題 1 ―――― **ハミルトニアン**

量子力学では物理量は単なる数ではなく演算子で表されるとする．例えば運動量 $\boldsymbol{p}$ はナブラ記号 ∇ を用いて［$\nabla = \mathrm{grad}$，(3.19)（p.34 参照)］

$$\boldsymbol{p} = \frac{\hbar}{i}\nabla$$

と書ける．また，体系の力学的エネルギーを運動量と座標で表したものは**ハミルトニアン**とよばれる．以下の事実を導け．

(a)　$\boldsymbol{p}$ を (3.5) に作用させると，(3.3) に相当する関係が得られる．

(b)　ハミルトニアンを演算子で表し H と書くと (3.6), (3.7) は次のようになる．

$$H\psi = E\psi, \quad -\frac{\hbar}{i}\frac{\partial \psi}{\partial t} = H\psi$$

解答　(a)　例えば x 成分を考えると

$$p_x\psi = \frac{\hbar}{i}\frac{\partial}{\partial x}\psi_0 e^{i(k_x x + k_y y + k_z z - \omega t)} = \hbar k_x \psi_0 e^{i(\boldsymbol{k}\cdot\boldsymbol{r} - \omega t)} = \hbar k_x \psi$$

となる．y, z 成分も同様で $\boldsymbol{p}\psi = \hbar \boldsymbol{k}\psi$ が導かれる．

(b)　外力の働かない自由粒子では

$$H = \frac{p^2}{2m} = \frac{{p_x}^2 + {p_y}^2 + {p_z}^2}{2m} = -\frac{\hbar^2}{2m}\left(\frac{\partial^2}{\partial x^2} + \frac{\partial^2}{\partial y^2} + \frac{\partial^2}{\partial z^2}\right) = -\frac{\hbar^2}{2m}\Delta$$

と書けるので題意のようになる．

問　題

1.1　時間を含んだシュレーディンガー方程式を導く際，波動関数が実数であると仮定すると都合が悪く，複素数の導入が必要である事情を説明せよ．

1.2　質量 m の粒子に $U(x, y, z)$ というポテンシャルが働くときのシュレーディンガー方程式は

$$-\frac{\hbar^2}{2m}\Delta\psi + U\psi = E\psi$$

と書けることを確かめよ．

1.3　問題 1.2 と同じ体系の時間を含んだシュレーディンガー方程式は

$$-\frac{\hbar}{i}\frac{\partial \psi}{\partial t} = -\frac{\hbar^2}{2m}\Delta\psi + U\psi$$

で与えられる．$\psi(x, y, z, t) = e^{-iEt/\hbar}\psi(x, y, z)$ のとき，$\psi(x, y, z)$ は問題 1.2 の方程式の解であることを証明せよ．

3.2 波動関数の物理的意味

● 因果律 ● 古典力学では，質点の最初の位置と速度とを決めれば後の運動は一義的に決まる．原因が与えられると結果が決まることを**因果律**が成り立つという．

● 粒子の確率分布 ● 量子力学では，粒子の位置や運動量が確定値をもつという考えを捨て，これらの量はある種の確率分布を示すと考える．波動関数 ψ は一般に複素数であり，ψ 自身は観測量ではない．しかし，その絶対値 $|\psi|$ は実数なので，なんらかの観測量と結びついていると期待される．粒子の位置測定を何回も繰り返すと，ある場所で粒子の見出される確率が決まる．詳しい研究の結果，このような存在確率に対し，次の法則の成り立つことがわかった．すなわち，粒子が点 (x, y, z) 近傍の微小体積 dV 中に見出される確率は，時刻 t において

$$|\psi(x, y, z, t)|^2 dV \tag{3.8}$$

に比例する．特に

$$\psi(x, y, z, t) = e^{-iEt/\hbar}\psi(x, y, z) \tag{3.9}$$

と書けるときには，問題 1.3 で学んだように $\psi(x, y, z)$ は $H\psi = E\psi$ の方程式を満たす．また，オイラーの公式を利用すると $e^{-iEt/\hbar}$ の絶対値は 1 で（問題 2.1），粒子の存在確率は次の量に比例する．

$$|\psi(x, y, z)|^2 dV \tag{3.10}$$

● 規格化 ● シュレーディンガー方程式は線形でもし ψ が $H\psi = E\psi$ を満たせば，これを定数倍した $c\psi$ も解である．そこで，定数 c を適当に選べば考える領域 Ω に関する体積積分に対し，次の条件を満たすことができる．

$$\int_\Omega |\psi(x, y, z)|^2 dV = 1 \tag{3.11}$$

このように ψ を選ぶことは**波動関数の規格化**とよばれる．波動関数が規格化されると (3.10) は dV 中に粒子が見出される（相対的でない）真の確率を与える．

● 物理量の平均値 ● 物理量の平均値は (3.10) の確率を用いて表され，例えば，粒子の x 座標の平均値，そのばらつきの大きさの平均値（**分散**）は次式のようになる．

$$\overline{x} = \int \psi^*(x, y, z) x \psi(x, y, z) dV$$

$$(\Delta x)^2 = \int \psi^*(x, y, z)(x - \overline{x})^2 \psi(x, y, z) dV$$

上式で ψ^* は ψ の共役複素数を表す．

例題 2　　**不確定性原理**

量子力学の立場では，運動量と座標とを同時に正確に測定することはできず，どうしても両者に不確定さが残る．これを**ハイゼンベルクの不確定性原理**という．X 線顕微鏡で x 軸上の電子の位置と運動量を測定するとし上記の原理を導け．

解答　X 線顕微鏡とは，通常の光のかわりに波長のごく短い電磁波を使う顕微鏡である．一般に光は回折現象を示すので，顕微鏡で区別できる 2 点間の距離は，その光の波長程度である．このため，電子に波長 λ の X 線を x 方向に当て電子の位置を調べるとき，電子の x 座標の不確定さは $\Delta x \sim \lambda$ となる（図 2.9）．一方，電子に X 線を当てると，電子に運動量 h/λ の光子を当てることになるので，電子の運動量の x 成分にはそれと同程度の不確定さが生じ $\Delta p_x \sim h/\lambda$ と表される．Δx と Δp_x の積を作ると $\Delta x \cdot \Delta p_x \sim h$ となって不確定性原理が導かれる．

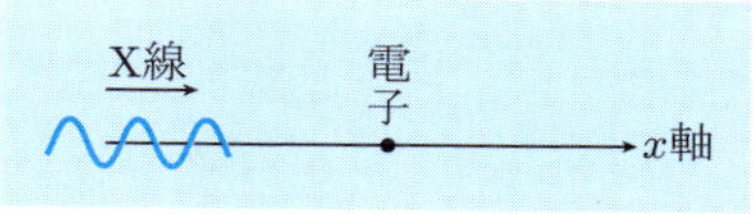

図 2.9　X 線顕微鏡による電子の測定

問　題

2.1　$e^{-iEt/\hbar}$ の絶対値は 1 であることを証明せよ．

2.2　1 辺の長さ L の立方体の箱中の平面波 $e^{i\boldsymbol{k}\cdot\boldsymbol{r}}$ を考え，周期的境界条件［問題 1.1 (p.199)］が課せられているとする．次の問に答えよ．

(a)　次の波動関数は立方体中で規格化されていることを示せ（$V = L^3$）．

$$\psi_{\boldsymbol{k}}(\boldsymbol{r}) = \frac{1}{\sqrt{V}} e^{i\boldsymbol{k}\cdot\boldsymbol{r}}$$

(b)　以下の**規格直交性**を証明せよ．ただし，領域 Ω は立方体の内部を表す記号を表し，$\delta(\boldsymbol{k}, \boldsymbol{k}')$ は 3 次元の**クロネッカーの $\boldsymbol{\delta}$** で $\delta(\boldsymbol{k}, \boldsymbol{k}') = 1$ $(\boldsymbol{k} = \boldsymbol{k}')$，$\delta(\boldsymbol{k}, \boldsymbol{k}') = 0$ $(\boldsymbol{k} \neq \boldsymbol{k}')$ を意味する．

$$\int_{\Omega} \psi_{\boldsymbol{k}}{}^{*} \psi_{\boldsymbol{k}'} dV = \delta(\boldsymbol{k}, \boldsymbol{k}')$$

2.3　物理量を表す演算子 Q に対し $Q\psi_n = \lambda_n \psi_n$ が成り立つとき，λ_n を**固有値**，ψ_n を**固有関数**という．ψ_n で表される状態で Q を測定すると確定値 λ_n が得られるとする．また，任意の波動関数 ψ が $\psi = \sum c_n \psi_n$ と展開できるとき，この状態で Q を測定するとその測定値が λ_n である確率は $|c_n|^2$ に比例すると考える（**確率の法則**）．関数系 ψ_n が規格直交性を満たすと仮定して Q の量子力学的な平均値 $\overline{Q}$ を求めよ．

3.3　波動関数の例

● 固い壁間の 1 次元粒子 ●　図 2.10 に示すように，$x=0$ と $x=L$ に無限に高いポテンシャルの壁があるとする．x 軸上で運動する質量 m の粒子を考えると，$x=0$，$x=L$ で U は ∞ なので，そこで $\psi=0$ となる（問題 3.1）．$0<x<L$ におけるシュレーディンガー方程式は

$$-\frac{\hbar^2}{2m}\frac{d^2\psi}{dx^2}=E\psi \tag{3.12}$$

と書ける．$E>0$ と仮定し $E=\hbar^2k^2/2m$ とおくと

$$\frac{d^2\psi}{dx^2}=-k^2\psi \tag{3.13}$$

となる．この微分方程式を解き，$x=0$, L における条件を満たすよう k を決めると

$$kL=n\pi \quad (n=1,2,3,\cdots) \tag{3.14}$$

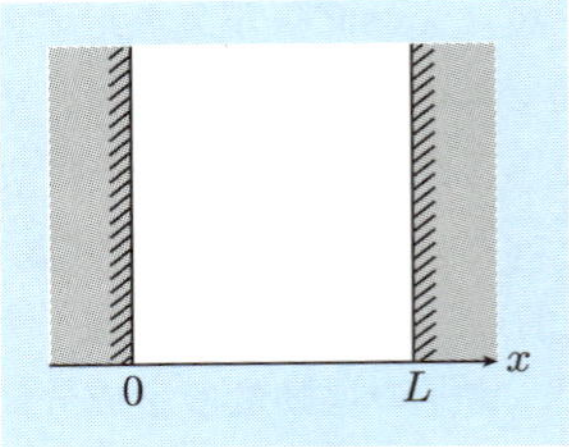

図 2.10　無限に高いポテンシャルの壁

が得られる（例題 3）．上式から k を求めると，エネルギー固有値は次のように求まる．

$$E_n=\frac{n^2\pi^2\hbar^2}{2mL^2} \quad (n=1,2,3,\cdots) \tag{3.15}$$

● 水素原子の基底状態 ●　陽子は座標原点に静止しているとし電子の質量を m とすれば，水素原子に対するシュレーディンガー方程式は

$$-\frac{\hbar^2}{2m}\Delta\psi-\frac{e^2}{4\pi\varepsilon_0 r}\psi=E\psi \tag{3.16}$$

と書ける．r は陽子，電子間の距離を表す．基底状態では ψ は r だけの関数になることが知られている．この場合，問題 8.4（p.113）を利用すると (3.16) は

$$-\frac{\hbar^2}{2m}\left(\frac{d^2\psi}{dr^2}+\frac{2}{r}\frac{d\psi}{dr}\right)-\frac{e^2}{4\pi\varepsilon_0 r}\psi=E\psi \tag{3.17}$$

となる．A, c を定数として ψ を $\psi=Ae^{cr}$ と仮定すると，c は

$$c=-\frac{me^2}{4\pi\varepsilon_0\hbar^2}=-\frac{1}{a} \tag{3.18}$$

となる（問題 3.3）．ここで a はボーア半径である．また基底状態のエネルギー E は $E=-\hbar^2c^2/2m$ と求まりボーア理論の結果と一致する．なお，全空間で規格化された波動関数については問題 3.4 で学ぶ．

例題 3　　**固い壁間の 1 次元粒子**

$x=0,\ L$ での条件を満たす (3.13) の解を求め，エネルギー固有値を計算せよ．

解答　(3.13) は基本的に単振動の運動方程式でその一般解は A, B を任意定数として

$$\psi = A\sin kx + B\cos kx \tag{1}$$

で与えられる．$x=0$ で $\psi=0$ であるから (1) で $B=0$ が得られ，その結果 ψ は

$$\psi = A\sin kx \tag{2}$$

と表される．一方，$x=L$ で $\psi=0$ が成り立ち (2) で $\sin kL=0$ となり，これから

$$kL = n\pi \quad (n=1,2,3,\cdots) \tag{3}$$

が得られる．ここで $n=0$ は波動関数が恒等的に 0 となるので除き，また n の符号を逆にしたものは波動関数の符号を逆にしただけであるからこれも除外する．(3) から k を求め，それを $E=\hbar^2k^2/2m$ に代入すれば (3.15) が導かれる．

問　題

3.1　1 次元のシュレーディンガー方程式で $U(x)$ が ∞ の点で波動関数は 0 となることを示せ．

3.2　(3.15) から質量 m の粒子が長さ L の範囲内にあるときの量子力学的なエネルギーは $E\sim\pi^2\hbar^2/2mL^2$ と評価される．原子の問題では m として電子の質量，長さは $1\,\text{Å}=10^{-10}\,\text{m}$ の程度としてエネルギーの値の程度を求めよ．また原子核の問題では核子の質量は電子の 2000 倍程度，$L\sim10^{-14}\,\text{m}$ として核エネルギーの大きさについて同様な評価をせよ．

3.3　(3.17) に $\psi=Ae^{cr}$ を代入し，この ψ が方程式の解であることを証明せよ．また，定数 c とエネルギー固有値 E を求めよ．

3.4　水素原子の基底状態の波動関数は

$$\psi = Ae^{-r/a}$$

と書ける．定数 A を決めるため，A は実数と仮定し，波動関数は全空間で規格化されているとして

$$\int \psi^2 dV = 4\pi\int_0^\infty A^2e^{-2r/a}r^2dr = 1$$

の条件が満たされるとする．次の問題を参考にして A を決めよ．

3.5　部分積分を利用し，次の関係を導け．

$$\int_0^\infty x^ne^{-x}dx = n! \quad (n=0,1,2,\cdots)$$

3.6　水素原子の基底状態において r の量子力学的な平均値を求めよ．

問題解答

第I編の解答

◆ 1 質点の運動

問題 1.1 この自動車は1分の間に $1\,\mathrm{km} = 1000\,\mathrm{m}$ 進み，t 分の間には $1000\,t\,\mathrm{m}$ 進む．したがって③が正解となる．

問題 1.2 $9.81\,\mathrm{m\cdot s^{-2}} \times 2\,\mathrm{s} = 19.62\,\mathrm{m/s}$ で，これは $70.6\,\mathrm{km/h}$ に等しい．

問題 1.3 例題1と同様な計算により $v_{\mathrm{av}} = \alpha t + v_0 + (1/2)\alpha\Delta t$ という結果が得られ，瞬間の速さは $v(t) = \alpha t + v_0$ と表される．

問題 1.4 平均の速さ $\Delta x/\Delta t$ は図1.2の直線 PP′ の傾きに等しい．Δt を0に近づけると，点 P′ は点 P に接近し，直線 PP′ はこの極限で点 P における曲線への接線と一致する．

問題 2.1 $3\boldsymbol{A} = (3, -6, 9)$

問題 2.2 $3\boldsymbol{A} + 4\boldsymbol{B} = (6, 9, 12) + (-4, 16, 12) = (2, 25, 24)$

問題 2.3 $|\boldsymbol{A}| = \sqrt{5^2 + 4^2 + 3^2} = \sqrt{50} = 7.07$

問題 2.4 ${A_x}^2 + {A_y}^2 + {A_z}^2 = A^2$ から $\alpha^2 + \beta^2 + \gamma^2 = 1$ が得られる．

問題 2.5 $\alpha = 5/7.07 = 0.707$ で x 軸とのなす角度は $\cos^{-1} 0.707 = 45°$．同様に，$\beta = 4/7.07 = 0.566$，y 軸とのなす角度 $= 55.5°$，$\gamma = 3/7.07 = 0.424$，z 軸とのなす角度 $= 64.9°$ となる．

問題 2.6 $\boldsymbol{A}$ を平行移動したベクトルを $\boldsymbol{B}$ とすれば $B_x = A_x$，$B_y = A_y$，$B_z = A_z$ が成り立ち，$\boldsymbol{B} = \boldsymbol{A}$ の関係が導かれる．

問題 3.1 $\boldsymbol{r}(t+\Delta t) = \boldsymbol{r}(t) + \Delta\boldsymbol{r}$ の x, y, z 成分をとると $x(t+\Delta t) = x(t) + \Delta x$，$y(t+\Delta t) = y(t) + \Delta y$，$z(t+\Delta t) = z(t) + \Delta z$ となる．

問題 3.2 (a) $x = y = 0$，$z = h - (1/2)gt^2$

(b) 上式を t で微分し $v_x = v_y = 0$，$v_z = -gt$ と表される．

問題 3.3 $v_x = 2\alpha t$，$v_y = \beta$

問題 3.4 質点は xy 面内で半径 A の等速円運動，z 方向で v の等速運動を行う．その結果，質点は図のようならせん運動を行う．また，質点の速度は x, y, z を t で微分し

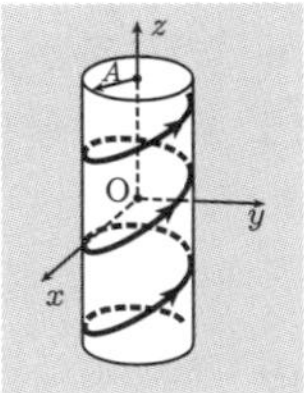

$$v_x = -A\omega\sin\omega t, \quad v_y = A\omega\cos\omega t, \quad v_z = v$$

と計算される．

問題 4.1 $\boldsymbol{a}=\left(\dfrac{d^2x}{dt^2},\dfrac{d^2y}{dt^2},\dfrac{d^2z}{dt^2}\right)$

問題 4.2 $a_x=2\alpha$, $a_y=0$

問題 4.3 自動車が等加速度運動しているとき，その加速度は V/t で，$0\sim t$ の間の走行距離は $(1/2)(V/t)t^2=Vt/2$ となる．一方，等速運動での走行距離は $V(T-t)$ と書ける．したがって，全体の走行距離は両者の和をとり $VT-Vt/2$ となる．

問題 5.1 (a) $\omega=2\pi\times4\,\mathrm{Hz}=8\pi\,\mathrm{rad\cdot s^{-1}}$ $\therefore$ $x=2\,\mathrm{cm}\cos(8\pi\,\mathrm{rad\cdot s^{-1}}t+30°)$

(b) t で微分すると，v,a は次のように計算される．$v=-16\pi\,\mathrm{cm\cdot s^{-1}}\sin(8\pi\,\mathrm{rad\cdot s^{-1}}t+30°)$，$a=-128\pi^2\,\mathrm{cm\cdot s^{-2}}\cos(8\pi\,\mathrm{rad\cdot s^{-1}}t+30°)$．$t=1\,\mathrm{s}$ とおくと $\cos(8\pi+30°)=\cos30°=0.866$ が得られ，同様に $\sin(8\pi+30°)=\sin30°=0.5$ となる．したがって

$$x=1.732\,\mathrm{cm},\quad v=-25.1\,\mathrm{cm/s},\quad a=-1094\,\mathrm{cm/s^2}$$

と計算される．

問題 5.2 (1.22) (p.10) から次のようになる．

$$v_x=-r\omega\sin(\omega t+\alpha),\quad a_x=-r\omega^2\cos(\omega t+\alpha)=-\omega^2x$$
$$v_y=r\omega\cos(\omega t+\alpha),\quad a_y=-r\omega^2\sin(\omega t+\alpha)=-\omega^2y$$

問題 5.3 1 s 当たり 20 回転するから $\nu=20\,\mathrm{Hz}$ で，等速円運動の速さ v は $v=r\omega$ と書けることに注意する．

(a) $\omega=2\pi\nu=126\,\mathrm{rad/s}$　(b) $v=r\omega=0.06\,\mathrm{m}\times126\,\mathrm{rad/s}=7.56\,\mathrm{m/s}$

◆ 2 力と運動

問題 1.1 $F=ma=0.2\,\mathrm{kg}\times3\,\mathrm{m/s^2}=0.6\,\mathrm{N}$

問題 1.2 トラックの進行方向を正の向きにとる．72 km/h は 20 m/s に等しく減速時の加速度は $-5\,\mathrm{m/s^2}$ となる．$10\,\mathrm{t}=10^4\,\mathrm{kg}$ が成り立つので，トラックに働く力は $-5\times10^4\,\mathrm{N}$ である．

問題 1.3 加速度の大きさは $r\omega^2$ であるから，これに m を掛け題意のようになる．

問題 2.1 合力 $\boldsymbol{F}=\boldsymbol{F}_1+\boldsymbol{F}_2$ の x,y 成分は $F_x=F_1+F_2\cos\theta$, $F_y=F_2\sin\theta$ となる．

(a) $F=\sqrt{{F_x}^2+{F_y}^2}=\sqrt{{F_1}^2+{F_2}^2+2F_1F_2\cos\theta}$

(b) $\tan\alpha=F_y/F_x=F_2\sin\theta/(F_1+F_2\cos\theta)$

問題 2.2 $T_1\cos\alpha=T_2\cos\beta$, $T_1\sin\alpha+T_2\sin\beta=mg$ が成り立ち，次式が得られる．

$$T_1=\frac{mg}{\cos\alpha(\tan\alpha+\tan\beta)},\quad T_2=\frac{mg}{\cos\beta(\tan\alpha+\tan\beta)}$$

問題 2.3 斜面と垂直な方向の力のつり合いを考え $N=mg\cos\theta$ が求まる．

問題 3.1 例題 3 の (2) (p.17) は $2\theta=\pi/2$ のとき最大となり，$d_\mathrm{m}={v_0}^2/g$ となる．

問題 3.2 上式から $v_0=\sqrt{gd_\mathrm{m}}$ と書ける．これに数値を代入すると v_0 は次のようになる．

$$v_0=\sqrt{9.81\,\mathrm{m\cdot s^{-2}}\times100\,\mathrm{m}}=31.3\,\mathrm{m/s}=113\,\mathrm{km/h}$$

問題 3.3 (a) $v=v_0-gt$, $x=v_0t-gt^2/2$ の関係で最高点では $v=0$ となる．このときの t は $t=v_0/g$ となり，これを x の式に代入し h は $h={v_0}^2/2g$ と表される．

(b)　例題 3 の (3)（p.17）で $\theta = \pi/2$ とすれば (a) と同じ結果が求まる．

問題 3.4　$150\,\mathrm{km/h} = 41.7\,\mathrm{m/s}$ で最高点の高さ h は次のように計算される．

$$h = \frac{(41.7\,\mathrm{m \cdot s^{-1}})^2}{(2 \times 9.81)\,\mathrm{m \cdot s^{-2}}} = 88.6\,\mathrm{m}$$

問題 4.1　$\tan \alpha_{\mathrm{max}} = 0.2$ から $\alpha_{\mathrm{max}} = 11.3°$ と表される．

問題 4.2　例題 4（p.19）により $a = 9.81\,\mathrm{m \cdot s^{-2}} \times (\sin 30° - 0.1 \times \cos 30°) = 4.06\,\mathrm{m/s^2}$ の等加速度運動を行うことがわかる．斜面に沿い下向きに x 軸をとると $v = at, x = (1/2)at^2$ と書け，t を消去すると $v = \sqrt{2ax}$ が得られる．ジャンパーが飛び出すとき $x = 60\,\mathrm{m}$ であるから v は $v = \sqrt{2 \times 4.06\,\mathrm{m \cdot s^{-2}} \times 60\,\mathrm{m}} = 22.1\,\mathrm{m/s} = 79.5\,\mathrm{km/h}$ となる．

問題 5.1　$x = l\cos\theta,\ y = l\sin\theta$ を t に関して微分すれば以下のようになる．

$$\frac{dx}{dt} = -l\sin\theta\frac{d\theta}{dt}, \quad \frac{d^2x}{dt^2} = -l\cos\theta\left(\frac{d\theta}{dt}\right)^2 - l\sin\theta\frac{d^2\theta}{dt^2}$$

$$\frac{dy}{dt} = l\cos\theta\frac{d\theta}{dt}, \quad \frac{d^2y}{dt^2} = -l\sin\theta\left(\frac{d\theta}{dt}\right)^2 + l\cos\theta\frac{d^2\theta}{dt^2}$$

問題 5.2　(a)　ばねが自然長のときを原点にとると運動方程式は $m\dfrac{d^2x}{dt^2} = mg - kx$ と書ける．つり合いの位置では左辺は 0 となるのでばねの伸び x_0 は $x_0 = mg/k$ と求まる．

(b)　$x = x_0 + x'$ とし，運動方程式に代入すると $m\dfrac{d^2x'}{dt^2} = -kx'$ となる．これは単振動を記述する方程式である．

問題 6.1　一般に z を複素変数とするとき指数関数 e^z は

$$e^z = 1 + z + \frac{z^2}{2!} + \frac{z^3}{3!} + \cdots$$

で定義される．$z = i\theta$ とおき $i^2 = -1,\ i^3 = -i,\ i^4 = 1, \cdots$ の関係を使うと次式が得られる．

$$e^{i\theta} = 1 - \frac{\theta^2}{2!} + \frac{\theta^4}{4!} - \cdots + i\left(\theta - \frac{\theta^3}{3!} + \frac{\theta^5}{5!} - \cdots\right) = \cos\theta + i\sin\theta$$

問題 6.2　(2.15)（p.22）の複素数の解を z とすれば，これは

$$\frac{d^2z}{dt^2} + 2\gamma\frac{dz}{dt} + \omega^2 z = 0$$

を満たす．z を実数部分 x_1 と虚数部分 x_2 とにわけ，$z = x_1 + ix_2$ とおけば

$$\frac{d^2x_1}{dt^2} + 2\gamma\frac{dx_1}{dt} + \omega^2 x_1 + i\left(\frac{d^2x_2}{dt^2} + 2\gamma\frac{dx_2}{dt} + \omega^2 x_2\right) = 0$$

となる．ある複素数が 0 であるということは，その実数部分および虚数部分が 0 であることを意味し，したがって，x_1 も x_2 も (2.15) の解であることがわかる．

問題 6.3　ばねの場合，抵抗力が大きいとばねを伸ばして手を放しても，おもりはすぐに減速してしまい，つり合いの位置に接近するだけで振動は起こらない．このような現象が過減衰に相当する．

問題 7.1　$180\,\mathrm{kg \cdot m/s}$

問題 7.2　例えば $\boldsymbol{F}_1 + \boldsymbol{F}_2$ の z 成分が 0 であると仮定し，(2.17)（p.24）の z 成分をとると

すれば $dP_z/dt = 0$ が得られる．これは P_z が一定であることを意味する．

問題 7.3　球の進行方向を正とすれば，$mv_2 - mv_1 = I$ の式に $v_2 = 0\,\mathrm{m/s}$, $v_1 = 20\,\mathrm{m/s}$, $m = 0.1\,\mathrm{kg}$ を代入し，$I = (-0.1 \times 20)\,\mathrm{kg \cdot m/s} = -2\,\mathrm{N \cdot s}$ となる．すなわち，球に加えられる力積は負の方向を向き，その大きさは $2\,\mathrm{N \cdot s}$ である．

問題 7.4　右図のように撃力を加える前の質点の運動量を $\boldsymbol{p}_1$ として，x 軸を $\boldsymbol{p}_1$ の方向にとる．ここで $|\boldsymbol{p}_1| = mv$ である．題意により撃力を加えた後の質点の運動量 $\boldsymbol{p}_2$ は図のように x, y 軸を選べば

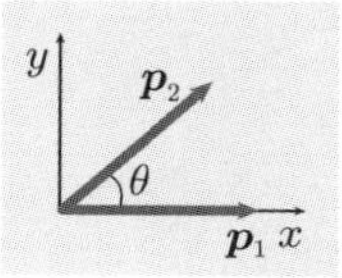

$$\boldsymbol{p}_2 = (mv\cos\theta, mv\sin\theta)$$

と書ける．撃力の力積 $\boldsymbol{I}$ は $\boldsymbol{I} = \boldsymbol{p}_2 - \boldsymbol{p}_1$ であるから $\boldsymbol{I}$ の x, y 成分は次のように求まる．

$$I_x = mv(\cos\theta - 1), \quad I_y = mv\sin\theta$$

◆　3　仕事とエネルギー

問題 1.1　基本ベクトルは $\boldsymbol{i} = (1, 0, 0)$, $\boldsymbol{j} = (0, 1, 0)$, $\boldsymbol{k} = (0, 0, 1)$ と書けることに注意すると $A_x\boldsymbol{i} + A_y\boldsymbol{j} + A_z\boldsymbol{k} = (A_x, 0, 0) + (0, A_y, 0) + (0, 0, A_z) = (A_x, A_y, A_z) = \boldsymbol{A}$ となる．

問題 1.2　基本ベクトルに対する $\boldsymbol{i}^2 = \boldsymbol{j}^2 = \boldsymbol{k}^2 = 1$, $\boldsymbol{i}\cdot\boldsymbol{j} = \boldsymbol{j}\cdot\boldsymbol{k} = \boldsymbol{k}\cdot\boldsymbol{i} = 0$ を使うと $\boldsymbol{A}\cdot\boldsymbol{B} = (A_x\boldsymbol{i} + A_y\boldsymbol{j} + A_z\boldsymbol{k})\cdot(B_x\boldsymbol{i} + B_y\boldsymbol{j} + B_z\boldsymbol{k}) = A_xB_x + A_yB_y + A_zB_z$ となる．

問題 1.3　(a)　$\Delta W = F\Delta s\cos\theta = mg\Delta s\sin\alpha$

(b)　(a) で Δs を総和すれば $W = mgs\sin\alpha = mgh$ となる．

問題 1.4　束縛力は質点の変位と垂直で (3.3)（p.26）で $\theta = \pi/2$, $\cos\theta = 0$ となるため束縛力のする仕事は 0 である．

問題 2.1　ばね定数は $k = 0.01\,\mathrm{kg} \times 9.81\,\mathrm{m \cdot s^{-2}}/0.015\,\mathrm{m} = 6.54\,\mathrm{N/m}$ で $2\,\mathrm{cm} = 0.02\,\mathrm{m}$ だけ伸ばすのに必要な仕事 W は $W = (1/2) \times 6.54\,\mathrm{N \cdot m^{-1}} \times (0.02\,\mathrm{m})^2 = 1.31 \times 10^{-3}\,\mathrm{J}$ と計算される．

問題 2.2　(a)　$N + F\sin\alpha = mg$ と書け，これから N は $N = mg - F\sin\alpha$ と求まる．

(b)　人のする仕事 W は μNl と表され，仕事率 P は $P = \mu(mg - F\sin\alpha)l/t$ となる．

問題 2.3　物体のつり上がる速さを v とすればモーターの仕事率 P は $P = mgv$ と表され，v は $v = (0.5\,\text{馬力} \times 750\,\mathrm{W}/\text{馬力})/(40\,\mathrm{kg} \times 9.81\,\mathrm{m \cdot s^{-2}}) = 0.956\,\mathrm{m/s}$ と計算される．

問題 3.1　問題 1.3（p.27）により質点が Δh だけ落下するとき重力のする仕事は $mg\Delta h$ と表される．重力のする仕事 W は Δh について和をとって $W = mgh$ と書ける．

問題 3.2　力学的エネルギー保存の法則により $(1/2)mv^2 - (1/2)mv_0{}^2 = mgx$ が成り立ち，これから与式が導かれる．

問題 3.3　例題 3 の (2) から $dK/dt = \boldsymbol{F}\cdot d\boldsymbol{r}/dt$ となる．この式で $\boldsymbol{v} = d\boldsymbol{r}/dt$ に注意し (3.9)（p.28）を利用すると $dK/dt = P$ の関係が得られる．

問題 4.1　垂直抗力は $N = mg$ で動摩擦力の大きさは μmg となる．質点が軌道上を距離 Δs だけ移動したとき，動摩擦力の向きと移動の向きとは正反対であるから，動摩擦力のする仕事 ΔW は $\Delta W = -mg\mu\Delta s$ と書け，全体の仕事 W はこれらを加え $W = -mg\mu s$ となる．

I

問題 4.2 O → A → B の経路では $s=2l$ であるから，$W=-2mg\mu l$，O → B の経路では $s=\sqrt{2}l$ で $W=-\sqrt{2}mg\mu l$ となり，2 つの W は異なり動摩擦力は保存力でないことがわかる．

問題 4.3 周回積分 I は積分路に沿う微小変位の大きさを ds とすれば $I=-2m\gamma\int vds$ と書ける．$ds=(ds/dt)dt=vdt$ と表し，積分路を一周する時間を T とすれば

$$I=-2m\gamma\int_0^T v^2dt$$

と表される．この I は 0 でないから抵抗力は保存力でない．

問題 5.1 重力のポテンシャルは $\partial U/\partial x=\partial U/\partial y=0$，$\partial U/\partial z=mg$ を満たす．左の 2 式から U は x, y によらないことがわかるので U を $U(z)$ とおく．右の式から $dU(z)/dz=mg$ となるのでこれを積分すれば題意が示される．

問題 5.2 $\partial^2U/\partial y\partial z=\partial^2U/\partial z\partial y$ という公式から与式の一番左の関係が導かれる．他の関係も同様にして証明される．

問題 5.3 問題 5.2 の 3 つの関係の左辺は $0, F_0y, -F_0z$ と計算され，右の 2 つは必ずしも 0 ではないからこの力は保存力でない．

問題 6.1 (a) $F=-kx$ と書け，ポテンシャルは $U=kx^2/2+U_0$ と表される．$x=0$ で $U=0$ と基準を決めれば $U_0=0$ となる．

(b) $k=m\omega^2$ とすれば $x=A\cos(\omega t+\alpha)$，$v=dx/dt=-\omega A\sin(\omega t+\alpha)$ が成り立つ．一方，力学的エネルギーは

$$E=\frac{1}{2}mv^2+\frac{1}{2}m\omega^2x^2=\frac{m\omega^2A^2}{2}[\sin^2(\omega t+\alpha)+\cos^2(\omega t+\alpha)]=\frac{m\omega^2A^2}{2}$$

と計算され一定となる．これを**振動のエネルギー**という．運動エネルギー，位置エネルギーのそれぞれは一定ではないが互いにエネルギーを交換しその和は一定となる．

問題 6.2 最高点の高さ h は 2.3 節の例題 3 の (3)（p.17）により $h={v_0}^2\sin^2\theta/2g$ と書ける．力学的エネルギー保存の法則により $(1/2)mv^2+mg{v_0}^2\sin^2\theta/2g=(1/2)m{v_0}^2$ $\therefore\ v^2+{v_0}^2\sin^2\theta={v_0}^2$ が成り立ち，最高点での速さは $v_0\cos\theta$ と求まる．最高点では速度の鉛直方向の成分は 0 となり，速さは初速度の水平方向の成分に等しい．

問題 6.3 運動方程式 $md\boldsymbol{v}/dt=-\mathrm{grad}\,U$ から $m\boldsymbol{v}\cdot d\boldsymbol{v}/dt+\boldsymbol{v}\cdot\mathrm{grad}\,U=0$ が得られる．質点がある軌道を描いて運動すると x, y, z は t の関数で U も t の関数となる．この場合

$$\frac{dU(x,y,z)}{dt}=\frac{\partial U}{\partial x}\frac{dx}{dt}+\frac{\partial U}{\partial y}\frac{dy}{dt}+\frac{\partial U}{\partial z}\frac{dz}{dt}=\boldsymbol{v}\cdot\mathrm{grad}\,U$$

が成り立ち，$d[(1/2)m\boldsymbol{v}^2+U(x,y,z)]/dt=0$ となる．すなわち力学的エネルギー E に対し $dE/dt=0\quad\therefore\ E=$ 一定 という力学的エネルギー保存の法則が導かれる．

問題 7.1 保存力を $-\mathrm{grad}\,U$，非保存力を $\boldsymbol{F}'$ とすれば運動方程式は $md^2\boldsymbol{r}/dt^2=-\mathrm{grad}\,U+\boldsymbol{F}'$ と書ける．この式と $d\boldsymbol{r}/dt$ の内積を作ると問題 6.3 と同様の手続きにより $dE/dt=\boldsymbol{F}'\cdot d\boldsymbol{r}/dt$ が得られる．これを時刻 t_A から t_B まで t に関して積分すると

$$E(\mathrm{B})-E(\mathrm{A})=\int_{t_\mathrm{A}}^{t_\mathrm{B}}\boldsymbol{F}'\cdot\frac{d\boldsymbol{r}}{dt}dt$$

となる．ただし，$E(\mathrm{B})$, $E(\mathrm{A})$ はそれぞれ $t_\mathrm{B}, t_\mathrm{A}$ における力学的エネルギーである．上式の右辺で $(d\boldsymbol{r}/dt)dt = d\boldsymbol{r}$ と書けば，この項は t_A から t_B まで質点が運動したとき $\boldsymbol{F}'$ の力がした仕事 W' に等しい．したがって，上式は $E(\mathrm{B}) - E(\mathrm{A}) = W'$ と書ける．$\boldsymbol{F}' \cdot d\boldsymbol{r} < 0$ であるから，上の W' はつねに負で，力学的エネルギーは非保存力が働くと必ず減少する．

問題 7.2　(3.24)（p.38）の e の定義式から $v_1 = -eu_1$ となる．

問題 7.3　(a)　ボールが床に衝突する直前の速さは $\sqrt{2gh}$ であるから，はね返されるときの速さ v' は $e\sqrt{2gh}$ となる．ボールがはね返された後 $x = v't - (1/2)gt^2$, $v = v' - gt$ という式が成り立ち最高点に上がるまでの時間 t は $v = 0$ とし，$t = v'/g = e\sqrt{2h/g}$ と書ける．したがって，このときの高さ h_1 は $h_1 = v'^2/2g = e^2h$ と表される．

(b)　h の高さから落下し h_1 に達するまでの時間 t_1 は $(1+e)\sqrt{2h/g}$ となる．同様に h_1 の高さから落下しはね返って h_2 に達するまでの時間 t_2 は $(1+e)\sqrt{2h_1/g} = (1+e)e\sqrt{2h/g}$ となる．求める時間は $t_1 + t_2 + t_3 + \cdots$ と書け，これは次のように計算される．

$$(1+e)(1+e+e^2+\cdots)\sqrt{\frac{2h}{g}} = \frac{1+e}{1-e}\sqrt{\frac{2h}{g}}$$

◆ 4 万有引力

問題 1.1
$$F = 6.67 \times 10^{-11}\,\frac{\mathrm{N \cdot m^2}}{\mathrm{kg^2}} \times \frac{3\,\mathrm{kg} \times 4\,\mathrm{kg}}{(0.2\,\mathrm{m})^2} = 2.00 \times 10^{-8}\,\mathrm{N}$$

問題 1.2　地球の半径 R，地球の質量 M で地表の質量 1 kg の質点に働く重力すなわち g は

$$g = \frac{GM}{R^2} = \frac{6.67 \times 10^{-11}\,\mathrm{N \cdot m^2 \cdot kg^{-2}} \times 5.98 \times 10^{24}\,\mathrm{kg}}{(6.37 \times 10^6\,\mathrm{m})^2} = 9.83\,\frac{\mathrm{N}}{\mathrm{kg}}$$

と書け，g の観測値とほぼ同じである．上式は g と万有引力を結ぶ関係を表す．

問題 1.3　2 体問題の相対運動に対する運動方程式は $\mu d^2\boldsymbol{r}/dt^2 = \boldsymbol{F}$ と書けるから，力学的エネルギー保存の法則は $\mu v^2/2 - GmM/r = $ 一定 となる．$M \gg m$ だと換算質量 μ は m に等しいと考えてよいので，与式が導かれる．

問題 2.1　(a)　ベクトル積の定義式で $\boldsymbol{A}$ と $\boldsymbol{B}$ とを交換すると，各成分の符号が変わるので与えられた関係が成り立つ．

(b)　(a) で $\boldsymbol{B} = \boldsymbol{A}$ とおけば $\boldsymbol{A} \times \boldsymbol{A} = -\boldsymbol{A} \times \boldsymbol{A}$ となり $\boldsymbol{A} \times \boldsymbol{A} = 0$ が導かれる．

問題 2.2　$\boldsymbol{A} \times \boldsymbol{B}$ の大きさは $AB\sin\theta$ と書け，$\theta = 0$ であれば $\boldsymbol{A} \times \boldsymbol{B} = 0$ となる．逆に $\boldsymbol{A} \times \boldsymbol{B} = 0$ で $A, B \neq 0$ であれば $\sin\theta = 0$ で $\theta = 0$ または π である．問題 2.1 の (b) はこの関係の特別な場合に相当する．

問題 2.3　$d(\boldsymbol{A} \times \boldsymbol{B})/dt$ の例えば x 成分をとると

$$\frac{d(A_yB_z - A_zB_y)}{dt} = \frac{dA_y}{dt}B_z - \frac{dA_z}{dt}B_y + A_y\frac{dB_z}{dt} - A_z\frac{dB_y}{dt}$$

と計算され，上式は与式右辺の x 成分と一致する．y, z 成分も同様で，このようにして公式の成り立つことが証明される．

問題 2.4　$\boldsymbol{l}$ の定義式 $\boldsymbol{l} = \boldsymbol{r} \times \boldsymbol{p}$ を時間 t で微分すると，前問の公式を使い

$$\frac{d\boldsymbol{l}}{dt} = \frac{d\boldsymbol{r}}{dt} \times \boldsymbol{p} + \boldsymbol{r} \times \frac{d\boldsymbol{p}}{dt}$$

となる．$d\boldsymbol{r}/dt = \boldsymbol{p}/\mu$ を使うと右辺の第 1 項は 0 で $d\boldsymbol{l}/dt = 0$ が導かれる．

問題 3.1　例題 3 の (2), (3) に数値を代入し $v_1 = 7.9\,\mathrm{km/s}$, $v_2 = 11.2\,\mathrm{km/s}$ と計算される．

問題 3.2　等速円運動の場合，質点の座標は $x = r\cos\omega t$, $y = r\sin\omega t$ と表される．これから運動量の x, y 成分は $p_x = -mr\omega\sin\omega t$, $p_y = mr\omega\cos\omega t$ と書ける．角運動量の z 成分は $l_z = xp_y - yp_x = mr^2\omega$ となり，$\omega > 0$（質点が反時計まわり）の場合には $l_z > 0$ で $\boldsymbol{l}$ は z 軸の正方向を向く．一方，$\omega < 0$（質点が時計まわり）の場合には $l_z < 0$ で $\boldsymbol{l}$ は z 軸の負方向を向く．

問題 3.3　(4.11)（p.44）から太陽の質量 M は $M = 4\pi^2 r^3/GT^2$ と表される．地球の公転周期 T は $T = 365$ 日 $\times 24\,\mathrm{h}/$日 $\times 60$ 分$/\mathrm{h} \times 60\,\mathrm{s}/$分 $= 3.15 \times 10^7\,\mathrm{s}$ となるので，M は次のように概算される．

$$M = \frac{4\pi^2 \times (1.5 \times 10^{11}\,\mathrm{m})^3}{6.67 \times 10^{-11}\mathrm{N \cdot m^2 \cdot kg^{-2}} \times (3.15 \times 10^7\,\mathrm{s})^2} = 2.0 \times 10^{30}\,\mathrm{kg}$$

問題 3.4　(a)　質点 2 の速度 $\boldsymbol{v}_2$ は宇宙空間からみると，地球自転の接線方向を向く．一方，質点 1 は地球に対して鉛直方向に $\boldsymbol{v}_1$ の速度で打ち上げられるが地球自身が $\boldsymbol{v}_2$ で自転しているので，宇宙空間からみると，打ち上げ直後の質点 1 の速度は $\boldsymbol{v}_1 + \boldsymbol{v}_2$ となる．O から P に向く位置ベクトルを $\boldsymbol{r}$ とすれば $\boldsymbol{r}$ と $\boldsymbol{v}_1$ は平行なため質点 1 の O に関する角運動量は $m\boldsymbol{r} \times (\boldsymbol{v}_1 + \boldsymbol{v}_2) = m\boldsymbol{r} \times \boldsymbol{v}_2$ となり，質点 2 の角運動量に等しくなる．

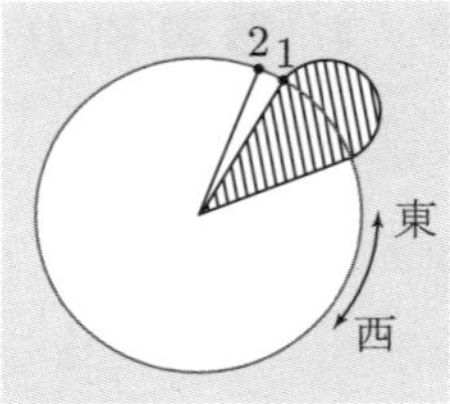

(b)　角運動量が同じであるから，面積速度も同じである．したがって，上図からわかるように質点 1 が地表に落ちてきたとき，その場所は 2 の西側となる．

◆ 5　剛体の運動

問題 1.1　(a)　ボールは何の制限もなく運動するから自由度は 6 である．

(b)　ボールの高さが一定という制限がつくので自由度は 5 となる．

(c)　パックの高さは一定でその中心を決めるのに 2 個の変数，回転角を決めるのに 1 個の変数が必要で自由度は 3 となる．

問題 1.2　重心の座標を $x_\mathrm{G}, y_\mathrm{G}$ とすれば左右の対称性から $x_\mathrm{G} = 0$ である．変数として角度 θ を用い，線密度（単位長さ当たりの質量）を σ とすれば y_G は次のように計算される．

$$y_\mathrm{G} = \frac{\displaystyle\int_0^\pi \sigma y a d\theta}{\sigma\pi a} = \frac{\displaystyle\int_0^\pi a^2 \sin\theta d\theta}{\pi a} = \frac{2a}{\pi}$$

問題 1.3　(a)　A, B の質点系には $\mu(m_1 + m_2)g$ の動摩擦力が働く．加速度を a とすれば運動方程式から $(m_1 + m_2)a = F - \mu(m_1 + m_2)g$ が得られ，a は次のように求まる．

$$a = \frac{F}{m_1 + m_2} - \mu g$$

(b)　A が B におよぼす力を K として，B の運動方程式を立てると $m_2 a = K - \mu m_2 g$ となる．これを解くと K は次のように表される．

$$K = \mu m_2 g + m_2 \left(\frac{F}{m_1 + m_2} - \mu g \right) = \frac{m_2}{m_1 + m_2} F$$

問題 2.1　鉛直上向きに z 軸をとり，z 軸に沿った単位ベクトルを $\boldsymbol{k}$ とする．i 番目の部分の質量を m_i とすれば，この部分に働く重力は $-m_i g\boldsymbol{k}$ と書ける．これを i について総和すると剛体の質量を M として $-Mg\boldsymbol{k}$ となり，剛体に働く全重力の大きさは Mg となる．また重心に対する運動方程式は $Md^2\boldsymbol{r}/dt^2 = -Mg\boldsymbol{k}$ と表され，質点の場合と同じである．

問題 2.2　点 O からみた i 番目の位置ベクトルを $\boldsymbol{r}_i$ とすれば，この部分に働く重力 $-m_i g\boldsymbol{k}$ が点 O のまわりにもつモーメント $\boldsymbol{N}_i$ は $\boldsymbol{N}_i = -m_i g(\boldsymbol{r}_i \times \boldsymbol{k})$ と表される．したがって，モーメントの総和 $\boldsymbol{N}$ は $\boldsymbol{N} = \sum \boldsymbol{N}_i = -g \sum m_i(\boldsymbol{r}_i \times \boldsymbol{k})$ となる．重心の位置ベクトル $\boldsymbol{r}_{\mathrm{G}}$ は $M\boldsymbol{r}_{\mathrm{G}} = \sum m_i \boldsymbol{r}_i$ で定義され，$\boldsymbol{k}$ は i に無関係であるから $\boldsymbol{N} = -Mg(\boldsymbol{r}_{\mathrm{G}} \times \boldsymbol{k})$ となる．すなわち，$\boldsymbol{N}$ は重心に集中した全重力 $-Mg\boldsymbol{k}$ が点 O のまわりにもつモーメントに等しい．

問題 2.3　点 O から作用線に下ろした垂線の足と点 O との間の距離は 0 であるから力のモーメントも 0 となる．

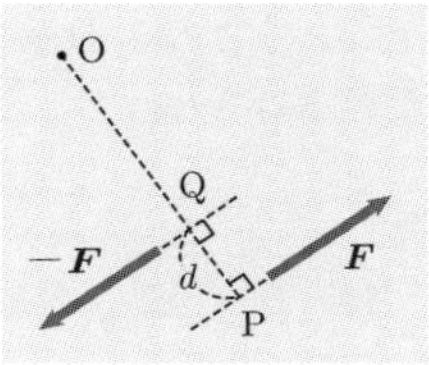

問題 2.4　図のように点 O から $\boldsymbol{F}, -\boldsymbol{F}$ の作用線に垂線を下ろし，その足を P, Q とする．点 O に関する偶力の力のモーメントは $F(\mathrm{OP} - \mathrm{OQ}) = Fd$ と書ける．d は両者の力の間の距離である．一般に，偶力の力のモーメントはどの点からみても同じで $\pm Fd$ で与えられる．Fd を偶力のモーメントという．剛体を反時計まわり（時計まわり）に回転させようとするとき正（負）の符号を選ぶ．

問題 3.1　質量 10 kg の剛体に働く重力の半分の力でよいから 49.05 N の力が必要である．

問題 3.2　図 5.7 に示した力を考えると，棒のつり合いの条件は

$$N' - F = 0 \quad ①\qquad\qquad N - Mg = 0 \quad ②$$

となる．点 A のまわりの力のモーメントをとると

$$\frac{L}{2} Mg\cos\theta - N'L\sin\theta = 0 \quad ③$$

と書ける．①と③から $F = Mg/2\tan\theta$ となり，$F \leq \mu' N$ の条件から次の θ の範囲が求まる．

$$\frac{1}{2\mu'} \leq \tan\theta$$

問題 4.1　単振り子の場合には $I = ml^2, d = l$ とおけるので，例題 4 の剛体振り子の周期に対する式から $T = 2\pi\sqrt{l/g}$ が得られる．

問題 4.2　i 番目の微小部分の運動エネルギーは $(1/2)m_i {r_i}^2 \omega^2$ と表される．これを i について加えると与式が得られる．

問題 4.3　重心が一番低くなる点を重力の位置エネルギー U の基準点にとれば $U = Mgh = Mgl(1 - \cos\theta)$ となる．このため，問題 4.2 の結果を利用すると力学的エネルギー保存の法

則は次のように表される．

$$E = \frac{1}{2}I\omega^2 + Mgl(1-\cos\theta) = 一定$$

問題 4.4 $\theta = \theta_0$ のとき $\omega = 0$ であるから前問の一定値は $Mgl(1-\cos\theta_0)$ と決まる．このため，一般に $(1/2)I\omega^2 = Mgl(\cos\theta - \cos\theta_0)$ が成り立つ．したがって，$\theta = 0$ とおき求める角速度は次のように求まる．

$$\omega = \sqrt{\frac{2\,Mgl(1-\cos\theta_0)}{I}}$$

問題 5.1 平行軸の定理により

$$I = I_{\mathrm{G}} + M\frac{l^2}{4}$$

が成り立つ．$I_{\mathrm{G}} = Ml^2/12$ を代入すると

$$I = Ml^2\left(\frac{1}{12}+\frac{1}{4}\right) = \frac{Ml^2}{3}$$

となり，積分で求めた結果と一致する．

問題 5.2 例題 4 の周期に対する結果（p.53）に $d = l/2, I = Ml^2/3$ を代入すると

$$T = 2\pi\sqrt{\frac{2l}{3g}}$$

となる．この T は単振り子に比べ $\sqrt{2/3}$ 倍 $= 0.816$ 倍 である．

問題 5.3 I_x, I_y, I_z を加え，球対称の場合には $dV = 4\pi r^2 dr$ と書ける点に注意すると

$$3I = 2\rho\int r^2 dV = 8\pi\rho\int_0^a r^4 dr = \frac{8\pi\rho a^5}{5}$$

が得られる．球の質量 M は $M = (4\pi/3)\rho a^3$ と書けるので，I は次のようになる．

$$I = \frac{2}{5}Ma^2$$

問題 6.1 (a) 剛体の全運動エネルギー K は $K = (1/2)\sum m_i(d\boldsymbol{r}_i/dt)^2$ と表される．一方，$d\boldsymbol{r}_i/dt = d\boldsymbol{r}_0/dt + d\boldsymbol{r}_i{}'/dt$ と書けるので，K は次のようになる．

$$K = \frac{1}{2}\sum_i m_i\left[\left(\frac{d\boldsymbol{r}_0}{dt}\right)^2 + 2\frac{d\boldsymbol{r}_0}{dt}\cdot\frac{d\boldsymbol{r}_i{}'}{dt} + \left(\frac{d\boldsymbol{r}_i{}'}{dt}\right)^2\right]$$

(b) 点 O が重心の場合には $\sum m_i\boldsymbol{r}_i{}' = 0$ が成り立ち，上式右辺の第 2 項は 0 となる．また，$d\boldsymbol{r}_{\mathrm{G}}/dt$ は重心の速度 $\boldsymbol{v}_{\mathrm{G}}$ に等しいので，上式から (5.21) が導かれる．

問題 6.2 p.11 の問題 5.3 により ω は $\omega = 126\,\mathrm{rad/s}$ と表される．このCDの慣性モーメントは $I = (1/2)Ma^2 = (1/2)\times 0.02\,\mathrm{kg}\times(0.06\,\mathrm{m})^2 = 3.6\times 10^{-5}\,\mathrm{kg\cdot m^2}$ と計算され，したがって運動エネルギーは $K = (1/2)I\omega^2 = 0.5\times 3.6\times 10^{-5}\,\mathrm{kg\cdot m^2}\times(126\,\mathrm{rad/s})^2 = 0.286\,\mathrm{J}$ となる．

問題 6.3 図 5.13 のように，点 P からベクトル $\boldsymbol{\omega}$ に下ろした垂線の足を O$'$ とすれば点 P は O$'$ を通り $\boldsymbol{\omega}$ と垂直な面内で半径 $\overline{\mathrm{O'P}}$ の円運動を行う．時刻 t から微小時間 Δt 後に点 P は $\Delta\boldsymbol{r}$ だけ変位し点 Q に達すると仮定する．$\boldsymbol{\omega}$ と $\boldsymbol{r}$ とのなす角度を θ とすれば $\overline{\mathrm{O'P}} = r\sin\theta$ である（$r = |\boldsymbol{r}|$）．また $\angle\mathrm{PO'Q} = \omega\Delta t$ が成り立つ．したがって，$|\Delta\boldsymbol{r}| = r\omega\Delta t\sin\theta$ と書ける．$\Delta t\to 0$ の極限で $\Delta\boldsymbol{r}$ は $\boldsymbol{\omega}$ と $\boldsymbol{r}$ の作る面と垂直となり，その向きは $\boldsymbol{\omega}$ から $\boldsymbol{r}$ へと右ねじを回すときねじの進む向きと一致する．こうして向き，大きさを考慮し $\Delta t\to 0$ の極限

で $\varDelta \boldsymbol{r} = \varDelta t(\boldsymbol{\omega} \times \boldsymbol{r})$ となる．したがって，点 P の速度は $\boldsymbol{v} = \boldsymbol{\omega} \times \boldsymbol{r}$ と表される．

問題 7.1　$v_{\rm G} = v_0 - (R/M)t$, $\omega = \omega_0 - (aR/I_{\rm G})t$ を利用すると $u = v_{\rm G} + a\omega$ は

$$u = v_0 + a\omega_0 - \left(\frac{R}{M} + \frac{a^2 R}{I_{\rm G}}\right) t = u_0 - \frac{3Rt}{M}$$

と表される．これから $u = 0$ となる時間は次のように求まる．

$$t = \frac{Mu_0}{3R}$$

問題 7.2　接点 Q がすべらないと $u = 0$ でこれから

$$\frac{d^2 x_{\rm G}}{dt^2} + a\frac{d^2\theta}{dt^2} = 0$$

となる．この関係を利用すると重心，そのまわりの運動方程式は

$$M\frac{d^2 x_{\rm G}}{dt^2} = -R, \quad I_{\rm G}\frac{d^2 x_{\rm G}}{dt^2} = a^2 R$$

となる．これから R を消去すると $(Ma^2 + I_{\rm G})(d^2 x_{\rm G}/dt^2) = 0$ が得られる．$Ma^2 + I_{\rm G}$ は正の量であるから $d^2 x_{\rm G}/dt^2 = 0$ で重心の加速度は 0 となる．

問題 7.3　接点がすべらないとしたので ${v_{\rm G}}^2 = a^2\omega^2$ が成り立つ．これから運動エネルギー $K = (1/2)M{v_{\rm G}}^2 + (1/2)I_{\rm G}\omega^2$ は次のように書けることがわかる．

$$K = \frac{1}{2}\left(M + \frac{I_{\rm G}}{a^2}\right){v_{\rm G}}^2$$

円筒では $I_{\rm G} = (1/2)Ma^2$ を代入し $K = (3/4)M{v_{\rm G}}^2$ で質点の (3/2) 倍となる．球の場合には $I_{\rm G} = (2/5)Ma^2$ を代入し $K = (7/10)M{v_{\rm G}}^2$ で質点の (7/5) 倍である．

問題 8.1　円筒では $I_{\rm G} = (1/2)Ma^2$ を例題 8 の (4) に代入し $d^2 x_{\rm G}/dt^2 = (2/3)g\sin\alpha$ が求まる．一方，球だと $I_{\rm G} = (2/5)Ma^2$ を利用すると $d^2 x_{\rm G}/dt^2 = (5/7)g\sin\alpha$ が得られる．これからわかるように球の場合の方が重心の加速度の大きさは大きく円筒のときの (15/14) 倍となる．

問題 8.2　接点はすべらないので，抵抗力は仕事をしない．このため，なめらかな束縛が働くときと同じ事情となり，力学的エネルギー保存の法則が成り立つ．

問題 8.3　図 5.16 を参考にすると，この場合の運動方程式は例題 8 の (1), (2) と同様

$$M\frac{d^2 x_{\rm G}}{dt^2} = Mg\sin\alpha - R, \quad I_{\rm G}\frac{d^2\theta}{dt^2} = -aR$$

と表される．両式から R を消去し

$$Ma\frac{d^2 x_{\rm G}}{dt^2} - I_{\rm G}\frac{d^2\theta}{dt^2} = Mga\sin\alpha \qquad ①$$

が得られる．一方，摩擦力 R は $R = \mu N = \mu Mg\cos\alpha$ と書けるので

$$I_{\rm G}\frac{d^2\theta}{dt^2} = -aR = -\mu Mga\cos\alpha \qquad ②$$

が成り立つ．①, ②から $d^2 x_{\rm G}/dt^2$ は

$$\frac{d^2 x_{\rm G}}{dt^2} = g(\sin\alpha - \mu\cos\alpha)$$

と計算される．この結果には $I_{\rm G}$ が現れないから，上式は球でも円筒でも成り立つ．

第II編の解答

◆ 1 変形する物体の静力学

問題 1.1 (a) $T = 50\,\mathrm{N}/(2 \times 10^{-4}\,\mathrm{m}^2) = 2.5 \times 10^5\,\mathrm{Pa}$ (b) $f_\perp = 2.5 \times 10^5 \times \cos^2 30^\circ\,\mathrm{Pa} = 1.88 \times 10^5\,\mathrm{Pa}$, $f_{/\!/} = 2.5 \times 10^5 \times \cos 30^\circ \times \sin 30^\circ\,\mathrm{Pa} = 1.08 \times 10^5\,\mathrm{Pa}$

問題 1.2 針金の変形は応力で決まる．半径が 3 倍になると断面積は 9 倍となるので，質量が 9 倍のおもりに耐えられる．したがって，正解は④である．

問題 1.3 棒の断面積を S とすれば，上から x の部分は下の部分の重力 $\rho g(l-x)S$ で引っ張られる．このため応力の大きさは $\rho g(l-x)$ で下向きに働く張力となる．

問題 1.4 水銀の密度は $\rho = 13.6 \times 10^3\,\mathrm{kg/m^3}$，水銀中の高さは $0.76\,\mathrm{m}$ と換算され，1 気圧 $= 13.6 \times 10^3\,\mathrm{kg \cdot m^{-3}} \times 9.81\,\mathrm{m \cdot s^{-2}} \times 0.76\,\mathrm{m} = 1.01 \times 10^5\,\mathrm{Pa}$ となる．1 気圧だと $1\,\mathrm{m}^2$ 当たり $1.01 \times 10^5\,\mathrm{N}$ の力が働く．これは $1.03 \times 10^4\,\mathrm{kg}$ すなわちほぼ 10 トンの物体に働く重力に等しい．

問題 2.1 $\sigma = (2\,\mathrm{kg} \times 9.81\,\mathrm{m \cdot s^{-2}})/(10 \times 10^{-4}\,\mathrm{m}^2) = 1.96 \times 10^4\,\mathrm{Pa}$

問題 2.2 平面 P′ 上で図 1.8 の AB に平行な多数の線をひき面積 S' の部分を多数の四辺形に分割し，これらの四辺形の平面 P への正射影をとると，例題 2 の (2) が成立する．このような分割を無限に細かくしたとすれば $S = S' \cos\theta$ が得られる．

問題 3.1 圧力方向のひずみは $-p/E$ である．したがって，これと垂直な長さ方向のひずみは $\varepsilon p/E$ となる．これが $\Delta l/l$ に等しいから，$\Delta l = \varepsilon pl/E$ と表される．

問題 3.2 面 ABCD に垂直な方向でこの立方体は右図のようになる．ずれ応力を OB に平行，垂直な方向に分解するとそれぞれ $\sigma/\sqrt{2}$, $\sigma/\sqrt{2}$ と書ける．面 ABA′B′ の面積は l^2 でこの面に沿って働く力 F は $F = l^2\sigma$ である．この力を上と同様に分解すると，OB に平行な成分 $F_{/\!/}$ は OA を右上方に引くように働く．角柱 OABO′A′B′ のつり合いを考えると面OAO′A′には左下方に引くような力が働く．これを応力に換算すると $\dfrac{F_{/\!/}}{l^2/\sqrt{2}} = \sigma$ で σ に等しい．よって，DB には σ の張力が働く．

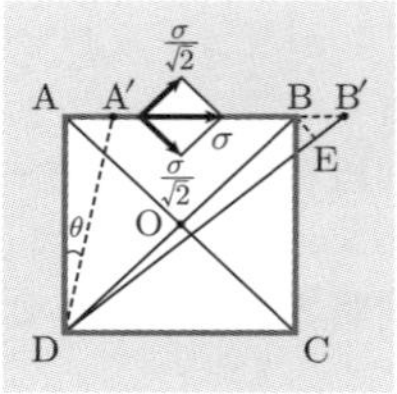

同様，DB に垂直な σ の応力が DB を伸ばすよう働く．ずれ応力のため AB が A′B′ になったとし B から DB′ に垂線を下ろしその足を E とすれば，伸びの長さは EB′ である．△BB′E は近似的に ∠BB′E が 45° の三角形とみなせるので，$\mathrm{EB'} = \mathrm{BB'}/\sqrt{2}$ としてよい．$\theta = \sigma/G$ と書け，$\theta = \mathrm{AA'}/l = \mathrm{BB'}/l$ が成り立つので $G = \sigma l/\mathrm{BB'}$ となる．DB の長さは $\sqrt{2}\,l$ でヤング率の効果で $\sigma\sqrt{2}\,l/E$，ポアソン比の効果で $\varepsilon\sigma\sqrt{2}\,l/E$ だけ伸び $\mathrm{EB'} = \sigma\sqrt{2}\,l(1+\varepsilon)/E$ となる．こうして

$$G = \frac{\sigma l}{\mathrm{BB'}} = \frac{\sigma l}{\sqrt{2}\,\mathrm{EB'}}$$

に上記の EB′ の結果を代入して与式が導かれる．

問題 4.1　一方の液面が他方より $2x$ だけ高いから，液体をもとに戻そうとする力は $2x$ 部分に働く重力 $2S\rho gx$ に等しい．したがって，運動方程式は $md^2x/dt^2 = -2S\rho gx$ となり，周期 T は次のように表される．

$$T = 2\pi\sqrt{\frac{m}{2S\rho g}}$$

問題 4.2　物体の体積は m/ρ' と書けるのでこれに働く浮力は $m\rho g/\rho'$ と表される．浮力の反作用はこれと同じ大きさをもつので，容器の底には $m\rho g/\rho'$ の力が余計に加わる．すなわち次の結果が得られる．

$$M_1 = \frac{\rho}{\rho'}m$$

◆ 2 流体力学

問題 1.1　流管の壁は流線から構成されるので，流線が流管を通過すると 1 つの点から流線が 2 つ発生することとなり矛盾が生じる．

問題 1.2　点線で示したような流線が出現すると，湧き口，吸い口が Ω 内に存在することとなり，前提と矛盾する．

問題 1.3　頭髪の生え具合を表す 1 つのモデルとしてカッパのように頭の周辺で全部毛が外側に向かうようにすれば図 2.5 で示すパターンが得られる．図の矢印を流線と思えば流体の湧き口が円内に存在するはずで，それがつむじである．つむじがないとはげが存在する．

問題 2.1　流体が粘性をもつと摩擦熱のような熱が発生し，力学的エネルギー保存の法則が適用できない．

問題 2.2　(a)　2 つのガラス管の中央を通る流線では高さが共通であるから $p_A + \rho v_A^2/2 = p_B + \rho {v_B}^2/2$ が成り立つ．したがって $\Delta p = (\rho/2)({v_A}^2 - {v_B}^2)$ と書ける．これに数値を代入すると $\Delta p = (10^3\,\mathrm{kg\cdot m^{-3}}/2)(4^2-3^2)\,\mathrm{m^2/s^2} = 3.5\times10^3\,\mathrm{N/m^2}$ と計算される．atm で表すと次のようになる．

$$\Delta p = \frac{3.5\times10^3}{1.01\times10^5}\,\mathrm{atm} = 0.035\,\mathrm{atm}$$

(b)　$p_A = p_0 + \rho g h_A$，$p_B = p_0 + \rho g h_B$ と書けるので，$h_B - h_A = \Delta p/\rho g$ が成り立つ．これから

$$h_B - h_A = \frac{3.5\times10^3\,\mathrm{N/m^2}}{10^3\,\mathrm{kg\cdot m^{-3}}\times 9.81\,\mathrm{m\cdot s^{-2}}} = 0.36\,\mathrm{m}$$

となり，$h_B = 0.86\,\mathrm{m}$ と計算される．

問題 2.3　水流を 1 つの流管とみなし連続の法則を適用すると $S_A = \pi a^2$，$S_B = \pi r^2$ を使い $va^2 = v_B r^2 \quad \therefore\ r = (va^2/v_B)^{1/2}$ となる．また，水流の表面を流れる流線にベルヌーイの定理を用いると，$p_A = p_B =$ 大気圧 で ${v_B}^2 = v^2 + 2gh$ である．これから v_B を解き，r の式に代入し次の結果が得られる．

$$r = \left(\frac{v^2a^4}{v^2+2gh}\right)^{1/4}$$

問題 3.1 $\boldsymbol{j}$ の大きさ j は次式のようになる．

$$j = 10^3\,\mathrm{kg\cdot m^{-3}} \times 2\,\mathrm{m/s} = 2 \times 10^3\,\mathrm{kg/(m^2\cdot s)}$$

問題 3.2 q は次のように表される．

$$q = m_1\delta(\boldsymbol{r}-\boldsymbol{r}_1) - m_2\delta(\boldsymbol{r}-\boldsymbol{r}_2)$$

問題 4.1 非圧縮性流体では $\rho =$ 一定 となり，また仮定により $q = 0$ が成り立ち連続の方程式から $\mathrm{div}\,\boldsymbol{j} = 0$ が得られる．$\boldsymbol{j} = \rho\boldsymbol{v}$ で ρ は一定であるから $\mathrm{div}\,\boldsymbol{v} = 0$ である．

問題 4.2 x 方向の長さの変化は（下図）

$$\Delta x \to \Delta x + u_x(x+\Delta x) - u_x(x) \simeq \Delta x\left(1 + \frac{\partial u_x}{\partial x}\right)$$

と表される．したがって，$V = \Delta x\Delta y\Delta z$ の体積変化は

$$V \to V\left(1+\frac{\partial u_x}{\partial x}\right)\left(1+\frac{\partial u_y}{\partial y}\right)\left(1+\frac{\partial u_z}{\partial z}\right) = V\left(1+\frac{\Delta V}{V}\right)$$

と書ける．上式で $\partial u_x/\partial x$ などは十分小さいとし，高次の項を無視すると体積変化率は

$$\frac{\Delta V}{V} = \frac{\partial u_x}{\partial x} + \frac{\partial u_y}{\partial y} + \frac{\partial u_z}{\partial z} = \mathrm{div}\,\boldsymbol{u}$$

のように $\boldsymbol{u}$ の発散で与えられる．

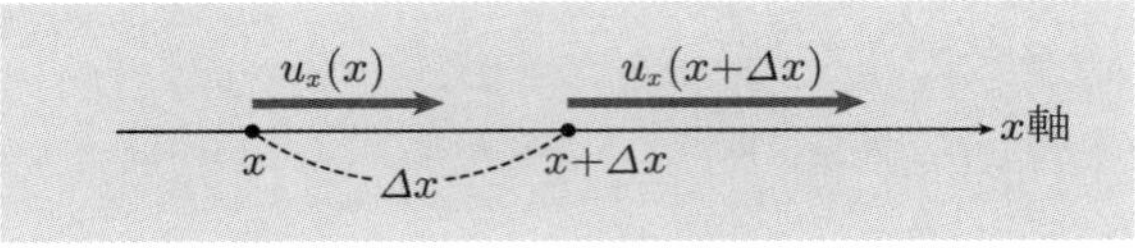

問題 5.1 $J_2 =$ (B → C の積分) + (D → A の積分) は次のように計算される．

$$J_2 = \int_y^{y+\Delta y}[A_y(x+\Delta x, y') - A_y(x, y')]dy'$$

$$\simeq \frac{\partial A_y(x,y)}{\partial x}\Delta x\int_y^{y+\Delta y}dy' = \frac{\partial A_y(x,y)}{\partial x}\Delta x\Delta y$$

問題 5.2 問題 6.3（p.57）により，剛体が回転ベクトル $\boldsymbol{\omega}$ で回転しているとき位置ベクトル $\boldsymbol{r}$ での速度は $\boldsymbol{v} = \boldsymbol{\omega}\times\boldsymbol{r}$ と表される．この x, y, z 成分をとると

$$v_x = \omega_y z - \omega_z y, \quad v_y = \omega_z x - \omega_x z, \quad v_z = \omega_x y - \omega_y x$$

と書ける．したがって，渦度 $\boldsymbol{w} = \mathrm{rot}\,\boldsymbol{v}$ の各成分は

$$w_x = \frac{\partial v_z}{\partial y} - \frac{\partial v_y}{\partial z} = \omega_x + \omega_x = 2\omega_x$$

$$w_y = \frac{\partial v_x}{\partial z} - \frac{\partial v_z}{\partial x} = \omega_y + \omega_y = 2\omega_y$$

$$w_z = \frac{\partial v_y}{\partial x} - \frac{\partial v_x}{\partial y} = \omega_z + \omega_z = 2\omega_z$$

と計算され $\boldsymbol{w} = 2\boldsymbol{\omega}$ であることがわかる．

問題 6.1　$\boldsymbol{A}$ が x, y, z の関数のとき

$$\begin{aligned}&\mathrm{div}(\mathrm{rot}\,\boldsymbol{A})\\&= \frac{\partial}{\partial x}\left(\frac{\partial A_z}{\partial y} - \frac{\partial A_y}{\partial z}\right) + \frac{\partial}{\partial y}\left(\frac{\partial A_x}{\partial z} - \frac{\partial A_z}{\partial x}\right) + \frac{\partial}{\partial z}\left(\frac{\partial A_y}{\partial x} - \frac{\partial A_x}{\partial y}\right)\end{aligned}$$

と書ける．ここで A_z が微分可能であれば偏微分の公式

$$\frac{\partial^2 A_z}{\partial x \partial y} = \frac{\partial^2 A_z}{\partial y \partial x}$$

が適用できる．したがって，$\boldsymbol{A}$ の各成分が微分可能であれば $\mathrm{div}(\mathrm{rot}\,\boldsymbol{A}) = 0$ が成り立つ．空間中に領域 Ω をとり，その表面を Σ とすればガウスの定理により

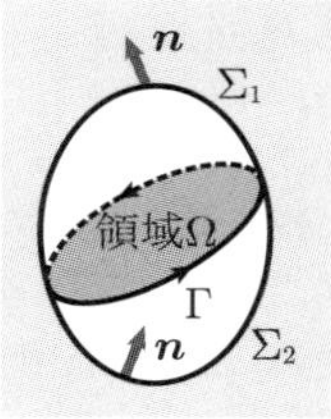

$$\int_\Sigma (\mathrm{rot}\,\boldsymbol{A}) \cdot \boldsymbol{n} dS = 0$$

が成立する．ここで $\boldsymbol{n}$ は Ω の内部から外へ向かう法線ベクトルである．図のように Σ 内に向きをもつ任意の閉曲線 Γ を考え，Γ は Σ を Σ_1 と Σ_2 に分けるとする．ストークスの定理に現れる法線ベクトルと上記の $\boldsymbol{n}$ とは Σ_1 上では一致するが Σ_2 上では互いに逆向きになる．よって

$$\int_{\Sigma_1} (\mathrm{rot}\,\boldsymbol{A})_n dS = \int_{\Sigma_2} (\mathrm{rot}\,\boldsymbol{A})_n dS$$

と書ける．すなわち，Γ を縁とするような任意の表面 Σ に関する面積積分

$$\int_\Sigma (\mathrm{rot}\,\boldsymbol{A})_n dS$$

は Σ の選び方に依存しない．なお，図ではストークスの定理に現れる $\boldsymbol{n}$ を図示してある．

問題 6.2　速度場が渦なしであれば $\mathrm{rot}\,\boldsymbol{v} = 0$ が成り立つので，ストークスの定理により任意の閉曲線に関する線積分に対し

$$\oint_\Gamma \boldsymbol{v} \cdot d\boldsymbol{s} = 0$$

が成り立つ．$\Gamma \to \mathrm{C}$，$\boldsymbol{v} \to \boldsymbol{F}$，$\boldsymbol{s} \to \boldsymbol{r}$ と対応させれば上式は保存力の (3.14)（p.32）と同じ結果を与える．したがって，(3.18)（p.34）と同様 $\boldsymbol{v} = -\mathrm{grad}\,\varPhi$ と書ける．(2.18)（p.78）の速度場では $\varPhi = -\dfrac{\kappa}{2\pi}\tan^{-1}\dfrac{y}{x}$ ととれば

$$\begin{aligned}\frac{\partial \varPhi}{\partial x} &= \frac{\kappa}{2\pi}\frac{y/x^2}{1+(y/x)^2} = \frac{\kappa}{2\pi}\frac{y}{x^2+y^2} = \frac{\kappa y}{2\pi r^2}\\ \frac{\partial \varPhi}{\partial y} &= -\frac{\kappa}{2\pi}\frac{1/x}{1+(y/x)^2} = -\frac{\kappa}{2\pi}\frac{x}{x^2+y^2} = -\frac{\kappa x}{2\pi r^2}\end{aligned}$$

と計算され (2.18) の速度場が得られる．この速度ポテンシャルの場合，$x = y = 0$ は特異点になっている．

第III編の解答

◆ 1 電 流

問題 1.1 (a) 断面を時間 t の間に通過する電気量は It なのでこれを q で割り，求める数は It/q となる．

(b) 電荷密度 ρ は $\rho = qn$ と書け，担い手の速度を $\boldsymbol{v}$ とすれば電流密度 $\boldsymbol{j}$ は流束密度と同様（p.74），$\boldsymbol{j} = \rho\boldsymbol{v} = qn\boldsymbol{v}$ と表される．したがって，$I = jS = qnvS$ となる．

問題 1.2 (1.1) の数値を利用すると求める数は $-(2\mathrm{A} \times 10\,\mathrm{s})/(1.602 \times 10^{-19}\,\mathrm{C}) = -1.25 \times 10^{20}$ となり，-1.25×10^{20} 個の電子が通過することになる．$-$ 符号は電流と逆向きに電子が通過したことを表す．したがって，電流とは逆向きに 1.25×10^{20} 個の電子が通過する．

問題 1.3 水素原子は電気的に中性で，正電荷と負電荷の電流への寄与が打ち消し合う．このため水素原子は電流の担い手にはなりえない．

問題 1.4 銀は 1 価金属であるから自由電子の数密度は銀原子の数密度に等しい．題意により，1 モルの銀は $(108/10.5)\,\mathrm{cm}^3 = 10.3\,\mathrm{cm}^3$ の体積を占め，この中に 6.02×10^{23} 個の銀原子が存在する．したがって，n は $n = (6.02 \times 10^{23})/(10.3\,\mathrm{cm}^3) = 5.84 \times 10^{28}\mathrm{m}^{-3}$ と計算される．また，問題 1.1 の (b) で得た結果により $v = I/qnS$ と表されるので，v は次のようになる．

$$v = \frac{10\,\mathrm{A}}{1.60 \times 10^{-19}\,\mathrm{C} \times 5.84 \times 10^{28}\,\mathrm{m}^{-3} \times 10^{-6}\,\mathrm{m}^2} = 1.07 \times 10^{-3}\,\frac{\mathrm{m}}{\mathrm{s}}$$

問題 1.5 2.4 節の例題 4（p.77）で $q = 0$ とおき次式が得られる．

$$\frac{\partial \rho}{\partial t} + \mathrm{div}\,\boldsymbol{j} = 0$$

問題 2.1 AC 間の電位差を V_{AC} とすれば，$V = V_{\mathrm{AC}} = \phi(\mathrm{A}) - \phi(\mathrm{C})$ と表される．ただし，$\phi(\mathrm{A}), \phi(\mathrm{C})$ はそれぞれ点 A, C における電位である．これから $V_{\mathrm{AC}} = \phi(\mathrm{A}) - \phi(\mathrm{C}) = \phi(\mathrm{A}) - \phi(\mathrm{B}) + \phi(\mathrm{B}) - \phi(\mathrm{C}) = V_{\mathrm{AB}} + V_{\mathrm{BC}}$ となり $V = V_1 + V_2$ の電圧の加算性が得られる．図のように電流 I が流れるとすれば，$V_1 = R_1 I, V_2 = R_2 I$ が成り立つ．これから $V = RI$ と書け，合成抵抗 R に対して $R = R_1 + R_2$ となる．

問題 2.2 図 1.5 のように R_1, R_2 中の電流をそれぞれ I_1, I_2 とし，AB 間の電圧を V とすれば $R_1 I_1 = V, R_2 I_2 = V$ と書ける．これから $I_1 = V/R_1, I_2 = V/R_2$ となり，キルヒホッフの第一法則により $I = I_1 + I_2$ で合成抵抗は $RI = V$ と表されるので

$$\frac{1}{R} = \frac{1}{R_1} + \frac{1}{R_2}$$

となる．すなわち，並列の場合，合成抵抗の逆数は個々の抵抗の逆数の和に等しい．

問題 2.3 オームの法則 $V = RI$ と電気抵抗率に対する関係 $R = \rho L/S$ から

$$\frac{I}{S} = \frac{V}{\rho L}$$

となり，左辺は単位面積当たりの電流の大きさで電流密度 $\boldsymbol{j}$ の大きさに等しい．こうして，ベ

クトルの間の関係と考えれば，上式は $\boldsymbol{j} = \sigma \boldsymbol{E}$ と表される．

問題 3.1　3 行 3 列の行列式は一般に次のように表される．

$$\begin{vmatrix} a_1 & b_1 & c_1 \\ a_2 & b_2 & c_2 \\ a_3 & b_3 & c_3 \end{vmatrix} = a_1b_2c_3 + a_2b_3c_1 + a_3b_1c_2 - a_1b_3c_2 - a_2b_1c_3 - a_3b_2c_1$$

この公式を使えば Δ は直ちに計算できる．また，Δ' は次のようになる．

$$\Delta' = R_2(R_1 + R_3)V_e - R_1(R_2 + R_4)V_e = (R_2R_3 - R_1R_4)V_e$$

問題 3.2　$R_2R_3 - R_1R_4 = 0$ の条件は $RR_3 = XR_4$ と書け，X は次のように求まる．

$$X = \frac{R_3}{R_4}R$$

問題 3.3　$X = 15\,\Omega$

問題 3.4　I_5 が 0 であれば，ACB と流れる電流は I_1，ADB と流れる電流は I_2 となる．AC，AD 間の電位差は等しくて $I_1R_1 = I_2R_2$ となり，同様に BC，BD 間の電位差が同じであることから $I_1R_3 = I_2R_4$ が得られる．これらの関係から

$$\frac{I_1}{I_2} = \frac{R_2}{R_1} = \frac{R_4}{R_3}$$

となり，$R_2R_3 - R_1R_4 = 0$ が導かれる．

問題 4.1　(1.10)（p.88）を利用すると 1 周期の間に発生するジュール熱は

$$W = V_0I_0\int_0^T \cos^2\omega t dt = RI_0{}^2\int_0^T \cos^2\omega t dt = \frac{V_0{}^2}{R}\int_0^T \cos^2\omega t dt$$

となる．t に関する積分は例題 4 と同じで

$$W = \frac{V_0I_0}{2}T = R\frac{I_0{}^2}{2}T = \frac{V_0{}^2}{2R}T$$

が得られる．このため単位時間当たりの平均値を考え，実効値を導入すると

$$P = VI = RI^2 = V^2/R$$

と書け，(1.7) と同じ関係が導かれる．

問題 4.2　$\omega = 2\pi \times 50\,\mathrm{rad \cdot s^{-1}} = 314\,\mathrm{rad \cdot s^{-1}}$

問題 4.3　家庭の電気の電圧は 100 V であるが，これは電圧実効値が 100 V であることを意味する．500 W の電熱器では流れる電流実効値が 5 A となるから，電気抵抗は $20\,\Omega$ と計算される．10 分 $= 600$ s であるから，発生するジュール熱は $500\,\mathrm{W} \times 600\,\mathrm{s} = 3 \times 10^5\,\mathrm{J}$ である．

問題 5.1　回路中を電流 I が流れているとすれば $RI + Q/C = V_e$ である．$I = dQ/dt$ と書けるので，Q に対する微分方程式は

$$R\frac{dQ}{dt} + \frac{Q}{C} = V_e$$

と表される．この方程式の解はとにかくこの方程式を満たす解（特殊解）と右辺を 0 とした場合の解の和である．前者は $Q =$ 定数 で後者は例題 5 と同じである．こうして $Q = Ae^{-t/CR} + CV_e$ となる．$t = 0$ での初期条件から A は $A = -CV_e$ と求まり，Q は次のように書ける．

$$Q = CV_e(1 - e^{-t/CR})$$

問題 5.2　$t \to \infty$ で Q は定常な値 CV_e となるが，これを Q_∞ と書く．また，$\tau = CR$ とお

けば

$$\frac{Q}{Q_\infty} = 1 - e^{-t/\tau}$$

が得られる．Q/Q_∞ を t/τ の関数として表すと右図のようになる．$t \gg \tau$ とすれば Q は定常値となるが，スイッチを入れた瞬間に Q が定常値に達するのではなく，そのためにはある程度の時間が必要である．時定数はこの時間に対する 1 つの目安を与える．C としてF，R としてΩを使うと，τはsで表される．$C = 5\mu\,\mathrm{F} = 5 \times 10^{-6}\,\mathrm{F}$，$R = 0.5\,\Omega$ だと τ は $\tau = 5 \times 10^{-6}\,\mathrm{F} \times 0.5\,\Omega = 2.5 \times 10^{-6}\,\mathrm{s}$ と計算される．

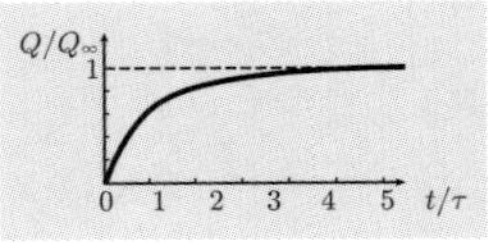

III

問題 5.3 帯電エネルギー U_E は電位差 V で表すと $Q_0 = CV$ であるから $U_\mathrm{E} = CV^2/2$ と書ける．これに $C = 5 \times 10^{-6}\,\mathrm{F}$，$V = 6\,\mathrm{V}$ を代入し，$U_\mathrm{E} = 9 \times 10^{-5}\mathrm{J}$ となる．

問題 5.4 電源の電圧が 2 倍になると U_E は 4 倍となり，モーターの回転数も 4 倍となる．したがって ① が正解である．

問題 6.1 $W = \displaystyle\int_0^\infty RI^2 dt = RI_0{}^2 \int_0^\infty e^{-2RT/L} dt = -\frac{LI_0{}^2}{2} e^{-2RT/L}\Big|_0^\infty = \frac{LI_0{}^2}{2}$

問題 6.2 L の単位を $[L]$ と表せば (1.13) の L の定義式から

$$\mathrm{V} = [L]\,\frac{\mathrm{A}}{\mathrm{s}}$$

となり，題意が確かめられる．また，L の単位として H，R の単位として Ω を使うと，時定数 τ は s の単位で計算される．したがって，いまの場合 τ は次のようになる．

$$\tau = \frac{4 \times 10^{-3}\,\mathrm{H}}{30\,\Omega} = 1.33 \times 10^{-4}\,\mathrm{s}$$

問題 6.3 スイッチを切った後，$R' \gg R$ で成り立つから電池の起電力 V_e，抵抗 R の両端の電位差は $R'I$ に比べ無視できる．よって，電流に対する方程式は $LdI/dt + R'I = 0$ となる．この場合の時定数を $\tau' = L/R'$ とすれば，方程式の解は $I = Ce^{-t/\tau'}$ と書ける．ただし，C は任意定数である．時刻 t' で電流は V_e/R としてよいので C は $C = (V_\mathrm{e}/R)e^{t'/\tau'}$ と求まり，$t \geq t'$ の電流は次のように表される．

$$I = \frac{V_\mathrm{e}}{R} e^{-(t-t')/\tau'}$$

t' でスイッチを切ったとき，電流は V_e/R であるが，スイッチ両端に生じる電位差 V' は $V' = V_\mathrm{e}R'/R \gg V_\mathrm{e}$ となり高電圧に達する．

問題 6.4 前問で例えば $R'/R = 100$ だと，1.5 V の電池でも 150 V の電圧が発生するのでスイッチ両端には高電圧が生じこのため火花がとぶ．電気掃除機とか電気アイロンのスイッチをオンにしておき電源のコードを抜くとコンセントのところで火花が観測される．このような現象が起こるのは，掃除機やアイロンが自己インダクタンスをもつためである．

問題 7.1 (1) の α に対する二次方程式を解くと α は

$$\alpha = -\frac{R}{2L} \pm \sqrt{\frac{R^2}{4L^2} - \frac{1}{LC}}$$

と求まる．ここで，R が十分小さくて平方根の中が負になる場合，すなわち

$$R^2 < \frac{4L}{C}$$

の条件が満たされている場合には，α は (2), (3) のように表される．

問題 7.2　$R=0$ の回路，すなわち LC 回路では $\gamma=0$ となり I は

$$I = I_0\cos(\omega' t - \phi)$$

という角振動数 ω' の交流電流となり，回路中に電気振動が起こる．この場合の角振動数 ω' は (3) で $R=0$ とおけば，(1.18)（p.94）の ω_0 と一致する．

問題 7.3　ω_0 は

$$\omega_0 = \frac{1}{\sqrt{4\times10^{-3}\mathrm{H}\times5\times10^{-6}\mathrm{F}}} = 7.07\times10^3\,\mathrm{rad\cdot s^{-1}}$$

となる．振動数 ν_0 は $\omega_0 = 2\pi\nu_0$ で与えられるから，$\nu_0 = 1.125\times10^3\,\mathrm{Hz}$，また周期 T は $T=1/\nu_0$ の関係から $T = 8.89\times10^{-4}\,\mathrm{s}$ と求まる．

問題 8.1　(1.23) で複素電流 I を実数部分と虚数部分にわけ $I = I_\mathrm{r} + iI_\mathrm{i}$ とおき，オイラーの公式を利用すると

$$L\frac{dI_\mathrm{r}}{dt} + RI_\mathrm{r} + i\left(L\frac{dI_\mathrm{i}}{dt} + RI_\mathrm{i}\right) = V_0(\cos\omega t + i\sin\omega t)$$

と書ける．上式の左辺，右辺の実数部分を比較すれば題意が証明される．

問題 8.2　LCR 回路の電流に対する方程式は

$$L\frac{dI}{dt} + RI + \frac{Q}{C} = V_0\cos\omega t$$

と書け，この複素数表示は

$$L\frac{dI}{dt} + RI + \frac{Q}{C} = V_0 e^{i\omega t}$$

と表される．$I = \hat{I}e^{i\omega t}$，$Q = \hat{Q}e^{i\omega t}$ と複素振幅を導入し，$\hat{Q} = \hat{I}/i\omega$ に注意すると

$$\left(R + i\omega L + \frac{1}{i\omega C}\right)\hat{I} = V_0$$

が導かれる．したがって，複素インピーダンスは次のように求まる．

$$\hat{Z} = R + i\left(\omega L - \frac{1}{\omega C}\right)$$

いまの場合，L, C, R が直列に接続されているので，各複素インピーダンスの和をとれば上式が導かれる．

問題 8.3　複素インピーダンスの実数部分，虚数部分は

$$Z_\mathrm{r} = R, \quad Z_\mathrm{i} = \omega L - \frac{1}{\omega C}$$

と表される．したがって，次の結果が得られる．

$$Z_0 = \sqrt{R^2 + \left(\omega L - \frac{1}{\omega C}\right)^2}, \quad \varphi = \tan^{-1}\frac{\omega L - 1/\omega C}{R}$$

◆ 2　荷電粒子と静電場

問題 1.1　F を N，q を C，r を m で表し k の単位を $[k]$ という記号で書くと $\mathrm{N} = [k]\mathrm{C}^2/\mathrm{m}^2$

が得られる．これから $[k] = \mathrm{N \cdot m^2/C^2}$ であることがわかる．(2.1), (2.2)（p.98）から $k = c^2/10^7\,\mathrm{N \cdot m^2/C^2\,(s/m)^2}$ となり，$c = 3.00 \times 10^8\,\mathrm{m/s}$ としてよいので $k = 9.00 \times 10^9\,\mathrm{N \cdot m^2/C^2}$ となる．すなわち，クーロンの法則は次のように書ける．

$$F = 9.00 \times 10^9\,\frac{\mathrm{N \cdot m^2}}{\mathrm{C^2}}\frac{q_1 q_2}{r^2}$$

問題 1.2 電気素量を e とすると，陽子は e，電子は $-e$ の電荷をもつ．第 1 章の（1.1）（p.82）により $e = 1.6 \times 10^{-19}\mathrm{C}$ と表されるので，F の大きさは次のように計算される．

$$F = 9.00 \times 10^9\,\frac{\mathrm{N \cdot m^2}}{\mathrm{C^2}} \times \frac{1.6^2 \times 10^{-38}\mathrm{C^2}}{(5.3 \times 10^{-11}\mathrm{m})^2} = 8.20 \times 10^{-8}\,\mathrm{N}$$

問題 1.3 クーロン力の大きさは次のようになる．

$$F = 9.00 \times 10^9\,\frac{\mathrm{N \cdot m^2}}{\mathrm{C^2}} \times \frac{4 \times 10^{-6} \times 5 \times 10^{-6}\,\mathrm{C^2}}{(0.2\,\mathrm{m})^2} = 4.5\,\mathrm{N}$$

問題 1.4 AB 間の距離は $2l\sin\theta$ と書け，クーロン力の大きさ F は $F = kq_1q_2/4l^2\sin^2\theta$ となる．糸の張力を T とし，力のつり合いを考えると $T\sin\theta = F$, $T\cos\theta = mg$ が成り立つ．よって $\tan\theta = F/mg$ となる．これから

$$\tan\theta = \frac{kq_1q_2}{4l^2mg\sin^2\theta} \qquad \therefore \quad \frac{\sin^3\theta}{\cos\theta} = \frac{kq_1q_2}{4l^2mg} \qquad ①$$

が得られる．θ が十分小さいと ① の右式左辺も小さくなるので，θ が小さいという条件は

$$kq_1q_2 \ll 4l^2mg \qquad ②$$

と書ける．② が満たされ θ が十分小さいと ① 右式左辺は θ^3 と近似できるので，θ は次のように求まる．

$$\theta \simeq \left(\frac{kq_1q_2}{4l^2mg}\right)^{1/3}$$

問題 2.1 点電荷の位置を座標原点にとると位置ベクトル $\boldsymbol{r}$ での電場 $\boldsymbol{E}$ は

$$\boldsymbol{E} = k\frac{q\boldsymbol{r}}{r^3} \quad (r = |\,\boldsymbol{r}\,|)$$

と表される．したがって，電場の大きさは次のように書ける．

$$E = k\frac{q}{r^2}$$

SI 単位系での $k = 9.00 \times 10^9\,\mathrm{N \cdot m^2/C}$ を利用すると，求める電場の大きさは

$$E = 9.00 \times 10^9\,\frac{\mathrm{N \cdot m^2}}{\mathrm{C^2}} \times \frac{4 \times 10^{-6}\mathrm{C}}{(0.5\,\mathrm{m})^2} = 1.44 \times 10^5\,\frac{\mathrm{N}}{\mathrm{C}}$$

と計算される．

問題 2.2 (a) x, y の点と z 軸に対し対称な $-x, -y$ の点を考えると，$d\boldsymbol{E}$ の x, y 成分への両者の点からの寄与は互いに打ち消し合う．

(b) (a) により P における電場は z 方向を向く．円上の微小な長さ ds をとると，この部分が P に作る電場 $d\boldsymbol{E}$ の z 成分は

$$\frac{\sigma ds}{4\pi\varepsilon_0}\frac{z}{(a^2 + z^2)^{3/2}}$$

と表される．s に関する積分の結果，円周の長さ $2\pi a$ が現れ次式が得られる．

$$E_z = \frac{\sigma a z}{2\varepsilon_0 (a^2 + z^2)^{3/2}}$$

(c)　$2\pi a\sigma = q$ の関係に注意すると，E_z は次のようになる．

$$E_z = \frac{q}{4\pi\varepsilon_0} \frac{z}{(a^2 + z^2)^{3/2}}$$

問題 3.1　原点 O に点電荷 q があるとし，O を中心とする半径 r の球を考えると，空間の対称性により電場は球の表面と垂直な方向に生じる．また，E_n は表面上で一定となる．したがって，ガウスの法則 (2.8)（p.102）で Σ として半径 r の球面をとると $4\pi r^2 \varepsilon_0 E_n = q$ となる．これから

$$E_n = \frac{q}{4\pi\varepsilon_0 r^2}$$

が得られ，上式はクーロンの法則の結果と一致する．

問題 3.2　右図に示すように，電場は直線と垂直な平面上で直線を中心として放射状に生じる．さらに，直線のまわりの軸対称性により，電場の大きさ E は直線からの距離だけに依存する．そこで，図のように，底面が直線と垂直であるような半径 r の円で，高さが h の円筒を考え，その表面をガウスの法則の Σ にとる．円筒の上下の面では $E_n = 0$ で，また側面では $E_n = E$ が成立する．側面の面積が $2\pi rh$ であることに注意すると，ガウスの法則により $2\pi rh\varepsilon_0 E = h\sigma$ が得られ

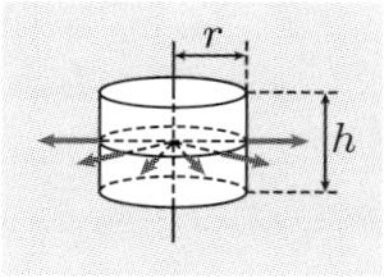

$$E = \frac{\sigma}{2\pi\varepsilon_0 a}$$

と求まる．$\sigma < 0$ の場合には上式で σ を $|\sigma|$ とすればよい．

問題 3.3　問題 3.1 と同様，O を中心とする半径 r の球面を Σ ととり，ガウスの法則を適用する．$r < a$ では $4\pi r^2 \varepsilon_0 E_n = 4\pi r^3 \rho/3$ となり，こうして $r < a$ では次の結果が導かれる．

$$E_n = \frac{\rho r}{3\varepsilon_0}$$

$r > a$ の場合，ガウスの法則から $4\pi r^2 \varepsilon_0 E_n = Q$ が得られる．ここで Q は球のもつ全電気量である．E_n は $E_n = Q/4\pi\varepsilon_0 r^2$ となり，全電荷が点 O に集中したと考えたときの点電荷が生じる電場と一致する．

問題 4.1　領域 Ω 中の点 $\boldsymbol{r}'$ の近傍にある微小体積 dV' 中に含まれる電荷は $\rho(\boldsymbol{r}')dV'$ と書ける．(2.15)（p.104）によりその電荷が点 $\boldsymbol{r}$ に作る電位は $\rho(\boldsymbol{r}')dV'/4\pi\varepsilon_0|\boldsymbol{r} - \boldsymbol{r}'|$ となる．したがって，これを Ω にわたって積分し，$\phi(\boldsymbol{r})$ は次のように表される．

$$\phi(\boldsymbol{r}) = \frac{1}{4\pi\varepsilon_0} \int_\Omega \frac{\rho(\boldsymbol{r}')}{|\boldsymbol{r} - \boldsymbol{r}'|} dV'$$

問題 4.2　$q, -q$ と P との間の距離をそれぞれ r_+, r_- とすれば (2.15) により

$$\phi = \frac{q}{4\pi\varepsilon_0} \left(\frac{1}{r_+} - \frac{1}{r_-} \right)$$

と書ける．P の座標を x, y, z とすれば

$$r_\pm = \left[x^2 + y^2 + \left(z \mp \frac{l}{2} \right)^2 \right]^{1/2}$$

となる．l は十分小さいとして l^2 の程度の項を無視すれば $r_\pm$ は

$$r_\pm \simeq (x^2+y^2+z^2 \mp zl)^{1/2}$$

と近似できる．$r^2 = x^2+y^2+z^2$ で，s が十分小さいとき $(1+s)^\alpha \simeq 1+\alpha s$ という近似式が成り立つので（いまの場合 $\alpha = -1/2$），l は r に比べ十分小さいとすれば，

$$\frac{1}{r_\pm} = \frac{1}{r}\left(1 \mp \frac{zl}{r^2}\right)^{-1/2} = \frac{1}{r}\left(1 \pm \frac{zl}{2r^2} + \cdots\right)$$

が得られる．こうして $z = r\cos\theta$ を用い ϕ は次のように求まる．

$$\phi = \frac{qlz}{4\pi\varepsilon_0 r^3} = \frac{ql\cos\theta}{4\pi\varepsilon_0 r^2}$$

III

問題 5.1　$\boldsymbol{E}_1$ と $\boldsymbol{E}'_1$ とは大きさが等しく反対向きで，$\boldsymbol{E}_2, \boldsymbol{E}'_2$ は導体表面で連続となり $\boldsymbol{E}_1 = -\boldsymbol{E}'_1$, $\boldsymbol{E}_2 = \boldsymbol{E}'_2$ の関係が成り立つ．$\boldsymbol{E}_1$ と $\boldsymbol{E}'_1$ による力は互いに消し合うので，この力は考慮しなくてもよい．その結果，電場 $\boldsymbol{E}_2(=\boldsymbol{E}'_2)$ のところに電荷 σdS が置かれているので，この部分に働く力は $\sigma\boldsymbol{E}_2 dS$ となる．導体内部では電場は 0 で $\boldsymbol{E}_1$ と $\boldsymbol{E}_2$ との和が表面外部近傍の $\boldsymbol{E}$ である．したがって $\boldsymbol{E}'_1 + \boldsymbol{E}'_2 = \boldsymbol{0}$, $\boldsymbol{E}_1 + \boldsymbol{E}_2 = \boldsymbol{E}$ となり $\boldsymbol{E}_1 = -\boldsymbol{E}'_1 = \boldsymbol{E}'_2 = \boldsymbol{E}_2$ が得られ $\boldsymbol{E}_1 = \boldsymbol{E}_2 = \boldsymbol{E}/2$ が成り立つ．このため，ΔS 部分に働く電気力 $\boldsymbol{f}_\mathrm{e}\Delta S$ は

$$\boldsymbol{f}_\mathrm{e} dS = \frac{1}{2}\sigma\boldsymbol{E}dS$$

と書ける．$E = \sigma/\varepsilon_0$ と使う $\boldsymbol{f}_\mathrm{e}$ の大きさ f_e に対する与えられた関係が導かれる．

問題 5.2　国際単位系における $\varepsilon_0 = 8.9\times10^{-12}\,\mathrm{C^2/N\cdot m^2}$ を用いると（p.98），σ は

$$\sigma = \varepsilon_0 E = 8.9\times10^{-12}\,\mathrm{C^2\cdot N^{-1}\cdot m^{-2}} \times 2\times10^4\,\mathrm{N\cdot C^{-1}} = 1.8\times10^{-7}\mathrm{C/m^2}$$

と計算される．f_e は $f_\mathrm{e} = \sigma E/2$ と書けるので $\mathrm{N/m^2 = Pa}$ を使い次の結果が得られる．

$$f_\mathrm{e} = \frac{1.8\times10^{-7}\mathrm{C\cdot m^{-2}}\times 2\times10^4\,\mathrm{N\cdot C^{-1}}}{2} = 1.8\times10^{-3}\,\mathrm{Pa}$$

$1\,\mathrm{atm} = 1.01\times10^5\,\mathrm{Pa}$ であるから f_e は次のように換算される．

$$f_\mathrm{e} = (1.8\times10^{-3}/1.01\times10^5)\,\mathrm{atm} = 1.8\times10^{-8}\,\mathrm{atm}$$

問題 6.1　$E = V/l$ の関係により，E は次のように計算される．

$$E = \frac{6\,\mathrm{V}}{0.2\times10^{-3}\,\mathrm{m}} = 3\times10^4\,\mathrm{V/m}$$

また，国際単位系における ε_0 の値 $\varepsilon_0 = 8.85\times10^{-12}\mathrm{C^2/N\cdot m^2}$ と (2.18) を使うと

$$C = \frac{8.85\times10^{-12}\,\mathrm{C^2\cdot N^{-1}\cdot m^{-2}}\times0.5\,\mathrm{m^2}}{0.2\times10^{-3}\,\mathrm{m}} = 2.21\times10^{-8}\,\mathrm{F} = 2.21\times10^4\,\mathrm{pF}$$

が得られる．

問題 6.2　導線でつながれた n 個の極板は全体で 1 つの導体とみなせるので，電位はすべて同じである．したがって，図 2.18(a) のように起電力 V の電池に連結したとすれば，その電位差 V はすべてのコンデンサーに対して共通となる．この電位差のため電気容量 C_i のコンデンサーの左の極板には Q_i，右側の極板には $-Q_i$ の電気がたまり $(Q_i > 0)$，その際 $Q_i = C_i V$ が成り立つ．全体を 1 つのコンデンサーとみなせば，左の極板には $Q = Q_1 + Q_2 + \cdots + Q_n$，右の極板には $-Q$ の電荷が蓄えられるから，全体の電気容量 C は次のように表される．

$$C = \frac{Q}{V} = \frac{Q_1+Q_2+\cdots+Q_n}{V} = C_1 + C_2 + \cdots + C_n$$

直列接続の場合には，図2.18(b)のように電池の陽極から流れ出す正電荷をQ，陰極から流れ出す負電荷を $-Q$ とすれば，個々のコンデンサーに蓄えられる電荷は図示したようになる．それぞれのコンデンサーの極板間の電位差の和が電池の起電力 V に等しいから $V = V_1+V_2+\cdots+V_n$ が成り立つ．ここで，それぞれのコンデンサーについて $V_i = Q/C_i$ と書け，また全体の電気容量を C とすれば $V = Q/C$ である．したがって，次のようになる．

$$\frac{1}{C} = \frac{V}{Q} = \frac{V_1 + V_2 + \cdots + V_n}{Q} = \frac{1}{C_1} + \frac{1}{C_2} + \cdots + \frac{1}{C_n}$$

問題 7.1　$C = 2.21 \times 10^{-8}\,\mathrm{F}$，$V = 6\,\mathrm{V}$ であるから $U_\mathrm{E} = CV^2/2$，$\mathrm{F} = \mathrm{C/V}$，$\mathrm{CV} = \mathrm{J}$ を使い

$$U_\mathrm{E} = \frac{2.21 \times 10^{-8}\,\mathrm{F} \times 6^2\,\mathrm{V}^2}{2} = 3.98 \times 10^{-7}\,\mathrm{J}$$

と計算される．電場が存在する空間の体積 V は $0.5\,\mathrm{m}^2 \times 0.2 \times 10^{-3}\,\mathrm{m} = 10^{-4}\,\mathrm{m}^3$ であるからエネルギー密度は $u_\mathrm{E} = U_\mathrm{E}/V = 3.98 \times 10^{-3}\,\mathrm{J/m^3}$ と計算される．あるいは，エネルギー密度 u_E の別計算として $u_\mathrm{E} = \varepsilon_0 E^2/2$ に $\varepsilon_0 = 8.85 \times 10^{-12}\,\mathrm{C^2/N\cdot m^2}$，$E = 3 \times 10^4\,\mathrm{V/m}$ を代入し

$$u_\mathrm{E} = \frac{8.85 \times 10^{-12}\,\mathrm{C^2 \cdot N^{-1} \cdot m^{-2}} \times (3 \times 10^4)^2\,\mathrm{V^2 \cdot m^{-2}}}{2} = 3.98 \times 10^{-3}\,\frac{\mathrm{C^2\,V^2}}{\mathrm{N\,m^4}}$$

としてもよい．$\mathrm{C^2\,V^2/N\,m^4} = \mathrm{J^2/J\,m^3} = \mathrm{J/m^3}$ に注意すれば $u_\mathrm{E} = 3.98 \times 10^{-3}\mathrm{J/m^3}$ となる．

問題 7.2　半径 r の球面にガウスの法則を適用すれば $r > a$ のとき

$$4\pi\varepsilon_0 r^2 E(r) = Q$$

となり $E(r) = Q/4\pi\varepsilon_0 r^2$ が得られる．このため，電場のエネルギー U_E は

$$U_\mathrm{E} = 2\pi\varepsilon_0 \frac{Q^2}{16\pi^2{\varepsilon_0}^2} \int_a^\infty \frac{dr}{r^2} = \frac{Q^2}{8\pi\varepsilon_0 a}$$

と表される．

問題 8.1　$\mathrm{rot}\,\boldsymbol{E}$ の x 成分をとり $\boldsymbol{E} = -\mathrm{grad}\,\phi$ を用いると

$$(\mathrm{rot}\,\boldsymbol{E})_x = \frac{\partial E_z}{\partial y} - \frac{\partial E_y}{\partial z} = -\frac{\partial^2 \phi}{\partial y \partial z} + \frac{\partial^2 \phi}{\partial z \partial y} = 0$$

となる．y, z 成分も同様である．

問題 8.2　$\varepsilon_0\,\mathrm{div}\,\boldsymbol{E} = \rho$ に $\boldsymbol{E} = -\mathrm{grad}\,\phi$ を代入すると

$$\frac{\partial}{\partial x}\left(\frac{\partial \phi}{\partial x}\right) + \frac{\partial}{\partial y}\left(\frac{\partial \phi}{\partial y}\right) + \frac{\partial}{\partial z}\left(\frac{\partial \phi}{\partial z}\right) = -\frac{\rho}{\varepsilon_0}$$

となり，ポアソン方程式が得られる．

問題 8.3　場所 $\boldsymbol{r}_k$ に点電荷が存在するとき，電荷密度 $\rho(\boldsymbol{r})$ は $\boldsymbol{r} \neq \boldsymbol{r}_k$ であれば 0 である．一方，$\boldsymbol{r}_k$ を内部に含む任意の領域を Ω とすれば

$$\int_\Omega \rho(\boldsymbol{r}) dV = q$$

が成り立つ．このような性質をもつ関数はディラックの δ 関数（p.75）で $\rho(\boldsymbol{r})$ は

$$\rho(\boldsymbol{r}) = q\delta(\boldsymbol{r} - \boldsymbol{r}_k)$$

と表される．

III

問題 8.4　$f(r)$ を x で偏微分すると

$$\frac{\partial f}{\partial x}=\frac{df}{dr}\frac{\partial r}{\partial x}$$

となる．r の定義式から

$$\frac{\partial r}{\partial x}=\frac{x}{\sqrt{x^2+y^2+z^2}}=\frac{x}{r}$$

と書け，したがって

$$\frac{\partial f}{\partial x}=\frac{df}{dr}\frac{x}{r}$$

が得られる．上式をさらに x で偏微分すると

$$\frac{\partial^2 f}{\partial x^2}=\frac{\partial}{\partial x}\left(\frac{df}{dr}\right)\frac{x}{r}+\frac{df}{dr}\frac{1}{r}+\frac{df}{dr}x\frac{\partial}{\partial x}\left(\frac{1}{r}\right)$$

と書け，$\partial r/\partial x=x/r$ を利用すると

$$\frac{\partial^2 f}{\partial x^2}=\frac{d^2 f}{dr^2}\frac{x^2}{r^2}+\frac{df}{dr}\frac{1}{r}-\frac{df}{dr}\frac{x^2}{r^3}$$

が導かれる．y, z に関する偏微分は上式で x をそれぞれ y, z で置き換えればよい．こうして

$$\frac{\partial^2 f}{\partial y^2}=\frac{d^2 f}{dr^2}\frac{y^2}{r^2}+\frac{df}{dr}\frac{1}{r}-\frac{df}{dr}\frac{y^2}{r^3},\quad \frac{\partial^2 f}{\partial z^2}=\frac{d^2 f}{dr^2}\frac{z^2}{r^2}+\frac{df}{dr}\frac{1}{r}-\frac{df}{dr}\frac{z^2}{r^3}$$

となり，以上の 3 つの式を加えて

$$\Delta f=\frac{d^2 f}{dr^2}+\frac{2}{r}\frac{df}{dr}$$

が得られる．あるいは

$$\frac{d(rf)}{dr}=r\frac{df}{dr}+f,\quad \frac{d^2(rf)}{dr^2}=r\frac{d^2 f}{dr^2}+2\frac{df}{dr}$$

に注意すると次の結果が導かれる．

$$\Delta f=\frac{1}{r}\frac{d^2}{dr^2}(rf)$$

◆　3　電流と磁場

問題 1.1　(3.1)（p.114）により力の大きさ F は $F=IBl\sin\theta$ で与えられる．ただし，θ は $\boldsymbol{I}$ と $\boldsymbol{B}$ とのなす角度である（いまの場合 $\sin\theta=0.5$)．$I=3\text{A}$，$B=150\times10^{-4}\,\text{T}=1.5\times10^{-2}\,\text{T}$, $l=5\times10^{-2}\text{m}$ を代入し F は次のように計算される．

$$F=3\text{A}\times1.5\times10^{-2}\text{T}\times5\times10^{-2}\text{m}\times0.5=1.13\times10^{-3}\,\text{N}$$

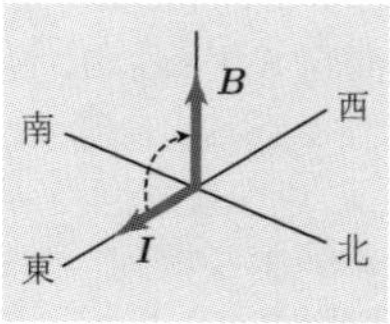

問題 1.2　(3.1) により $\boldsymbol{F}$ は $\boldsymbol{I}\times\boldsymbol{B}$ に比例し，$\boldsymbol{I}$ から $\boldsymbol{B}$ へと右ねじを回すときにねじの進む向きに $\boldsymbol{F}$ は生じる．右の図を参考にすれば $\boldsymbol{F}$ は南向きになることがわかる．このため②が正解である．

問題 1.3　長さ a の導線に働く力はコイルの回転とは無関係なので省略する．長さ b の導線に働く力の大きさ F は (3.2)（p.114）により $F=BIb$ と書ける（$\sin\theta=1$)．図 3.3(b) で右側の長さ b の導線に働く力は鉛直上向きで，これはコイルを反時計まわりに回そうとする．この力のモーメントの大きさは $F(a/2)\sin\theta$ でその向きは紙面の裏から表へと向かう．一方，左側の力も同じ力のモーメントを与え，全体の力のモーメントの大きさ N は $N=Fa\sin\theta=BIab\sin\theta$ と表される．$S=ab$ の関係と θ は $\boldsymbol{B}$ と $\boldsymbol{n}$ とのなす角度であることに注意するとベクトルと

して偶力のモーメントが $\boldsymbol{N} = IS(\boldsymbol{n} \times \boldsymbol{B})$ と書けることがわかる．

問題 2.1 (3.4) で $d\boldsymbol{s}$, $\boldsymbol{r} - \boldsymbol{r}'$ などは長さを意味するから，右辺は $(\mathrm{N/A^2})(\mathrm{A/m}) = \mathrm{N/A \cdot m}$ の単位で表される．一方，(3.2)（p.114）の B の定義式を使うと $\mathrm{N} = \mathrm{T \cdot A \cdot m}$ となって $\mathrm{N/A \cdot m} = \mathrm{T}$ の関係が成り立つ．したがって題意の通りとなる．

問題 2.2 図 3.5 で示すように，$\boldsymbol{B}$ は xy 面内に生じ $B_z = 0$ である．同図で O から P に向かうベクトルを $\boldsymbol{r}$ とすれば xy 内で $\boldsymbol{r} = (x, y)$ と書け $\boldsymbol{r}$ は $\boldsymbol{B}$ と直交するので $\boldsymbol{r} \cdot \boldsymbol{B} = 0$ が成り立つ．あるいは成分で表すと $xB_x + yB_y = 0$ となる．これから $-B_x/y = B_y/x = C$ が得られる．上式は $B_x = -Cy$, $B_y = Cx$ と書け，これから $B^2 = C^2 r^2 \quad \therefore\ C = B/r$ となり例題 2 の結果を使えば (3.7) が導かれる．

問題 3.1 (3.5)（p.116), (3.8)（p.118）により次のように計算される．

$$F = \frac{(1\,\mathrm{Wb})^2}{4\pi \times 4\pi \times 10^{-7}\,\mathrm{N \cdot A^{-2}} \times (1\,\mathrm{m})^2} = \frac{10^7}{(4\pi)^2}\,\mathrm{N} = 6.33 \times 10^4\,\mathrm{N}$$

問題 3.2 μ_0 の単位は $\mathrm{N/A^2}$ で表されるので前問からもわかるように

$$\mathrm{N} = \frac{\mathrm{A^2\,Wb^2}}{\mathrm{N\,m^2}} \qquad \therefore \quad \mathrm{Wb^2} = \frac{\mathrm{N^2 \cdot m^2}}{\mathrm{A^2}}$$

が成り立つ．これから $\mathrm{N \cdot m} = \mathrm{J}$ に注意すると $\mathrm{Wb} = \mathrm{J/A}$ となる．

問題 3.3 渦糸のまわりの速度場のように［第 II 編の問題 (6.2)（p.80)］，(3.7) は $r \neq 0$ の場合，次の式で与えられることがわかる．

$$\boldsymbol{B} = \frac{\mu_0 I}{2\pi}\,\mathrm{grad}\,\left(\tan^{-1}\frac{y}{x}\right)$$

ストークスの定理（p.79）を Γ に適用すると

$$\oint_\Gamma B_t ds = \int_\Sigma (\mathrm{rot}\,\boldsymbol{B})_z dS$$

が成り立つ．Σ は Γ 内の平面を表すが，この平面上で $r \neq 0$ であるから，上式の右辺は 0 となり題意が導かれる．

問題 3.4 点 P における磁束密度 $B(z)$ は次のようになる．

$$B(z) = \frac{q_\mathrm{m}}{4\pi}\left(\frac{1}{(z - l/2)^2} - \frac{1}{(z + l/2)^2}\right) \simeq \frac{q_\mathrm{m}}{4\pi}\left(\frac{1}{z^2 - zl} - \frac{1}{z^2 + zl}\right) \simeq \frac{q_\mathrm{m} l}{2\pi z^3} = \frac{m}{2\pi z^3}$$

問題 4.1 与えられた行列式を第 1 行に関して展開すると

$$\begin{vmatrix} A_y & A_z \\ B_y & B_z \end{vmatrix}\boldsymbol{i} - \begin{vmatrix} A_x & A_z \\ B_x & B_z \end{vmatrix}\boldsymbol{j} + \begin{vmatrix} A_x & A_y \\ B_x & B_y \end{vmatrix}\boldsymbol{k}$$
$$= (A_y B_z - A_z B_y)\boldsymbol{i} + (A_z B_x - A_x B_z)\boldsymbol{j} + (A_x B_y - A_y B_x)\boldsymbol{k}$$

となってベクトル積の定義と一致する．

問題 4.2 $(-\sin\theta, \cos\theta, 0) \times (-a\cos\theta, -a\sin\theta, z)$

$$= \begin{vmatrix} \boldsymbol{i} & \boldsymbol{j} & \boldsymbol{k} \\ -\sin\theta & \cos\theta & 0 \\ -a\cos\theta & -a\sin\theta & z \end{vmatrix} = z\cos\theta\,\boldsymbol{i} + z\sin\theta\,\boldsymbol{j} + a\boldsymbol{k}$$

問題 4.3 磁気双極子モーメントに沿う単位ベクトルを $\boldsymbol{e}$ とすれば，磁位は

$$\phi_{\mathrm{m}} = \frac{q_{\mathrm{m}}}{4\pi\mu_0}\left(\frac{1}{|\boldsymbol{r}-l\boldsymbol{e}/2|} - \frac{1}{|\boldsymbol{r}+l\boldsymbol{e}/2|}\right)$$
$$\simeq \frac{q_{\mathrm{m}}}{4\pi\mu_0}\left[\frac{1}{(r^2-\boldsymbol{r}\cdot\boldsymbol{e}l)^{1/2}} - \frac{1}{(r^2+\boldsymbol{r}\cdot\boldsymbol{e}l)^{1/2}}\right] \simeq \frac{q_{\mathrm{m}}}{4\pi\mu_0}\frac{\boldsymbol{r}\cdot\boldsymbol{e}l}{r^3} = \frac{\boldsymbol{m}\cdot\boldsymbol{r}}{4\pi\mu_0 r^3}$$

と表される．これから磁場の例えば x 成分をとると

$$H_x = -\frac{\partial\phi_{\mathrm{m}}}{\partial x} = -\frac{\partial}{\partial x}\frac{m_x x + m_y y + m_z z}{4\pi\mu_0 r^3}$$
$$= -\frac{m_x}{4\pi\mu_0 r^3} + \frac{3(m_x x + m_y y + m_z z)}{4\pi\mu_0 r^4}\frac{x}{r} = -\frac{m_x}{4\pi\mu_0 r^3} + \frac{3x(\boldsymbol{m}\cdot\boldsymbol{r})}{4\pi\mu_0 r^5}$$

と計算される．y, z 成分も同様で，これらをベクトル記号で書くと次のようになる．

$$\boldsymbol{H}(\boldsymbol{r}) = \frac{1}{4\pi\mu_0 r^3}\left[\frac{3\boldsymbol{r}(\boldsymbol{m}\cdot\boldsymbol{r})}{r^2} - \boldsymbol{m}\right]$$

問題 4.4 $\boldsymbol{m}$ が $\boldsymbol{m} = (0, 0, m)$ のときには $\boldsymbol{m}\cdot\boldsymbol{r} = mz$ であるから，上式の x, y, z 成分をとり，$\boldsymbol{H}$ は下記のように計算される．

$$\boldsymbol{H}(\boldsymbol{r}) = \frac{m}{4\pi\mu_0 r^3}\left(\frac{3xz}{r^2}, \frac{3yz}{r^2}, \frac{3z^2}{r^2} - 1\right)$$

問題 5.1 右図の矢印で示したような経路を考えると，斜線部分では $\mathrm{rot}\,\boldsymbol{B} = 0$ が成立するので，ストークスの定理により $\boldsymbol{B}\cdot d\boldsymbol{s}$ の経路に関する線積分は 0 となる．P→Q の線積分と Q→P の線積分とは互いに消し合い

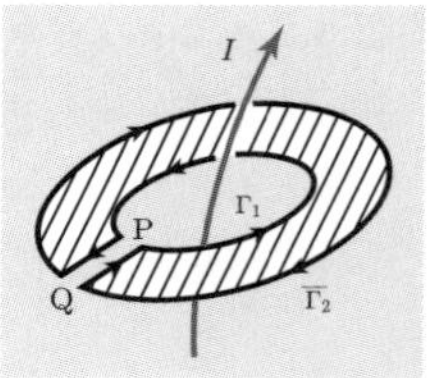

$$\int_{\Gamma_1}\boldsymbol{B}\cdot d\boldsymbol{s} + \int_{\overline{\Gamma_2}}\boldsymbol{B}\cdot d\boldsymbol{s} = 0$$

が得られる．$\overline{\Gamma_2}$ という経路は Γ_2 の矢印を逆にしたもので，矢印の向きを逆転させると積分の符号が逆になる．こうして次の等式が導かれる．

$$\int_{\Gamma_1}\boldsymbol{B}\cdot d\boldsymbol{s} = \int_{\Gamma_2}\boldsymbol{B}\cdot d\boldsymbol{s}$$

問題 5.2 それぞれの電流が作る磁束密度を $\boldsymbol{B}_1, \boldsymbol{B}_2, \cdots, \boldsymbol{B}_n$ とする．全体の磁束密度 $\boldsymbol{B}$ は $\boldsymbol{B} = \boldsymbol{B}_1 + \boldsymbol{B}_2 + \cdots + \boldsymbol{B}_n$ となるが，各 $\boldsymbol{B}_j$ についてアンペールの法則を適用すると

$$\oint_{\Gamma}\boldsymbol{B}\cdot d\boldsymbol{s} = \mu\sum_{j=1}^{n} I_j$$

が得られる．ただし，I_j は正負の符号をもつとし，曲面 Σ の法線ベクトル $\boldsymbol{n}$ と電流とが同じ向きであれば正，逆向きの場合は負，また Σ を貫通しないときには $I_j = 0$ とおく．

問題 5.3 等価磁石板の定理により円電流は磁石板と等価であるから，円電流を重ねた全体のソレノイドは 1 本の棒磁石と等価となる．ソレノイドの外部にできる磁場は両極の磁極が生じるが，無限に大きいソレノイドを考えるのでこの磁場は 0 となり，結局外部の磁場は 0 となる．ソレノイド内部で生じる磁場は磁石板の内部に相当し，磁石板という立場で扱うことはできない．そこでアンペールの法則を適用する．その前にソレノイド内部での磁場 $\boldsymbol{H}$ は軸に平行となる点に注意する．ソレノイド内部でもし磁場 $\boldsymbol{H}$ が円筒の中心軸と平行でないと，中

心軸と垂直な方向で $\boldsymbol{H}$ は 0 でない成分 H_n をもつ（右図）．軸対称性により H_n の値は図の半径 a の円上で同じであり，またソレノイドが十分長ければ H_n は a だけに依存する．このため，図の斜線のような半径 a の円筒にガウスの定理を適用すると，表面にわたる面積積分は 0 でなくなり円筒の内部に磁荷が存在することになって矛盾に導く．よって $\boldsymbol{H}$ は中心軸と平行になる．

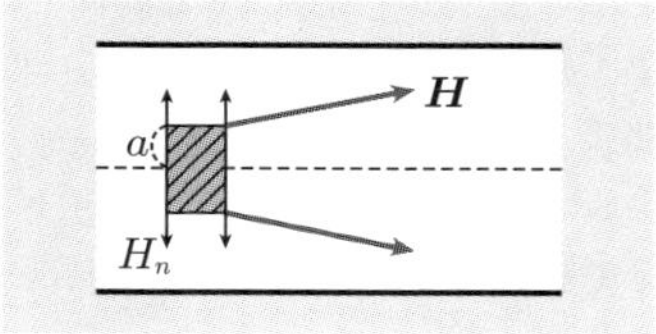

そこで，ソレノイドの軸を含む断面内で右図のような長方形の閉曲線 ABCDA をとり，アンペールの法則を適用する．この図で ⊙ は紙面の裏から表へ，⊗ は表から裏へ電流が流れることを意味する．$\boldsymbol{n}$ はいまの場合，紙面の表から裏へ向かう．AB の長さを L，AB 上での右向きに生じる磁場を H とすれば，CD 上での磁場は 0 となるからアンペールの法則によって $HL = InL$ が得られる．すなわち H は $H = nI$ と表される．AB の位置はソレノイドの内部であればどこでもよいから，内部で磁場は一様であり，磁場の値はソレノイドの半径に依存しない．

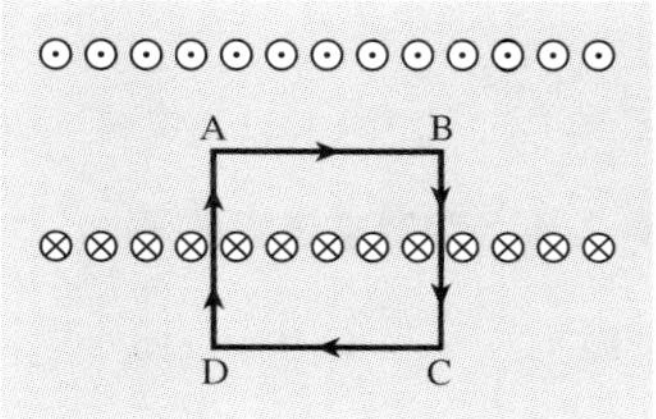

問題 5.4　H は $H = 1500 \times 3\mathrm{A/m} = 4500\,\mathrm{A/m}$ と計算される．また B は $B = \mu_0 H = 4\pi \times 10^{-7} \times 4500\,\mathrm{T} = 5.65 \times 10^{-3}\,\mathrm{T} = 56.5\,\mathrm{G}$ となる．[物理量を SI 単位系で表せば，答も SI 単位系で表され $\mathrm{T} = \mathrm{N/A\cdot m}$ が成り立つ．]

問題 6.1　例えば磁束密度の z 成分を求めると

$$
\begin{aligned}
B_z &= \frac{\partial A_y}{\partial x} - \frac{\partial A_x}{\partial y} = \frac{1}{4\pi}\left[\frac{\partial}{\partial x}\left(\frac{m_z x - m_x z}{r^3}\right) - \frac{\partial}{\partial y}\left(\frac{m_y z - m_z y}{r^3}\right)\right] \\
&= \frac{1}{4\pi}\left(\frac{m_z}{r^3} + m_z x\frac{\partial}{\partial x}\frac{1}{r^3} - m_x z\frac{\partial}{\partial x}\frac{1}{r^3} - m_y z\frac{\partial}{\partial y}\frac{1}{r^3} + m_z y\frac{\partial}{\partial y}\frac{1}{r^3} + \frac{m_z}{r^3}\right) \\
&= \frac{1}{4\pi}\left(\frac{2m_z}{r^3} - \frac{3m_z x^2}{r^5} + \frac{3m_x xz}{r^5} + \frac{3m_y yz}{r^5} - \frac{3m_y y^2}{r^5}\right) \\
&= \frac{1}{4\pi}\left(\frac{2m_z}{r^3} - \frac{3m_z(x^2+y^2+z^2-z^2)}{r^5} + \frac{3m_x xz}{r^5} + \frac{3m_y yz}{r^5}\right) \\
&= \frac{1}{4\pi}\left(\frac{3m_x xz + 3m_y yz + 3m_z z^2}{r^5} - \frac{m_z}{r^3}\right)
\end{aligned}
$$

と計算される．これは問題 4.3（p.121）で導いた結果

$$
\mu_0 \boldsymbol{H} = \boldsymbol{B} = \frac{1}{4\pi r^3}\left[\frac{3\boldsymbol{r}(\boldsymbol{m}\cdot\boldsymbol{r})}{r^2} - \boldsymbol{m}\right]
$$

の z 成分をとったことに相当し，両者は一致する．他の成分も同様である．

問題 6.2　1.1 節の問題 1.5（p.83）により，電荷の生成，消滅がないとき，連続の方程式は電荷密度を ρ，電流密度を $\boldsymbol{j}$ としたとき

$$
\frac{\partial \rho}{\partial t} + \mathrm{div}\,\boldsymbol{j} = 0
$$

と書ける．現在の問題では時間依存性はないとしているので，$\partial\rho/\partial t = 0$ となり $\mathrm{div}\,\boldsymbol{j} = 0$ が得られる．すなわち，$\mathrm{div}\,\boldsymbol{j} = 0$ は電気量保存の法則を表す．

問題 6.3 $\boldsymbol{r}'$ という場所で電流の流れる向きと垂直な微小面積 dS' をもつ断面を考える．この断面を通る電流の大きさは $j(\boldsymbol{r}')dS$ と書けるので，$\boldsymbol{ds}$ の長さを ds' とすれば，向き，方向を考慮して $I\boldsymbol{ds} = \boldsymbol{j}dS'ds'$ が成り立つ．ここで $dS'ds' = dV'$ は微小体積であることに注意すれば

$$\boldsymbol{A}(\boldsymbol{r}) = \frac{\mu_0}{4\pi}\int_\Omega \frac{\boldsymbol{j}(\boldsymbol{r}')dV'}{|\boldsymbol{r}-\boldsymbol{r}'|}$$

と書ける．ただし，Ω は電流が流れているような領域を表す．

III

◆ 4 変動する電磁場

問題 1.1 $\omega = 100\,\pi\,\mathrm{rad\cdot s^{-1}} = 314\,\mathrm{rad\cdot s^{-1}}$ を使うと，交流電圧の振幅は $ab\omega B = 0.2\,\mathrm{m} \times 0.3\,\mathrm{m} \times 314\,\mathrm{rad\cdot s^{-1}} \times 0.2\,\mathrm{T} = 3.77\,\mathrm{V}$ と計算される．ちなみに (3.2)（p.114）の B の定義式を利用すると $\mathrm{T} = \mathrm{N/A\cdot m}$ で $\mathrm{m^2\cdot T/s} = \mathrm{N\cdot m/A\cdot s} = \mathrm{J/C} = \mathrm{V}$ となる．

問題 1.2 前問から磁束の単位は $\mathrm{T\cdot m^2} = \mathrm{N\cdot m/A} = \mathrm{J/A}$ と書ける．一方，(3.9)（p.118）により $\mathrm{Wb} = \mathrm{J/A}$ が成り立つので，磁束の単位と磁荷の単位は同じで両者とも Wb である．

問題 1.3 (a) 直線電流の周囲には $\boldsymbol{B}$ が同心円状に生じる．$\boldsymbol{B}$ の向きに右ねじを回したとき，ねじの進む向きと電流の向きが一致する．導線に電流が流れるとき，電流のため生じる $\boldsymbol{B}$ の様子は大体以上の規則で理解することができる．例えば，円形回路に図 (a) の矢印のような電流 I が流れると $\boldsymbol{B}$ は図のように発生する．円の内部では $\boldsymbol{B}$ が上向きにできる．ここで，棒磁石を図のように遠ざけると円の内部の B が減少する．レンツの法則によりこの減少を妨げるよう $\boldsymbol{B}$ ができるので，電流の向きは (a) のようになる．

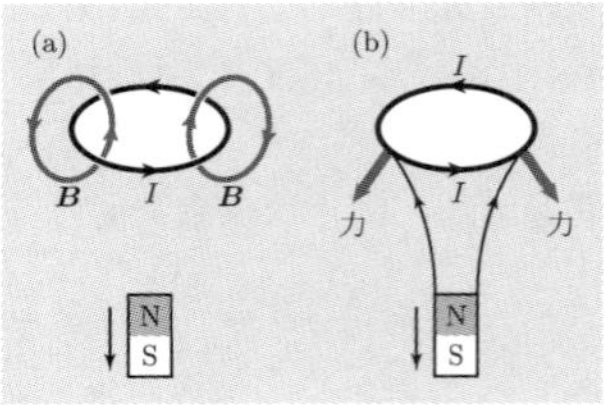

(b) 円形回路を流れる電流によっても $\boldsymbol{B}$ ができるが，これは棒磁石の $\boldsymbol{B}$ に比べ小さいとして無視する．電流に働く力は $\boldsymbol{I} \times \boldsymbol{B}$ に比例するので，図 (b) のように表されこの合力が回路に働く力となる．これからわかるように両者の間には引力が働く．等価磁石板の定理を使えば，図 (a) のような円形の磁石板は下側が S，上側が N となり両者間の力は引力となる．レンツの法則は元来，現状を変えたくないという自然の摂理を表すもので，棒磁石を遠ざけようとすればそれに反する力が生じることになる．

問題 2.1 誘導起電力の大きさは $200 \times 10^{-4}\,\mathrm{T} \times 0.1\,\mathrm{m} \times 5\,\mathrm{m/s} = 0.01\,\mathrm{V}$ と計算される．

問題 2.2 磁気双極子のモーメントの大きさを m とし，これは z 軸上の座標 z の点にあると仮定する．このモーメントが xy 面上の座標 x, y をもつ点 P に作る磁束密度の z 成分は問題 4.4（p.121）により

$$B_z = \frac{m}{4\pi}\left(\frac{3z^2}{r^5} - \frac{1}{r^3}\right)$$

と表される．ここで，r は点 P と磁気双極子の間の距離で $r^2 = x^2 + y^2 + z^2$ である．xy 面

の原点 O から点 P までの距離を ρ とすれば $r^2 = \rho^2 + z^2$ となる．xy 面上で $\rho \sim \rho + d\rho$ の同心円に挟まれた微小部分の面積は $2\pi\rho d\rho$ で与えられる．B_z は z と ρ だけに依存するので，xy 面上の半径 a の円を貫通する磁束 Φ は

$$\Phi = \frac{m}{2}\int_0^a \left[\frac{3z^2}{(\rho^2+z^2)^{5/2}} - \frac{1}{(\rho^2+z^2)^{3/2}}\right]\rho d\rho$$

と書ける．$\rho^2 = x$ と積分変数を ρ から x へ変換すると，Φ は

$$\begin{aligned}
\Phi &= \frac{m}{4}\int_0^{a^2}\left[\frac{3z^2}{(x+z^2)^{5/2}} - \frac{1}{(x+z^2)^{3/2}}\right]dx \\
&= \frac{m}{4}\left[-\frac{2z^2}{(x+z^2)^{3/2}} + \frac{2}{(x+z^2)^{1/2}}\right]_0^{a^2} \\
&= \frac{m}{4}\left[-\frac{2z^2}{(a^2+z^2)^{3/2}} + \frac{2}{(a^2+z^2)^{1/2}} + \frac{2z^2}{z^3} - \frac{2}{z}\right] \\
&= \frac{m}{2}\frac{-z^2+a^2+z^2}{(a^2+z^2)^{3/2}} = \frac{ma^2}{2(a^2+z^2)^{3/2}}
\end{aligned}$$

と計算される．この結果を使うと，誘導起電力 V_i は次のように書ける．

$$V_i = -\frac{d\Phi}{dt} = \frac{(3/2)2ma^2z}{2(a^2+z^2)^{5/2}}\frac{dz}{dt} = \frac{3ma^2zv}{2(a^2+z^2)^{5/2}}$$

$v > 0$ とすれば，$z < 0$ で $V_i < 0$ となる．これは xy 面での磁束密度の z 成分が増加するのでそれを打ち消すため電流が時計まわりに流れることを意味する．$z > 0$ では逆の状況となる．

問題 3.1　ソレノイドに電流 I が流れているとき，ソレノイド内の磁束密度は一定で $\mu_0 nI$ と書ける［問題 5.3（p.123）］．したがって，磁束 Φ はこれに断面積と総巻数 nl を掛け $\Phi = \mu_0 nI \cdot S \cdot nl = \mu_0 n^2 SlI$ となる．すなわち，インダクタンスは $L = \mu_0 n^2 Sl$ と求まり，(4.8) が得られる．

問題 3.2　ソレノイドの断面積は

$$S = \pi \times (0.015)^2\,\mathrm{m}^2 = 7.07 \times 10^{-4}\,\mathrm{m}^2$$

となる．このため，$L = \mu_0 n^2 Sl = \mu_0 N^2 S/l$ に数値を代入すれば（N：総巻数），L は H の単位で次のように計算される．

$$L = 4\pi \times 10^{-7} \times \frac{100^2}{0.05} \times 7.07 \times 10^{-4}\,\mathrm{H} = 1.78 \times 10^{-4}\,\mathrm{H}$$

問題 3.3　コイル 1 に電流 I_1 を流すとき，その中の磁束密度は $\mu_0 n_1 I_1$ で，これはコイル 2 中で半径 a，長さ l の円筒部分に磁束を作る．したがって，$\Phi_2 = \pi a^2 \cdot \mu_0 n_1 I_1 \cdot n_2 l$ と書け，$M_{21} = \mu_0 n_1 n_2 \pi a^2 l$ が得られる．一方，コイル 2 に電流 I_2 が流れるときには，コイル中に $\mu_0 n_2 I_2$ の磁束密度を作る．コイル 1 を貫く磁束 Φ_1 は半径 a，長さ l の円筒部分を考慮して $\Phi_1 = \pi a^2 \cdot \mu_0 n_2 I_2 \cdot n_1 l$ となる．これから $M_{12} = \mu_0 n_1 n_2 \pi a^2 l$ が求まり，$M_{12} = M_{21}$ の等式が導かれる．

問題 4.1　div の定義を用いると，次のようになる．

$$\mathrm{div}\,(\boldsymbol{A}+\boldsymbol{B}) = \frac{\partial(A_x+B_x)}{\partial x} + \frac{\partial(A_y+B_y)}{\partial y} + \frac{\partial(A_z+B_z)}{\partial z}$$
$$= \frac{\partial A_x}{\partial x} + \frac{\partial A_y}{\partial y} + \frac{\partial A_z}{\partial z} + \frac{\partial B_x}{\partial x} + \frac{\partial B_y}{\partial y} + \frac{\partial B_z}{\partial z}$$
$$= \mathrm{div}\,\boldsymbol{A} + \mathrm{div}\,\boldsymbol{B}$$

問題 4.2 $\mathrm{div}\,\dfrac{\partial \boldsymbol{E}}{\partial t} = \dfrac{\partial}{\partial x}\left(\dfrac{\partial E_x}{\partial t}\right) + \dfrac{\partial}{\partial y}\left(\dfrac{\partial E_y}{\partial t}\right) + \dfrac{\partial}{\partial z}\left(\dfrac{\partial E_z}{\partial t}\right) = \dfrac{\partial(\mathrm{div}\,\boldsymbol{E})}{\partial t}$

III

問題 4.3 電流 I，変位電流 $\varepsilon_0 \partial \boldsymbol{E}/\partial t$ はいずれも z 軸に沿っているから，ビオ-サバールの法則を適用すると磁束密度は z 軸に垂直であることがわかる．すなわち，$B_z = 0$ となる．一方，体系は z 軸のまわりで軸対称性をもつので，z 軸を中心とし任意の半径をもつ円上の 1 点で磁束密度が与えられると，その円上での磁束密度は z 軸のまわりで最初の磁束密度を回転したもので記述される．その結果，図のように磁束密度を円の接線方向，法線方向の成分 B_t, B_n にわけたとき，円周上で B_n は一定となる．もし，B_n が 0 でないとガウスの法則により，円内に真磁荷が存在することになりこれは矛盾である．したがって，B_n は 0 で磁束線は z 軸を中心とする同心円で表される．図 4.11 のように，z 軸を中心とする半径 r の円を閉曲線 Γ にとると，(4.11) の左辺は $2\pi r B$ と表される．一方，同式の右辺は $\boldsymbol{n}$ が z 軸の正方向と一致すること，$\boldsymbol{E}$ は z 軸に沿って生じることに注意すると，次のように書ける．

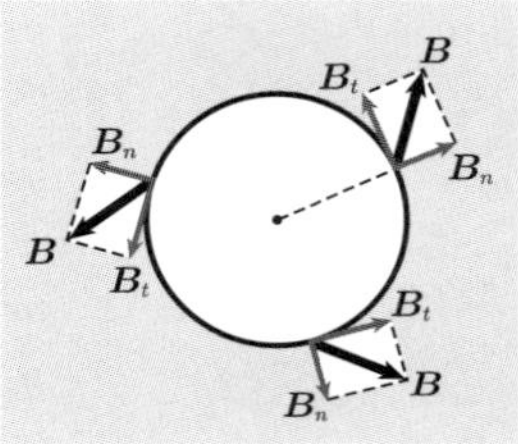

$$\mu_0 \int_\Sigma \varepsilon_0 \frac{\partial E}{\partial t} dS$$

E は $r < a$ では一定値をもち，その値は $\varepsilon_0 E = \sigma = Q/\pi a^2$ となる．一方，E は $r > a$ では 0 である．上式は半径 r の円に対する面積積分であるから

$$\int_\Sigma \varepsilon_0 E dS = \begin{cases} \varepsilon_0 E \pi r^2 = \dfrac{Qr^2}{a^2} & (r < a) \\ \varepsilon_0 E \pi a^2 = Q & (r > a) \end{cases}$$

と表される．したがって，$0 < z < l$ の空間では $j_n = 0$, $dQ/dt = I$ に注意すると，(4.11) により B は次のように求まる．

$$B = \begin{cases} \dfrac{\mu_0 I r}{2\pi a^2} & (r < a) \\ \dfrac{\mu_0 I}{2\pi r} & (r > a) \end{cases}$$

◆ 5 物質中の電磁場

問題 1.1 電気容量は真空のときと比べ 8 倍となる．したがって，$C = 2.21 \times 10^{-8}\,\mathrm{F} \times 8 = 1.77 \times 10^{-7}\,\mathrm{F}$ となる．

問題 1.2　領域 Ω に対して例題 1 で導いた

$$\mathrm{div}\,\frac{\boldsymbol{P}(\boldsymbol{r})}{|\boldsymbol{R}-\boldsymbol{r}|} = \frac{\boldsymbol{P}\cdot(\boldsymbol{R}-\boldsymbol{r})}{|\boldsymbol{R}-\boldsymbol{r}|^3} + \frac{\mathrm{div}\,\boldsymbol{P}}{|\boldsymbol{R}-\boldsymbol{r}|}$$

にガウスの定理を適用すると

$$\int_\Sigma \frac{P_n}{|\boldsymbol{R}-\boldsymbol{r}|}dS = \int_\Omega \frac{\boldsymbol{P}\cdot(\boldsymbol{R}-\boldsymbol{r})}{|\boldsymbol{R}-\boldsymbol{r}|^3}dV + \int_\Omega \frac{\mathrm{div}\,\boldsymbol{P}}{|\boldsymbol{R}-\boldsymbol{r}|}dV$$

となり，これを少々整理すれば $\phi(\boldsymbol{R})$ の式が得られる．

問題 2.1　P の単位は $\mathrm{C/m^2}$ である．ε_0 は $\mathrm{C^2/N\cdot m^2}$，E は $\mathrm{V/m}$ の単位で表され $\varepsilon_0 E$ は

$$\frac{\mathrm{C^2\,V}}{\mathrm{N\,m^3}} = \frac{\mathrm{C\,J}}{\mathrm{J\,m^2}} = \frac{\mathrm{C}}{\mathrm{m^2}}$$

の単位で記述される．すなわち，両者の国際単位系での単位は $\mathrm{C/m^2}$ となる．

問題 2.2　(5.5) の関係（p.134）とガウスの定理から，誘電体の占める領域 Ω とその表面 Σ に対して

$$\int_\Omega \rho dV + \int_\Sigma \sigma dS = 0$$

が成り立つ．図 5.3(b) の Ω' に上の関係を適用し，Σ を 2 つの部分 Σ'，Σ'' にわけて考えると

$$\int_{\Omega'} \rho dV + \int_{\Sigma'} \sigma dS + \int_{\Sigma''} \sigma dS = 0$$

となる．Σ'' 上で $\sigma = P_n$ であることに注意すれば与式が導かれる．

問題 2.3　図 2.16（p.108）と同様，電池から真電荷 Q，$-Q$ が極板 A, B に移動したとすれば，極板 A のもつ真電荷の面密度は $\sigma = Q/S$ となる．極板の間で $\boldsymbol{D}$ は極板と垂直で上向きに生じるが，その大きさを D とすれば $D = \varepsilon E$ が成り立つ．単位正電荷が移動するときに力のする仕事が電位差であるから電場の大きさ E は誘電体を挿入しても $El = V$ で与えられる．すなわち $E = V/l$ である．一方，ガウスの法則により $D = \sigma$ が成り立ち $E = Q/\varepsilon S$ と書ける．上記の E に対する 2 つの式から $V/l = Q/\varepsilon S$ となり，電気容量 C は次のように計算される．

$$C = \frac{Q}{V} = \frac{\varepsilon S}{l}$$

問題 3.1　(5.13)（p.138）で 1 が真空，2 が大理石とすれば $E_{1n}/E_{2n} = \varepsilon_2/\varepsilon_1 = 8$ となる．すなわち 8 倍である．

問題 3.2　$E_{1t} = E_{2t}$ の関係から

$$\frac{D_{1t}}{\varepsilon_1} = \frac{D_{2t}}{\varepsilon_2}$$

となり，一般に $\boldsymbol{D}$ の接線成分は境界面で不連続となる．

問題 3.3　D_n，E_t が連続という条件から

$$D_1\cos\theta_1 = D_2\cos\theta_2, \quad \frac{D_1\sin\theta_1}{\varepsilon_1} = \frac{D_2\sin\theta_2}{\varepsilon_2}$$

となり，右式を左式で割れば次の関係が得られる．

$$\frac{\tan\theta_1}{\varepsilon_1} = \frac{\tan\theta_2}{\varepsilon_2}$$

問題 4.1 (3.5)（p.116）により $\mu_0 = 4\pi \times 10^{-7}\,\mathrm{N/A^2}$ と表される．一方 H の単位は A/m であるから $\mu_0 H$ の単位は，(3.9)（p.118）の関係 Wb = J/A を利用すると

$$\frac{\mathrm{N}}{\mathrm{A^2}}\frac{\mathrm{A}}{\mathrm{m}} = \frac{\mathrm{N}}{\mathrm{A\,m}} = \frac{\mathrm{J}}{\mathrm{A\,m^2}} = \frac{\mathrm{Wb}}{\mathrm{m^2}}$$

となって，M の単位 $\mathrm{Wb/m^2}$ と一致する．

III

問題 4.2 板が無限に広いとしているから，対称性により磁束密度を表す磁束線は板と垂直になる．図に示すように，底面積 ΔS の円筒にガウスの法則を適用すると

$$(B_0 - B)\Delta S = 0 \qquad \therefore \quad B = B_0$$

が得られる．反磁性体の H は $B = \mu H$ の関係から $H = B_0/\mu$ と求まる．また，反磁性体であるから $B = \mu_0 H - M$ と書け，これから次式が導かれる．

$$M = \mu_0 H - B = \left(\frac{\mu_0}{\mu} - 1\right) B_0$$

問題 4.3 常磁性体の場合でも $B = B_0, H = B_0/\mu$ が成り立つ．また，常磁性体であるから $B = \mu_0 H + M$ と書け，これから次式が導かれる．

$$M = B - \mu_0 H = \left(1 - \frac{\mu_0}{\mu}\right) B_0$$

問題 4.4 超伝導体では $\boldsymbol{B} = \boldsymbol{0}$ であるから $\mu = 0$ となり，$\chi_{\mathrm{m}} = -1$ が得られる．

問題 4.5 磁場が磁位から導かれるとき $\boldsymbol{H} = -\mathrm{grad}\,\phi_{\mathrm{m}}$ が成り立ち

$$\int_{\mathrm{P}}^{\mathrm{Q}} \boldsymbol{H} \cdot d\boldsymbol{s} = \phi_{\mathrm{m}}(\mathrm{P}) - \phi_{\mathrm{m}}(\mathrm{Q})$$

と書ける．左辺の積分路として図 5.8 の矢印で示すように ABCDA と一周する経路をとれば，上式の右辺で始点と終点が一致し積分値は 0 となる．一方，h は十分小さいとして，辺 AD, BC からの寄与は無視する．その結果 $(H_{1t} - H_{2t})l = 0$ となり $H_{1t} = H_{2t}$ が導かれる．

問題 5.1 (4.11)（p.132）を $\boldsymbol{H}$ で表現すると

$$\oint_{\Gamma} \boldsymbol{H} \cdot d\boldsymbol{s} = \int_{\Sigma} \left(\boldsymbol{j} + \varepsilon_0 \frac{\partial \boldsymbol{E}}{\partial t}\right) \cdot \boldsymbol{n} dS$$

となり，磁場に関する限り物質定数が消える．一方，電場を考えると物質中では $\varepsilon_0 \to \varepsilon$ を変換しなければならない．$\varepsilon \boldsymbol{E} = \boldsymbol{D}$ であることに注意すると，一般に物質中の電磁場では

$$\oint_{\Gamma} \boldsymbol{H} \cdot d\boldsymbol{s} = \int_{\Sigma} \left(\boldsymbol{j} + \frac{\partial \boldsymbol{D}}{\partial t}\right) \cdot \boldsymbol{n} dS$$

が得られる．この式をもとに物質中の電荷に対する連続の方程式が導かれる．

問題 5.2 単位正磁荷に働く力が力が磁場であるから，問題文中のクーロンの法則により，$\boldsymbol{r}$ にある磁荷 q_{m} が $\boldsymbol{r}'$ に作る磁場は

$$\boldsymbol{H} = \frac{q_{\mathrm{m}}(\boldsymbol{r}' - \boldsymbol{r})}{4\pi\mu|\boldsymbol{r} - \boldsymbol{r}'|^3}$$

と書ける．一方，この磁場が図 5.10 の $d\boldsymbol{s}$ 部分におよぼす力は (3.1)（p.114）により $I(d\boldsymbol{s} \times \boldsymbol{B})$ と表される．$\boldsymbol{B} = \mu\boldsymbol{H}$ の関係を利用すると，この力は

$$q_{\mathrm{m}} \frac{I}{4\pi} \frac{d\boldsymbol{s} \times (\boldsymbol{r}' - \boldsymbol{r})}{|\boldsymbol{r} - \boldsymbol{r}'|^3}$$

と書ける．力学の作用反作用の法則により磁荷 q_{m} には上式の符号を逆にした

$$q_{\mathrm{m}} \frac{I}{4\pi} \frac{d\boldsymbol{s} \times (\boldsymbol{r} - \boldsymbol{r}')}{|\boldsymbol{r} - \boldsymbol{r}'|^3}$$

の力が働き，上式は $d\boldsymbol{s}$ の作る磁場が $I[d\boldsymbol{s} \times (\boldsymbol{r} - \boldsymbol{r}')]/4\pi|\boldsymbol{r} - \boldsymbol{r}'|^3$ であることを意味する．これを Γ について積分すれば物質中のビオ-サバールの法則 (5.21)（p.142）となる．

問題 6.1　磁性体中の微小体積 dV は $\boldsymbol{M}(\boldsymbol{r})dV$ の磁気モーメントをもっている．したがって，この部分が場所 $\boldsymbol{R}$ に作るベクトルポテンシャル $d\boldsymbol{A}$ は例題 6 により $\boldsymbol{r} \to \boldsymbol{R} - \boldsymbol{r}$ と変換し

$$d\boldsymbol{A} = \frac{1}{4\pi} \frac{\boldsymbol{M}(\boldsymbol{r})dV \times (\boldsymbol{R} - \boldsymbol{r})}{|\boldsymbol{R} - \boldsymbol{r}|^3}$$

と書ける．磁性体全体の寄与は上式を領域 Ω 内で積分し，与式のように表される．

問題 6.2　(5.26)（p.144）の発散をとると $\mathrm{div}\,(\mathrm{rot}\,\boldsymbol{H}) = 0$ が成り立ち

$$\mathrm{div}\,\boldsymbol{j} + \mathrm{div}\left(\frac{\partial \boldsymbol{D}}{\partial t}\right) = 0$$

となる．問題 4.2（p.133）から得られる $\mathrm{div}\,(\partial\boldsymbol{D}/\partial t) = \partial(\mathrm{div}\,\boldsymbol{D})/\partial t$ を使い，$\mathrm{div}\,\boldsymbol{D} = \rho$ の関係に注意すれば $\partial\rho/\partial t + \mathrm{div}\,\boldsymbol{j} = 0$ という連続の方程式が導かれる．

問題 6.3　ゲージ変換により，$\boldsymbol{E}$ は

$$\boldsymbol{E} \;\to\; -\mathrm{grad}\left(\phi - \frac{\partial\chi}{\partial t}\right) - \frac{\partial\boldsymbol{A}}{\partial t} - \mathrm{grad}\,\frac{\partial\chi}{\partial t} = -\mathrm{grad}\,\phi - \frac{\partial\boldsymbol{A}}{\partial t} = \boldsymbol{E}$$

となる．同様に，$\mathrm{rot}\,(\mathrm{grad}\,\chi) = 0$ の性質を利用すると $\boldsymbol{B}$ は

$$\boldsymbol{B} \to \mathrm{rot}\,(\boldsymbol{A} + \nabla\chi) = \mathrm{rot}\,\boldsymbol{A} = \boldsymbol{B}$$

と表され，ゲージ不変性が証明される．

問題 6.4　B_n の連続性から $B_1\cos\theta_1 = B_2\cos\theta_2$ が，また，H_t の連続性から $B_1\sin\theta_1/\mu_1 = B_2\sin\theta_2/\mu_2$ が得られる．これらの関係から

$$\mu_1\tan\theta_2 = \mu_2\tan\theta_1$$

が求まる．

問題 7.1　例題 7 の (2) 左辺の z 成分をとると

$$\begin{aligned} &M_x \frac{\partial}{\partial y} \frac{1}{|\boldsymbol{R} - \boldsymbol{r}|} - M_y \frac{\partial}{\partial x} \frac{1}{|\boldsymbol{R} - \boldsymbol{r}|} \\ &= \frac{\partial}{\partial y} \frac{M_x}{|\boldsymbol{R} - \boldsymbol{r}|} - \frac{\partial}{\partial x} \frac{M_y}{|\boldsymbol{R} - \boldsymbol{r}|} - \frac{1}{|\boldsymbol{R} - \boldsymbol{r}|}\left(\frac{\partial M_x}{\partial y} - \frac{\partial M_y}{\partial x}\right) \end{aligned}$$

となるが，これは (2) 右辺の z 成分と一致する．他の成分についても同様な等式が得られ，(2) の関係が成り立つことがわかる．

問題 7.2 ガウスの定理は

$$\int_\Omega \left(\frac{\partial A_x}{\partial x} + \frac{\partial A_y}{\partial y} + \frac{\partial A_z}{\partial z} \right) dV = \int_\Sigma (A_x n_x + A_y n_y + A_z n_z) dS$$

と書ける．ここで $A_x = C_y$，$A_y = -C_x$，$A_z = 0$ とおけば

$$\int_\Omega \left(\frac{\partial C_y}{\partial x} - \frac{\partial C_x}{\partial y} \right) dV = \int_\Sigma (n_x C_y - n_y C_x) dS$$

が得られる．すなわち

$$\int_\Omega (\mathrm{rot}\, \boldsymbol{C})_z dV = \int_\Sigma (\boldsymbol{n} \times \boldsymbol{C})_z dS$$

が導かれ，同じような関係が x, y 成分に対しても成り立つ．したがって，ベクトルの記号を使えば

$$\int_\Omega \mathrm{rot}\, \boldsymbol{C} dV = \int_\Sigma (\boldsymbol{n} \times \boldsymbol{C}) dS$$

となって (6) の等式となる．

問題 7.3 z 軸に沿い $\boldsymbol{M}$ が生じているとすれば $\boldsymbol{M} = (0, 0, M)$ と書け，M は仮定により定数である．このため $\mathrm{rot}\, \boldsymbol{M} = 0$ となり，磁化電流密度は 0 となる．一方，$\boldsymbol{n}$ は球の内部から外部へ向かう法線方向の単位ベクトルであるから，球の表面の座標を x, y, z とすれば

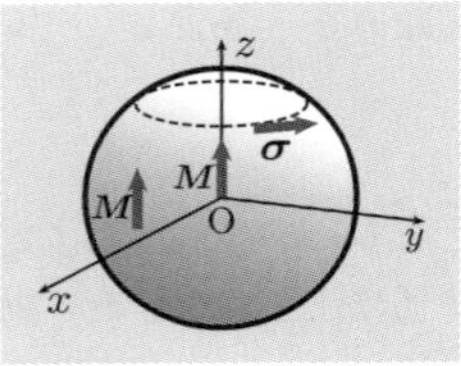

$$\boldsymbol{n} = \left(\frac{x}{a}, \frac{y}{a}, \frac{z}{a} \right)$$

と表されるので，$\boldsymbol{\sigma}$ の各成分は

$$\sigma_x = -\frac{My}{\mu_0 a}, \quad \sigma_y = \frac{Mx}{\mu_0 a}, \quad \sigma_z = 0$$

と表される．図のように，$z =$ 一定 という平面と球とが交わる円の接線に沿って $\boldsymbol{\sigma}$ が生じる．図からわかるように，$\boldsymbol{M}$ の方向に右ねじを進めるときこのねじが回る向きに磁化電流が発生する．この関係は電流に伴う磁気モーメントの向きを決める規則と同じである．

第 IV 編の解答

◆ 1 波 動

問題 1.1 $\varphi = A \sin k(x - vt)$

問題 1.2 $\sin z$ は z の周期関数で $\sin(z + 2\pi) = \sin z$ が成り立つ．正弦波では t を一定にしたとき x を λ だけ増加させると φ は元に戻るから $\sin k(x + \lambda - vt) = \sin k(x - vt)$ で $k\lambda = 2\pi$ となる．

問題 1.3 x を固定すると x 軸を正負の向きに進む波は kv の角振動数 ω をもつ単振動で記述される．$k = 2\pi/\lambda$ をこれに代入すると $v = \lambda\omega/2\pi$ が得られる．$\omega/2\pi$ は振動数 ν に等しいから $v = \lambda\nu$ の波の基本式が得られる．波が 1 回振動すると λ だけ進み 1 秒間に ν 回振動が起こるので 1 秒間に波の進む距離すなわち波の進む速さ v は $\lambda\nu$ で与えられる．

問題 1.4 φ の表式を (1.4) の左辺に代入すると

$$\frac{1}{v^2}\frac{\partial^2\varphi}{\partial t^2} = \frac{c_1}{v^2}\frac{\partial^2\varphi_1}{\partial t^2} + \frac{c_2}{v^2}\frac{\partial^2\varphi_2}{\partial t^2} = c_1\frac{\partial^2\varphi_1}{\partial x^2} + c_2\frac{\partial^2\varphi_2}{\partial x^2} = \frac{\partial^2\varphi}{\partial x^2}$$

となって，φ も波動方程式を満たす．すなわち，波動の和もまた波動である．

問題 1.5 一般に 3 次元空間を伝わる波では波動量が等しい点を結ぶと 1 つの面ができる．これを**波面**という．右図のように位置ベクトル $\boldsymbol{r}$ を通り $\boldsymbol{k}$ に垂直な平面を考え，原点 O からこの平面の下ろした足を P，$\boldsymbol{k}$ の大きさを k とすれば $\boldsymbol{k}\cdot\boldsymbol{r} = k\cdot\mathrm{OP}$ で $\boldsymbol{k}\cdot\boldsymbol{r}$ はこの平面上で一定となる．そこで

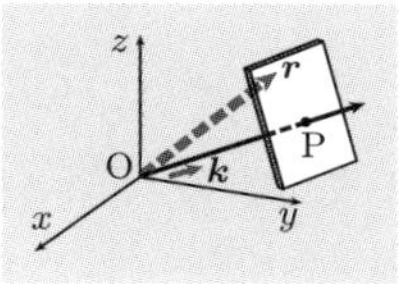

$$\varphi = Ae^{i\boldsymbol{k}\cdot\boldsymbol{r} - i\omega t}$$

の型の波動を**平面波**という．量子力学でも同じような波動が現れる．平面波に対する

$$\frac{\partial^2\varphi}{\partial t^2} = -\omega^2\varphi, \quad \frac{\partial\varphi}{\partial x} = ik_x\varphi, \quad \frac{\partial^2\varphi}{\partial x^2} = -k_x^2\varphi$$

などの関係を使い，$k^2 = k_x^2 + k_y^2 + k_z^2$ に注意すると，波動方程式 $(1/v^2)(\partial^2\varphi/\partial t^2) = \Delta\varphi$ から $\omega^2/v^2 = k^2$ が得られる．すべての量が正とすれば $\omega = vk$ となる．$\omega = 2\pi\nu$, $k = 2\pi/\lambda$ に注意すると，この関係は波の基本式 $v = \lambda\nu$ に帰着する．逆にいえば，波の基本式が満たされていれば平面波は波動方程式の解である．

問題 2.1 基本振動の波数は $k = \pi/L$ と書け，これに対応する角振動数は $\omega = vk = \pi v/L$ で与えられる．v は $\sqrt{T/\sigma}$ と表されるので，振動数を ν とすれば $\omega = 2\pi\nu = \pi v/L$ より $T = 4\sigma L^2\nu^2$ が得られる (T は周期でなく張力を表す)．数値を代入し T は次のように計算される．

$$T = 4 \times 0.03\,\mathrm{kg}\cdot\mathrm{m}^{-1} \times (0.2\,\mathrm{m})^2 \times 262^2\,\mathrm{s}^{-2} = 329\,\mathrm{N}$$

問題 2.2 閉管の場合，閉じた端はふさがっているので，そこで振動が起こらず閉端は振動の節となる．一方，開いた端では振動がもっとも激しくなり，そこは振動の腹となる．基本振動

は図 1.5 で示したものでその波長 λ_1 は $\lambda_1 = 4L$，振動数 ν_1 は $\nu_1 = v/\lambda_1 = v/4L$ で与えられる．一般に，n 個の節のある振動を考えると，その波長は右の図を参考にして

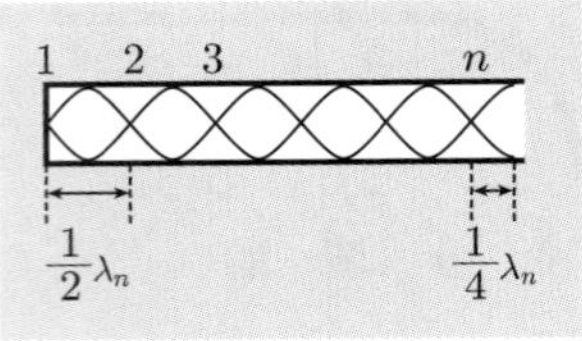

$$(n-1)\frac{1}{2}\lambda_n + \frac{1}{4}\lambda_n = L \qquad \therefore \quad \lambda_n = \frac{4L}{2n-1}$$

となり，したがって，振動数 ν_n は次式のように表される．

$$\nu_n = \frac{v}{\lambda_n} = \frac{v}{4L}(2n-1) \quad (n = 1, 2, 3, \cdots)$$

問題 3.1 右図のように入射角を θ，屈折角を φ とし，第 1 媒質中を進む波面 AB に注目する．B が C に到達するまでの時間を t とすれば，$\mathrm{BC} = v_1 t$ で，A を出た第 2 媒質中の 2 次波は半径 $v_2 t$ の円となる．また，C からこの円に引いた接線を CD とする．AB 上の任意の点 P が境界面に達するまでの時間は PQ/v_1 であるから，Q を出た 2 次波の半径は $v_2(t - \mathrm{PQ}/v_1)$ となる．一方，Q から CD に下ろした垂線の足を R とすれば

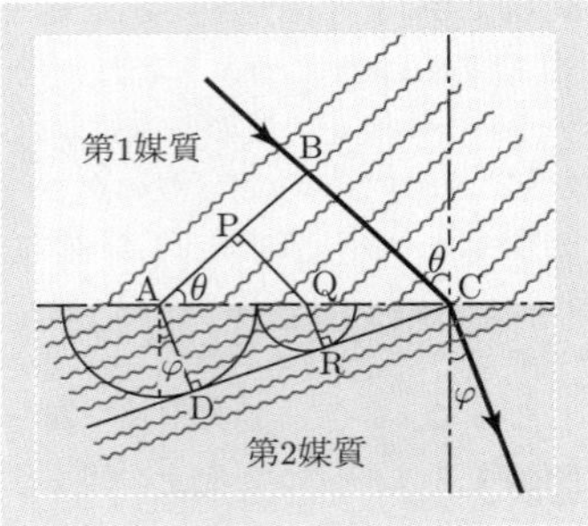

$$\frac{\mathrm{QR}}{\mathrm{AD}} = \frac{\mathrm{CQ}}{\mathrm{AC}} = \frac{\mathrm{AC} - \mathrm{AQ}}{\mathrm{AC}}$$

$$\therefore \quad \mathrm{QR} = v_2 t\left(1 - \frac{\mathrm{AQ}}{\mathrm{AC}}\right)$$

が成り立つ．ところで，$\mathrm{AQ/AC} = \mathrm{PQ/BC} = \mathrm{PQ}/v_1 t$ であるから上式によって，$\mathrm{QR} = v_2(t - \mathrm{PQ}/v_1)$ と表され，反射のときと同様，2 次波はすべて CD に接することがわかる．したがって，接線 CD が屈折波の波面を与える．このため

$$\frac{\sin\theta}{\sin\varphi} = \frac{\mathrm{BC/AC}}{\mathrm{AD/AC}} = \frac{\mathrm{BC}}{\mathrm{AD}} = \frac{v_1 t}{v_2 t} = \frac{v_1}{v_2}$$

が成立し，屈折の法則が導かれる．

問題 3.2 問題 2.1 でピアノの中央のドの音の振動数は 262 Hz であることを学んだ．音速は 340 m/s であるから，ドの音の波長を λ とすれば波の基本式により $\lambda = (340/262)\,\mathrm{m} = 1.3\,\mathrm{m}$ となり，日常的な物体の大きさと同程度である．このため音波の場合には，回折が簡単に起こり音波は障害物の陰に容易に達してしまう．騒音対策が難しいのはこのような音波の性質による．これに対し，第 2 章で述べるように可視光の波長範囲は $0.4 \sim 0.8\,\mu\mathrm{m}$ ($1\,\mu\mathrm{m} = 10^{-6}\,\mathrm{m}$) の程度で，光の波長は通常の物体に比べると圧倒的に短い．このため光の場合には回折は顕著には起こらず，光が当たったとき物体の形通りの陰が生じる．もし，光が容易に回折を起こすなら，物陰に隠れるという行為は無意味になってしまうであろう．

◆ 2 電磁波と光

問題 1.1 $\boldsymbol{E}, \boldsymbol{B}$ が x, y に依存しないと $\mathrm{div}\,\boldsymbol{E} = 0$，$\mathrm{div}\,\boldsymbol{B} = 0$ から次の関係が得られる．

$$\frac{\partial E_z}{\partial z} = 0, \quad \frac{\partial B_z}{\partial z} = 0$$

問題 1.2　$\boldsymbol{E}$, $\boldsymbol{B}$ が x, y に依存しないと $\mathrm{rot}\,\boldsymbol{E}$ または $\mathrm{rot}\,\boldsymbol{B}$ の z 成分は 0 となる．よって，(2.5) の z 成分をとると次の結果が求まる．

$$\frac{\partial E_z}{\partial t} = 0, \quad \frac{\partial B_z}{\partial t} = 0$$

問題 1.3　E_z, B_z が 0 だと電場や磁場は波の進む向きと垂直になり，電磁波は横波であることがわかる．

問題 1.4　(2.5) の右式の x 成分をとると $-\partial B_y/\partial z - \varepsilon\mu\partial E_x/\partial t = 0$ となる．これに与式を代入すると

$$\frac{\partial B_y}{\partial z} = -\varepsilon\mu\left[f'\left(t - \frac{z}{v}\right) + g'\left(t + \frac{z}{v}\right)\right] \qquad ①$$

となる．ただし，$f'(x)$ は $f'(x) = df/dx$ を意味する．$g'(x)$ も同様である．①を z で積分すると

$$B_y = v\varepsilon\mu\left[f\left(t - \frac{z}{v}\right) - g\left(t + \frac{z}{v}\right)\right] + B(t) \qquad ②$$

となる．ただし，$B(t)$ は t の任意関数である．実際，②を z で偏微分すれば①が導かれる．ここで，(2.5) の左式の y 成分をとり $\partial E_x/\partial z + \partial B_y/\partial t = 0$ であることに注意すれば

$$-\frac{1}{v}f'\left(t - \frac{z}{v}\right) + \frac{1}{v}g'\left(t + \frac{z}{v}\right) + v\varepsilon\mu\left[f'\left(t - \frac{z}{v}\right) - g'\left(t + \frac{z}{v}\right)\right] + B'(t) = 0 \qquad ③$$

が得られる．v と ε, μ との間には $1/v^2 = \varepsilon\mu$ の関係が成り立つが，これを書き直すと $1/v = v\varepsilon\mu$ と表される．したがって，③から $B'(t) = 0$ となる．すなわち $B(t)$ は実は定数で静磁場を表し，電磁波とは無関係なのでこれを 0 とおく．こうして，B_y は

$$B_y = \frac{1}{v}\left[f\left(t - \frac{z}{v}\right) - g\left(t + \frac{z}{v}\right)\right] \qquad ④$$

と表される．

問題 1.5　$\mathrm{div}\,\boldsymbol{E} = i\boldsymbol{k}\cdot\boldsymbol{E}_0 e^{i(\boldsymbol{k}\cdot\boldsymbol{r} - \omega t)}$ と書けるが，$\mathrm{div}\,\boldsymbol{E} = 0$ から $\boldsymbol{k}\cdot\boldsymbol{E}_0 = 0$ が得られる．これは，波の進行方向 $\boldsymbol{k}$ と $\boldsymbol{E}$ とは垂直なこと，すなわち波は横波であることを意味する．

問題 2.1　例題 2 中の (6) に (3), (5) を代入すると

$$r = \frac{(\mu_2/\varepsilon_2)^{1/2} - (\mu_1/\varepsilon_1)^{1/2}}{(\mu_1/\varepsilon_1)^{1/2} + (\mu_2/\varepsilon_2)^{1/2}}$$

となる．あるいは分母，分子に $(\varepsilon_1\varepsilon_2/\mu_1\mu_2)^{1/2}$ を掛けると r は次のようにも表される．

$$r = \frac{(\varepsilon_1/\mu_1)^{1/2} - (\varepsilon_2/\mu_2)^{1/2}}{(\varepsilon_1/\mu_1)^{1/2} + (\varepsilon_2/\mu_2)^{1/2}}$$

問題 2.2　電磁波の運ぶエネルギーは振幅の 2 乗に比例する．図 2.2 で第 1 媒質は真空とし，$n = 1$ とすれば，空気の絶対屈折率は 1 とみなしてよいので，空気中から屈折率 n の物質に光が入射するときの反射率 R は $R = (n-1)^2/(n+1)^2$ で与えられる．ダイヤモンドの反射率は $R = (2.4-1)^2/(2.4+1)^2 = 0.17$ であるが，ガラスの場合には $R = (1.5-1)^2/(1.5+1)^2 = 0.04$

と計算される．すなわち，ダイヤモンドの反射率はガラスのほぼ 4 倍でそれだけよく光を反射し，ダイヤモンドはきらきら輝くことになる．

問題 3.1　(2.15)（p.158）で n を 1 だけずらせば，明線間の距離 Δx は次のように計算される．

$$\Delta x = \frac{D\lambda}{d} = \frac{1\,\mathrm{m} \times 500 \times 10^{-9}\,\mathrm{m}}{10^{-3}\,\mathrm{m}} = 5 \times 10^{-4}\,\mathrm{m} = 0.5\,\mathrm{mm}$$

問題 3.2　$d = 10^{-3}\,\mathrm{mm}$，$\lambda = 589 \times 10^{-9}\,\mathrm{m} = 589 \times 10^{-6}\,\mathrm{mm} = 0.569 \times 10^{-3}\,\mathrm{mm}$ となるので，1 次の回折線の θ は次のようになる．

$$\sin\theta = \frac{\lambda}{d} = 0.589 \qquad \therefore \quad \theta \simeq 36^\circ$$

問題 3.3　下図からわかるように，光路差 $S_1P - S_2P$ が波長 λ の整数倍のとき（図では光路差が 2λ），P では山と山，谷と谷が重なり合って光が強め合う．

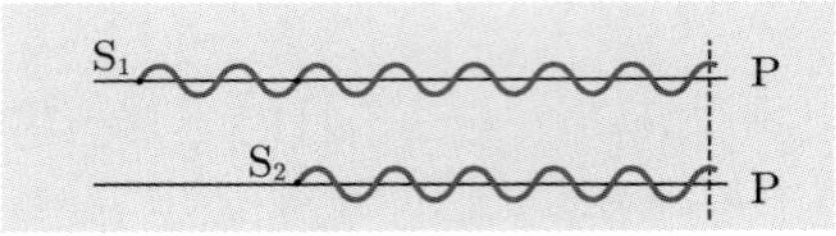

光が屈折率 n の媒質中を進むとき，その波の進む速さは c/n となる．振動数は媒質が変わっても変わらないから波の基本式 $v = \lambda\nu$ により，媒質中では真空に比べ波長が $1/n$ 倍となる．上の図で例えば上の波は真空中，下の波は n の媒質中を進むとすれば，合成波の明暗は単なる距離の差では決まらず，むしろ波の数の差で決まる．真空中で光が距離 L だけ進むときその中の波の数は L/λ，屈折率 n の媒質中で光が L だけ進むときその中の波の数は Ln/λ である．すなわち，波の数という観点からみると，屈折率 n の媒質中では波長は変わらず，その代わり距離の n 倍に相当する真空中を進んだと考えてよい．距離を n 倍したものを**光学距離**といい，光学距離の差が光路差である．

問題 3.4　2.2 節の (2.13)（p.156）により，入射波の振幅 E_1 と反射波の振幅 E_1' との間には

$$r = \frac{E_1'}{E_1} = \frac{n_1 - n_2}{n_1 + n_2}$$

の関係が成り立つ．密 → 疎では $n_1 > n_2$ となり $r > 0$，疎 → 密では $n_1 < n_2$ では $r < 0$ で題意のようになる［図 2.6（p.159）を参照せよ］．

問題 4.1　2.2 節の例題 2 で E_2/E_1(p.157) を**透過係数**という．この例題中の $E_1 + E_1' = E_2$ の等式と問題 2.1（p.157）で求めた一般的な結果

$$\frac{E_1'}{E_1} = \frac{(\varepsilon_1/\mu_1)^{1/2} - (\varepsilon_2/\mu_2)^{1/2}}{(\varepsilon_1/\mu_1)^{1/2} + (\varepsilon_2/\mu_2)^{1/2}}$$

とから

$$\frac{E_2}{E_1} = 1 + \frac{E_1'}{E_1} = \frac{2(\varepsilon_1/\mu_1)^{1/2}}{(\varepsilon_1/\mu_1)^{1/2} + (\varepsilon_2/\mu_2)^{1/2}}$$

と計算され，これはつねに正である．すなわち屈折光と入射光とは同位相である．

問題 4.2　図 2.7（p.160）で $\mathrm{AD} = \mathrm{DC} = d/\cos\varphi$ を用いると $\mathrm{AD} + \mathrm{DC} = 2d/\cos\varphi$ となる．また，$\mathrm{BC} = \mathrm{AC}\sin\theta = 2d\tan\varphi\sin\theta$ の関係と屈折率 n に対する $n = \sin\theta/\sin\varphi$ を使うと

$$\mathrm{BC} = 2nd\tan\varphi\sin\varphi = \frac{2nd\sin^2\varphi}{\cos\varphi}$$

である．したがって，次の結果が得られる．

$$\text{光路差} = n(\mathrm{AD} + \mathrm{DC}) - \mathrm{BC} = \frac{2nd}{\cos\varphi} - \frac{2nd\sin^2\theta}{\cos\varphi} = 2nd\cos\varphi$$

問題 4.3　下図の角度 θ が十分小さいとすれば，レンズによる反射光線は平面ガラスにほぼ垂直であると考えてよい．A で反射される光と A→B→A という経路で反射される光との光路差は $2d = 2R(1 - \cos\theta) \simeq R\theta^2$ で，また $\theta \simeq r/R$ が成り立つので，この光路差は r^2/R と書ける．次に両者の光の位相差を考察しよう．A で反射される光では密 → 疎の入射に相当するので位相の変化はない．一方，A→B→A の場合，光がレンズから空気（真空）に出るとき，あるいは空気からレンズに入るときは屈折に相当し位相のずれはない．しかし，B で反射されるときには疎 → 密の入射に相当するので位相が π だけずれる．このため，明暗の条件は次のように表される．

$$\frac{r^2}{R} = 0, \lambda, 2\lambda, \cdots \quad \therefore \quad r = 0, (R\lambda)^{1/2}, (2R\lambda)^{1/2}, \quad \cdots \text{暗}$$

$$\frac{r^2}{R} = \frac{\lambda}{2}, \frac{3\lambda}{2}, \frac{5\lambda}{2}, \cdots \quad \therefore \quad r = \left(\frac{R\lambda}{2}\right)^{1/2}, \left(\frac{3R\lambda}{2}\right)^{1/2}, \quad \cdots \text{明}$$

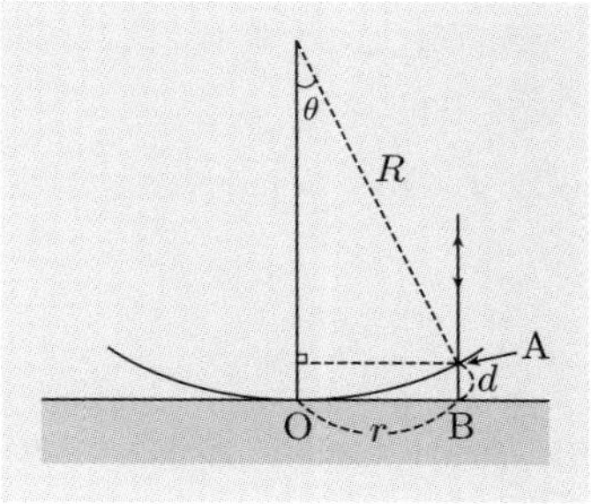

IV

第 V 編の解答

◆ 1 熱力学第一法則

問題 1.1 $40 \times 15\,\mathrm{cal} = 600\,\mathrm{cal}$

問題 1.2 $T_1 > T_2$ とすれば，T_1 の物体の温度は下がり，T_2 の物体の温度は上がる．両者が熱平衡に達するまで高温物体の失った熱量は $C_1(T_1 - T)$ で低温物体の受け取った熱量は $C_2(T - T_2)$ である．この両式を等しいとして T を求めると次のようになる．

$$T = \frac{C_1 T_1 + C_2 T_2}{C_1 + C_2}$$

この結果は $1 \rightleftarrows 2$ の交換に関して不変であるから $T_1 < T_2$ でも成り立つ．

問題 1.3 温度は示強性，圧力は示強性，体積は示量性，熱容量は示量性である．

問題 1.4 (a) ガスコンロが熱源，ヤカンの中の水が体系　(b) 電気冷蔵庫が熱源，ビールが体系　(c) 人体が熱源，体温計が体系

問題 2.1 0.1 トンの水の温度を 25°C から 43°C まで上げるために必要な熱量は $10^5 \times (43-25)\,\mathrm{cal} = 1.8 \times 10^6\,\mathrm{cal}$ と表される．これを J 単位に換算すると $4.19 \times 1.8 \times 10^6\,\mathrm{J} = 7.54 \times 10^6\,\mathrm{J}$ となる．一方，1 kW の電熱器は 1 秒当たり 10^3J の熱量を提供するので所要時間は $7.54 \times 10^3\mathrm{s} =$ 126 分 = 2 時間 6 分 となる．

問題 2.2 (a) p.63 の問題 1.4 により $1\,\mathrm{atm} = 1.01 \times 10^5\,\mathrm{Pa}$ と書ける．したがって，ピストンが外部にした仕事 W' は $\mathrm{Pa \cdot m^3} = \mathrm{N \cdot m} = \mathrm{J}$ を使い次のように計算される．

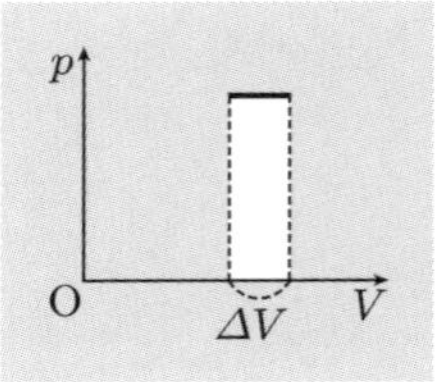

$$\begin{aligned} W' &= 1.2 \times 1.01 \times 10^5 \times 4 \times 10^{-3} \times 0.05\,\mathrm{Pa \cdot m^3} \\ &= 24.2\mathrm{J} \end{aligned}$$

(b) 右図のように表される．

問題 2.3 準静的過程を仮定すると体積が V から $V + dV$ まで変化する際，その間で p が一定とすれば気体のする仕事 $\delta W'$ は $\delta W' = pdV$ と書ける．体積が V_1 から V_2 まで変化するときの全体の仕事はこれを V_1 から V_2 まで積分し与式のようになり，これは図の斜線部分の面積に等しい．

問題 2.4 問題 2.3 の結果を用い，W' は次のようになる．

$$W' = A \int_{V_1}^{V_2} \frac{dV}{V} = A \ln \frac{V_2}{V_1}$$

問題 3.1 与えられた範囲内にある分子数は (1.9) により $f(\boldsymbol{v})d\boldsymbol{r}d\boldsymbol{v}$ と書けるので，求める確率はこれを分子数 N で割り $p(\boldsymbol{v})d\boldsymbol{r}d\boldsymbol{v} = f(\boldsymbol{v})d\boldsymbol{r}d\boldsymbol{v}/N$ となる．

問題 3.2 ある変数の平均値（あるいは確率論では期待値）は $\sum[(\text{変数}) \times (\text{確率})]$ で与えられる．いまの場合，$\sum$ は積分として表されるので問題 3.1 の結果を利用し次式が得られる．

$$\langle A \rangle = \frac{1}{N} \int A f(\boldsymbol{v}) d\boldsymbol{r} d\boldsymbol{v}$$

問題 4.1 モル数 n は $n = 16/32\,\mathrm{mol} = 0.5\,\mathrm{mol}$ と計算される．また，体積 V は次のようになる．

$$V = \frac{0.5\,\mathrm{mol} \times 8.31\,\mathrm{J \cdot mol^{-1} \cdot K^{-1}} \times 301\,\mathrm{K}}{2 \times 1.01 \times 10^5\,\mathrm{N/m^2}} = 6.19 \times 10^{-3}\,\mathrm{m^3}$$

問題 4.2 ボルツマン定数は次のように計算される．

$$k = \frac{R}{N_\mathrm{A}} = \frac{8.314\,\mathrm{J \cdot mol^{-1} \cdot K^{-1}}}{6.02 \times 10^{23}\,\mathrm{mol^{-1}}} = 1.381 \times 10^{-23}\,\frac{\mathrm{J}}{\mathrm{K}}$$

問題 4.3 1 自由度当たりのエネルギーは次のようになる．

$$\frac{kT}{2} = \frac{1.381 \times 10^{-23}\,\mathrm{J \cdot K^{-1}} \times 300\,\mathrm{K}}{2} = 2.07 \times 10^{-21}\,\mathrm{J}$$

問題 4.4 (1.13) から $p = \dfrac{nRT}{V}$ と書ける．したがって，圧力は $\dfrac{a}{b}$ 倍となる．

問題 4.5 1 次元調和振動子の力学的エネルギー e は，質点の質量を m，速度を v，角振動数を ω とすれば

$$e = \frac{mv^2}{2} + \frac{m\omega^2 x^2}{2}$$

と表される．右辺第 1 項，第 2 項がそれぞれ運動エネルギー，位置エネルギーである．両者の間にはエネルギーの交換が起こり結果としてその和が一定であるという力学的エネルギー保存の法則が成り立つ．このため，両者の平均値は等しいと考えられる．運動エネルギーの平均値は $kT/2$ であるから $\langle e \rangle = kT$ が成り立つ．

問題 5.1 (a) 銅球に与えられる内部エネルギー W は題意により落下の間に重力のする仕事 $W = 1.5 \times 9.81 \times 30\,\mathrm{J} = 441\,\mathrm{J}$ に等しい．

(b) 上の W をカロリーに換算すると $Q = (441/4.19)\,\mathrm{cal} = 105\,\mathrm{cal}$ の熱量と等価である．よって，温度上昇 t は次のように計算される．

$$t = \frac{105\,\mathrm{cal}}{1500\,\mathrm{g} \times 0.094\,\mathrm{cal/(g \cdot K)}} = 0.745\,\mathrm{K}$$

問題 5.2 $W = 4\,\mathrm{J}$，$Q = -3\,\mathrm{cal} = -12.57\,\mathrm{J}$ を (1.18)（p.170）に代入すると

$$U_\mathrm{A} - U_\mathrm{B} = -8.57\,\mathrm{J}$$

が得られる．すなわち，物体の内部エネルギーは 8.57 J だけ減少する．

問題 5.3 (a) 1 サイクルの間に気体のする仕事 W' は四辺形 ABCD の面積に等しい．これは $2 \times 1.013 \times 10^5\,\mathrm{N \cdot m^{-2}} \times 0.75\,\mathrm{m^3} = 1.52 \times 10^5\,\mathrm{J}$ となる．サイクルの条件により，W' は気体の吸収した熱量 Q に等しいから，Q は $Q = (1.52 \times 10^5/4.2)\,\mathrm{cal} = 3.62 \times 10^4\,\mathrm{cal}$ と計算される．

(b) サイクルを逆転させると，逆の現象が起こる．すなわち，気体には外部から $1.52 \times 10^5\,\mathrm{J}$ の仕事がなされ，また気体は $3.62 \times 10^4\,\mathrm{cal}$ の熱量を放出する．

問題 5.4 (a) 状態 B, C, D における温度をそれぞれ $T_\mathrm{B}, T_\mathrm{C}, T_\mathrm{D}$ とすれば，A → B は定

積変化であるから，ボイル-シャルルの法則で $V_A = V_B$ として $p_A/T_A = p_B/T_B$ が成り立つ．これから $T_B = 3T_A$ が得られる．B → C では定圧変化であるからシャルルの法則により，体積と温度は比例する．C における体積は B の倍なので $T_C = 2T_B = 6T_A$ である．C → D はグラフから等温変化であることがわかり $T_D = T_C = 6T_A$ となる．

(b)　A → B は定積変化で気体は仕事をしない．B → C は定圧変化であるから，結局 A → B → C の過程で気体が外部にする仕事 W' は次のように計算される．

$$W' = 3 \times 1.013 \times 10^5\,\mathrm{N \cdot m^{-2}} \times 1\,\mathrm{m^3} = 3.04 \times 10^5\,\mathrm{J}$$

問題 6.1　酸素気体の 1 分子当たりのエネルギー平均値は $5kT/2$ で n モルの内部エネルギー U は $U = 5nRT/2$ と表される．2 g の酸素気体のモル数は $n = (1/16)\,\mathrm{mol}$ である．したがって，内部エネルギーの増加分 $\varDelta U$ は次のように計算される．

$$\varDelta U = \frac{1}{16}\,\mathrm{mol} \times \frac{5}{2} \times 8.314\,\frac{\mathrm{J}}{\mathrm{mol \cdot K}} \times 15\,\mathrm{K} = 19.5\,\mathrm{J}$$

問題 6.2　原子 1, 2, 3 が三角形を構成するときを考える．一般に，1, 2, 3 の位置を決定するには 9 個の変数が必要である．しかし，12 間，23 間，31 間の距離が一定という 3 つの条件が課せられるので，自由度は $f = 6$ となる．1, 2, 3 が一直線上のある場合，1, 2 の位置を決めれば 3 の位置は自動的に決まってしまうので，自由度は 2 原子分子と同じ 5 である．

問題 6.3　水の分子の場合，O 原子を中心として OH と OH が 104.5° の角度をなすような三角形の構造をもつ．よって $f = 6$ である．一方，1 モルの水は 18.02 g であるから，定圧比熱 c_p の理論値は

$$c_p = \frac{4 \times 8.314}{18.02}\,\frac{\mathrm{J}}{\mathrm{g \cdot K}} = 1.846\,\frac{\mathrm{J}}{\mathrm{g \cdot K}}$$

と計算され，実測値との誤差は 0.43 %で理論と実験との一致は大変よいといえる．

問題 7.1　300 °C = 573 K で空気は酸素と窒素の混合気体であるから，$\gamma = 1.4$ としてよい．そこで，温度 T_0，体積 V_0 の一定量の空気を断熱圧縮し温度 T_1，体積 V_1 になるとすれば，(1.34)（p.174）により $T_0 V_0^{0.4} = T_1 V_1^{0.4}$ が得られる．$T_0 = 300\,\mathrm{K}$，$T_1 = 573\,\mathrm{K}$ とすれば，木炭を発火させるには

$$\frac{V_1}{V_0} = \left(\frac{T_0}{T_1}\right)^{1/0.4} = \left(\frac{300}{573}\right)^{2.5} = 0.198$$

とすればよい．すなわち，最初の体積のほぼ 0.2 倍まで空気を圧縮すると，炭火が得られる．

問題 7.2　(1.35)（p.174）により $pV^\gamma = p_A V_A^\gamma = p_B V_B^\gamma$ が成り立つ．したがって

$$W' = \int_{V_A}^{V_B} p dV = p_A V_A^\gamma \int_{V_A}^{V_B} \frac{dV}{V^\gamma} = p_A V_A^\gamma \frac{V_A^{1-\gamma} - V_B^{1-\gamma}}{\gamma - 1}$$
$$= \frac{1}{\gamma - 1}(p_A V_A - p_A V_A^\gamma V_B^{1-\gamma}) = \frac{p_A V_A - p_B V_B}{\gamma - 1}$$

と表される．あるいは，状態方程式 $pV = nRT$ を適用すると次のように書ける．

$$W_{AB} = \frac{nR}{\gamma - 1}(T_A - T_B)$$

問題 7.3　等温変化では $dp/p + dV/V = 0$ が成り立つので，点 P における κ_T は

$$\kappa_T = \frac{1}{p_0}$$

となる．これに対し，断熱変化では $dp/p + \gamma dV/V = 0$ と書けるので次式が得られる．

$$\kappa_S = \frac{1}{\gamma p_0}$$

問題 8.1　(a)　このカルノーサイクルの効率は次のようになる．

$$\eta = \frac{700}{1000} = 0.7 = 70\,\%$$

(b)　外部にした仕事は $500 \times 0.7\,\mathrm{J} = 350\,\mathrm{J}$ で残りの 150 J は低温熱源に捨てられる．

問題 8.2　もし効率 100 %の熱機関があれば (1.40)（p.176）により，$T_2 = 0$ となる．η は 1 になりえないから，$T = 0$ は実現不可能である．

問題 8.3　逆カルノーサイクルではカルノーサイクルと逆の現象が起こる．すなわち，作業物質には外部から $Q_1 - Q_2$ の仕事がなされ，その結果，低温熱源から Q_2 の熱量が奪われ，高温熱源は Q_1 の熱量を受けとる．低温側から高温側へ熱が運ばれるので，例題 5（p.171）と同様，以上の過程は冷凍機としての機能をもつ．

問題 8.4　(a)　カルノー冷凍機をカルノーサイクルとみなせば $Q_2/Q_1 = T_2/T_1$ が成り立つので

$$\frac{300\,\mathrm{cal}}{Q_1} = \frac{300}{400} \qquad \therefore \quad Q_1 = 400\,\mathrm{cal}$$

となる．したがって，高温熱源の受けとった熱量は 400 cal である．

(b)　外部からなされた仕事は $(400 - 300)\,\mathrm{cal} = 100\,\mathrm{cal} = 419\,\mathrm{J}$ と計算される．

◆　2　熱力学第二法則

問題 1.1　問題の現象のビデオをとり，そのテープを逆転させたとき，映像が実際に起こるものであれば，現象は可逆である．また，映像が実現不可能であれば，現象は不可逆である．実際は，ビデオをとらなくても現象が可逆か，不可逆かは常識で判断できる．

問題 1.2　拡散の逆の現象，すなわち水中に広がってしまったインクが自然に集まってもとの 1 滴に戻ることはあり得ないから，拡散は不可逆過程である．

問題 1.3　火薬が爆発すると，火，煙が発生し，破片が飛び散ったりする．これらが戻り，もとの火薬になることはあり得ない，

問題 1.4　時間を逆転すると電流は逆向きとなり陰極から陽極へと向かう．またジュール熱の発生は時間逆転の結果，熱の吸収ということになる．

問題 1.5　気化の逆の現象は液化で，水蒸気を冷やすと水に戻るので気化は可逆過程である．

問題 2.1　この場合は $|Q_1 + Q_1'|$ の仕事が同量の熱量に変わりそれを R_1 が吸収する変化を表し，仕事が熱に変わる現象に対応する．摩擦熱の発生のように仕事が熱に変わるのは通常の現象である．

問題 2.2　最大効率は $600/900 = 0.667 = 66.7\,\%$ となる．

V

問題 2.3　任意のサイクル C を順向きに（熱機関としての機能をもたすように）運転し，一巡後，C は図のように R_1 から熱量 Q_1 を吸収し，R_2 へ熱量 Q_2 を放出したとする．ただし，ここでは図の矢印が熱量の正の向きを表すとし，すべての熱量を正にとる．C がもとに戻ると C は外部に $W = Q_1 - Q_2$ の仕事をする．この仕事を使いカルノー冷凍機 $\overline{\mathrm{C}'}$ を運転させ，1 サイクルの後に，図のように R_2 から熱量 Q_2' が奪われ，R_1 は Q_1' の熱量を得たとする．$Q_1' - Q_2' = W$ が成立するから，次のようになる．

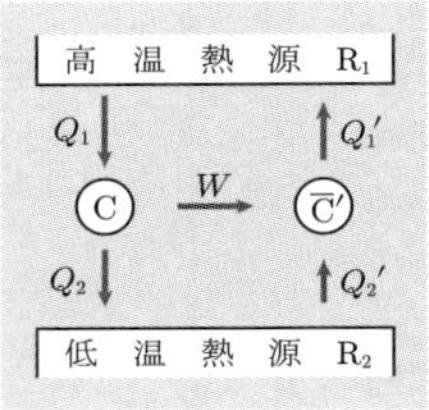

$$Q_1 - Q_2 = Q_1' - Q_2' \qquad \therefore \quad Q_1 - Q_1' = Q_2 - Q_2' \qquad ①$$

以上の操作が完了した時点で $\mathrm{R}_1, \mathrm{R}_2$ 以外にはなんの変化も残っていない．①の右側の等式は R_1 が失った熱量と R_2 が得た熱量とが等しいことを意味する．もし，この熱量が負だと，低温部から高温部へひとりでに熱が移動したこととなりクラウジウスの原理に反する．よって

$$Q_1 - Q_1' = Q_2 - Q_2 \geq 0 \qquad ②$$

となり，本文と同様な議論により，$= 0$ が可逆サイクル，> 0 が不可逆サイクルに対応する．C, C′ の効率をそれぞれ η, η' とすれば $\eta = W/Q_1$, $\eta' = W/Q_1'$ と書け，②から得られる $Q_1 \geq Q_1'$ を用いると $\eta \leq \eta'$ が導出される．

問題 3.1　(2.7) で $n = 3$ の場合を考えればよい．すなわち次式が得られる．

$$\frac{Q_0}{T_0} + \frac{Q_1}{T_1} + \frac{Q_2}{T_2} \leq 0$$

問題 3.2　例題 3 の (2) に $T_0 = 1000\,\mathrm{K}, T_1 = 300\,\mathrm{K}, T_2 = 263\,\mathrm{K}$ を代入し，次のようになる．

$$Q_2 = \frac{263 \times 700}{1000 \times 37} Q_0 = 4.98 Q_0$$

問題 3.3　例題 3 の (2) の分母，分子を T_0 で割ると

$$Q_2 = \frac{T_2}{T_1 - T_2} \left(1 - \frac{T_1}{T_0}\right) Q_0$$

となるので，$T_0 \to \infty$ の極限では

$$Q_2 = \frac{T_2}{T_1 - T_2} Q_0$$

と書ける．上式に $T_1 = 300\,\mathrm{K}$, $T_2 = 263\,\mathrm{K}$ を代入すると

$$Q_2 = \frac{263}{37} Q_0 = 7.11 Q_0$$

と計算され正確な値より 43 % くらい大きい．

問題 4.1　例題 4 の結果で左辺の積分は微小変化の場合，その被積分関数 $\delta Q/T'$ で置き換えてよい．右辺はエントロピーの変化分で dS と書けるので与式が導かれる．

問題 4.2　熱力学第一法則は $dU = -pdV + \delta Q$ と表され，これに $\delta Q = TdS$ を代入すると $dU = -pdV + TdS$ が得られる．これを dS について解くと与えられた関係となる．

問題 4.3　n モルの理想気体に対して成り立つ $dU = nC_V dT$, $p/T = nR/V$ を前問の結果に代入すると

$$dS = nC_V \frac{dT}{T} + nR\frac{dV}{V}$$

となる．これを積分すると $S = nC_V \ln T + nR \ln V + S_0$ が求まる．S_0 は積分定数で，この付加項はエントロピーの不定性を表す．

問題 4.4　物体の温度を dT だけ上げるのに必要な熱量は $\delta Q = mcdT$ である．したがって，エントロピーの増加分は次式で与えられる．

$$\int_{T_1}^{T_2} mc\frac{dT}{T} = mc\ln\frac{T_2}{T_1}$$

問題 4.5　エントロピー増大の原理は大ざっぱにいって，時間がたつにつれ物事はランダムな方向に進んでいく傾向を表す．① ～ ⑩ の事項のうちで，このような時の流れに反するのは ②, ④, ⑥, ⑦ である．

問題 5.1　$U = nC_V T + U_0$ と書け，また問題 4.3 によりエントロピーは $S = nC_V \ln T + nR \ln V + S_0$ と表されるので

$$F = U - TS = nC_V T - nC_V T \ln T - nRT \ln V + F_0$$

が得られる．ただし，$F_0 = U_0 - TS_0$ である．

問題 5.2　上の F から次式が求まる．

$$p = nRT\frac{\partial \ln V}{\partial V} = \frac{nRT}{V}$$

問題 5.3　(2.17)（p.186）から

$$S = -\left(\frac{\partial G}{\partial T}\right)_p, \quad V = \left(\frac{\partial G}{\partial p}\right)_T$$

となり，上式を利用すると $\left(\frac{\partial S}{\partial p}\right)_T = -\left(\frac{\partial V}{\partial T}\right)_p$ が導かれる．

問題 5.4　$F = U - TS$, $S = -\left(\frac{\partial F}{\partial T}\right)_V$ から $U = F - T\left(\frac{\partial F}{\partial T}\right)_V$ が得られ，これを書き直すと問題中の式になる．

問題 5.5　G を $G = G(T, p, m_1, m_2, \cdots, m_n)$ と書けば，これは示量性の量なので

$$G(T, p, xm_1, xm_2, \cdots, xm_n) = xG(T, p, m_1, m_2, \cdots, m_n)$$

が成り立つ．上式を x で微分すると

$$\sum_{i=1}^{n} \frac{\partial G(T, p, xm_1, xm_2, \cdots, xm_n)}{\partial (xm_i)} m_i = G(T, p, m_1, m_2, \cdots, m_n)$$

が得られる．上式で $x = 1$ とおけば $G = \sum \mu_i m_i$ が導かれる．特に 1 種類の物質から構成される体系では $G(T, p, m) = \mu m$ と書け，μ は単位質量当たりのギブスの自由エネルギーに等しい．これから化学ポテンシャルは T, p に依存することがわかる．多成分系の場合，一般に

V

化学ポテンシャルは T, p と化学種の濃度 $c_i = m_i/(m_1 + m_2 + \cdots + m_n)$ $(i = 1, 2, \cdots, n)$ の関数となる．

問題 6.1 $\mu_G = \mu_L$ であるから，全系のギブスの自由エネルギー G は $G = \mu_G M = \mu_L M$ となり，$M = m_G + m_L$ を満たす限り m_G は任意の値をとれる．これは 2 相共存の状態では図 2.12 で体系全体の体積が $v_L \leq v \leq v_G$ の範囲内で任意の値をもつのと同じである．

問題 6.2 固相に対応する量を S の添字で表すと，気相-液相の場合と同様，気相-固相の平衡条件は

$$\mu_G(p, T) = \mu_S(p, T)$$

で，また液相-固相の平衡条件は

$$\mu_L(p, T) = \mu_S(p, T)$$

で与えられる．三重点はすべての共存曲線が 1 点に会する点で，それを決める条件は次のように書ける．

$$\mu_G(p, T) = \mu_L(p, T) = \mu_S(p, T)$$

問題 6.3 点 A と点 B は同じ温度をもつので，右図のように A と B は同じ等温線上にある．等温変化させると気相状態から 2 相共存の領域をへて液相の B に達する．しかし，点線に示す変化では 2 相共存を経過しないで，図の点線が $T = T_c$ の等温線と交わる場所（点 C よりは上方）で気相が全部液相に変わる．

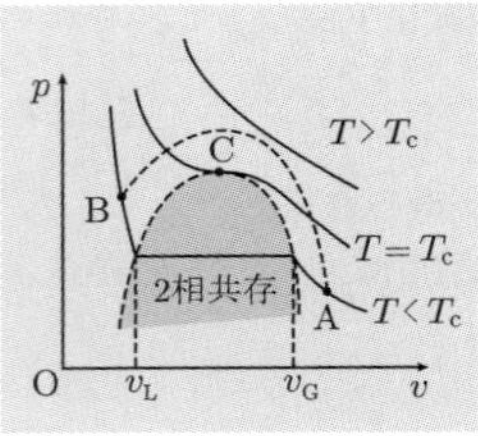

問題 7.1 例題 7 と同様，液相-固相の共存曲線に対して $dp/dT = Q'/[T(v_L - v_S)]$ の関係が導かれる．あるいは $dT/dp = T(v_L - v_S)/Q'$ と書けるが $T = 273\,\mathrm{K}, Q' = 80\,\mathrm{cal/g} = 3.35 \times 10^5\,\mathrm{J/kg}$ と v_L, v_S の値を代入し

$$\frac{dT}{dp} = -7.42 \times 10^{-8}\,\frac{\mathrm{K \cdot m^2}}{\mathrm{N}}$$

と計算される．1 気圧 $= 1.013 \times 10^5\,\mathrm{N/m^2}$ を用いると $dT/dp = -7.5 \times 10^{-3}\,\mathrm{K/atm}$ となり 1 気圧につき $7.5 \times 10^{-3}\,\mathrm{K}$ の割合で氷点が下がることがわかる．この現象を**氷点降下**という．

問題 7.2 与えられたサイクルを高温熱源（温度 T）と低温熱源（温度 $T - dT$）との間で働く可逆な熱機関とみなす．このサイクルは vp 面上で時計まわりとなり図 1.6（p.170）と同様，外部に対して仕事をする．その仕事量は図 2.14 の斜線部分の面積に等しく，この部分を長方形と近似すれば仕事量は $dp(v_G - v_L)$ となる．1 サイクルの間に作業物質は高温熱源から Q_1 の熱量を吸収し，低温熱源に Q_2 の熱量を放出したとすれば $Q_1 - Q_2 = dp(v_G - v_L)$ が成り立つ．一方，高温熱源と低温熱源の温度差は dT で，熱機関の効率に対する関係を考慮すると $(Q_1 - Q_2)/Q_1 = dT/T$ となる．以上の 2 式から $Q_1 - Q_2$ を消去し，Q_1 が Q に等しいことに注意すればクラウジウス-クラペイロンの式が導かれる．

第 VI 編の解答

◆ 1 相対性理論

問題 1.1 地球は 24 時間で自転するので，その角速度は

$$\omega = \frac{2\pi \,\mathrm{rad}}{24 \times 60 \times 60\,\mathrm{s}} = 5.27 \times 10^{-5}\,\mathrm{rad/s}$$

と計算される．赤道上で自転による速さは最大となり地球の半径を $R\,(6.37 \times 10^6\mathrm{m})$ とすれば，自転による速さ $v_{自}$ は

$$v_{自} = R\omega = 6.37 \times 10^6\mathrm{m} \times 5.27 \times 10^{-5}\,\mathrm{rad/s} = 4.63 \times 10^2\,\mathrm{m/s}$$

と表される．一方，地球は太陽のまわりを回っているが，太陽・地球間の距離（1 天文単位）を $1.5 \times 10^{11}\mathrm{m}$，1 年 = 365 日 として公転の速さ $v_{公}$ を求めると

$$v_{公} = \frac{2\pi \times 1.5 \times 10^{11}}{365 \times 24 \times 60 \times 60}\frac{\mathrm{m}}{\mathrm{s}} = 2.99 \times 10^4\frac{\mathrm{m}}{\mathrm{s}}$$

となる．$v_{公} \gg v_{自}$ であるので $v \simeq v_{公}$ としてよい．光速は $c = 3.00 \times 10^8\,\mathrm{m/s}$ であるから $\beta = v/c$ は $\beta = 1.0 \times 10^{-4}$ と求まる．

問題 1.2 時刻 0 で光源 S を出た光は単位時間後には右図のように S を中心とする半径 c の球に達する．この間に S は v だけ移動して点 A にくるが，AB 間の距離は MP 方向の光の速さ $v_\perp$ に等しく $v_\perp = \sqrt{c^2 - v^2}$ が得られる．t_2 は $t_2 = 2l/v_\perp$ と書けるので (2) が導かれる．

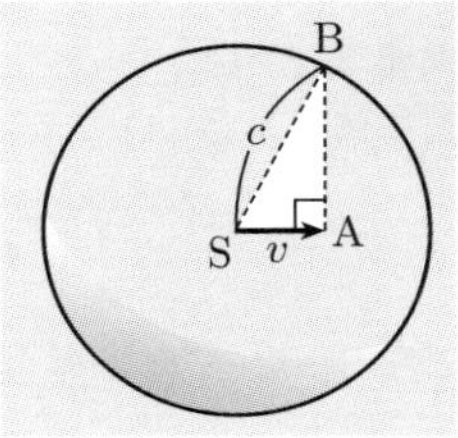

問題 1.3 MQ の方向が v の方向から，これに垂直になるまで装置を回したとすれば干渉じまは移動するはずである．β は 10^{-4} という微小な量であるが，光学では精密測定ができるので，この程度の差は検出可能である．こうして，マイケルソン-モーリーの実験はエーテルの存在の否定という結果をもたらした．

問題 2.1 2×2 の行列 A を

$$A = \begin{bmatrix} \cosh\theta & -\sinh\theta \\ -\sinh\theta & \cosh\theta \end{bmatrix}$$

と定義すれば，例題 2 で論じたローレンツ変換は

$$\begin{bmatrix} x' \\ ct' \end{bmatrix} = A\begin{bmatrix} x \\ ct \end{bmatrix}$$

と書ける．上式から A の逆行列を A^{-1} とすれば

$$\begin{bmatrix} x \\ ct \end{bmatrix} = A^{-1}\begin{bmatrix} x' \\ ct' \end{bmatrix}$$

VI

と表される．問題中の行列を A^{-1} と仮定すれば

$$AA^{-1} = \begin{bmatrix} \cosh\theta & -\sinh\theta \\ -\sinh\theta & \cosh\theta \end{bmatrix} \begin{bmatrix} \cosh\theta & \sinh\theta \\ \sinh\theta & \cosh\theta \end{bmatrix}$$

$$= \begin{bmatrix} \cosh^2\theta - \sinh^2\theta & 0 \\ 0 & \cosh^2\theta - \sinh^2\theta \end{bmatrix} = \begin{bmatrix} 1 & 0 \\ 0 & 1 \end{bmatrix}$$

が成り立つので問題の通りとなる．

問題 2.2 $c \to \infty$ の極限では $\beta \to 0$ となって，(1.5)（p.194）により

$$x' = x - vt, \quad t' = t$$

が得られる．すなわち，この極限でローレンツ変換はガリレイ変換に帰着する．

問題 2.3 問題 2.1 の変換は

$$x = \frac{x' + vt'}{\sqrt{1-\beta^2}}, \quad t = \frac{1}{\sqrt{1-\beta^2}}\left(t' + \frac{vx'}{c^2}\right)$$

と表される．O′ 系の一定の座標 x' で t_1' から t_2' まで継続した現象があるとする．この現象を O 系で観測したとき t_1 から t_2 まで継続したとすれば上の右式から次の式が求まる．

$$t_2 - t_1 = \frac{t_2' - t_1'}{\sqrt{1-\beta^2}}$$

問題 2.4 図 1.2 でローレンツ収縮のため MQ の方向では長さが $\sqrt{1-\beta^2}$ 倍となる．このため例題 1 の (1) で $l \to \sqrt{1-\beta^2}\, l$ と置き換える必要がある．その結果 (1) は

$$t_1 = \frac{2lc\sqrt{1-\beta^2}}{c^2 - v^2} = \frac{2l\sqrt{c^2-v^2}}{c^2-v^2} = \frac{2l}{\sqrt{c^2-v^2}}$$

となり，$t_1 = t_2$ が得られる．MP の方向ではローレンツ収縮が起こらないので t_2 は変わらずこうしてマイケルソン-モーリーの実験が説明できる．

問題 3.1 (1.8)（p.196）から $p^2 = m^2v^2/(1-\beta^2)$ となるが，これを c^2 で割り $\beta^2 = v^2/c^2$ に注意すると $p^2/c^2 = m^2\beta^2/(1-\beta^2)$ が得られる．これから β^2 を解き少々整理すると

$$\frac{1}{\sqrt{1-\beta^2}} = \frac{\sqrt{p^2 + m^2c^2}}{mc}$$

となる．上式を利用すると (1.10)（p.196）は $E = c\sqrt{p^2 + m^2c^2}$ と表される．

問題 3.2 問題 3.1 で導いた結果を t で微分し上式を利用すると

$$\frac{dE}{dt} = \frac{c}{\sqrt{p^2 + m^2c^2}}\boldsymbol{p}\cdot\frac{d\boldsymbol{p}}{dt} = \frac{\sqrt{1-\beta^2}}{m}\boldsymbol{p}\cdot\frac{d\boldsymbol{p}}{dt}$$

となる．これに (1.8)（p.196）を代入し運動方程式を利用すると

$$\frac{dE}{dt} = \boldsymbol{v}\cdot\frac{d\boldsymbol{p}}{dt} = \boldsymbol{v}\cdot\boldsymbol{F}$$

が得られる．$v = dr/dt$ に注意し，上式を t_1 から t_2 まで積分すれば与式が導かれ，エネルギーの表式として (1.10)（p.196）の正しいことが確かめられる．

問題 3.3 (1.10) から $E = mc^2(1-\beta^2)^{-1/2} = mc^2(1 + \beta^2/2 + \cdots)$ となり

$$E = E_0 + mv^2/2 + \cdots$$

が得られる．

問題 3.4 問題 3.1 で導いた $E = c\sqrt{p^2 + m^2c^2}$ を書き換えると $c^2p^2 - E^2 = -m^2c^4$ となる．質点が静止している座標系では $p = 0, E = mc^2$ で，このとき左辺の量はちょうど右辺の $-m^2c^4$ に等しい．静止座標系を O 系，質点とともに運動する座標系を O′ 系とみなすことにすれば，$c^2p^2 - E^2$ は O 系，O′ 系で同じとなり，ローレンツ不変性を満たしている．

◆ 2 光子・原子・原子核

問題 1.1 x 方向の条件から

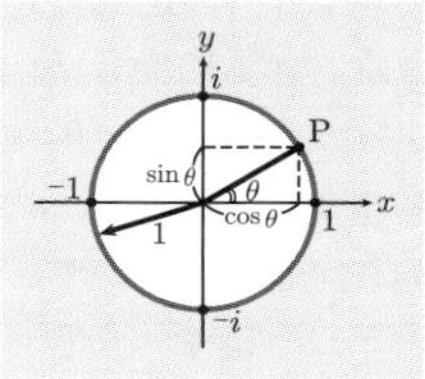

$$e^{i(k_x L + k_x x + k_y y + k_z z)} = e^{i(k_x x + k_y y + k_z z)} \qquad \therefore \quad e^{ik_x L} = 1$$

が求まる．問題 6.1（p.23）で論じたオイラーの公式 $e^{i\theta} = \cos\theta + i\sin\theta$ を思い出す．一般に複素数 $z = x + iy$ を xy 面上の座標 x, y をもつ点で表す．この平面を**複素平面**という．複素平面上で，原点 O を中心とする半径 1 の円（単位円）を考え，図のような点 P をとると，この点はちょうど $e^{i\theta}$ を表す．これから $e^{i\theta} = 1$ の場合，θ は $\theta = 0, \pm 2\pi, \pm 4\pi, \cdots$ であることがわかる．よって，$k_x L = 2\pi l\,(l = 0, \pm 1, \pm 2, \cdots)$ と表される．y, z 方向でも同様で，まとめて書くと次の関係が得られる．

$$\boldsymbol{k} = \frac{2\pi}{L}(l, m, n) \quad (l, m, n = 0, \pm 1, \pm 2, \cdots)$$

問題 1.2 k_x, k_y, k_z を x, y, z 座標とする空間（**波数空間**）を導入すると，前問で得られた $\boldsymbol{k}$ は格子定数 $2\pi/L$ の単純立方格子上の格子点として表される（右図）．1 辺の長さ $2\pi/L$ のサイコロをたくさん積み上げたとすれば，その頂点が可能な $\boldsymbol{k}$ の値を与える．そこで，各サイコロの 1 つの頂点に印をつけ印は重ならないようにすれば印は右図のような格子を構成する．いいかえるとサイコロと格子点とは 1 対 1 の対応をもつ．この点に注意すると，波数空間中の微小体積 $d\boldsymbol{k}$（$= dk_x dk_y dk_z$）に含まれる格子点の数（状態数）は，$d\boldsymbol{k}$ をサイコロの体積 $(2\pi/L)^3$ で割り（$V = L^3$ は空洞の体積），次のように書ける．

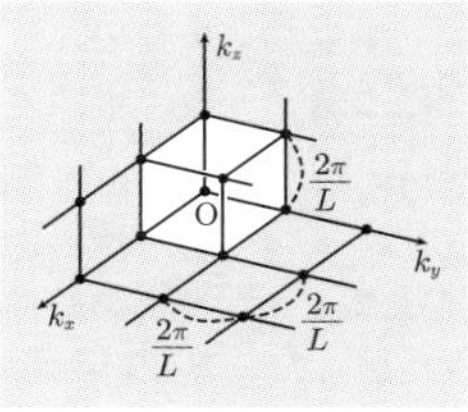

$$\frac{d\boldsymbol{k}}{(2\pi/L)^3} = \frac{V}{(2\pi)^3} d\boldsymbol{k}$$

波数ベクトルの大きさが $k \sim k + dk$ の範囲にある領域は，波数空間では原点を中心として半径が k と $k + dk$ の球に挟まれた部分となる．この部分の体積は，球の表面積 $4\pi k^2$ と dk の積に等しい．したがって，上式で $d\boldsymbol{k} = 4\pi k^2 dk$ とおき，$k \sim k + dk$ の範囲内の状態数は

$Vk^2dk/(2\pi^2)$ となる．問題文中にあるような 2 つの自由度を考慮すると，上の範囲内にある調和振動子の数はこれを 2 倍し

$$\frac{V}{\pi^2}k^2dk$$

と表される．$\omega = ck$ と書け，$\omega = 2\pi\nu$ であるから $k = 2\pi\nu/c$ となる．これを上式に代入すると，振動数が $\nu \sim \nu + d\nu$ の範囲内の状態数 $g(\nu)d\nu$ は

$$g(\nu)d\nu = \frac{V}{\pi^2}\frac{4\pi^2\nu^2}{c^2}\frac{2\pi d\nu}{c}$$

と書け，これを整理すると与式が導かれる．

問題 1.3　例題 1 で得られた $\langle e_n \rangle = \dfrac{h\nu}{e^{\beta h\nu} - 1}$ の式で $\beta h\nu$ が十分小さければ $\langle e_n \rangle \simeq \dfrac{h\nu}{\beta h\nu} = \dfrac{1}{\beta} = kT$ が得られる．これからわかるように，プランクの放射法則は $h\nu \ll kT$ の場合，レイリー - ジーンズの放射法則に帰着する．

問題 2.1　問題 3.1（p.197）で導いた結果 $E = c\sqrt{p^2 + m^2c^2}$ で $m = 0$ とすれば $E = cp$ となる．光子の場合 $E = h\nu$ であるから $cp = h\nu$ が得られる．光の波長を λ とすれば $c = \lambda\nu$ が成り立ち，$p = h/\lambda$ となって (2.4) の右式が求まる．

問題 2.2　$h\nu$ のエネルギーをもつ 1 個の光子が金属中の電子と衝突し，そのエネルギーを全部一度に電子に与えるとする．図に示すように，電子が金属内部から外部へ出るのに必要なエネルギーを W とすれば，エネルギー保存則により $E + W = h\nu$ が成り立つ．光電子の質量を m，その速さを v とすれば，E は電子の運動エネルギーと考えられるので

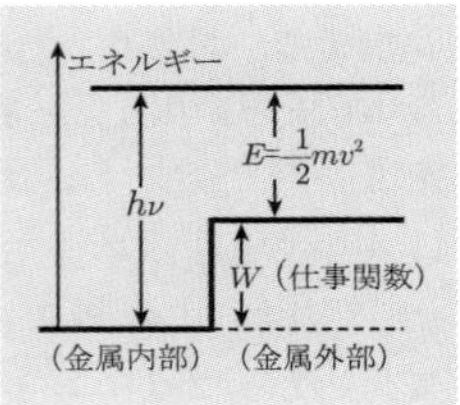

$$E = \frac{1}{2}mv^2 = h\nu - W$$

が成り立つ．これを**アインシュタインの光電方程式**という．W は仕事関数で $W = h\nu_0$ とおけば，上式は②の式と一致する．ν が ν_0 より小さいと，電子は金属内部から外へ出られず光電効果は起こらない．こうして光子説から光電効果の特徴①, ②が理解できる．

問題 2.3　一般に電位差が V の場合，陰極を出た電子が陽極に達するとき電子に加わった仕事は eV と表される．e は電気素量（p.82）で $e = 1.602 \times 10^{-19}$C である．CV = J の結果を使えば問題中の関係が得られる．

問題 2.4　光の振動数は $\nu = (3 \times 10^8/600 \times 10^{-9})\text{Hz} = 5 \times 10^{14}\,\text{Hz}$ で，E は

$$E = 6.63 \times 10^{-34} \times 5 \times 10^{14}\,\text{J} - 1.38 \times 1.60 \times 10^{-19}\,\text{J} = 1.11 \times 10^{-19}\,\text{J}$$

と計算される．

問題 2.5　電圧 V で加速されたとき，電子のもつ速さを v とする．最初，電子は静止しているとしたから運動エネルギーの増加分は $mv^2/2$ でこれは電子になされた仕事 eV に等しい（m は電子の質量）．すなわち，次の関係が成り立つ．

$$\frac{1}{2}mv^2 = eV$$

一方，そのときの電子の運動量の大きさは $p = mv$ となる．上の両式から p を求めて，結果を (2.5)（p.200）の右式に代入すると

$$\lambda = \frac{h}{\sqrt{2meV}}$$

が得られる．上式に $h = 6.63 \times 10^{-34}\,\mathrm{J \cdot s}$, $m = 9.11 \times 10^{-31}\,\mathrm{kg}$, $e = 1.60 \times 10^{-19}\,\mathrm{C}$, $V = 65\,\mathrm{V}$ を代入する．すべての物理量を表す単位として国際単位系を使えば，答は国際単位系での値として求まる．すなわち，λ は m で表され，次のように計算される．

$$\lambda = \frac{6.63 \times 10^{-34}}{\sqrt{2 \times 9.11 \times 10^{-31} \times 1.60 \times 10^{-19} \times 65}}\,\mathrm{m} = 1.52 \times 10^{-10}\,\mathrm{m} = 1.52\,\text{Å}$$

問題 3.1　電子に働くクーロン力の大きさは $e^2/4\pi\varepsilon_0 r^2$ で，円の中心に向かう引力である．等速円運動における向心力は mv^2/r (m,v は電子の質量，速さ) と書け，両者は等しいので

$$\frac{mv^2}{r} = \frac{e^2}{4\pi\varepsilon_0 r^2}$$

が成り立つ．電子の力学的エネルギー E を考えると，電子の運動エネルギーは $mv^2/2$，クーロン力による位置エネルギーは $-e^2/4\pi\varepsilon_0 r$ と表されるので，上式を利用すると

$$E = \frac{mv^2}{2} - \frac{e^2}{4\pi\varepsilon_0 r} = -\frac{e^2}{8\pi\varepsilon_0 r}$$

となる．

問題 3.2　電磁波が放出されると E は減少する．上の E に対する表式からわかるように，E の減少にともない r も減っていき最終的には $E \to -\infty$，$r \to 0$ となる．すなわち，古典物理学の立場では安定な原子は存在しえない．

問題 3.3　水素分子 H_2 は 2 個の水素原子から構成されている．陽子間の距離を増大させ H_2 分子を 2 つの水素原子に分離させるにはある種のエネルギーが必要でこれを**解離エネルギー**という．H_2 分子の解離エネルギーは 4.6 eV と測定されており 5V 程度の電圧で加速された電子を H_2 に当てれば H_2 は 2 個の H 原子に分解する．気体放電管にかける電圧は $10^2 \sim 10^4\,\mathrm{V}$ という高電圧なので H_2 分子は加速された電子のため H 原子に分解していると考えてよい．

問題 4.1　電子の運動量の大きさを p とすれば，ド・ブロイの関係により $\lambda = h/p$ が成り立つ．量子条件は $2\pi r = n\lambda$ と書けるので，$2\pi r = nh/p$ となる．電子の軌道角運動量の大きさ L は $L = pr$ と表され，これから $L = n\hbar$ が導かれる．

問題 4.2　問題 3.1 の $mv^2/r = e^2/4\pi\varepsilon_0 r^2$ に $p = mv$ を代入すると $p^2 = me^2/4\pi\varepsilon_0 r$ となる．量子条件は $pr = n\hbar$ と書けるので，r は次のように表される．

$$r = \frac{4\pi\varepsilon_0 \hbar^2 n^2}{me^2}$$

問題 4.3　(a)　上式で $n = 1$ とおけばボーア半径 a に対する与式が導かれる．

(b)　与えられた数値を代入し，次の結果が求まる．

$$a = \frac{4 \times 3.1416 \times 8.8542 \times 10^{-12}\,\mathrm{C^2 \cdot N^{-1} \cdot m^{-2}} \times (1.0546 \times 10^{-34})^2\,\mathrm{J^2 \cdot s^2}}{9.1094 \times 10^{-31}\,\mathrm{kg} \times (1.6022 \times 10^{-19})^2\,\mathrm{C^2}}$$
$$= 5.292 \times 10^{-11}\,\mathrm{m} = 0.529\,\text{Å}$$

問題 4.4　問題 3.1 により水素原子のエネルギー E は $E = -e^2/8\pi\varepsilon_0 r$ と表される．これに

$r = n^2a$ を代入すると与式が得られる．ボーアの振動数条件により，$n' \to n$ の遷移にともなって放出される光の振動数 ν に対して $(n' > n)$，次の関係が成り立つ．

$$h\nu = \frac{e^2}{8\pi\varepsilon_0 a}\left(\frac{1}{n^2} - \frac{1}{n'^2}\right)$$

問題 4.5　$c = \lambda\nu$ を用いると，次の結果が得られる．

$$\frac{1}{\lambda} = \frac{e^2}{8\pi h\varepsilon_0 ac}\left(\frac{1}{n^2} - \frac{1}{n'^2}\right)$$

陽子が有限な質量 M をもつ点を考慮すると，上式の a を $a \to a(1 + m/M)$ とする必要がある (m は電子の質量)．すなわち

$$R_{\mathrm{H}} = \frac{R_\infty}{1 + m/M}$$

で $m/M = 1/1840 = 0.00054$ であることに注意すると $1.00054R_{\mathrm{H}} = R_\infty$ が得られる (例題 3 参照).

問題 4.6　問題 4.5 の結果と a に対する表式を使い R_∞ は

$$R_\infty = \frac{e^2}{8\pi h\varepsilon_0 ac} = \frac{me^4}{8\varepsilon_0^2 h^3 c}$$

と表される．問題 4.3 で与えられた数値と $h = 6.6261 \times 10^{-34}\,\mathrm{J\cdot s}$，$c = 2.9979 \times 10^8\,\mathrm{m/s}$ を使い，結果は m^{-1} の単位で書けることに注意すると，R_∞ は

$$R_\infty = \frac{9.1094 \times 10^{-31} \times (1.6022 \times 10^{-19})^4}{8 \times (8.8542 \times 10^{-12})^2 \times (6.6261 \times 10^{-34})^3 \times 2.9979 \times 10^8}\,\mathrm{m}^{-1}$$
$$= 1.0974 \times 10^7\mathrm{m}^{-1}$$

と計算される．これは例題 3 で述べた R_∞ の値を四捨五入したものと一致する．

問題 5.1　$r = 1.4 \times 10^{-15} \times (141)^{1/3}\mathrm{m} = 7.29 \times 10^{-15}\,\mathrm{m}$ と計算される．

問題 5.2　$1\,\mathrm{u} = 1.6605 \times 10^{-27}\,\mathrm{kg} \times (2.9979 \times 10^8)^2\,\mathrm{m^2/s^2} = 1.4924 \times 10^{-10}\,\mathrm{J}$

$$= 931.6\,\mathrm{MeV}$$

問題 5.3　$28.4\,\mathrm{MeV} = 28.4/931.6\,\mathrm{u} = 3.05 \times 10^{-2}\,\mathrm{u} = 5.06 \times 10^{-29}\,\mathrm{kg}$

問題 5.4　X という原子核が α 崩壊を起こし X$'$ に変換したとすれば，α 崩壊を表す核反応式は

$${}^{A}_{Z}\mathrm{X} \longrightarrow {}^{A-4}_{Z-2}\mathrm{X}' + {}^{4}_{2}\mathrm{He}$$

と書ける．同様に，β 崩壊で $\mathrm{X} \to \mathrm{X}''$ とすれば，β 崩壊は

$${}^{A}_{Z}\mathrm{X} \longrightarrow {}_{Z+1}{}^{A}\mathrm{X}'' + \mathrm{e}^-$$

と表される．γ 崩壊では Z, A は変わらず，γ 崩壊は次式で記述される．

$${}^{A}_{Z}\mathrm{X} \longrightarrow {}^{A}_{Z}\mathrm{X} + \gamma$$

α 崩壊を起こすと原子番号が 2，質量数が 4 だけ減少する．また，β 崩壊を起こすと原子番号は 1 だけ増加し，質量数は変わらない．したがって，Z', A' は次のように表される．

$$Z' = Z - 2x + y, \quad A' = A - 4x$$

問題 5.5 (a) $A - A'$ は 4 の倍数でないといけない．この条件に合うのは $A' = 207$ である．(b) $x = (235 - 207)/4 = 7$ となる．また $10 = 2x - y$ から $y = 4$ と求まる．

問題 5.6 (a) N に対する微分方程式を解くと

$$N = N_0 e^{-\gamma t}$$

が得られる．半減期の定義から $1/2 = e^{-\gamma T}$ となる．両辺の自然対数をとると $\ln(1/2) = -\ln 2$ が成り立つので $\gamma T = \ln 2 = 0.693$ の関係が導かれる．

(b) $t = T/2$ だと $\gamma t = (1/2)\ln 2$ である．したがって，$N/N_0 = e^{-(1/2)\ln 2} = 0.707$ となる．

問題 6.1 電子の質量を m とすれば，電子と陽電子の静止エネルギーが 2 個の γ 線のエネルギーに変わるので $2mc^2 = 2h\nu$ が成り立つ．γ 線の波長 λ は $\lambda = c/\nu$ と書け，これらの関係から λ は次のように求まる．

$$\lambda = \frac{h}{mc} = \frac{6.63 \times 10^{-34}\,\mathrm{J \cdot s}}{9.11 \times 10^{-31}\,\mathrm{kg} \times 3.00 \times 10^{8}\,\mathrm{m/s}} = 2.43 \times 10^{-12}\,\mathrm{m}$$

問題 6.2 静止している電子と陽電子が対消滅するときその全運動量は 0 である．1 個の光子が発生すると $p = E/c$ で $E \neq 0$ であるから $p \neq 0$ となり矛盾した結果となる．このため 2 個の光子が生じると考えなければならない．

問題 6.3 崩壊後の原子核 B の速度を $\boldsymbol{v}_\mathrm{B}$，電子の速度を $\boldsymbol{v}$ とすれば全運動量が保存されるし，崩壊前の運動量は 0 であるから

$$m_\mathrm{B}\boldsymbol{v}_\mathrm{B} + m\boldsymbol{v} = \boldsymbol{0} \qquad ①$$

が成り立つ．また，崩壊前後のエネルギー保存の法則によって

$$m_\mathrm{A}c^2 = m_\mathrm{B}c^2 + m_\mathrm{B}\frac{v_\mathrm{B}^2}{2} + mc^2 + m\frac{v^2}{2} \qquad ②$$

が成り立つ．①から得られる $\boldsymbol{v}_\mathrm{B} = -m\boldsymbol{v}/m_\mathrm{B}$ を②に代入し，電子の運動エネルギーが $K = mv^2/2$ であることに注意すると，次のようになる．

$$K = \frac{m_\mathrm{B}\Delta M}{m_\mathrm{B} + m}c^2, \quad \Delta M = m_\mathrm{A} - m_\mathrm{B} - m$$

上の K が図 2.8 の E_max に相当する．上の議論通りであれば，飛び出してくる電子の運動エネルギーは確定値をもつはずである．しかし，現実の測定結果は K が 0 と E_max との間の任意の値をとるので中性微子を導入しこれがエネルギーを運ぶとすればよい．

問題 6.4 $\mathrm{p} \longrightarrow \mathrm{n} + \mathrm{e}^+ + \nu$

◆ 3 量子力学

問題 1.1 例えば (3.5) の実数部分をとり波動関数は $\psi = \psi_0 \cos(\boldsymbol{k} \cdot \boldsymbol{r} - \omega t)$ で与えられるとする．これから

VI

$$\frac{\partial}{\partial t}\psi_0 \cos(\boldsymbol{k}\cdot\boldsymbol{r}-\omega t)=\omega\psi_0 \sin(\boldsymbol{k}\cdot\boldsymbol{r}-\omega t)$$

となり，ω という項は出てくるが，cos 関数が sin 関数に変わり，(3.7)（p.210）のように ψ だけを含む形にはならない．こうして波動関数は本質的に複素数であることがわかる．

問題 1.2　粒子のハミルトニアン H は運動エネルギーとポテンシャル（位置エネルギー）の和で $H=p^2/2m+U(x,y,z)$ と表される．運動エネルギーの部分は自由粒子と同様ラプラシアンで書け，シュレーディンガー方程式 $H\psi=E\psi$ は与式のようになる．

問題 1.3　$\psi(x,y,z,t)=e^{-iEt/\hbar}\psi(x,y,z)$ を t で偏微分すると

$$-\frac{\hbar}{i}\frac{\partial\psi}{\partial t}=Ee^{-iEt/\hbar}\psi(x,y,z) \qquad ①$$

となる．一方 H は時間とは無関係であるから

$$H\psi=e^{-iEt/\hbar}H\psi(x,y,z) \qquad ②$$

が得られる．したがって①，②により $-(\hbar/i)\partial\psi/\partial t=H\psi$ の方程式から $\psi(x,y,z)$ に対する $H\psi=E\psi$ が導かれる．

問題 2.1　オイラーの公式（p.23）により実数の θ に対して $e^{i\theta}=\cos\theta+i\sin\theta$ が成り立ち，これは複素面上で単位円上の点として表される（問題解答 p.264 の図）．$\theta=-Et/\hbar$ とおけば θ は実数であるから題意の成り立つことがわかる．

VI

問題 2.2　(a)　$|e^{i\boldsymbol{k}\cdot\boldsymbol{r}}|=1$ であるから $\displaystyle\int_\Omega|\psi_k|^2dV=\frac{1}{V}\int_\Omega dV=1$ となる．

(b)　$$\int_\Omega\psi_k^*\psi_{k'}dV=\frac{1}{V}\int_0^L e^{i(k'_x-k_x)x}dx\int_0^L e^{i(k'_y-k_y)y}dy\int_0^L e^{i(k'_z-k_z)z}dz$$

と書ける．ここで，x に関する積分に注目し，周期的境界条件を用いると

$$\int_0^L e^{i(k'_x-k_x)x}dx=\int_0^L e^{2\pi i(l'-l)x/L}dx=\frac{1}{2\pi i(l'-l)/L}[e^{2\pi i(l'-l)}-1]$$

となる．$e^{2\pi i(l'-l)}$ は 1 であるから，$l'\neq l$ なら上式は 0 である．y, z に関する積分も同様で，結局注目している積分は $\boldsymbol{k}'$ と $\boldsymbol{k}$ とが違えば 0 に等しいことがわかる．$\boldsymbol{k}'$ と $\boldsymbol{k}$ が同じだと積分は (a) の場合に帰着し 1 となる．

問題 2.3　ψ_n が規格直交系を作るとしているので

$$\int\psi_m^*\psi_n dV=\delta_{mn}=\begin{cases}1 & (m=n)\\ 0 & (m\neq n)\end{cases}$$

が成り立つ．このため，ψ が規格化されているとすれば $\sum|c_n|^2=1$ となり，Q が λ_n をとる確率は $|c_n|^2$ で与えられる．このため Q の量子力学的な平均値は

$$\overline{Q}=\sum\lambda_n|c_n|^2$$

と書ける．一方，物理量を表す演算子は線形なので

$$Q\psi=Q\left(\sum c_n\psi_n\right)=\sum c_nQ\psi_n=\sum\lambda_nc_n\psi_n$$

となり，$\overline{Q}$ は次のように表される．

$$\overline{Q} = \int \psi^* Q \psi dV$$

問題 3.1 シュレーディンガー方程式 $-(\hbar^2/2m)d^2\psi/dx^2 + U\psi = E\psi$ で U が ∞ になるところで ψ が有限だと $U\psi$ の項が ∞ となり具合が悪い．したがって，そこで $\psi = 0$ となる．

問題 3.2 原子の問題では

$$E \sim \frac{\pi^2 \times 10^{-68}}{2 \times 10^{-30} \times 10^{-20}}\,\mathrm{J} \simeq 5 \times 10^{-18}\,\mathrm{J} = \frac{5 \times 10^{-18}}{1.6 \times 10^{-16}}\,\mathrm{eV} \simeq 30\,\mathrm{eV}$$

と計算され eV が適正な単位である．一方，原子核の体系では，E は $(10^8/2000)$ 倍となるので $E \simeq 1.5\,\mathrm{MeV}$ と求まり MeV が適正な単位となる．

問題 3.3 $\psi = Ae^{cr}$ を (3.17) に代入すると

$$-\frac{\hbar^2}{2m}\left(c^2 + \frac{2c}{r}\right) - \frac{e^2}{4\pi\varepsilon_0 r} = E$$

と表される．これからわかるように，左辺の $1/r$ の係数が 0 であれば，仮定した ψ は方程式の解となる．こうして c と E は次のように求まる．

$$c = -\frac{me^2}{4\pi\varepsilon_0\hbar^2}, \quad E = -\frac{\hbar^2 c^2}{2m}$$

問題 3.4 規格化の条件は $2r/a = x$ という変数変換を導入すると

$$4\pi A^2 \left(\frac{a}{2}\right)^3 \int_0^\infty x^2 e^{-x} dx = 1$$

と書ける．問題 3.5 の結果を利用すると，上式の x に関する積分は $2! = 2$ に等しい．したがって，$A > 0$ とすれば $A = 1/\sqrt{\pi a^3}$ が得られる．

問題 3.5 e^{-x} の不定積分が $-e^{-x}$ であることを利用し部分積分を適用すると

$$\int_0^\infty x^n e^{-x} dx = -x^n e^{-x}\Big|_0^\infty + n\int_0^\infty x^{n-1} e^{-x} dx$$

と表される．$n > 0$ とすれば，右辺第 1 項は 0 となる．したがって，上の関係を繰り返し使うと次式が導かれる．

$$\int_0^\infty x^n e^{-x} dx = n(n-1)(n-2)\cdots 2 \cdot 1 \int_0^\infty e^{-x} dx = n!$$

問題 3.6 水素原子の基底状態を表す規格化された波動関数は $\psi = e^{-r/a}/\sqrt{\pi a^3}$ と書ける．したがって，r の平均値は次のようにと表される．

$$\overline{r} = \int r\psi^2 dV = \frac{4\pi}{\pi a^3}\int_0^\infty r^3 e^{-2r/a} dr$$

$r = (a/2)x$ という変数変換を行い，問題 3.5 の結果を利用すると次のように計算される．

$$\overline{r} = \frac{4}{a^3}\left(\frac{a}{2}\right)^4 \int_0^\infty x^3 e^{-x} dx = \frac{3}{2}a$$

VI

索　引

あ　行

か　行

さ　行

た　行

な　行

は 行

ま　行

や　行

ら　行

わ　行

欧　字

著者略歴

阿部龍蔵（あべ りゅうぞう）

1953年　東京大学理学部物理学科卒業
現　在　東京大学名誉教授　理学博士

川村　清（かわむら きよし）

1962年　東京大学理学部物理学科卒業
現　在　慶應義塾大学名誉教授　理学博士

佐々田博之（ささだ ひろゆき）

1976年　東京大学理学部物理学科卒業
現　在　慶應義塾大学理工学部教授　理学博士

新・演習物理学ライブラリ＝1

新・演習 物理学

2004年10月10日©　初版発行
2010年 4月25日　初版第2刷発行

著　者　阿部龍蔵　　発行者　木下敏孝
　　　　川村　清　　印刷者　杉井康之
　　　　佐々田博之　製本者　小高祥弘

発行所　株式会社　サイエンス社

〒151–0051　東京都渋谷区千駄ヶ谷1丁目3番25号
営業　☎（03）5474–8500（代）　振替 00170–7–2387
編集　☎（03）5474–8600（代）
FAX　☎（03）5474–8900

印刷　（株）ディグ　　製本　小高製本工業(株)

《検印省略》

ISBN4–7819–1073–4

PRINTED IN JAPAN